MOLECULAR SCIENCES

国家出版基金项目
NATIONAL PUBLICATION FOUNDATION

“十四五”时期国家重点
出版物出版专项规划项目

化学前瞻性基础研究
分子科学前沿丛书
总主编 席振峰 张德清

Progress of Material Structures and Molecular Dynamics

物质结构与分子动态学研究进展

郑俊荣 葛茂发
郑卫军 骆智训 著

華東理工大學出版社
EAST CHINA UNIVERSITY OF SCIENCE AND TECHNOLOGY PRESS
·上海·

图书在版编目(CIP)数据

物质结构与分子动态学研究进展 / 郑俊荣等著.
上海：华东理工大学出版社，2024. 8. -- ISBN 978-7-5628-6743-2

Ⅰ. O552

中国国家版本馆 CIP 数据核字第 2024VY1670 号

内容提要

物质结构和化学反应与我们息息相关，物质结构与分子动态学研究致力于从微观的原子或分子水平认识物质结构和化学反应。本书共四章，内容涵盖超快光谱方法研究凝聚态动力学过程、大气环境分子科学、金属掺杂硅团簇的结构与性质研究、金属团簇的结构与反应动态学，旨在为读者介绍物质结构与分子动态学研究的最新进展。

本书适用于从事相关领域研究的科研人员，以及对这一领域感兴趣的研究生、本科生，以期吸引更多的青年学子参与相关的科学研究工作，共同推进我国分子科学的发展。

项目统筹 / 马夫娇　韩　婷
责任编辑 / 陈婉毓
责任校对 / 石　曼
装帧设计 / 周伟伟
出版发行 / 华东理工大学出版社有限公司
地址：上海市梅陇路 130 号，200237
电话：021-64250306
网址：www.ecustpress.cn
邮箱：zongbianban@ecustpress.cn
印　　刷 / 上海雅昌艺术印刷有限公司
开　　本 / 710 mm×1000 mm　1/16
印　　张 / 18.5
字　　数 / 411 千字
版　　次 / 2024 年 8 月第 1 版
印　　次 / 2024 年 8 月第 1 次
定　　价 / 268.00 元

总序一

分子科学是化学科学的基础和核心，是与材料、生命、信息、环境、能源等密切交叉和相互渗透的中心科学。当前，分子科学一方面攻坚惰性化学键的选择性活化和精准转化、多层次分子的可控组装、功能体系的精准构筑等重大科学问题，催生新领域和新方向，推动物质科学的跨越发展；另一方面，通过发展物质和能量的绿色转化新方法不断创造新分子和新物质等，为解决卡脖子技术提供创新概念和关键技术，助力解决粮食、资源和环境问题，支撑碳达峰、碳中和国家战略，保障人民生命健康，在满足国家重大战略需求、推动产业变革方面发挥源头发动机的作用。因此，持续加强对分子科学研究的支持，是建设创新型国家的重大战略需求，具有重大战略意义。

2017 年 11 月，科技部发布“关于批准组建北京分子科学等 6 个国家研究中心”的通知，依托北京大学和中国科学院化学研究所的北京分子科学国家研究中心就是其中之一。北京分子科学国家研究中心成立以来，围绕分子科学领域的重大科学问题，开展了系列创新性研究，在资源分子高效转化、低维碳材料、稀土功能分子、共轭分子材料与光电器件、可控组装软物质、活体分子探针与化学修饰等重要领域上形成了国际领先的集群优势，极大地推动了我国分子科学领域的发展。同时，该中心发挥基础研究的优势，积极面向国家重大战略需求，加强研究成果的转移转化，为相关产业变革提供了重要的支撑。

北京分子科学国家研究中心主任、北京大学席振峰院士和中国科学院化学研究所张德清研究员组织中心及兄弟高校、科研院所多位专家学者策划、撰写了“分子科学前沿丛书”。丛书紧密围绕分子体系的精准合成与制备、分子的可控组装、分子功能体系的构筑与应用三大领域方向，共 9 分册，其中“分子科学前沿”部分有 5 分册，“学科交叉前沿”部分有 4 分册。丛书系统总结了北京分子科学国家研究中心在分子科学前沿交叉领域取得的系列创新研究成果，内容系统、全面，代表了国内分子科学前沿交叉研究领域最高水平，具有很高的学术价值。丛书各分册负责人以严谨的治学精神梳理总结研究成果，积极总结和提炼科学规律,极大提升了丛书的学术水平和科学意义。该套丛书被列入“十四五”时期国家重点出版物出版专项规划项目,并得到了国家出版基金的大力支持。

我相信,这套丛书的出版必将促进我国分子科学研究取得更多引领性原创研究成果。

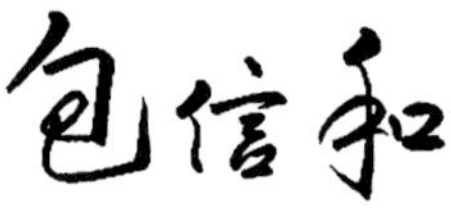

中国科学院院士

中国科学技术大学

总序二

化学是创造新物质的科学，是自然科学的中心学科。作为化学科学发展的新形式与新阶段，分子科学是研究分子的结构、合成、转化与功能的科学。分子科学打破化学二级学科壁垒，促进化学学科内的融合发展，更加强调和促进与材料、生命、能源、环境等学科的深度交叉。

分子科学研究正处于世界科技发展的前沿。近二十年的诺贝尔化学奖既涵盖了催化合成、理论计算、实验表征等化学的核心内容，又涉及生命、能源、材料等领域中的分子科学问题。这充分说明作为传统的基础学科，化学正通过分子科学的形式，从深度上攻坚重大共性基础科学问题，从广度上不断催生新领域和新方向。

分子科学研究直接面向国家重大需求。分子科学通过创造新分子和新物质，为社会可持续发展提供新知识、新技术、新保障，在解决能源与资源的有效开发利用、环境保护与治理、生命健康、国防安全等一系列重大问题中发挥着不可替代的关键作用，助力实现碳达峰碳中和目标。多年来的实践表明，分子科学更是新材料的源泉，是信息技术的物质基础，是人类解决赖以生存的粮食和生活资源问题的重要学科之一，为根本解决环境问题提供方法和手段。

分子科学是我国基础研究的优势领域，而依托北京大学和中国科学院化学研究所的北京分子科学国家研究中心（下文简称“中心”）是我国分子科学研究的中坚力量。近年来，中心围绕分子科学领域的重大科学问题，开展基础性、前瞻性、多学科交叉融合的创新研究，组织和承担了一批国家重要科研任务，面向分子科学国际前沿，取得了一批具有原创性意义的研究成果，创新引领作用凸显。

北京分子科学国家研究中心主任、北京大学席振峰院士和中国科学院化学研究所张德清研究员组织编写了这套“分子科学前沿丛书”。丛书紧密围绕分子体系的精准合成与制备、分子的可控组装、分子功能体系的构筑与应用三大领域方向，立足分子科学及其学科交叉前沿，包括9个分册：《物质结构与分子动态学研究进展》《分子合成与组装前沿》《无机稀土功能材料进展》《高分子科学前沿》《纳米碳材料前沿》《化学生物学前沿》《有机固体功能材料前沿与进展》《环境放射化学前沿》《化学测量学进展》。该套丛书梳理总结了北京分子科学国家研究中心自成立以来取得的重大创新研究成果，阐述了分子科学及其交叉领域的发展趋势，是国内第一套系统总结分子科学领域最新进展的专业丛书。

该套丛书依托高水平的编写团队，成员均为国内分子科学领域各专业方向上的一流专家，他们以严谨的治学精神，对研究成果进行了系统整理、归纳与总结，保证了编写质量和内容水平。相信该套丛书将对我国分子科学和相关领域的发展起到积极的推动作用，成为分子科学及相关领域的广大科技工作者和学生获取相关知识的重要参考书。

得益于参与丛书编写工作的所有同仁和华东理工大学出版社的共同努力，这套丛书被列入"十四五"时期国家重点出版物出版专项规划项目，并得到了国家出版基金的大力支持。正是有了大家在各自专业领域中的倾情奉献和互相配合，才使得这套高水准的学术专著能够顺利出版问世。在此，我向广大读者推荐这套前沿精品著作"分子科学前沿丛书"。

中国科学院院士

上海交通大学/中国科学院上海有机化学研究所

丛书前言

作为化学科学的核心，分子科学是研究分子的结构、合成、转化与功能的科学，是化学科学发展的新形式与新阶段。可以说，20 世纪末期化学的主旋律是在分子层次上展开的，化学也开启了以分子科学为核心的发展时代。分子科学为物质科学、生命科学、材料科学等提供了研究对象、理论基础和研究方法，与其他学科密切交叉、相互渗透，极大地促进了其他学科领域的发展。分子科学同时具有显著的应用特征，在满足国家重大需求、推动产业变革等方面发挥源头发动机的作用。分子科学创造的功能分子是新一代材料、信息、能源的物质基础，在航空、航天等领域关键核心技术中不可或缺；分子科学发展高效、绿色物质转化方法，助力解决粮食、资源和环境问题，支撑碳达峰、碳中和国家战略；分子科学为生命过程调控、疾病诊疗提供关键技术和工具，保障人民生命健康。当前，分子科学研究呈现出精准化、多尺度、功能化、绿色化、新范式等特点，从深度上攻坚重大科学问题，从广度上催生新领域和新方向，孕育着推动物质科学跨越发展的重大机遇。

北京大学和中国科学院化学研究所均是我国化学科学研究的优势单位，共同为我国化学事业的发展做出过重要贡献，双方研究领域互补性强，具有多年合作交流的历史渊源，校园和研究所园区仅一墙之隔，具备“天时、地利、人和”的独特合作优势。本世纪初，双方前瞻性、战略性地将研究聚焦于分子科学这一前沿领域，共同筹建了北京分子科学国家实验室。在此基础上，2017 年 11 月科技部批准双方组建北京分子科学国家研究中心。该中心瞄准分子科学前沿交叉领域的重大科学问题，汇聚了众多分子科学研究的杰出和优秀人才，充分发挥综合性和多学科的优势，不断优化校所合作机制，取得了一批创新研究成果，并有力促进了材料、能源、健康、环境等相关领域关键核心技术中的重大科学问题突破和新兴产业发展。

基于上述研究背景，我们组织中心及兄弟高校、科研院所多位专家学者撰写了“分子科学前沿丛书”。丛书从分子体系的合成与制备、分子体系的可控组装和分子体系的功能与应用三个方面，梳理总结中心取得的研究成果，分析分子科学相关领域的发展趋势，计划出版 9 个分册，包括《物质结构与分子动态学研究进展》《分子合成与组装前沿》《无机稀土功能材料进展》《高分子科学前沿》《纳米碳材料前沿》《化学生物学前沿》《有机固体功能材料前沿与进展》《环境放射化学前沿》《化学测量学进展》。我们希望该套丛书的出版将有力促进我国分子科学领域和相关交叉领域的发展，充分体现北京分子科学国家研究中心在科学理论和知识传播方面的国家功能。

本套丛书是“十四五”时期国家重点出版物出版专项规划项目“化学前瞻性基础研究丛书”的系列之一。丛书既涵盖了分子科学领域的基本原理、方法和技术，也总结了分子科学领域的最新研究进展和成果，具有系统性、引领性、前沿性等特点，希望能为分子科学及相关领域的广大科技工作者和学生，以及企业界和政府管理部门提供参考，有力推动我国分子科学及相关交叉领域的发展。

最后，我们衷心感谢积极支持并参加本套丛书编审工作的专家学者、华东理工大学出版社各级领导和编辑，正是大家的认真负责、无私奉献保证了丛书的顺利出版。由于时间、水平等因素限制，丛书难免存在诸多不足，恳请广大读者批评指正！

北京分子科学国家研究中心

前言

物质结构和化学反应与我们息息相关。地球的演化、生命的起源与进化、生物体的生长和繁衍、人们的生产活动及衣食住行，均涉及特定的物质结构和化学反应。物质结构与分子动态学研究致力于从微观的原子或分子水平认识物质结构和化学反应。在过去的几十年里，随着实验技术和理论计算的发展，人们对物质结构和化学反应的研究已经可以精确到原子尺度，人们研究结构及反应动态过程的时间精度逐渐接近飞秒，甚至阿秒。这一领域已成为连接物理学、化学、生物学等多个学科的桥梁，在新材料研发、药物设计、环境治理等方面发挥着越来越重要的作用。

尽管取得了丰硕的成果，物质结构与分子动态学领域仍有很多亟待解决的问题，因此会有巨大的发展空间。在实验技术方面，如何进一步提高时间分辨率、空间分辨率、能量分辨率，以便更精确地实时原位观测复杂体系中的分子动态过程，是当前研究面临的一大挑战。在理论计算方面，如何提高计算精度，如何处理大规模计算问题，以及如何将理论模型与实验数据有效结合，以揭示化学反应的深层次规律，是理论工作者的研究重点。在推广应用方面，如何利用微观层面的规律和机理指导实际生产过程，如何利用理论计算和实验模拟认识大气环境、星际物质和天体演化等宏观复杂体系中的物理化学过程，这些也是特别值得研究的方向。这一领域充满着机遇和挑战。

本书旨在为读者介绍物质结构与分子动态学研究的最新进展。本书适用于从事相关领域研究的科研人员，以及对这一领域感兴趣的研究生、本科生。期待他们通过阅读本书，对物质结构与分子动态学的研究内容、理论方法、实验技术、发展趋势、应用前景有更好的了解。我们期望本书能吸引更多的青年学子参与相关的科学研究工作，共同推进我国分子科学的发展。

本书的具体内容和编写分工如下。第 1 章“超快光谱方法研究凝聚态动力学过程”由关键鑫、郑俊荣编写，内容涵盖了超快光谱学的基础知识、先进技术及其在凝聚态动力学研究中的应用。第 2 章“大气环境分子科学”由葛茂发、佟胜睿、王炜罡、张秀辉、杜林撰写，详细介绍了大气分子科学的关键问题和发展动态。第 3 章“金属掺杂硅团簇的结构与性质研究”由许洪光、郑卫军执笔，介绍了关于金属掺杂硅团簇的最新研究进展及在材料科学中的应用前景。第 4 章“金属团簇的结构与反应动态学”由骆智训、贾钰涵、崔超男、吴海铭、耿丽君编写，从不同角度对金属团簇的结构和反应性能进行了全面阐述。

需要指出的是，物质结构与分子动态学领域是一个非常宽广的领域，相关的研究特别多，本书仅能涵盖这一领域的一部分研究进展。还有一些其他的重要内容，如微观反应动力学理论方法、复杂体系量子动力学理论方法、量子态选择的气相反应动力学、表界面超快光谱和成像、催化反应机理及动力学等，篇幅有限，本书未能涉及。由于编者水平有限，加之该领域发展迅速、学科交叉性强，书中难免存在诸多不足，恳请广大读者批评指正。

编　者

2024 年 8 月

目录

CONTENTS

Chapter 1

第 1 章 超快光谱方法研究凝聚态动力学过程

关键鑫 郑俊荣

Chapter 2

第 2 章 大气环境分子科学

葛茂发 佟胜睿 王炜罡
张秀辉 杜 林

Chapter 4
第 4 章 金属团簇的结构与反应动态学

骆智训 贾钰涵 崔超男 吴海铭 耿丽君

Chapter 1

第1章

超快光谱方法研究凝聚态动力学过程

关键鑫　郑俊荣
北京大学

1.1 背景

1.1.1 分子光谱学基础

分子光谱学是研究分子与辐射相互作用的科学，常见的分子光谱包括紫外-可见吸收光谱、红外吸收光谱拉曼散射光谱分子发光光谱等。通过研究分子能级跃迁形成的光吸收、光发射或光散射等现象，了解分子的能量状态、状态跃迁和跃迁强度，从而认识分子运动与分子结构。紫外-可见吸收光谱主要产生于分子中电子能级之间的跃迁，属于电子光谱。红外吸收光谱和拉曼散射光谱主要产生于分子的转动和振动，表现为纯转动光谱和振动-转动光谱。其中，纯转动光谱由分子转动能级之间的跃迁产生，谱峰分布在远红外波段；振动-转动光谱由分子不同振动能级上各转动能级之间的跃迁产生，谱峰分布在近-中红外波段。分子发光光谱主要产生于电子由分子激发态向分子基态的跃迁，谱峰分布在紫外-可见波段。分子光谱在不同层次上反映分子的结构信息，本章将介绍各层次的状态跃迁和跃迁强度[1-4]。

1.1.1.1 电子跃迁与电子光谱

光作为电磁波，具有波粒二象性，可在相互垂直的平面内以正弦波方式振动，并用与电磁波传播方向垂直的电场和磁场来描述。电磁波的能量与其频率有关，两者间的关系用公式表示为

$$E = h\nu \tag{1-1}$$

式中，E 为一个光子的能量；h 为普朗克常量；ν 为光波的频率。

分子中的电子同样有波动性。电子可与光波相互作用，两者间的作用力 F 为

$$F = e\varepsilon + e[Hv]/c\varepsilon \approx e\varepsilon \tag{1-2}$$

式中，e 为电子电荷量；v 为电子运动的速度；H 为磁场强度；c 为光速。由于光速远大于电子运动的速度，因而光波与电子的作用力 F 主要由电场力 $e\varepsilon$ 决定。

分子吸收光子之后，从光子中获得能量，并引起电子结构的变化。从分子轨道理论角度分析，一般采用单电子激发近似，即设想成电子占据轨道的模式发生改变，并且认为电子跃迁前、后基态和激发态所涉及的轨道近似不变。不同轨道的分子跃迁，需要吸收不同波长的光，从而构成了分子的吸收光谱。在线性吸收光谱中，物质对光的吸收强度可用朗伯-比尔(Lambert - Beer)定律进行描述。Lambert 在 1768 年指出，被透明介质吸收的入射光的比例与入射光的强度无关，且给定介质的每个相邻层吸收的入射光的比例相同。Beer 在 1852 年指出，被介质吸收的辐射量与该介质中能够吸收该辐射的分子的数目成正比，即

与有吸收作用的物质的浓度成正比。将两个定律结合，用公式表示为

$$I = I_0 \times 10^{-\varepsilon cl} \tag{1-3}$$

式中，I 为透射光的强度；I_0 为入射单色光的强度；c 为样品的浓度(分压或密度)，mol；l 为通过样品的光程，cm；ε 为消光系数，是与化合物性质和吸收波长有关的常数。另一种度量吸收强度的方式是用振子强度 f：

$$f = 4.315 \times 10^{-9} \int \varepsilon(\upsilon) \mathrm{d}\upsilon \tag{1-4}$$

式中，υ 为辐射光波数，cm^{-1}。Lambert－Beer 定律针对的是单一波长的吸收强度，而振子强度描述的是整个谱带上光吸收的积分强度。另外，振子强度与跃迁矩(transition moment)的关系用公式表示为

$$f = \frac{8\pi^2 \upsilon_{if} m_e < \Psi_i \mid \boldsymbol{\mu} \mid \Psi_f >^2}{3he^2} \tag{1-5}$$

式中，υ_{if} 为吸收跃迁频率；$< \Psi_i \mid \boldsymbol{\mu} \mid \Psi_f >$ 为从始态 Ψ_i 到终态 Ψ_f 的跃迁矩，其中 $\boldsymbol{\mu}$ 为偶极矩算符；m_e 为电子质量；h 为普朗克常量；e 为电子电核量。

如前所述，光与分子会产生相互作用，只有当光的能量大于或等于电子跃迁前、后两个状态的能量差时，光才有可能被吸收，但这是照射光被吸收的前提。能量足够的光作用于分子，并不一定都被吸收。不同分子对光的吸收能力千差万别，即使是同样的分子，其对不同波长的光的吸收能力也差别甚大。事实上，物质吸收和辐射(自发辐射和受激辐射)速率以及电子跃迁强度均正比于跃迁矩的平方 $< \Psi_i \mid \boldsymbol{\mu} \mid \Psi_f >^2$，此处 Ψ 是体系的总波函数。为简化运算，对波函数进行玻恩-奥本海默(Born－Oppenheimer)近似：原子核的质量一般比电子的大 3～4 个数量级，在同样的相互作用下，原子核的动能比电子的就小得多，可以忽略不计，并且在分子内电子运动的速度远大于原子核振动和回转的速度，因此在分子波函数的求解过程中，可以在固定核骨架的条件下计算分子中电子的近似波函数。在该近似条件下，系统总波函数可以分解为核运动、电子轨道运动和电子自旋运动三个波函数的乘积，这样跃迁矩的积分形式为

$$M = < \Psi_i \mid \boldsymbol{\mu} \mid \Psi_f > = \iint \theta_i \psi_e^i \mu \theta_f \psi_e^f \mathrm{d}r\mathrm{d}R \times \int S_i S_f \mathrm{d}\tau_s \tag{1-6}$$

式中，θ、ψ_e、S 分别是描述核运动、电子轨道运动和电子自旋运动的波函数；i 和 f 分别代表分子基态和激发态。当跃迁矩为零时，此跃迁是严格禁阻的(strictly forbidden)。如果跃迁距不为零，那么此跃迁是允许的，并且其值越大，表明相应态之间的跃迁越容易发生。对于式(1－6)中表示电子自旋运动的积分 $\int S_i S_f \mathrm{d}\tau_s$，会有跃迁前、后电子自旋发生改变和自旋保持不变两种情况。

若电子自旋发生改变，则有

$$\int \alpha\beta \mathrm{d}\tau_s = 0 \tag{1-7}$$

若电子自旋保持改变，则有

$$\int \alpha\alpha \mathrm{d}\tau_s = 1 \tag{1-8}$$

也就是说，电子自旋改变将导致跃迁矩为零，而电子自旋不变，其对应积分不影响跃迁矩数值。这意味着光谱跃迁遵循自旋多重度守恒这一原则，由于电子自旋是磁效应，因而电偶极跃迁将不改变电子自旋状态，故允许发生的跃迁的自旋多重度不会发生改变。

关于后者，假定对于电子轨道波函数 ψ_e 中所有电子坐标，R 取核间距的平衡距离 R_e，不考虑转动选择定则且将核转动波函数移除后，式(1－6)可化为

$$M = \iint \psi_e^i(r, R_e)\psi_v^i(R)(\mu_e + u_n)\psi_e^f(r, R_e)\psi_v^f(R)\mathrm{d}r\mathrm{d}R \tag{1-9}$$

原子核和电子对跃迁偶极距算符皆有贡献，可将式(1－9)写成分别含有 μ_e 和 u_n 的两部分：

$$\begin{aligned} M = &\int \psi_e^i(r, R_e)\mu_e\psi_e^f(r, R_e)\mathrm{d}r \times \int \psi_v^i(R)\psi_v^f(R)\mathrm{d}R + \\ &\int \psi_v^i(R)u_n\psi_v^f(R)\mathrm{d}R \times \int \psi_e^i(r, R_e)\psi_e^f(r, R_e)\mathrm{d}r \end{aligned} \tag{1-10}$$

因不同电子态的波函数是正交的，故 $\int \psi_e^i(r, R_e)\psi_e^f(r, R_e)\mathrm{d}r = 0$，即式(1－10)等号右边的第二项为零，则式(1－11)可简化为

$$M = \int \psi_e^i(r, R_e)\mu_e\psi_e^f(r, R_e)\mathrm{d}r \times \int \psi_v^i(R)\psi_v^f(R)\mathrm{d}R \tag{1-11}$$

式(1－11)等号右边的第一项积分为电子跃迁矩，将给出电子选择定则；第二项积分为核振动波函数的重叠积分，将给出振动选择定则。

表示电子轨道运动的积分 $\int \psi_e^i(r, R_e)\mu_e\psi_e^f(r, R_e)\mathrm{d}r$，其值主要是由描述始态(跃迁前)到终态(跃迁后)的波函数的重叠情况及对称性决定的。始态波函数与终态波函数在空间上的重叠度越大，此积分的数值就越大。例如，当电子从始态的 π 轨道跃迁到终态的 π^* 轨道时，这两个轨道位于同一平面内，在空间上会有较大的重叠度，因此积分的数值会比较大；当电子从始态的非键 n 轨道跃迁到终态的反键 π^* 轨道时，由于这两个轨道分别位于两个相互垂直的平面内，因而积分的数值在原则上为零。

根据对称性理论，若被积函数为偶函数，则其积分不为零；若被积函数为奇函数，则其积分为零。跃迁前、后涉及的两个轨道的对称性有两种情况：如果通过对称中心反演，描述轨道波函数的正负性未发生变化，那么称这种轨道为对映的轨道，通常用字母 g 表示；如

果通过对称中心反演，描述轨道波函数的正负性发生变化，那么称这种轨道为非对映的轨道，通常用字母 u 表示。而对于此电偶极跃迁，跃迁算符为奇宇称 u，电子跃迁矩的对称性由跃迁前、后轨道与算符的三重乘积确定。若跃迁前、后轨道的对称性相同，则电子跃迁矩的三重积分的对称性分别为 $u \times u \times u = u$ 或 $g \times u \times g = u$，是奇函数，其积分为零，故为严格禁阻跃迁，而当跃迁前、后轨道的对称性不同时，为允许跃迁。

从另一个角度来讲，电子跃迁通常是由吸收一个光子而引起的，由于光子波动性的存在，这要求电子跃迁前、后轨道的对称性发生改变，这就是所谓的宇称性(parity)规则。

弗兰克-康登原理(Franck - Condon)原理由 J. Franck 在 1925 年提出，并由 E. U. Condon 在 1928 年完善。该原理的主要内容：在电子跃迁发生时，电子跃迁的速度远大于分子振动的速度，以至于在电子跃迁期间，原子核的位置和动能不发生变化。该原理成功解释了为什么吸收光谱中一些峰的强度大，而另一些峰的强度小或者根本观测不到。核振动波函数的重叠积分 $\int \psi_{\mathrm{v}}^{\mathrm{i}}(R)\psi_{\mathrm{v}}^{\mathrm{f}}(R)\mathrm{d}R$，其平方值即 Franck - Condon 因子决定了振动跃迁对振动跃迁概率的贡献，表明如果要获得大的振动跃迁概率，基态与激发态的振动波函数必须有大的重叠度。

事实上，上述选择定则所禁止的一些跃迁也可以被观测到，尽管跃迁强度较弱。这是因为上述选择定则是在零级状态下进行描述的，并且进行了许多近似。考虑到分子的实际运动情况，需要用下列因素作为选择定则的补充或者修正。

(1) 分子的运动　分子在不停地运动，这些运动会在不同程度上改变分子轨道的重叠情况与对称性，从而使禁阻的跃迁获得允许的可能。

(2) 电子振动耦合　因为电子态激发所需要的能量要高于振动态激发所需要的能量，所以当电子被激发时，通常会伴随电子能级上振动态的激发。当电子运动与振动有强烈的耦合时，分子波函数不能表示成电子波函数与核运动波函数的乘积(表明 Born - Oppenheimer 近似不再成立)，电偶极矩的积分形成应写成 $M = \int \psi_{\mathrm{e}}^{\mathrm{i}}\psi_{\mathrm{v}}^{\mathrm{i}}\boldsymbol{\mu}_{\mathrm{e}}\psi_{\mathrm{e}}^{\mathrm{f}}\psi_{\mathrm{v}}^{\mathrm{f}}\mathrm{d}\tau$，如果存在非零值，那么此类跃迁是轻微允许的。

(3) 自旋轨道耦合　分子中电子的轨道运动会产生磁场与磁矩，而电子轨道运动产生的磁矩会对电子的自旋相位产生影响，这就是自旋轨道耦合(简称旋轨耦合)。也就是说，旋轨耦合作用可以在某种程度上改变电子的自旋相位，即纯的三重态波函数和单重态波函数会发生某种程度的混合，此时波函数可以表达为

$$\boldsymbol{\Psi}_{\mathrm{so}} = \boldsymbol{\Psi}_{\mathrm{T}} + \lambda\boldsymbol{\Psi}_{\mathrm{S}} \tag{1-12}$$

式中，λ 为表示耦合程度的因子，

$$\lambda = E_{\mathrm{so}}/(E_{\mathrm{S}} - E_{\mathrm{T}}) \tag{1-13}$$

式中，E_{so} 为旋轨耦合能；E_{S} 和 E_{T} 分别为单重态和三重态的能量。随着原子次方增加，即

分子中原子序数增大，旋轨耦合能将大大增加，这时旋轨耦合作用对电子自旋相位的影响将十分显著，甚至使得电子自旋翻转的跃迁得以发生。

(4) 自旋自旋耦合 分子内其他磁自旋运动产生的磁矩对电子相位的影响称为自旋自旋耦合(简称旋旋耦合)。一般情况下，旋旋耦合作用很小，只有在双自由基体系中，旋旋耦合对电子自旋翻转的跃迁才有较大的影响。

1.1.1.2 分子振动与振动光谱

纯振动跃迁过程不涉及电子态的变化，因此，可以先求得偶极矩 $\boldsymbol{\mu}$ 对电子态变化的平均值 $\bar{\mu}$。对于双原子分子，$\boldsymbol{\mu}$ 的方向与两个原子核的连线重合，$\boldsymbol{\mu}$ 为核间距 R 的函数，可表示为 $\boldsymbol{\mu} = \bar{\mu}(R)z$。对于同核双原子分子，电子波函数的对称性分为 g 和 u，而电偶极矩算符的对称性为 u，则

$$\bar{\mu} = \int \psi_{\mathrm{e}}^{\mathrm{i}}(r, R_{\mathrm{e}})\mu_{\mathrm{e}}\psi_{\mathrm{e}}^{\mathrm{i}}(r, R_{\mathrm{e}})\mathrm{d}r = 0 \tag{1-14}$$

即同核双原子分子固有偶极矩为零，没有振动跃迁和转动跃迁。对于异核双原子分子，可由下式讨论振动与转动的选择定则：

$$\langle r^{\mathrm{i}}\theta^{\mathrm{i}} \mid \boldsymbol{\mu} \mid r^{\mathrm{f}}\theta^{\mathrm{f}} \rangle = \langle \theta^{\mathrm{i}} \mid \bar{\mu}(R) \mid \theta^{\mathrm{f}} \rangle \langle r^{\mathrm{i}} \mid z \mid r^{\mathrm{f}} \rangle \tag{1-15}$$

振动跃迁对应的选择定则决定于矩阵元 $\langle \theta^{\mathrm{i}} \mid \bar{\boldsymbol{\mu}} \mid \theta^{\mathrm{f}} \rangle$，转动跃迁对应的选择定则决定于矩阵元 $\langle r^{\mathrm{i}} \mid \boldsymbol{\mu} \mid r^{\mathrm{f}} \rangle$，而且只有在前者不为零的情况下才能考虑后者。将 $\bar{\mu}(R)$ 在平衡核间距 R_{e} 处展开成泰勒级数：

$$\bar{\mu}(R) = \bar{\mu}(R_{\mathrm{e}}) + \frac{\mathrm{d}\,\bar{\mu}(R)}{\mathrm{d}R}q_{R_{\mathrm{e}}} + \frac{1}{2}\left(\frac{\mathrm{d}^2\,\bar{\mu}(R)}{\mathrm{d}R^2}\right)q_{R_{\mathrm{e}}}^2 + \cdots \tag{1-16}$$

式中，$q = R - R_{\mathrm{e}}$。由谐振子波函数可求出泰勒级数中每项引起的选择定则；对于常数项 $\bar{\mu}(R_{\mathrm{e}})$，基于不同能级的正交性，得到的选择定则为 $\Delta\nu = 0$，即常数项不发生振动跃迁；对于一次项 q，得到的选择定则为 $\Delta\nu = \pm 1$。

基于分子振动的红外吸收光谱和拉曼散射光谱都是研究分子结构的有力手段，两者均反映分子的转动和振动特征。前者测定分子基团吸收红外光后的透射光，而后者测定入射光的 Stokes 和 anti-Stokes 散射。而且在多数情况下，分子基团在红外吸收光谱中的峰位置和拉曼位移的位置相同。但红外吸收光谱与拉曼散射光谱对分子基团的选择定则不同。一般情况下，红外活性要求极性基团的振动和分子的非对称振动使分子的偶极矩发生变化，而拉曼活性要求非极性基团和分子的全对称振动使分子的极化率发生变化。实验中大多数有机化合物分子因具有不完全的对称性，使得它们同时具有红外活性和拉曼活性，对一个分子基团存在几种振动模式，如果偶极矩变化大，那么红外吸收峰强、拉曼峰弱，而偶极矩变化小的振动，其红外吸收峰弱、拉曼峰强。

1.1.1.3　激发态的性质与弛豫

一个分子吸收光子的能量，从基态到达激发态，会引起该分子性质的多方面改变。此外，由于到达的激发态不同，因而分子性质会有所不同。它们的性质区别主要体现在以下方面。

(1) 能量方面。通常认为单重态或三重态的能量(E_S 或 E_T)是激发态 $\upsilon=0$ 和基态相应能级之间的能量差。一般激发态有很高的内能，正是这种高内能，使得激发态分子有着更活泼的化学性质，能够以高反应速率发生基态分子所没有的多种化学反应。作为激发态中最重要的 S_1 态和 T_1 态，两者的性质也有很大的不同。分子的能量由轨道能、电子排斥能和电子交换能决定。同一分子 S_1 态和 T_1 态的电子排布相同，故轨道能和电子排斥能完全相同。但单重态中两个未配对电子的自旋方向相反，其交换能为正值，使得体系能量升高，而三重态中两个未配对电子的自旋方向相同，其交换能使体系能量降低，从而三重态的能量总是比相应单重态的要稳定。

(2) 键长和键能方面。激发态分子的激发部位有一个电子从成键轨道或者非键轨道进入反键轨道，导致激发部位的键能减弱、键级次序降低和键长增加，一般会造成对应红外吸收光谱红移。在三重态分子中，根据泡利不相容原理，自旋方向相同的电子要尽可能回避，会使得同一分子 T_1 态的键长大于 S_1 态的键长。

(3) 分子极性方面。跃迁矩不为零是分子被激发的基本条件。在分子被激发后，其电荷分布发生改变，自然会导致分子极性与偶极矩的改变；其极性可能增大，也可能减小，这正是溶剂分子极性增大会造成吸收光谱红移或蓝移的原因。若溶质分子激发态的极性大于基态的极性，则溶剂分子极性增大对激发态有较大的稳定化作用，从而降低跃迁能，导致吸收谱带红移；反之，若溶质分子激发态的极性比基态的极性小，则溶剂分子极性增大对基态有较大的稳定化作用，导致吸收谱带蓝移。一般来说，发生 $\pi\rightarrow\pi^*$ 跃迁，其极性较基态时增大，而发生 $n\rightarrow\pi^*$ 跃迁，其极性相较于基态时减小。如果知道一个化合物基态的偶极矩及其吸收光谱和发射光谱，那么可利用式(1-17)计算其激发态的偶极矩。

$$\begin{aligned}\Delta\upsilon &= \left[\frac{2(\mu_e-\mu_g)^2}{hca^3}\right]\left[\frac{D-1}{2D+1}-\frac{(n^2-1)}{2n^2+1}\right] \\ &= \left[\frac{2(\mu_e-\mu_g)^{2'}}{hca^3}\right]\Delta f\end{aligned} \tag{1-17}$$

式中，μ_e 和 μ_g 分别为激发态和基态的偶极矩；a 为溶质分子的驻留球腔半径，即 Onsager 球形腔半径；D 和 n 分别为溶剂的介电常数和折射率；Δf 为

$$\Delta f=\frac{D-1}{2D+1}-\frac{(n^2-1)}{2n^2+1} \tag{1-18}$$

用 $\Delta\upsilon$ 对 Δf 作图，可计算激发态的偶极矩 μ_e。

激发态是分子的高能不稳定状态，分子容易失去其在激发过程中获得的能量，重新回到稳定的基态。根据失活性质的不同，激发态分子失活可以分为化学失活和物理失活。化学失活是指激发态分子在失活过程中发生了化学反应，回到基态时已经不是原来的分子。化学失活可以是分子内的，也可以是分子间的。物理失活是指激发态分子回到基态后，其结构未发生任何改变。

物理失活也有分子内失活和分子间失活两种情况。分子内的物理失活可以通过发出荧光等辐射跃迁实现，也可以通过内转换、系间窜跃等非辐射跃迁实现。分子间的物理失活又分为电子转移和能量传递两种情况。

辐射跃迁是分子通过释放光子而从高能激发态失活到低能状态的过程，是光吸收的逆过程。此过程与光吸收过程遵循相同的选择定则，即当电子自选方向不发生改变，跃迁涉及的分子轨道的对映性发生改变且有较大的空间重叠度时，这类分子的辐射跃迁容易发生；反之，这类分子释放光子的辐射跃迁难以发生，或者说发生的概率小。辐射跃迁与光吸收过程一样，也遵循 Franck - Condon 原理，为垂直跃迁，即在辐射跃迁过程中，分子的几何构型不发生改变。

荧光是辐射跃迁的一种类型，是物质从激发态失活到多重性相同的低能状态时所释放的辐射。影响荧光强度的因素有很多，对于一般的荧光分子，增加稠合环的数目，将有利于体系内 π 电子的流动，进而利于荧光的产生；提高分子的刚性、降低体系的温度、增加溶剂的黏度等方法均可以提高荧光的量子产率，这是因为上述方法可以在一定程度上抑制分子的非辐射跃迁，使得激发态分子以发出荧光这种非辐射跃迁的方式释放能量；引入重原子则往往导致荧光量子产率的降低，这是因为重原子具有增强系间窜跃的作用，增大激发态分子从单重态到三重态的速率。

分子发射荧光一般遵循卡莎规则（Kasha’s rule），即不管分子被激发到哪种电子态，所观测到的荧光都是从 S_1 态发出的。这是因为激发态之间的内转换速率很快，内转换速率常数（ k_{IC} ）往往和辐射跃迁速率常数（ k_r ）有至少 4 个数量级的差距，即

$$\frac{k_r}{k_{IC}} \leqslant 10^{-4} \tag{1-19}$$

使得在发生辐射跃迁之前，高能激发态的分子已经通过内转换到达 S_1 态。由此结论衍生出了其他推论，如光致发光的波长、寿命、峰型均与激发波长无关。然而，这一推论的前提条件是内转换速率远大于辐射跃迁速率。内转换速率常数[5]：

$$k_{IC} \approx 10^{12-2\Delta E} \tag{1-20}$$

式中，ΔE 为激发态之间的能量差。当激发态之间的能量差很大时，内转换速率变小，则可观测到高能激发态的荧光。

磷光是辐射跃迁的另一种类型，是物质从激发态失活到多重性不同的低能状态时所释

放的辐射。磷光一般比荧光的强度弱很多，但寿命较长。一方面，发射磷光的T态，不易由S_0态直接吸收光子形成，主要由S_n态系间窜跃形成，而这一过程是自旋禁阻的，且受到发射荧光与内转换过程的竞争，使得系间窜跃的磷光量子产率大大降低。另一方面，发射磷光是从激发态失活到多重性不同的低能状态的过程，也是自旋禁阻的过程，故其速率常数远小于发射荧光的速率常数，相应地，寿命会较长。一般来说，在体系中引入重原子，利用重原子效应增强旋轨耦合作用，提高电子自旋翻转跃迁的速率常数，降低体系的温度以抑制非辐射跃迁等方法，可以提高磷光的量子产率。

无辐射跃迁发生在不同电子态的简并振动-转动能级之间，因不发射光子，故称为无辐射跃迁。分子吸收光子后先到达激发态的高振动能级，然后经过快速的振动弛豫到达激发态的零振动能级，之后通过包括内转换和系间窜跃在内的无辐射跃迁衰变到能量更低的状态。无辐射跃迁过程可以用与事件相关的微扰理论进行处理。微扰 H' 引起体系从始态 Ψ_1 到终态 Ψ_2 与时间相关的演变，内转换 H' 来自电子与核静电相互作用，系间窜跃 H' 来自自旋轨道相互作用。由费米黄金规则(Fermi's golden rule)可以得出激发态1的每个布居能级发生无辐射跃迁的速率常数 k_{nr}：

$$k_{\mathrm{nr}} = \frac{2\pi}{h}\langle \Psi_1 \mid H' \mid \Psi_2 \rangle^2 \rho \tag{1-21}$$

式中，ρ 为态密度，描述了态2能级与态1能级等能态的状态数。无辐射跃迁发生在这些等能态之间，根据Born-Oppenheime近似，将波函数分解为电子与原子核两部分，即 $\Psi = \psi_{\mathrm{e}}\Theta_{\mathrm{v}}$，则

$$k_{\mathrm{nr}} \propto \langle \psi_{\mathrm{e1}} \mid H' \mid \psi_{\mathrm{e2}} \rangle^2 \sum_i \sum_j \langle \rho\Theta_{1i} \mid \Theta_{2j} \rangle^2 \tag{1-22}$$

式中，$\langle \psi_{\mathrm{e1}} \mid H' \mid \psi_{\mathrm{e2}} \rangle$ 为电子态矩阵元；$\langle \Theta_{1i} \mid \Theta_{2j} \rangle$ 为态1第 i 个振动能级和态2第 j 个振动能级间的振动重叠积分(Franck-Condon因子)；$\sum_i \sum_j$ 包括发生无辐射跃迁的态1所有能级和跃迁到态2能量相近的能级；ρ 取各振动能级的亚能级对Franck-Condon因子的加权平均值。

内转换是自旋多重度不变的电子态之间的非辐射跃迁，可用内转换速率常数描述内转换速率，一般遵循能隙定律。能隙是同一个分子不同电子态中振动能级 $v=0$ 间的能级差。分子的无辐射跃迁速率与不同电子态中 $v=0$ 能级的能量差成反比，即能隙越小，内转换速率越大。此外，内转换速率常数的大小与分子的刚性、氢同位素效应、温度均有关联。刚性分子、重氢原子取代等均会通过降低分子内振动而减小内转换速率。

系间窜跃是多重度不同的电子态之间的非辐射跃迁，其速率常数受电子组态影响较大，一般遵循El-Sayed规则。由于系间窜跃时有电子自旋翻转发生，为平衡电子自旋翻转所导致的动量改变，因而必须有一个电子在相互垂直的轨道上跳跃，这时系间窜跃才容易发生。El-Sayed规则可表述为

允许窜跃：$^1(n,\pi^*)\to{}^3(\pi,\pi^*)$，$^3(n,\pi^*)\to{}^1(\pi,\pi^*)$

禁阻窜跃：$^1(n,\pi^*)\to{}^3(n,\pi^*)$，$^1(\pi,\pi^*)\to{}^3(\pi,\pi^*)$

1.1.2　固体光谱学基础

当与光发生相互作用而获得能量时，固体中的电子将从基态被激发到激发态。相较于分子光谱，固体光谱中的激发和发射更为复杂。根据激发态类型的不同，固体中的激发所涉及的跃迁大致可以分为能带与能带之间的跃迁、激子的形成与复合、杂质和缺陷态相关的跃迁。相应地，不同类型的激发态有着不同的弛豫途径，本节将主要介绍固体中带到带的跃迁、激子的吸收与发射[6]。

1.1.2.1　带间吸收光谱

大多数半导体和绝缘体的吸收曲线会在一定能量范围内急剧变化，形成吸收边，对应的吸收区一般分为弱吸收区、e 指数吸收区、强吸收区三个部分，如图 1-1 所示。弱吸收区的吸收系数 $\alpha(\omega)$ 一般为 $10^2\ \mathrm{cm}^{-1}$；e 指数吸收区的吸收系数随 $\hbar\omega$ 变化呈 e 指数变化；强吸收区的吸收系数为 $10^4\sim10^6\ \mathrm{cm}^{-1}$，随光子能量变化呈幂指数变化，其中指数可能为 1/2、3/2、2 等。固体的能带结构分为直接带和间接带，其中的光学跃迁可能是直接带间的跃迁，也可能是间接带间的跃迁，而直接带间的跃迁又分为允许的和禁阻的直接跃迁。

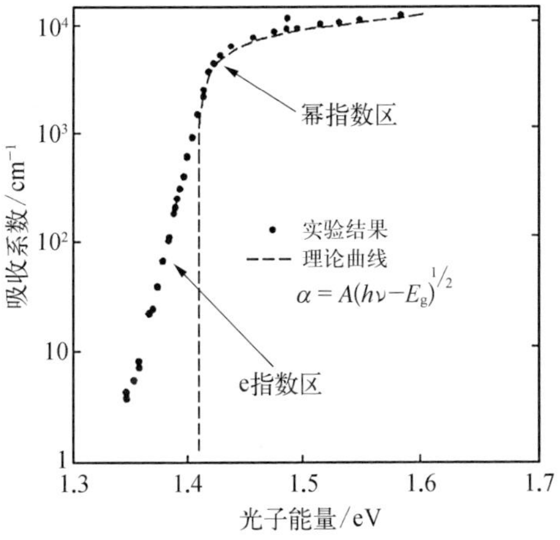

图 1-1　半导体 GaAs 的吸收光谱

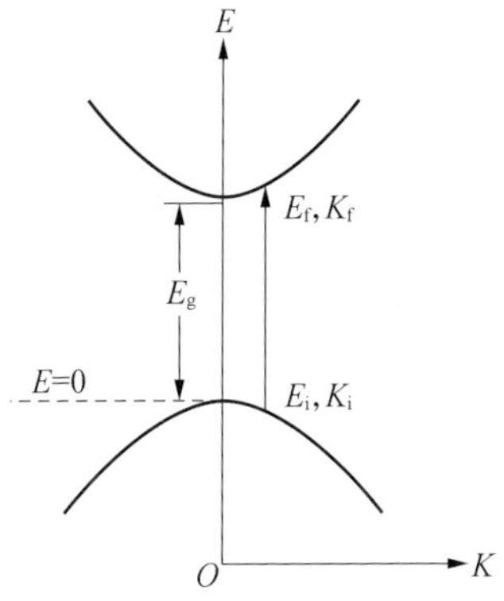

图 1-2　允许的直接跃迁

在幂指数吸收边部分，吸收系数 $\alpha(\omega)$ 与光子频率 ω 的变化是由 1/2 次律的吸收被归结为价带顶部的电子吸收光子后直接跃迁到导带引起的，这样的跃迁称为允许的直接跃迁（图 1-2）。在讨论光与固体的相互作用时，通常采用绝热近似与单电子近似。在允许的直接跃迁中，价带中能量为 E_i 的一个电子吸收能量为 $\hbar\omega$ 的一个光子后，直接跃迁到能量为 E_f 的导带。对于直接带结构半导体，初始波矢为 K_i 的一个电子吸收了一个光子，跃迁到波矢为 $\boldsymbol{K}_f$ 的终态，其动量守恒条件为

$$\boldsymbol{K}_i + \boldsymbol{k} = \boldsymbol{K}_f \tag{1-23}$$

式中，$\boldsymbol{k}$ 为光子的波矢。因光子的波矢 $\boldsymbol{k}$ 与电子的波矢 $\boldsymbol{L}$ 相比要小几个数量级，故可忽略不计，由此可得直接带跃迁的波矢关系：

$$\boldsymbol{K}_i = \boldsymbol{K}_f = \boldsymbol{K} \tag{1-24}$$

一个电子吸收一个光子后，直接跃迁到波矢相同的导带，没有其他过程参与，这样的跃迁称为垂直跃迁。

实际上，并不是所有的幂指数吸收边都可以用 1/2 次律描述，还存在 3/2 次律。固体中同样存在由偶极跃迁矩阵元确定的宇称选择定则，即相同宇称状态下的电偶极跃迁被禁阻。由于固体的晶体对称性不同，因而在某些情况下，直接带结构固体中 $K=\boldsymbol{0}$ 的跃迁可能被禁止，而 $K\neq\boldsymbol{0}$ 的跃迁被允许，即

$$W_{if}(K=\boldsymbol{0})=0 \tag{1-25}$$

$$W_{if}(K\neq\boldsymbol{0})\neq 0 \tag{1-26}$$

这样的跃迁称为禁阻的直接跃迁。

纯的和重掺杂的半导体的吸收曲线中还存在平方律吸收边。平方律吸收边被认为来自间接跃迁的吸收。其中，一种来自间接带结构半导体中声子参与下的跃迁，其吸收系数与晶格温度密切相关；另一种则靠杂质散射来实现间接跃迁。

在间接带结构半导体中，导带底部与价带顶部的 K 值不同。因为光子的波矢比电子的小得多，两者耦合不满足从价带顶部到导带底部直接跃迁的动量守恒条件，所以只能靠声子参与或者杂质散射来满足波矢条件以实现间接跃迁（图 1-3）。

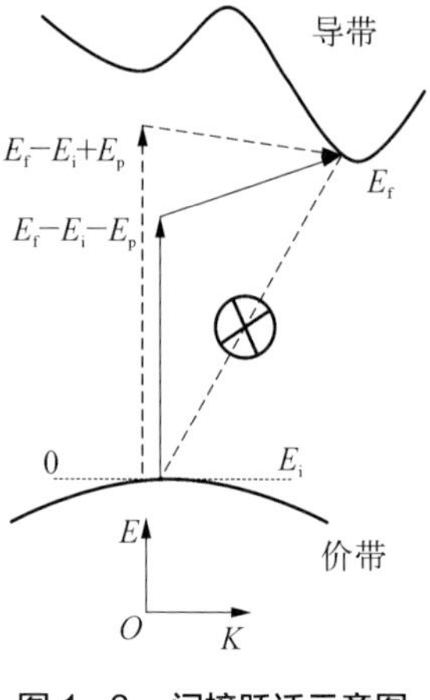

图 1-3　间接跃迁示意图

对于声子参与的间接跃迁的吸收，由动量守恒确定的关系为

$$\boldsymbol{K}_i + \boldsymbol{q} = \boldsymbol{K}_f \tag{1-27}$$

式中，$\boldsymbol{q}$ 为声子的波矢。对于 $K_i=\boldsymbol{0}$，有 $\boldsymbol{q}=\pm\boldsymbol{K}_{c,\min}$，其中 $\boldsymbol{K}_{c,\min}$ 为导带底部的 K 值。从能量角度来看，光子既可以通过吸收一个声子，也可以通过发射一个声子来实现间接跃迁。在有效质量和抛物线型能带结构近似下，这两种过程的能量守恒条件分别为

$$\begin{aligned} E_e &= \hbar\omega_e = E_f - E_i + E_p \\ &= E_g + E_p + \frac{\hbar^2 K_C^2}{2m_e^*} + \frac{\hbar^2 K_V^2}{2m_h^*} \end{aligned} \tag{1-28}$$

$$\begin{aligned} E_a &= \hbar\omega_a = E_f - E_i - E_p \\ &= E_g - E_p + \frac{\hbar^2 K_C^2}{2m_e^*} + \frac{\hbar^2 K_V^2}{2m_h^*} \end{aligned} \tag{1-29}$$

式中，E_e 和 E_a 分别为伴随声子发射和吸收的过程中体系吸收光子的能量；E_p 为声子的能量；$\hbar$ 为约化普朗克常量；m_e^* 和 m_h^* 分别为电子和空穴的有效质量；K_C 和 K_V 分别为导带底部和价带顶部的波矢。

在直接跃迁的吸收中，因带隙随温度有微弱的变化，故吸收边会随着温度变化而有所移动，但吸收光谱的形状与温度无关。而对于涉及声子参与的间接跃迁，其对应的吸收光谱与温度密切相关。当 $E_g + E_p > \hbar\omega > E_g - E_p$ 时，从 $[\alpha(\hbar\omega)]^{\frac{1}{2}} - \hbar\omega$ 线中得到吸收边斜率：

$$\left[\frac{c}{\exp\left(\frac{E_p}{k_B T}\right) - 1}\right]^{\frac{1}{2}} \tag{1-30}$$

表示伴随声子吸收的过程中，随着温度降低，线段的斜率减小，而当 $T \to 0$ 时，线段的斜率为零，即低温下声子被冻结，不会有声子吸收过程的发生。

当 $\hbar\omega > E_g + E_p$ 时，$[\alpha(\hbar\omega)]^{\frac{1}{2}} - \hbar\omega$ 线对应于吸收系数较大的线段，既包含声子吸收过程，也包含声子发射过程，而在低温下，这一段直线的斜率基本由发生声子的概率决定，即

$$\left[\frac{c}{1 - \exp\left(\frac{-E_p}{k_B T}\right)}\right]^{\frac{1}{2}} \tag{1-31}$$

表示当 $T \to 0$ 时，直线的斜率为 $c^{\frac{1}{2}}$，与吸收边斜率无关。

除间接带结构半导体外，直接带结构固体中也可能发生间接跃迁。间接跃迁包括两个过程，体系首先吸收光子，然后通过发射或吸收声子，或者通过杂质载流子的散射，使电子到达与初始波矢不同的导带中。在这种情况下，只要满足能量守恒条件，价带中的任一占据态都可以与导带中的任一非占据态发生光学跃迁。但此过程为二级过程，其发生的概率比直接跃迁发生的概率小很多。

对于重掺杂半导体，费米能级深入相应的谱带内，会使吸收边发生位移。间接带结构

半导体中的光学跃迁，除了借助声子参与来满足动量守恒条件，还可以不借助声子而依靠杂质散射来满足动量关系，这种情况下杂质散射的概率正比于掺杂浓度，与声子无关。

1.1.2.2　载流子运动行为

价带电子吸收光子，发生带间跃迁，被激发到导带，同时在价带产生空穴。被激发的电子处于非平衡态，会通过各种形式进行运动和能量转移。

当晶体中的电子受到激发时，晶体内原子排列的平衡位置受到扰动，晶格原子会调整位置以适应这种变化。处于不同状态的电子会引起晶格原子调整到不同的平衡位置，这种依赖电子态晶格畸变的现象称为晶格弛豫。晶格弛豫是一种重要的弛豫现象，是通过电子-声子相互作用实现的。由于电子-声子相互作用，被激发的电子既可以通过与声子的相互作用耗散掉多余的能量而到达导带底部，从而达到热平衡态，也可以通过声子级联过程将能量全部耗散而回到基态，发生无辐射跃迁。前者是最有可能发生的热转化过程，时间尺度在 $10^{10}\ s^{-1}$（声学声子）～$10^{10}\ s^{-1}$（光学声子）的量级。

除了通过电子-声子相互作用耗散能量，激发态电子还可以利用俄歇（Auger）效应耗散能量，即导带过热电子与另一个电子碰撞，耗散掉全部能量，使另一个电子被激发，同时无辐射地与价带空穴复合。

被激发到导带中的电子，首先弛豫到导带底部，有可能进一步吸收红外光子，在导带内部发生跃迁，这种现象称为自由载流子吸收。这种跃迁发生在不同的波矢 $\boldsymbol{K}$ 之间，因此必须伴随声子的吸收或发射，也可以通过杂质散射来满足波矢条件。自由载流子的吸收特征为

$$\alpha(\lambda) = A\lambda^{p} \tag{1-32}$$

吸收光谱是关于波长 λ 的连续谱，随 λ 增加，吸收曲线单调上升。无精细结构时指数 p 的范围可以是 1.5～3.5，与散射机制有关。此外，掺杂和其他形式的激发使价带顶部有足够的空穴，导带底部有足够的电子，这种情况下可以发生子带间的跃迁。

与分子类似，激发态电子也可以与价带空穴复合，通过辐射跃迁来释放能量、发出荧光，发光的过程大致可以理解为吸收的逆过程，但两者涉及的电子能态有着显著区别。因为吸收过程涉及价带中所有可能的被占据态和导带中所有可能的空出态，所以固体的吸收光谱一般比较宽，而且会出现明显的吸收边；发光来自导带中弛豫到导带底部比较狭窄范围的热电子与价带空穴的复合，因此带间复合发光的发光谱带比较窄。

带间复合同样有直接和间接两种形式。对于直接带结构半导体，动量守恒定律要求复合前、后的波矢 $\boldsymbol{K}$ 相等。采用有效质量近似，设导带与价带均具有抛物线型能带结构，单位体积发光跃迁的概率可以表示为

$$W_{\mathrm{em}}=\frac{2\pi}{h}\left(\frac{e\boldsymbol{A}_0^+}{m}\right)^2\sum_{C,V}|\,a\cdot\boldsymbol{M}_{C,V}(\boldsymbol{K})\,|^2\cdot\delta[E_V(\boldsymbol{K})-E_C(\boldsymbol{K})+\hbar\omega] \tag{1-33}$$

式中，$\boldsymbol{A}_0^+$ 为辐射场矢量势的振幅。它对应的指数因子 $\exp(-i\boldsymbol{k}\cdot\boldsymbol{r}+i\omega t)$ 表示发射，采用吸收和发射的偶极矩阵元近似相等的条件，求和中的 δ 函数表示发射过程中的能量关系，于是带间辐射复合速率可以表示为

$$L(\omega)=\frac{2\pi}{h}\left(\frac{e\boldsymbol{A}_0^+}{m}\right)^2\sum_{C,V}|\,a\cdot\boldsymbol{M}_{C,V}(\boldsymbol{K})\,|^2\cdot n_{\mathrm{c}}n_{\mathrm{v}}\delta[E_V(\boldsymbol{K})-E_C(\boldsymbol{K})+\hbar\omega] \tag{1-34}$$

式中，n_{c} 为导带中被占据态的密度；n_{v} 为价带中空出态的密度。假设电子和空穴的分布函数可以用玻尔兹曼(Boltzmann)分布近似，则式(1－34)可近似化为

$$\begin{aligned}L(\omega)&=A'(\hbar\omega-E_{\mathrm{g}})^{\frac{1}{2}}\exp\left(-\frac{\hbar\omega-E_{\mathrm{g}}}{k_{\mathrm{B}}T}\right)\\&=B\alpha(\omega)\exp\left(-\frac{\hbar\omega-E_{\mathrm{g}}}{k_{\mathrm{B}}T}\right)\end{aligned} \tag{1-35}$$

式中，A' 和 B 为与频率无关的常数。式(1－35)表明了发光与吸收之间的关系，不同之处在于复合率多了一个权重因子 $\exp\left(-\frac{\hbar\omega-E_{\mathrm{g}}}{k_{\mathrm{B}}T}\right)$，使得发射光谱与吸收光谱的图像完全不同。当 $\hbar\omega>E_{\mathrm{g}}$ 时，随着频率的增加，带间吸收以幂指数形式增长，而发光中的权重因子使这一增长迅速下降，在 E_{g} 附近出现峰值(图 1－4)。从式(1－35)中也能推出，发光光谱的低能方向上会出现陡直下降边，而高能方向上的发光会有拖尾。实际上，由于存在带尾态和杂质态的复合，因而发光光谱中的低能边也会被展宽。

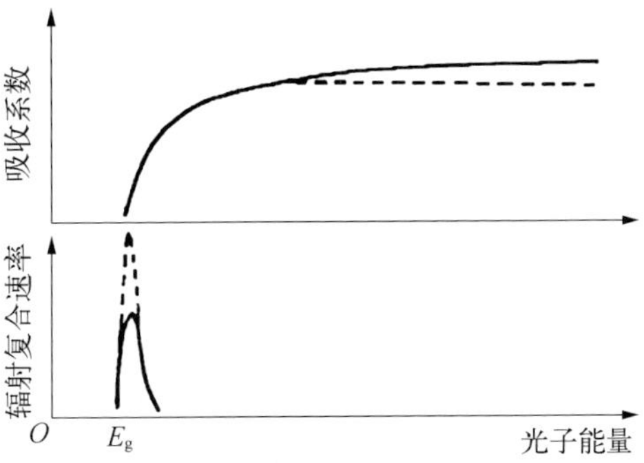

图 1－4　带间吸收光谱与发射光谱的比较

间接带结构半导体的带间复合发光必须有声子参与才能满足动量守恒条件。通过声子，导带中所有被占据态电子与价带中所有空穴联系。但与间接吸收同时有声子吸收和发射不同，间接复合主要伴随声子发射。一方面，处于高能状态的电子跃迁到低能状态容易发生声子发射；另一方面，带间复合发光一般在低温下测量，低温下可供吸收的分子比较少。考虑所有可能的电子和空穴以及平均声子数和权重因子，可得

$$L(\omega)=B'(\hbar\omega-E_{\mathrm{g}}+\hbar\omega_{\mathrm{p}})^{\frac{1}{2}}\exp\left(-\frac{\hbar\omega-E_{\mathrm{g}}+\hbar\omega_{\mathrm{p}}}{k_{\mathrm{B}}T}\right) \tag{1-36}$$

式中，$\hbar\omega_p$ 为声子能量。平均声子数因子包含在常数 B' 中。

带间复合发光容易发生自吸收，特别是来自较高能谷间的复合发光容易造成对低能谷的激发。设某发光样品表面的反射率为 R，样品的吸收系数为 $\alpha(\omega)$，样品内部离表面 x 处的发光光谱 $L_x(\omega)$，发光传输到表面的强度为 $L_0(\omega)$，则有

$$L_x(\omega) = (1 - R)L_0(\omega)e^{-\alpha(\omega)x} \tag{1-37}$$

因此，自吸收效应往往会使发射光谱严重失真。

1.1.2.3　激子的种类与形成

固体吸收光子，除发生带与带之间的跃迁外，电子和空穴也有可能重新束缚在一起形成激子。激子是一类激发单元，当激发态密度较低时，激子可以作为独立的粒子来处理，而在高激发密度下，激子和激子将会发生相互作用形成激子分子，乃至电子空穴液滴。

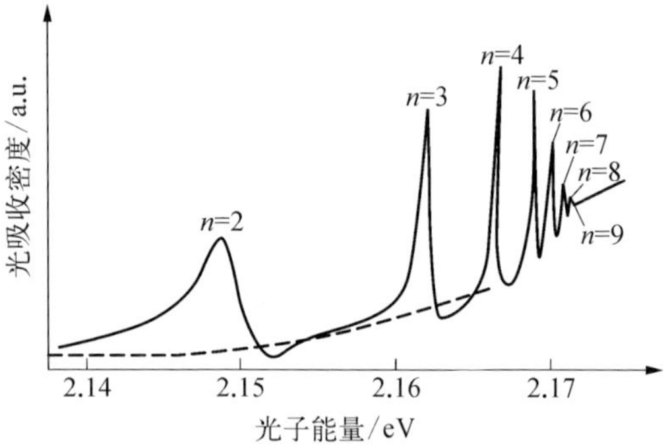

图 1-5　Cu_2O 激子的吸收光谱

激子的吸收和发射光谱特征与带-带跃迁显著不同，具有明显的特征结构。对吸收而言，表现为在低能边出现一系列吸收强度比带间跃迁高很多的分立的吸收峰。这些峰的出现并不伴随光电导，表明这些吸收峰不是由价带电子跃迁到导带引起的，而对应于价带电子激发到导带下一些分立能级(图 1-5)。

电子和空穴都是一种准粒子，准粒子是波包的中心位置，一个波包的群速度为

$$\boldsymbol{v}_g = \frac{1}{\hbar}[\nabla_k E(\boldsymbol{K})]_{k_0} \tag{1-38}$$

式中，k_0 为波包中心位置的波矢。在布里渊区高对称点上，电子和空穴的群速度为 0，即

$$v_g = \frac{1}{\hbar}\frac{dE_V}{dK} = \frac{1}{\hbar}\frac{dE_C}{dK} = 0 \tag{1-39}$$

而在布里渊区一些高对称线上，电子和空穴的群速度相等，即

$$v_g = \frac{1}{\hbar}\frac{dE_V}{dK} = \frac{1}{\hbar}\frac{dE_C}{dK} \tag{1-40}$$

也就是说，在布里渊区的高对称点或等高线上，电子和空穴的群速度为 0 或相等，这样它们可以通过库仑相互作用关联在一起，形成激子这一束缚态。激子通常形成在布里渊区的临

界点附近，激子一旦形成，便可作为一个整体在固体中运动，传播能量和动量，但不传播电荷。其激发低于能隙，因而不伴随光电导。在升温等条件下，激子又容易解离为电子和空穴，解离的能量成为激子结合能。根据激子束缚能的大小，激子可分为两种类型：一种是弗伦克尔(Frenkel)激子，其束缚半径小，约在一个原子的范围内，为紧束缚激子；另一种是万尼尔(Wannier)激子，其束缚半径大，为几十个到上百个波尔半径大小。

绝缘晶体中的激发由弗伦克尔(Frenkel)提出，激发非常局域化，可能局限在某个原子上，但不同于孤立原子的激发，弗伦克尔激子不仅局限于该原子，而是可以通过邻近原子的相互作用，从一个原子传播到另一个原子，而且该激子始终为中性。弗伦克尔激子的能谱为

$$E_K = E_n + 2I\cos\boldsymbol{K}\cdot\boldsymbol{a} \tag{1-41}$$

式中，E_K 为激子的能带；E_n 为自由原子激发能；I 为相互作用能，表示激发从原子 j 传递到邻近原子 $j+1$ 和 $j-1$ 的传递速率；$\boldsymbol{a}$ 为原子的位矢量。应用边界条件，可得

$$\boldsymbol{K}N\cdot\boldsymbol{a} = 2n\pi \quad (n=1,\ 2,\ 3,\ \cdots) \tag{1-42}$$

$$\boldsymbol{K} = 2n\pi/Na \tag{1-43}$$

可见弗伦克尔激子的 K 也只能取一些分立的值，且被限制在第一布里渊区，且有 $-N/2,\ -N/2+1,\ \cdots,\ N/2$ 共 N 个，也就是说激子只能有 N 个简正模式。

当电子-空穴对的束缚半径比原子半径大得多时，形成弱束缚激子，即万尼尔(Wannier)激子，以价带顶部为参照点，弱束缚激子的能谱可表示为

$$E_w = E_n - \frac{R^*}{n^2} + \frac{\hbar^2K^2}{2(m_e^* + m_h^*)} \tag{1-44}$$

式中，R^* 叫作激子等效里德伯常数，有 $R^* = \dfrac{m^*}{m_0\varepsilon^2}13.6(\mathrm{eV})$；$m^*$ 为电子空穴约化质量；m_0 为电子静止质量。弱束缚激子能谱表达式的最后一项代表激子动能，对直接跃迁 $K\approx 0$，动能项可以忽略不计，而如果激子吸收谱为低于带隙的一系列类氢谱线，考虑动能项，谱线会加宽。

与带-带之间跃迁类似，激子的跃迁同样分为直接跃迁和间接跃迁。对于紧束缚激子的直接跃迁，波矢为 $\boldsymbol{k}$ 的光子产生一个波矢为 $\boldsymbol{K}$ 的激子，其波矢条件为

$$|\boldsymbol{k}| = |\boldsymbol{K}| = n\omega/c \tag{1-45}$$

式中，n 为体系折射率，假设吸收能量为 1 eV 的光子。产生的激子波矢 $|K| = \dfrac{n\omega}{c} \approx 10^5\ \mathrm{cm^{-1}}$，而布里渊区边界 $\dfrac{\pi}{a} \approx 10^8\ \mathrm{cm^{-1}}$，相比之下可以认为一个光子只能激发布里渊区附近（$|K| \approx 0$）的激子。而不能激发全部激子，故 Frenkel 激子可以产生分立的吸收谱

线。此外，激子吸收的波矢条件为

$$|K_m| = 0 \tag{1-46}$$

意味着激子跃迁必须是垂直跃迁。

对于弱束缚激子，没有声子参与产生的激子叫作零声子激子，Wannier激子有确定的能级，能量选择定则为 $\Delta n = 1$。在直接光学跃迁中，$n = 1$ 允许的跃迁叫作第一类跃迁，需要满足偶极跃迁选择定则和类氢跃迁选择定则，分别为① $a \cdot M_{V,C}(|K| = 0) \neq 0$，② $F_{nlm}(0) \neq 0$。相应的能隙为 E_g 的激子吸收光谱可以表示为

$$\hbar\omega = E_g - \frac{R^*}{n^2}(n = 1, 2, 3, \cdots) \tag{1-47}$$

$n = 1$ 禁止的跃迁称为第二类跃迁，选择定则为① $a \cdot M_{V,C}(|K| \neq 0) = CK$，$a \cdot M_{C,V}(|K| \neq 0) = 0$，② $\left[\frac{\partial}{\partial r} F_{nlm}(r)\right]_{r=0} \neq 0$。吸收光谱为

$$\hbar\omega = E_g - \frac{R^*}{n^2}(n = 2, 3, \cdots) \tag{1-48}$$

对于间接带结构半导体，需要声子参与才能满足动量守恒条件发生激子的间接跃迁，其能量和波矢条件分别为

$$\hbar\omega_a = E_{e,f} - E_p \tag{1-49}$$

$$\hbar\omega_e = E_{e,f} + E_p \tag{1-50}$$

$$\mathbf{K} = \boldsymbol{k} \pm \boldsymbol{q} \approx \pm \boldsymbol{q} \tag{1-51}$$

式中，$\boldsymbol{k}$ 和 $\boldsymbol{q}$ 分别表示光子和声子的波矢；$\hbar\omega_a$ 和 $\hbar\omega_e$ 分别表示伴随吸收和发射激子跃迁的能量。因激子吸收峰由于声子参与被调至，表现为叠加在带间跃迁吸收边上的一些台阶。

1.1.2.4　自由基子与束缚激子的复合发光

激子作为固体的一种元激发态，其携带的能量可以通过电子-空穴复合发光将能量释放出来。对于直接能带结构半导体，自由激子的发光能量为

$$\hbar\omega = E_g - R^* \tag{1-52}$$

对于间接带结构半导体，激子发光的能量为

$$\hbar\omega = E_g - R^* - NE_p \tag{1-53}$$

式中，E_p 为发射声子的能量；N 为发射的声子数。因此在激子光谱中，常常出现声子伴线。

如果激子处在杂质中心附近时，系统能量进一步降低，那么激子可以被束缚在杂质或者缺陷中心上，形成稳定状态，即束缚激子。束缚使激子发光能量进一步降低，因此发光位

于自由激子低能方向，并且发光峰的半高宽会变窄。

1.1.3　非线性光谱学简介

1.1.3.1　密度算符

对于纯量子态 $|\psi\rangle$，可定义密度算符：

$$\rho = |\psi\rangle\langle\psi| \tag{1-54}$$

将 $|\psi\rangle$ 在一组基 $|n\rangle$ 中展开：

$$|\psi\rangle = \sum_n c_n |n\rangle \tag{1-55}$$

相应左矢：

$$\langle\psi| = \sum_n c_n^* \langle n| \tag{1-56}$$

则有

$$\rho = |\psi\rangle\langle\psi| = \sum_{n,\, m} c_n c_m^* |n\rangle\langle m| \tag{1-57}$$

$$\rho_{nm} = \langle n|\rho|m\rangle = c_n c_m^* \tag{1-58}$$

对任一算符 A，其期望值：

$$\begin{aligned}\langle A\rangle = \langle\psi|A|\psi\rangle &= \sum_{n,\, m} c_n c_m^* \langle m|A|n\rangle \\ &= \sum_{n,\, m} c_n c_m^* A_{mn} = \sum_{n,\, m} \rho_{nm} A_{mn} = Tr(A\rho)\end{aligned} \tag{1-59}$$

1.1.3.2　密度算符的时间演化

根据 Schördinger 方程：

$$\frac{\mathrm{d}}{\mathrm{d}t}|\psi\rangle = -\frac{i}{\hbar}H|\psi\rangle \tag{1-60}$$

$$\frac{\mathrm{d}}{\mathrm{d}t}\langle\psi| = +\frac{i}{\hbar}\langle\psi|H \tag{1-61}$$

则有

$$\begin{aligned}\frac{\mathrm{d}}{\mathrm{d}t}\rho &= \frac{\mathrm{d}}{\mathrm{d}t}(|\psi\rangle\langle\psi|) = \frac{\mathrm{d}}{\mathrm{d}t}(|\psi\rangle)\langle\psi| + |\psi\rangle\frac{\mathrm{d}}{\mathrm{d}t}(\langle\psi|) \\ &= -\frac{i}{\hbar}H|\psi\rangle\langle\psi| + \frac{i}{\hbar}|\psi\rangle\langle\psi|H \\ &= -\frac{i}{\hbar}H\rho + \frac{i}{\hbar}\rho H = -\frac{i}{\hbar}(H\rho - \rho H) = -\frac{i}{\hbar}[H,\, \rho]\end{aligned} \tag{1-62}$$

即 Liouville-von Neumann 方程。

在纯态中,式(1-62)只是对 Schördinger 方程的改写,两者是等价的:

$$\frac{\mathrm{d}}{\mathrm{d}t}|\psi\rangle = -\frac{i}{\hbar}H|\psi\rangle \Leftrightarrow \frac{\mathrm{d}}{\mathrm{d}t}\rho = -\frac{i}{\hbar}[H,\ \rho] \tag{1-63}$$

而对于凝聚态,系统常是平均系综而非纯态,此时无法将其写作波函数形式,需用密度算符表示。令 P_k 为系统处于态 $|\psi\rangle$ 的概率,此时密度算符定义为

$$\rho = \sum_k P_k |\psi_k\rangle\langle\psi_k| \tag{1-64}$$

式中,$P_k \geqslant 0$; $\sum_k P_k = 1$。

1.1.3.3　无微扰情况下二能级系统密度矩阵的时间演化

以 H 的本征态为基矢 $|1\rangle$、$|2\rangle$,其相应本征值分别为 ε_1、ε_2,则有

$$H = \begin{pmatrix} \varepsilon_1 & 0 \\ 0 & \varepsilon_2 \end{pmatrix} \tag{1-65}$$

将其代入式(1-62),于是有

$$\begin{aligned} \frac{\mathrm{d}}{\mathrm{d}t}\begin{pmatrix} \rho_{11} & \rho_{12} \\ \rho_{21} & \rho_{22} \end{pmatrix} &= -\frac{i}{\hbar}\left[\begin{pmatrix} \varepsilon_1 & 0 \\ 0 & \varepsilon_2 \end{pmatrix}\begin{pmatrix} \rho_{11} & \rho_{12} \\ \rho_{21} & \rho_{22} \end{pmatrix} - \begin{pmatrix} \rho_{11} & \rho_{12} \\ \rho_{21} & \rho_{22} \end{pmatrix}\begin{pmatrix} \varepsilon_1 & 0 \\ 0 & \varepsilon_2 \end{pmatrix}\right] \\ &= -\frac{i}{\hbar}\left[\begin{pmatrix} \varepsilon_1\rho_{11} & \varepsilon_1\rho_{12} \\ \varepsilon_2\rho_{21} & \varepsilon_2\rho_{22} \end{pmatrix} - \begin{pmatrix} \rho_{11}\varepsilon_1 & \rho_{12}\varepsilon_2 \\ \rho_{21}\varepsilon_1 & \rho_{22}\varepsilon_2 \end{pmatrix}\right] \\ &= -\frac{i}{\hbar}\begin{pmatrix} 0 & (\varepsilon_1 - \varepsilon_2)\rho_{12} \\ (\varepsilon_2 - \varepsilon_1)\rho_{21} & 0 \end{pmatrix} \end{aligned} \tag{1-66}$$

对上式各矩阵元积分:

$$\begin{aligned} &\dot{\rho}_{11} = 0 \Rightarrow \rho_{11}(t) = \rho_{11}(0) \\ &\dot{\rho}_{12} = -\frac{i}{\hbar}(\varepsilon_1 - \varepsilon_2)\rho_{12} \Rightarrow \rho_{12}(t) = \mathrm{e}^{-i(\varepsilon_1-\varepsilon_2)t/\hbar}\rho_{12}(0) \\ &\dot{\rho}_{21} = -\frac{i}{\hbar}(\varepsilon_2 - \varepsilon_1)\rho_{21} \Rightarrow \rho_{21}(t) = \mathrm{e}^{-i(\varepsilon_2-\varepsilon_1)t/\hbar}\rho_{21}(0) \\ &\dot{\rho}_{22} = 0 \Rightarrow \rho_{22}(t) = \rho_{22}(0) \end{aligned} \tag{1-67}$$

1.1.3.4　微扰情况下二能级系统密度矩阵的时间演化: Bloch 方程

设施加于体系的光场为

$$E(t) = 2E_0\cos(\omega t) = E_0\cos(\mathrm{e}^{i\omega t} + \mathrm{e}^{-i\omega t}) \tag{1-68}$$

则系统总 Hamilton 量为

$$H = H_0 + W(t) = H_0 + \mu E(t) \tag{1-69}$$

以 H 的本征态为基矢 $|1\rangle$、$|2\rangle$，其相应本征值分别为 ε_1、ε_2，则有

$$\begin{aligned} H &= H_0 + \mu E(t) \\ &= \varepsilon_1 |1\rangle\langle 1| + \varepsilon_2 |2\rangle\langle 2| + \mu E(t)(|1\rangle\langle 2| + |2\rangle\langle 1|) \\ &= \begin{pmatrix} \varepsilon_1 & \mu E(t) \\ \mu E(t) & \varepsilon_2 \end{pmatrix} \end{aligned} \tag{1-70}$$

代入式(1-62)：

$$\begin{aligned} &\frac{\mathrm{d}}{\mathrm{d}t}\begin{pmatrix} \rho_{11} & \rho_{12} \\ \rho_{21} & \rho_{22} \end{pmatrix} \\ &= -\frac{i}{\hbar}\left[\begin{pmatrix} \varepsilon_1 & \mu E(t) \\ \mu E(t) & \varepsilon_2 \end{pmatrix}\begin{pmatrix} \rho_{11} & \rho_{12} \\ \rho_{21} & \rho_{22} \end{pmatrix} - \begin{pmatrix} \rho_{11} & \rho_{12} \\ \rho_{21} & \rho_{22} \end{pmatrix}\begin{pmatrix} \varepsilon_1 & \mu E(t) \\ \mu E(t) & \varepsilon_2 \end{pmatrix}\right] \\ &= -\frac{i}{\hbar}\left[\begin{pmatrix} \varepsilon_1\rho_{11} + \mu E(t)\rho_{21} & \varepsilon_1\rho_{12} + \mu E(t)\rho_{22} \\ \mu E(t)\rho_{11} + \varepsilon_2\rho_{21} & \mu E(t)\rho_{12} + \varepsilon_2\rho_{22} \end{pmatrix} - \begin{pmatrix} \rho_{11}\varepsilon_1 + \rho_{12}\mu E(t) & \rho_{11}\mu E(t) + \rho_{12}\varepsilon_2 \\ \rho_{21}\varepsilon_1 + \rho_{22}\mu E(t) & \rho_{21}\mu E(t) + \rho_{22}\varepsilon_2 \end{pmatrix}\right] \\ &= -\frac{i}{\hbar}\begin{pmatrix} \mu E(t)(\rho_{21} - \rho_{12})\mu E(t) & (\varepsilon_1 - \varepsilon_2)\rho_{12} + \mu E(t)(\rho_{22} - \rho_{11})\mu E(t) \\ (\varepsilon_2 - \varepsilon_1)\rho_{21} + \mu E(t)(\rho_{11} - \rho_{22}) & \mu E(t)(\rho_{12} - \rho_{21}) \end{pmatrix} \end{aligned}$$

$$\Rightarrow \frac{\mathrm{d}}{\mathrm{d}t}\begin{bmatrix} \rho_{12} \\ \rho_{21} \\ \rho_{11} \\ \rho_{22} \end{bmatrix} = -\frac{i}{\hbar}\begin{bmatrix} \varepsilon_1 - \varepsilon_2 & 0 & -\mu E(t) & \mu E(t) \\ 0 & \varepsilon_2 - \varepsilon_1 & \mu E(t) & -\mu E(t) \\ -\mu E(t) & \mu E(t) & 0 & 0 \\ \mu E(t) & -\mu E(t) & 0 & 0 \end{bmatrix}\begin{bmatrix} \rho_{12} \\ \rho_{21} \\ \rho_{11} \\ \rho_{22} \end{bmatrix} \tag{1-71}$$

1.1.3.5　相互作用绘景

时间演化算符 $U(t, t_0)$ 定义为

$$U(t, t_0) = \mathrm{e}^{-\frac{i}{\hbar}H_0(t-t_0)} \tag{1-72}$$

$$|\psi(t)\rangle = U(t, t_0)|\psi(t_0)\rangle \tag{1-73}$$

在相互作用绘景下，体系波函数为

$$|\psi(t)\rangle = U(t, t_0)|\psi_I(t)\rangle \tag{1-74}$$

式中，$|\psi(t)\rangle$ 为总 Hamilton 量 $H(t)$ 作用下的波函数；含时波函数 $|\psi_I(t)\rangle$ 描述了在 $H(t)$ 和 H_0 的差值(弱微扰)作用下波函数随时间的演化。

将式(1－73)代入 Schördinger 方程：

$$-\frac{i}{\hbar}H\mid\psi(t)\rangle=\frac{\mathrm{d}}{\mathrm{d}t}\mid\psi(t)\rangle-\frac{i}{\hbar}H\cdot U(t,\ t_0)\mid\psi_I(t)\rangle=\frac{\mathrm{d}}{\mathrm{d}t}(U(t,\ t_0)\mid\psi_I(t)\rangle)$$

$$=\frac{\mathrm{d}}{\mathrm{d}t}(U(t,\ t_0))\mid\psi_I(t)\rangle+U(t,\ t_0)\frac{\mathrm{d}}{\mathrm{d}t}(\mid\psi_I(t)\rangle)$$

$$=-\frac{i}{\hbar}H_0\cdot U(t,\ t_0)\mid\psi_I(t)\rangle+U(t,\ t_0)\frac{\mathrm{d}}{\mathrm{d}t}(\mid\psi_I(t)\rangle)\tag{1－75}$$

$$\Rightarrow-\frac{i}{\hbar}H'(t)\cdot U(t,\ t_0)\mid\psi_I(t)\rangle=U(t,\ t_0)\frac{\mathrm{d}}{\mathrm{d}t}\mid\psi_I(t)\rangle\tag{1－76}$$

$$\Rightarrow-\frac{i}{\hbar}U^*(t,\ t_0)\cdot H'(t)\cdot U(t,\ t_0)\mid\psi_I(t)\rangle=\frac{\mathrm{d}}{\mathrm{d}t}\mid\psi_I(t)\rangle\tag{1－77}$$

$$\Rightarrow-\frac{i}{\hbar}H'_I(t)\mid\psi_I(t)\rangle=\frac{\mathrm{d}}{\mathrm{d}t}\mid\psi_I(t)\rangle\tag{1－78}$$

在相互作用绘景中,弱微扰 $H'_I(t)$ 定义为

$$H'_I(t)=U^*(t,\ t_0)\cdot H'(t)\cdot U(t,\ t_0)=\mathrm{e}^{\frac{i}{\hbar}H_0(t-t_0)}H'(t)\mathrm{e}^{-\frac{i}{\hbar}H_0(t-t_0)}\tag{1－79}$$

1.1.3.6 波函数的微扰展开

对式(1－78)进行迭代求解：

$$\begin{aligned}\frac{\mathrm{d}}{\mathrm{d}t}\mid\psi_I(t)\rangle&=-\frac{i}{\hbar}H'_I(t)\mid\psi_I(t)\rangle\\ \mid\psi_I(t)\rangle&=\mid\psi_I(t_0)\rangle-\frac{i}{\hbar}\int_{t_0}^{t}H'_I(\tau)\mid\psi_I(\tau)\rangle\mathrm{d}\tau\end{aligned}\tag{1－80}$$

迭代 1 次：

$$\mid\psi_I(t)\rangle=\mid\psi_I(t_0)\rangle-\frac{i}{\hbar}\int_{t_0}^{t}\left(H'_I(\tau)\mid\psi_I(t_0)\rangle-\frac{i}{\hbar}\int_{t_0}^{\tau_2}H'_I(\tau_1)\mid\psi_I(\tau_1)\rangle\mathrm{d}\tau_1\right)\mathrm{d}\tau$$

$$=\mid\psi_I(t_0)\rangle-\frac{i}{\hbar}\int_{t_0}^{t}H'_I(\tau)\mid\psi_I(\tau)\rangle\mathrm{d}\tau+$$

$$\left(-\frac{i}{\hbar}\right)^2\int_{t_0}^{t}\int_{t_0}^{\tau_2}H'_I(\tau_2)H'_I(\tau_1)\mid\psi_I(\tau_1)\rangle\mathrm{d}\tau_1\mathrm{d}\tau_2\tag{1－81}$$

迭代 n 次：

$$\begin{aligned}\mid\psi_I(t)\rangle=\mid\psi_I(t_0)\rangle+\sum_1^n\left(-\frac{i}{\hbar}\right)^n\int_{t_0}^{t}\int_{t_0}^{\tau_n}\int_{t_0}^{\tau_{n-1}}\cdots\int_{t_0}^{\tau_2}H'_I(\tau_n)H'_I(\tau_{n-1})\cdots\\ H'_I(\tau_1)\mid\psi_I(t_0)\rangle\mathrm{d}\tau_1\mathrm{d}\tau_2\cdots\mathrm{d}\tau_n\end{aligned}\tag{1－82}$$

在薛定谔绘景中，由于 $|\psi(t)\rangle = U(t, t_0)|\psi_I(t)\rangle$，$|\psi(t_0)\rangle = |\psi_I(t_0)\rangle$，由式(1-82)可得

$$|\psi(t)\rangle = |\psi^0(t_0)\rangle + \sum_1^n \left(-\frac{i}{\hbar}\right)^n \int_{t_0}^{t}\int_{t_0}^{\tau_n}\int_{t_0}^{\tau_{n-1}}\cdots \int_{t_0}^{\tau_2} U(t, t_0)H'_I(\tau_n)H'_I(\tau_{n-1})\cdots H'_I(\tau_1)|\psi(t_0)\rangle d\tau_1 d\tau_2\cdots d\tau_n \tag{1-83}$$

式中，$|\psi^0(t_0)\rangle = U(t, t_0)|\psi(t_0)\rangle$ 为不含任何微扰 $H'(t)$ 下的零阶波函数。利用式(1-79)及 $U(\tau_n, \tau_{n-1}) = U(\tau_n, t_0)U(t_0, \tau_{n-1}) = U(\tau_n, t_0)U^*(\tau_{n-1}, t_0)$ 可得

$$|\psi(t)\rangle = |\psi(t_0)\rangle + \sum_1^n \left(-\frac{i}{\hbar}\right)^n \int_{t_0}^{t}\int_{t_0}^{\tau_n}\int_{t_0}^{\tau_{n-1}}\cdots \int_{t_0}^{\tau_2} U(t, \tau_n)H'(\tau_n)U(\tau_n, \tau_{n-1})H'(\tau_{n-1})\cdots U(\tau_2, \tau_1)H'(\tau_1)U(\tau_1, t_0)|\psi(t_0)\rangle d\tau_1 d\tau_2\cdots d\tau_n \tag{1-84}$$

1.1.3.7　密度矩阵的微扰展开

类似地，定义相互作用绘景中的密度矩阵：

$$|\psi(t)\rangle\langle\psi(t)| = U(t, t_0)|\psi_I(t)\rangle\langle\psi_I(t)|U^*(t, t_0) \tag{1-85}$$

或

$$\rho(t) = U(t, t_0)\rho_0(t)U^*(t, t_0) \tag{1-86}$$

因相互作用绘景中的波函数 $|\psi_I(t)\rangle$ 随时间演化在形式上与 Schördinger 方程相同，代入求解，可得类似于式(1-62)的形式：

$$\frac{d}{dt}\rho_I(t) = -\frac{i}{\hbar}[H'(t), \rho_I(t)] \tag{1-87}$$

同理可得类似于式(1-82)的形式：

$$\rho_I(t) = \rho_I(t_0) + \sum_1^n \left(-\frac{i}{\hbar}\right)^n \int_{t_0}^{t}\int_{t_0}^{\tau_n}\int_{t_0}^{\tau_{n-1}}\cdots\int_{t_0}^{\tau_2}[H'_I(\tau_n), [H'_I(\tau_{n-1}), \cdots, [H'_I(\tau_1), \rho_I(t_0)]\cdots]]d\tau_1 d\tau_2\cdots d\tau_n \tag{1-88}$$

回到薛定谔绘景中，有

$$\rho(t) = \rho^0(t_0) + \sum_1^n \left(-\frac{i}{\hbar}\right)^n \int_{t_0}^{t}\int_{t_0}^{\tau_n}\int_{t_0}^{\tau_{n-1}}\cdots\int_{t_0}^{\tau_2} U(t, t_0)[H'_I(\tau_n), [H'_I(\tau_{n-1}), \cdots, [H'_I(\tau_1), \rho(t_0)]\cdots]]U^*(t, t_0)d\tau_1 d\tau_2\cdots d\tau_n \tag{1-89}$$

设 $\rho(t_0)$ 是在系统 Hamilton 量 H_0 作用下不随时间演化的平衡密度矩阵，令 $t_0 \rightarrow -\infty$。微扰形式为 $\mu E(t)$，将 $\rho(t)$ 在 $\rho(0)$ 处展开：

$$\rho(t) = \rho^0(-\infty) + \sum_{n=1}^{\infty} \rho^{(n)}(t) \tag{1-90}$$

n 阶密度矩阵可表示为

$$\begin{aligned}\rho^{(n)}(t) = \left(-\frac{i}{\hbar}\right)^n \int_{-\infty}^{t}\int_{-\infty}^{\tau_n}\int_{-\infty}^{\tau_{n-1}}\cdots\int_{-\infty}^{\tau_2} U(t,\ t_0)[\mu_I(\tau_n),\\ [\mu_I(\tau_{n-1}),\ \cdots,\ [\mu_I(\tau_1),\ \rho(-\infty)]\cdots]]U^*(t,\ t_0)\\ E(\tau_n)E(\tau_{n-1})\cdots E(\tau_1)\mathrm{d}\tau_1\mathrm{d}\tau_2\cdots\mathrm{d}\tau_n\end{aligned} \tag{1-91}$$

此处定义相互作用绘景下的偶极算符：

$$\mu_I(t) = U^*(t,\ t_0)\mu U(t,\ t_0) = \mathrm{e}^{\frac{i}{\hbar}H_0(t-t_0)}\mu\mathrm{e}^{-\frac{i}{\hbar}H_0(t-t_0)} \tag{1-92}$$

1.1.3.8 非线性响应函数

宏观极化强度可由偶极算符的期望值得到：

$$P(t) = Tr[\mu\rho(t)] = \langle\mu\rho(t)\rangle \tag{1-93}$$

在强外电场作用下，极化强度与外电场强度的关系为

$$P = \varepsilon_0(\chi^{(1)}\cdot E + \chi^{(2)}\cdot E^2 + \chi^{(1)}\cdot E^3 + \cdots) \tag{1-94}$$

对比式(1－93)和式(1－94)易知，n 阶极化强度：

$$P^{(n)}(t) = \langle\mu\rho^{(n)}(t)\rangle \tag{1-95}$$

将式(1－91)、式(1－92)代入式(1－95)可得

$$\begin{aligned}P^{(n)}(t) = \left(-\frac{i}{\hbar}\right)^n \int_{-\infty}^{t}\int_{-\infty}^{\tau_n}\int_{-\infty}^{\tau_{n-1}}\cdots\int_{-\infty}^{\tau_2}\langle\mu(t),\ [\mu(\tau_n),\\ [\mu(\tau_{n-1}),\ \cdots,\ [\mu(\tau_1),\ \rho(-\infty)]\cdots]]\rangle\\ E(\tau_n)E(\tau_{n-1})\cdots E(\tau_1)\mathrm{d}\tau_1\mathrm{d}\tau_2\cdots\mathrm{d}\tau_n\end{aligned} \tag{1-96}$$

将时间变量做如下变换：

$$\begin{aligned}\tau_1 &= 0\\ t_1 &= \tau_2 - \tau_1\\ t_2 &= \tau_3 - \tau_2\\ &\vdots\\ t_n &= t - \tau_{n-1}\end{aligned} \tag{1-97}$$

改写式(1－96)：

$$P^{(n)}(t)=\left(-\frac{i}{\hbar}\right)^{n}\int_{0}^{\infty}\int_{0}^{\infty}\int_{0}^{\infty}\cdots\int_{-\infty}^{\tau_2}\langle\mu(t_n+t_{n-1}+\cdots+t_1)[\mu(t_{n-1}+\cdots+t_1),$$
$$[\mu(t_{n-2}+\cdots+t_1),\cdots,[\mu(\tau_1),\rho(-\infty)]\cdots]]\rangle E(t-t_n)$$
$$E(t-t_n-t_{n-1})\cdots E(t-t_n-t_{n-1}-\cdots-t_1)\mathrm{d}t_1\mathrm{d}t_2\cdots\mathrm{d}t_n \tag{1-98}$$

令

$$S^{(n)}(t_n, t_{n-1}, \cdots, t_1)=\left(-\frac{i}{\hbar}\right)^{n}\langle\mu(t_n+t_{n-1}+\cdots+t_1)[\mu(t_{n-1}+\cdots+t_1),$$
$$[\mu(t_{n-2}+\cdots+t_1),\cdots,[\mu(\tau_1),\rho(-\infty)]\cdots]]\rangle \tag{1-99}$$

称为 $S^{(n)}(t_n, t_{n-1}, \cdots, t_1)$ 为非线性相应函数。

1.1.3.9　双边费曼图

在非线性响应函数 $S^{(n)}(t_n, t_{n-1}, \cdots, t_1)$ 中，$\langle\mu(t_n+t_{n-1}+\cdots+t_1)[\mu(t_{n-1}+\cdots+t_1),[\mu(t_{n-2}+\cdots+t_1),\cdots,[\mu(\tau_1),\rho(-\infty)]\cdots]]\rangle$ 共有 2^n 项。其每项都对应有另一项与之共轭，故只需考虑其中的 2^{n-1} 项。现在考虑线性响应及三阶非线性响应。

对于线性响应：

$$\begin{aligned}S^{(1)}(t_1)&=-\frac{i}{\hbar}\langle\mu(t_1)[\mu(0),\rho(-\infty)]\rangle\\&=-\frac{i}{\hbar}(\langle\mu(t_1)\mu(0)\rho(-\infty)\rangle-\langle\mu(t_1)\rho(-\infty)\mu(0)\rangle)\\&=-\frac{i}{\hbar}(\langle\mu(t_1)\mu(0)\rho(-\infty)\rangle-\langle\rho(-\infty)\mu(0)\mu(t_1)\rangle)\\&=-\frac{i}{\hbar}(\langle\mu(t_1)\mu(0)\rho(-\infty)\rangle-\langle\mu(t_1)\mu(0)\rho(-\infty)\rangle^{*})\end{aligned} \tag{1-100}$$

上式展开后的两项对应的费曼图如图 1-6 所示。

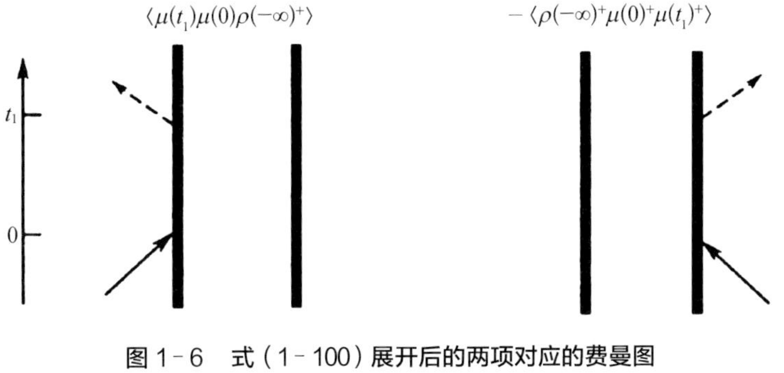

图 1-6　式（1-100）展开后的两项对应的费曼图

在费曼图中，左垂直线表示密度矩阵中右矢随时间的演化，右垂直线表示左矢随时间的演化；时间轴自下而上；指向右矢或左矢的箭头表示某时刻偶极算符（光场）的作用；每个图的符号为 $(-1)^n$，n 表示从右侧作用的次数；右向箭头表示电场分量 $e^{-i\omega t+ikr}$，左向箭头表示电场分量 $e^{+i\omega t-ikr}$；指向系统方向的箭头表示对应密度矩阵相应一遍的激发过程，背离系统方向的箭头表示去激发过程；最后一次作用后密度矩阵必处于某一布居态上。

同理，对于三阶非线性响应：

$$\begin{aligned}
&\langle\mu(t_3+t_2+t_1)[\mu(t_2+t_1),[\mu(t_1),[\mu(0),\rho(-\infty)]]]\rangle \\
&=\langle\mu(t_3+t_2+t_1)\mu(t_2+t_1)\mu(t_1)\mu(0)\rho(-\infty)\rangle && \Rightarrow R_4 \\
&\quad-\langle\mu(t_3+t_2+t_1)\mu(t_2+t_1)\mu(t_1)\rho(-\infty)\mu(0)\rangle && \Rightarrow R_1^* \\
&\quad-\langle\mu(t_3+t_2+t_1)\mu(t_2+t_1)\mu(0)\rho(-\infty)\mu(t_1)\rangle && \Rightarrow R_2^* \\
&\quad+\langle\mu(t_3+t_2+t_1)\mu(t_2+t_1)\rho(-\infty)\mu(0)\mu(t_1)\rangle && \Rightarrow R_3 \\
&\quad-\langle\mu(t_3+t_2+t_1)\mu(t_1)\mu(0)\rho(-\infty)\mu(t_2+t_1)\rangle && \Rightarrow R_3^* \\
&\quad+\langle\mu(t_3+t_2+t_1)\mu(t_1)\rho(-\infty)\mu(0)\mu(t_2+t_1)\rangle && \Rightarrow R_2 \\
&\quad+\langle\mu(t_3+t_2+t_1)\mu(0)\rho(-\infty)\mu(t_1)\mu(t_2+t_1)\rangle && \Rightarrow R_1 \\
&\quad-\langle\mu(t_3+t_2+t_1)\rho(-\infty)\mu(0)\mu(t_1)\mu(t_2+t_1)\rangle && \Rightarrow R_4^*
\end{aligned} \tag{1-101}$$

式中，R_1^*、R_2^*、R_3^*、R_4^* 分别是 R_1、R_2、R_3、R_4 的复共轭。其费曼图如图 1-7 所示。

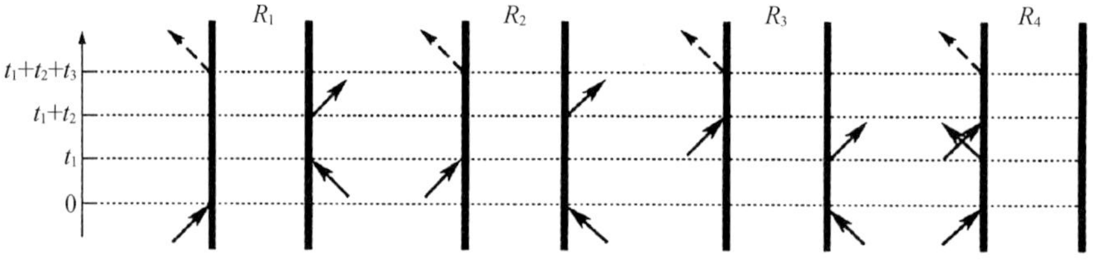

图 1-7　式（1-101）展开后的各项对应的费曼图

1.1.4　超快光谱学简介

超快光谱技术，即通过超短光脉冲研究原子、分子、团簇及凝聚态中所涉及的一系列光致动力学过程。近年来，由于超短光脉冲产生方式以及谱学技术的发展，超快光谱技术在物理、化学、生物等诸多研究领域得到广泛应用。本小节就超快光脉冲产生、泵浦探测技术、二维光谱技术以及超快 X 射线衍射和电子衍射技术，对超快光谱学的应用及未来机遇和挑战做简要介绍。

1.1.4.1　超快光脉冲产生

超快光脉冲的产生极大地促进了超快光谱学技术的发展。超快激光系统一般由锁模振荡器、放大器及光参量放大器等部分组成。以克尔透镜锁模（Kerr lens mode locking, KLM）为例，激光器输出激光的波长范围由激光器的增益介质所决定，输出激光的重复频率由激光器的谐振腔所决定。最简单的谐振腔是由一对平面镜所构成的 Fabry－Perot 腔（F－P腔）和增益介质构成的。F－P 腔为激光器提供锁模机制，同时又提供了正反馈效应。当光在 F－P 腔内往返传输时会形成相消或相长的干涉，在腔内形成驻波。这些驻波构成的一系列分立的频率成分即是谐振腔的纵模。对于只有少数个纵模振荡形成脉冲输出的谐振腔而言，纵模的拍频效应会导致脉冲输出的强度随机起伏；当谐振腔内同时振荡的纵模数量多以千计时，此时这些纵模之间的相干效应会相互抵消，此时脉冲输出强度趋于稳定，即连续光（continuous wave, CW）运转模式。当这些纵模之间具有固定的相位关系时，此时激光器将输出由于周期性相长干涉所形成的强光脉冲，即达到纵模锁定或相位锁定的状态，这一过程即称为锁模（mode locking）。实现锁模的方式一般分为主动锁模和被动锁模两类。主动锁模是通过外加调制信号使谐振腔内脉冲产生调制从而实现例如声光调制锁模、电光调制锁模、同步泵浦锁模等；被动锁模是通过在谐振腔内放置被动元件使得腔内脉冲产生调制，最常用的方式是使用饱和吸收体（saturable absorber）或利用腔内元件的非线性光学特性从而选择性透过腔内强光[7]，科尔透镜锁模即属于后者。一般锁模振荡器产生的光脉冲能量在纳焦级别，由于能量过低对于许多应用领域不能满足要求，因此还需要对振荡器产生的脉冲输出进行放大，即脉冲啁啾放大技术（chirped pulse amplification, CPA）[8,9]。简单来讲，脉冲啁啾放大技术首先将振荡器产生的脉冲输出进行展宽，随后对展宽的光脉冲进行放大，然后再将经放大后的脉冲重新压缩回到原来的脉宽。通过这一技术，可以将原先纳焦级别的脉冲放大至毫焦耳甚至焦耳量级。

目前，主要的超短脉冲输出产生主要通过钛宝石激光器[9]、掺镱晶体或光纤激光器[10]获得。钛宝石激光器输出脉冲激光中心波长约为 800 nm，脉冲宽度为 10～20 fs；掺镱激光器输出脉冲激光中心波长约为 1 040 nm，脉冲宽度约为 200 fs。这些激光器脉冲能量高且稳定，但输出波长固定，某种程度上限制了其应用。一种解决方案是通过二阶非线性效应，光参量放大器[11]对脉冲输出进行调节，从而改变脉冲输出波长、光谱宽度及脉冲宽度等从而满足各方面的应用[12]。另外，通过三阶非线性效应，例如自相位调制[13]、白光连续谱产生[14]等同样可以实现光谱展宽以及改变输出脉冲频率。通过二次谐波（second-harmonic generation, SHG）或和频（sum-frequency generation, SFG）等方式可以将脉冲频率扩展至紫外区，通过光整流（optical rectification）或差频（difference-frequency generation, DFG）等方式可以将脉冲频率扩展至中红外至太赫兹波段[15]。更高频率的超短脉冲可以通过惰性气体中的高次谐波产生：首先原子被离子化电离出自由电子，随后电子经光场加速，与对离子碰撞并辐射紫外波段光脉冲[16]。超短 X 射线脉冲可由 X 射线自由电子激光[17]产生，其输出光脉冲能量可达几千电子伏特，覆盖硬 X 射线范围并具有飞秒、亚飞秒量级脉宽。尽管 X 射线自由电子激光目前尚具有能量不稳定等问题尚待解决，但由于其高能量、高时间分辨率等巨大优势使得其在超快 X 射线衍射、核能级光谱等研究领域具有不可替代的地位[18,19]。

1.1.4.2　泵浦探测技术

超快光谱实验一般探究研究系统与一系列光脉冲之间相互作用的三阶非线性响应过程。在泵浦探测实验，即瞬态吸收实验中，一束激发光(泵浦光)激发研究体系，触发所研究的光致物理化学过程，随后通过一束稍有延迟的探测光探测不同延迟时间时体系的光学性质变化。瞬态吸收实验的具体原理将在第 2 节中进行详细介绍。由于瞬态吸收实验可以实现对太赫兹波段至 X 射线波段内体系超快过程的探测，因此在生物过程[20]、光物理[21-23]、光化学[24-26]、微结构探测以及凝聚相体系研究[27,28]等诸多领域中具有非常广泛的应用。本小节以探测窗口扩展至紫外波段、时间分辨率高至阿秒的瞬态吸收实验为例对泵浦探测实验的应用进行简要介绍。

在紫外区，可以实现对原子的内层核轨道至价态的转变过程以及一系列光诱导过程中分子内价电子结构演化过程的观测。Attar 及其合作者[29]通过紫外区瞬态吸收光谱对典型的周环反应——1,3-环己二烯(CHD)的光致开环过程进行了系统研究。图 1-8(a)给出反应过程中不同分子态的势能面。紫外光激发使分子从基态(1A)跃迁至“亮态”电子激发态(2B)，2π 轨道电子跃迁至 1π* 分子轨道，此时波包演化经过第一个锥形交叉点到达“暗态”电子激发态(2A)。“暗态”电子激发态(2A)弛豫至所谓的周环极小值经过第二个锥形交叉点弛豫回电子基态或 1,3,5-己三烯(HT)光产物。在周环极小值处 2π 轨道电子和 1π* 轨道电子重叠并混合。

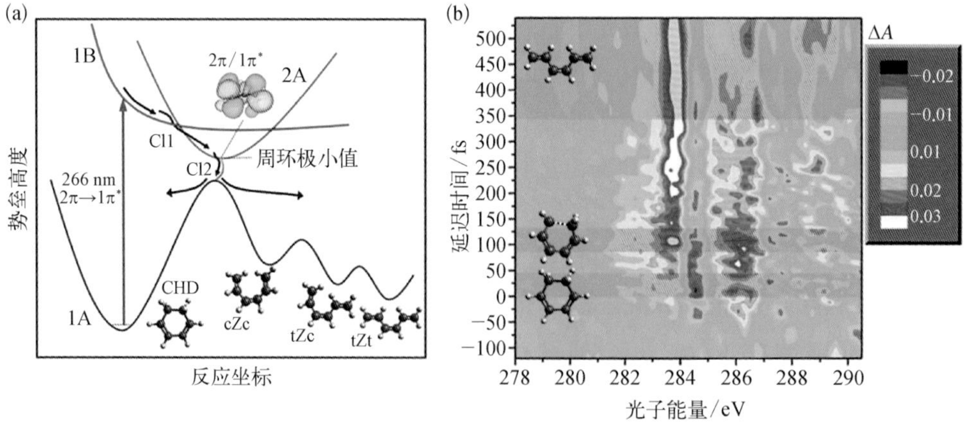

图 1-8　(a) 1, 3-环己二烯开环反应过程不同分子态势能面，反应形成三种 1, 3, 5-己三烯异构体；(b) 1, 3-环己二烯瞬态吸收光谱，反应过程中分子结构演化引起的 X 射线吸收随反应时间的变化关系

气相 1,3 -环己二烯的开环反应过程由能量为 4.8 eV 的光脉冲引发，并通过 275～310 eV的紫外光脉冲作为探测光进行探测，时间分辨率约为 120 fs。图 1 - 8(b)给出反应过程中 1,3 -环己二烯的瞬态吸收光谱。不难看出，该反应过程中共涉及三种不同的动力学过程：分别为反应物 1,3 -环己二烯的“亮态”电子激发态、“暗态”反应中间体和光产物 1,3,5 -己三烯。三种不同分子状态的动力学过程如图 1 - 9 所示。284.5 eV 表明反应物中碳原子的 1s 核能级跃迁至 1π* 轨道的过程；284.2 eV 表明开环产物 1s→1π* 跃迁过程；282.2 eV 表明碳原子 1s 电子跃迁至周环极小值处混合 2π/1π* 轨道过程。其中，284.5 eV 处动力学曲线表明该过程瞬间增大，并在 60 fs 内迅速衰减，表明电子激发态经过锥形交叉点从“亮态”到“暗态的转变过程”；282.2 eV 处动力学曲线表明该过程在 60 fs 内逐渐增大，随后在 110 fs 内快速衰减，给出了反应中间体的寿命；284.2 eV 处动力学曲线表明在 180 fs

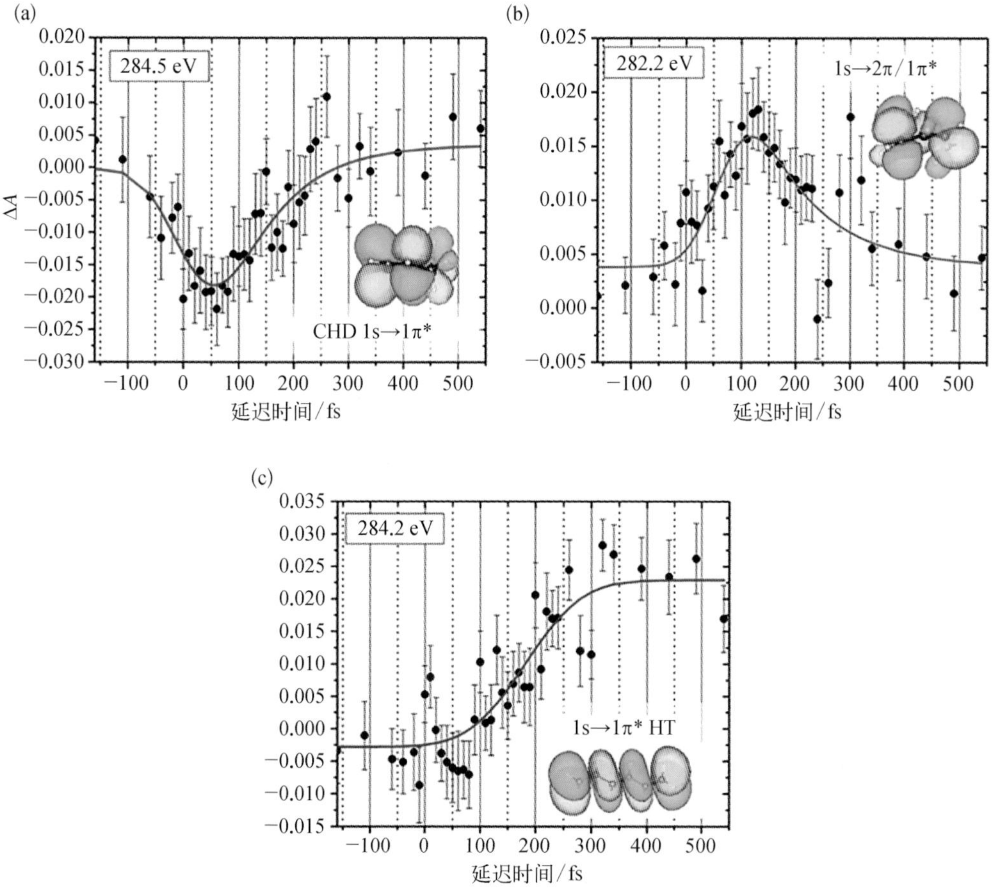

图 1 - 9　三种不同分子状态动力学曲线

(a) 284.5 eV，反应物中碳原子 1s→1π*；(b) 282.2 eV，周环极小值处碳原子 1s 电子进入杂化 2π/1π* 轨道；(c) 284.2 eV，开环产物 1s→1π* 转变

内逐渐增大，并且具有很长的寿命，表明该信号来源于光产物 1,3,5 -己三烯。对该反应过程在紫外光区进行探测，可以实现在实验上对于周环极小值处分子状态的形成和后续弛豫过程的观测，观测到反应物分子轨道和产物分子轨道的强烈重叠与混合，这证实了 Woodward - Hoffmann 对该反应过程的描述。

1.1.4.3　二维光谱

通过二维光谱可以实现测量体系的三阶非线性极化并通过三阶非线性光谱提取出大量重要信息。截至目前，二维光谱已广泛应用在从观测光合作用中量子相干[30,31]、半导体中多体相互作用[32,33]到分子结构演化[34,35]、溶剂动力学、化学反应动力学[36,37]等各个研究领域。二维光谱的原理将在下一节中进行详细介绍，本小节以二维红外光谱为例对二维光谱的应用进行简要介绍。

通过二维红外光谱，可以实现对分子结构的变化进行详细的观测。以细菌膜通道蛋白 KcsA 为例[38]，该蛋白通过骨架上四个羰基官能团形成的孔洞作为钾离子的结合位点[图 1 - 10(a)]来调控钾离子渗透穿过细胞膜。通过二维红外光谱直接观测钾离子渗透过

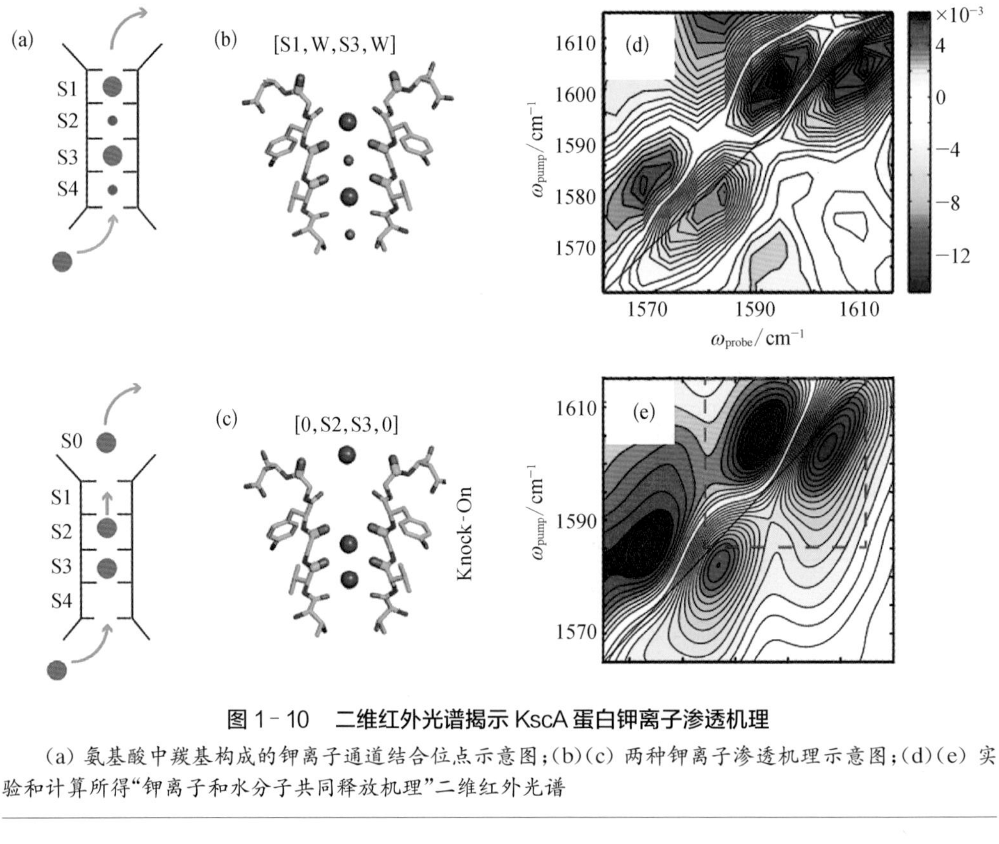

图 1 - 10　二维红外光谱揭示 KscA 蛋白钾离子渗透机理

(a) 氨基酸中羰基构成的钾离子通道结合位点示意图；(b)(c) 两种钾离子渗透机理示意图；(d)(e) 实验和计算所得“钾离子和水分子共同释放机理”二维红外光谱

程中蛋白质结构变化，对钾离子渗透机理提出了两种可能的途径：其一，该离子通道被两个钾离子占据[图 1－10(b)]，并被水分子分隔开来，第三个钾离子的靠近使得通道内钾离子发生迁移，此时钾离子和水分子同时穿过细胞膜；其二，假设两个钾离子在通道内占据相邻结合位点[图 1－10(c)]，第三个钾离子进入通道并与通道内钾离子发生碰撞，从而穿过细胞膜[39]。Zanni 及合作者[39]通过二维红外光谱结合同位素标记离子结合位点对两种机理进行了研究。由于分子振动对外部电场环境十分敏感，其振动频率与离子和水分子在通道中的构型具有明显的依赖关系。通过对标记和未标记蛋白分子进行二维红外光谱实验测试并相减，可以得到明显分立的两个振动峰信号[图 1－10(d)]。理论计算模拟准确复现二维红外光谱[图 1－10(e)]表明两个处于结合位点的钾离子被水分子分隔开来，这一结构表明第一种理论是正确的[图 1－10(b)]，并排除了后者钾离子碰撞穿过细胞膜的机理[图 1－10(c)]。

瞬态吸收光谱作为一种成熟的实验技术，因具有超高的灵敏度、超快的光谱覆盖范围及超高的时间分辨率而已经得以广泛应用。传统的泵浦探测实验的进行要求研究体系有大量分子存在，所研究的目标体系是均匀的，测量结果是系综平均的结果。但在某些条件下，这些要求是难以满足的。例如当分子或团簇的构型、尺寸或形状不统一且不能均匀分布时，这些不均匀性会导致体系的光学性质发生显著变化，从而使得瞬态吸收实验带来极大误差而无法进行。然而，这些系综体系引入的限制目前可通过其他方法加以规避或改善。例如通过单分子谱等一系列研究手段，可实现直接观测单个分子的荧光、吸收或其他光学性质变化[40,41]，从而直接获取体系系综平均前的信息。但目前单分子谱的研究手段其时间分辨率还远远不能达到飞秒量级，因此将瞬态吸收技术和单分子谱学技术加以结合，可能成为一种全新的具有更加广泛应用的新兴方法。但两者的结合极具挑战，对于光斑的聚焦，衍射极限使可见光斑直径约在百纳米，相较于分子及诸多纳米结构而言远远高出 1～2 个数量级，这使得吸收截面(10^{-16}～10^{-14} cm^{-2})和最小激发区域(10^{-9} cm^{-2})产生巨大失配，从而使得探测信号被噪声背景大幅掩盖，探测灵敏度大幅下降。

二维光谱在红外及可见波段已经成为一种较为成熟的实验技术，但在其他光谱范围例如太赫兹波段、紫外光区等仍尚待研究。另外，还需开发其他类型的二维光谱，如空间分辨二维荧光光谱[42]、气相二维电子谱[43]等，使得二维光谱的应用加以扩展。例如，二维紫外光谱探测技术对生物分子的结构和动力学研究具有重要意义，通过二维紫外光谱探测技术可以实现对包括 DNA 超快光保护机制[44]、分辨蛋白质二级结构[45]等诸多方面进行研究和观测。尽管这些其他类型的二维光谱技术同样具有重要意义和价值，但目前为止，一系列其他技术(如超短紫外光、太赫兹脉冲的产生和探测)的限制仍尚未成为主流研究手段。总之，超快光谱技术尚有很大的发展空间，与其他先进实验技术的结合以谋求概念上的突破，是超快光谱实验技术的重要发展方向。

1.1.5 非线性光学频率变换方法

固体激光器可以产生一定频率范围的激光，然而在实际应用中，往往需要更广泛的波长以满足实际需要，这就需要对现有的波长进行频率变换。非线性光学频率变换是超快激光光源进行频率拓展的重要手段。在非线性光学频率变换装置中，往往以三波混频为基础，通过倍频、参量放大、差频等方式频率变换，特殊情况下也会使用四波混频、光整形及空气等离子体相干技术产生不同频率的超快激光。本小节简要介绍非线性光学频率变换的基本原理、各个波段激光的通常获得手段及频率变换装置实例[2,46,47]。

1.1.5.1 光学的三波耦合过程

首先，讨论二阶非线性光学效应的具体表现。假设二阶非线性光学效应的入射光场由两个传播方向相同但频率不同的两个单色光场组成，则光场可以表示为

$$\boldsymbol{E}(t) = \sum_{n=1,\,2} \boldsymbol{E}_n \mathrm{e}^{-i\omega_n t} + c.c. \tag{1-102}$$

对于非中心对称的各向同性介质，二阶非线性极化强度为

$$\boldsymbol{P}^{(2)}(t) = \varepsilon_0 \chi^{(2)} \boldsymbol{E}^2 t \tag{1-103}$$

将式(1-102)代入式(1-103)，得

$$\begin{aligned}\boldsymbol{P}^{(2)}(t) = \varepsilon_0 \chi^{(2)} [&\boldsymbol{E}_1^2 \mathrm{e}^{-i2\omega_1 t} + \boldsymbol{E}_2^2 \mathrm{e}^{-i2\omega_2 t} + 2\boldsymbol{E}_1 \boldsymbol{E}_2 \mathrm{e}^{-i(\omega_1+\omega_2)t} + \\ &2\boldsymbol{E}_1 \boldsymbol{E}_2^* \mathrm{e}^{-i(\omega_1-\omega_2)t} + 2(\boldsymbol{E}_1 \boldsymbol{E}_1^* + \boldsymbol{E}_2 \boldsymbol{E}_2^*)] + c.c.\end{aligned} \tag{1-104}$$

可写成

$$\boldsymbol{P}^{(2)}(t) = \sum_i \boldsymbol{P}^{(2)}(\omega_i) \mathrm{e}^{-i\omega_i t} + c.c. \tag{1-105}$$

对于不同的二阶非线性光学效应，具有不同的极化率 $\chi^{(2)}(\omega_i)$ 和相应的极化强度：

$$\boldsymbol{P}^{(2)}(\omega_i) = D\varepsilon_0 \chi^{(2)}(\omega_i) \boldsymbol{E}(\omega_1) \boldsymbol{E}(\omega_2) \tag{1-106}$$

式中，ω_i 为由频率 ω_1 和 ω_2 两个单色光场以不同方式组合而成的极化场的频率，有 $2\omega_1$、$2\omega_2$、$(\omega_1+\omega_2)$、$(\omega_1-\omega_2)$ 和 0 五种；D 为简并因子，对应不同的 ω_i。二阶非线性光学效应及其极化强度分别为

$$\boldsymbol{P}(2\omega_1) = \varepsilon_0 \chi^{(2)}(2\omega_1) \boldsymbol{E}_1^2 \tag{1-107}$$

$$\boldsymbol{P}(2\omega_2) = \varepsilon_0 \chi^{(2)}(2\omega_2) \boldsymbol{E}_2^2 \tag{1-108}$$

$$\boldsymbol{P}(\omega_1+\omega_2) = 2\varepsilon_0 \chi^{(2)}(\omega_1+\omega_2) \boldsymbol{E}_1 \boldsymbol{E}_2 \tag{1-109}$$

$$\boldsymbol{P}(\omega_1-\omega_2) = 2\varepsilon_0 \chi^{(2)}(\omega_1-\omega_2) \boldsymbol{E}_1 \boldsymbol{E}_2^* \tag{1-110}$$

$$\boldsymbol{P}(0) = 2\varepsilon_0 \chi^{(2)}(0)(\boldsymbol{E}_1\boldsymbol{E}_1^* + \boldsymbol{E}_2\boldsymbol{E}_2^*) \tag{1-111}$$

分别对应于光倍频、和频、差频和光整流。一般情况下，两个不同方向的光场 $\boldsymbol{E}(\omega_1, \boldsymbol{k}_1)$ 和 $\boldsymbol{E}(\omega_2, \boldsymbol{k}_2)$ 作用于非线性介质，引起二阶非线性光学效应，产生一个新光场 $\boldsymbol{E}(\omega_3, \boldsymbol{k}_3)$。在这一系列过程中，均需要满足能量守恒，即

$$\omega_3 = \omega_1 + \omega_2 \tag{1-112}$$

还需满足动量守恒，完全相位匹配时需满足

$$k_1 + k_2 = k_3 \tag{1-113}$$

即相位失配 $\Delta k = k_1 + k_2 - k_3 = 0$，由于 $k_i = \omega_i n_i / c$，因此，相位匹配条件可以写为

$$\omega_1 n_1 + \omega_2 n_2 = \omega_3 n_3 \tag{1-114}$$

光学二次谐波，即光学倍频，是最早发现的非线性光学现象[48]，频率为 ω 的单色光通过长度为 L 的非线性晶体，产生频率为 2ω 的倍频光。在基频光能量很弱，只有少部分转化为倍频光能量时，使用基波小信号近似，得出出射倍频光光强与入射基波光强的关系：

$$I_3(L) = \frac{8\omega^2 d^2 L^2}{\varepsilon_0 n_{2\omega} n_\omega^2 c^3} I_1^2(0) \sin c^2\left(\frac{\Delta k L}{2}\right) \tag{1-115}$$

式中，$I_1(0)$ 和 I_3 为出射光的强度；d 为倍频系数；L 为晶体长度。光学倍频效率定义为输出功率与输入功率之比：

$$\eta = \frac{8\omega^2 d^2 L^2}{\varepsilon_0 n_{2\omega} n_\omega^2 c^3} \frac{P_1(0)}{S} \sin c^2\left(\frac{\Delta k L}{2}\right) \tag{1-116}$$

式中，$P_1(0)$ 为基频光的功率；S 为入射基频光束的横截面积。不难看出，当 $\Delta k = 0$ 时，倍频效率 η 取最大值，与入射基频光的功率成正比，与晶体倍频系数和晶体长度的平方成正比，与基频光入射截面积成反比。当 $\Delta k \neq 0$ 时，对于一定波矢适配因子 Δk，使晶体长度等于相干长度：

$$L_c = \frac{\pi}{\Delta k} \tag{1-117}$$

当 $L < L_c$ 时，有较高的倍频效率；当 $L > L_c$ 时，倍频效率很快下降，以小幅度周期变化。

在高转换效率下，基频波振幅不能看作常量，小信号近似不能使用，在满足相位匹配的情况下，倍频效率为

$$\eta = \frac{n_{2\omega}}{n_\omega} \frac{|E_3(L)|^2}{|E_1(0)|^2} = \frac{n_{2\omega}}{n_\omega} \tanh^2 \frac{L}{L_{SHG}} \tag{1-118}$$

式中，L_{SHG} 为有效倍频长度，定义为

$$L_{SHG}=\left[\frac{2\omega d}{cn}\mid E_1(0)\mid\right]^{-1} \tag{1-119}$$

可见在满足相位匹配的条件下，随着倍频晶体长度增大，基频光不断转变为倍频光，当其长度为有效倍频长度的 2 倍时，倍频转换效率趋于 100%，但受到材料吸收、散射、晶体反射等限制，倍频效率远达不到 1。具体实验中倍频效率还会受到色散和群速度失配的影响，需综合考虑。

光学和频可以用于频率的上转换[49]，也是产生较高频率激光的有效手段。例如，可以使用 Ag_3AsS_3 作为和频晶体，以波长为 1.06 μm 的激光作为泵浦光（ω_1），把波长为 10.6 μm的红外光转变成波长为 9.6 μm 的近红外光。假设参与和频的信号光 ω_1 和泵浦光 ω_2 共线传播，产生的和频光束为 ω_3，三个光束需满足 $\omega_3=\omega_1+\omega_2$ 这一能量守恒条件，以及 $\boldsymbol{k}_1+\boldsymbol{k}_2=\boldsymbol{k}_3$ 这一动量守恒条件。如果泵浦光足够强认为该和频过程中强度不变，那么和频转化效率为

$$\eta=\frac{\omega_3}{\omega_1}\sin^2(g_{SF}L) \tag{1-120}$$

式中，g_{SF} 为和频增益系数，

$$g_{SF}=\frac{2d}{c}\sqrt{\frac{\omega_1\omega_3}{n_1n_3}}E_2(0) \tag{1-121}$$

可以看出随着传播距离增大，和频转化效率增高，在 $g_{SF}=\pi/2$ 时，和频转换效率最大。$\eta>1$，可看作在 $I_1(0)$ 本身全部转化为 $I_3(L)$ 之后，和频光又会通过差频将能量送回给 $\omega_1=\omega_3-\omega_2$，因此出现周期振荡。当泵浦光强度很小时，有

$$\sin^2(g_{SF}L)\approx(g_{SF}L)^2 \tag{1-122}$$

在小信号近似及相位匹配的情况下，和频转化效率为

$$\eta\approx\frac{\omega_3}{\omega_1}(g_{SF}L)^2=\frac{8\omega_3^2d^2L^2I_2(0)}{\varepsilon_0n_1n_2n_3c^3} \tag{1-123}$$

光学差频是一种广泛使用的频率下转换手段[50]。例如，可以用两束可见光（ω_3 和 ω_1）差频，获得一束红外激光（$\omega_2=\omega_3-\omega_1$）光学差频，过程中能量与动量守恒要求频率和波矢满足以下关系：

$$\omega_2=\omega_3-\omega_1 \tag{1-124}$$

$$\boldsymbol{k}_2=\boldsymbol{k}_3-\boldsymbol{k}_1 \tag{1-125}$$

设 ω_3 为泵浦光且足够强，认为光强近似不变且三束光共线，在相位匹配的情况下，转换效率为

$$\eta = \frac{\omega_2}{\omega_1}\sinh^2(g_{DF}L) \tag{1-126}$$

式中，g_{DF} 定义为差频增益系数，

$$g_{DF} = \frac{2d}{c}\sqrt{\frac{\omega_1\omega_3}{n_1 n_3}}E_3(0) \tag{1-127}$$

值得注意的是，在差频过程中，差频光 ω_2 和信号光 ω_1 在非线性作用中同时单调增大，与和频的振荡不同。大致可以理解为信号场 ω_1 激发产生了 $\omega_2=\omega_3-\omega_1$，产生的 ω_2 又激发了 ω_1，新的 ω_1 又加强了 ω_2 的产生，导致信号光与差频光均指数增长。在泵浦光强度较小、小信号近似的情况下，有

$$\sinh^2(g_{DF}L) = (g_{DF}L)^2 \tag{1-128}$$

当相位匹配时，差频转化效率为

$$\eta \approx \frac{\omega_3}{\omega_1}(g_{DF}L)^2 = \frac{8\omega_2^2 d^2 L^2 I_3(0)}{\varepsilon_0 n_1 n_2 n_3 c^3} \tag{1-129}$$

随着传输距离增长，泵浦光的能量逐渐转移到信号光中使其放大，同时产生闲频光，此过程称为光学参量放大，该过程是差频过程的特殊形式。将差频增益系数 g_{DF} 改成参量放大增益系数 g，当泵浦光 ω_3 很强时，产生的信号光与闲频光的强度分别为

$$I_1 = \frac{1}{8}\varepsilon_0 c\omega_1 \mid A_1(0) \mid^2 e^{2gz} \tag{1-130}$$

$$I_2 = \frac{1}{8}\varepsilon_0 c\omega_2 \mid A_1(0) \mid^2 e^{2gz} \tag{1-131}$$

可见参量放大能力主要取决于增益系数，而增益系数与 $E_3(0)$ 和二阶非线性极化率呈正相关。

以上讨论的过程均是共线假设。对于飞秒光参量过程而言，晶体本身光参量放大的增益带宽也很重要。对于一般的共线相位匹配，即泵浦光，当信号光和闲频光的波矢在同一方向时，只有中心频率才可以实现完全的相位匹配，而其他频率分量都有着不同程度的相位失配。计算和实验表明，共线相位匹配不能够支持太短的飞秒脉冲，为获得超带宽的参量脉冲，非共线匹配是近年来备受推崇的方案。在非共线相位匹配情况下，信号光波矢的变化可以通过闲频光波矢角度和长度的双重变化来补偿，从而在很宽的光谱范围内使 Δk 保持很小的绝对值。

1.1.5.2　光学四波耦合过程

假设三阶非线性光学效应的入射光场由三个频率不同的单色光场组成，则光场可以表

示为

$$\boldsymbol{E}(t) = \sum\nolimits_{n=1,2,3} \boldsymbol{E}_n \mathrm{e}^{-i\omega_n t} + c.c. \tag{1-132}$$

相应的三阶非线性极化强度表示为

$$\boldsymbol{P}^{(3)}(t) = \varepsilon_0 \chi^{(3)} \boldsymbol{E}^3 t \tag{1-133}$$

两式联立,合并相同的频率项,得到

$$\boldsymbol{P}^{(3)}(t) = \sum\nolimits_i \boldsymbol{P}^{(3)}(\omega_i) \mathrm{e}^{-i\omega_i t} + c.c. \tag{1-134}$$

ω_i 包含各种频率成分,是由三个单色光场以不同方式组合而成的极化场的频率,对应不同的三阶非线性光学效应,具有不同的极化率 $\chi^{(3)}(\omega_i)$ 和相应的极化强度:

$$\boldsymbol{P}^{(3)}(\omega_i) = D\varepsilon_0 \chi^{(3)}(\omega_i) \boldsymbol{E}(\omega_1) \boldsymbol{E}(\omega_2) \boldsymbol{E}(\omega_3) \tag{1-135}$$

D 为简并因子,对于三阶非线性效应,有三种取值。以下列出几种典型的三阶非线性光学效应:

三次谐波 $(\omega_1 + \omega_2 + \omega_3) D = 1$

四波混频 $(\omega_1 + \omega_2 + \omega_3) D = 6$

简并四波混频 $(\omega_1 - \omega_2 + \omega_3) D = 3$

四波混频相位共轭 $(\omega_1 + \omega_2 - \omega_3) D = 3$

以上四种均为被动非线性光学效应,有四个光场相互作用,包括三个外来光场 $\boldsymbol{E}(\omega_1)$、$\boldsymbol{E}(\omega_2)$、$\boldsymbol{E}(\omega_3)$ 和一个极化光场 $\boldsymbol{E}(\omega_i)$。

以光学四波混频为例,设入射光场振幅为 $\boldsymbol{E}_1 = \boldsymbol{E}(\boldsymbol{r}, \omega_1)$, $\boldsymbol{E}_2 = \boldsymbol{E}(\boldsymbol{r}, \omega_2)$, $\boldsymbol{E}_3 = \boldsymbol{E}(\boldsymbol{r}, \omega_3)$,极化光场振幅为 $\boldsymbol{E}(r, 4)$,在满足相位匹配条件下,能量和动量守恒关系分别为

$$\omega_4 = \omega_1 + \omega_2 + \omega_3 \tag{1-136}$$

$$\boldsymbol{k}_4 = \boldsymbol{k}_1 + \boldsymbol{k}_2 + \boldsymbol{k}_3 \tag{1-137}$$

频率为 ω_4 时在极化场中产生的三阶非线性极化强度为

$$\boldsymbol{P}^{(3)}(\boldsymbol{r}, \omega_4) = 6\varepsilon_0 \chi^{(3)}(\omega_4; \omega_1, \omega_2, \omega_3) \boldsymbol{E}(\boldsymbol{r}, \omega_1) E(\boldsymbol{r}, \omega_2) \boldsymbol{E}(\boldsymbol{r}, \omega_3) \tag{1-138}$$

1.1.5.3 常见非线性光学变换手段

以 800 nm 激光作为基本光源,常用的非线性光学频率变化装置有以下几种:

① 以 800 nm 为中心波长的基频飞秒脉冲为泵浦光脉冲的共线光参量放大器,输出 1.1～1.5 μm 的信号光、1.7～2.9 μm 的闲频光;

② 以倍频 400 nm 中心波长的飞秒脉冲为泵浦光的非共线光参量放大器,输出 500～750 nm 的信号光、0.82～2 μm 的闲频光;

③ 以①装置中的信号光和闲频光为基础的差频装置，产生 4～11 μm 的中红外飞秒脉冲；

④ 将②装置中的信号光倍频，输出 250～375 nm 的紫外飞秒脉冲。

下面简要介绍从各常用波段获取脉冲。

通常紫外波段的飞秒脉冲通过倍频的方法产生，需要倍频的飞秒脉冲聚焦到非线性晶体 BBO(β 相偏硼酸钡)即可获得倍频输出。在实验中，倍频过程常应用于两种情况：① 钛宝石放大器输出的 0.8 μm 的飞秒脉冲倍频至 0.4 μm，② 将非共线光参量放大器输出的可见光波段 0.5～0.75 μm 的飞秒脉冲倍频至紫外波段 0.25～0.375 μm。倍频过程一般为Ⅰ类匹配过程，即泵浦光为非常光，信号光与闲频光均为寻常光且具有相同的偏振，相位匹配关系为

$$\omega_s n_s = 2\omega_f n_f \tag{1-139}$$

式中，ω_s 为倍频光；ω_f 为基频光。

倍频过程的相位匹配角 θ_{SHG} 的表达式为

$$\sin^2\theta_{SHG} = \frac{\left(\dfrac{n_o n_e}{n_f}\right)^2 - n_e^2}{n_o^2 - n_e^2} \tag{1-140}$$

相位失配角的表达式为

$$\Delta k = \frac{2\omega_f}{c}(n_s - n_f) \tag{1-141}$$

需要注意的是，倍频过程对晶体厚度非常敏感，过长会引起光谱滤波，过短会导致倍频效率不够。

可见波段常用的获得手段是非共线光参量放大，在非共线光参量放大器(non-collinear optical parametric amplifier, NOPA)中，三束光呈非共线结构，相位匹配为第Ⅰ类匹配，泵浦光为非常光，信号光与闲频光为寻常光。图 1-11 给出非共线光参量放大器的实例。

与共线光参量放大不同，除选择适当的 BBO 切割角 θ 以满足相位匹配条件外，还可以通过改变泵浦光与信号光之间的夹角来调整增益的谱带宽度，使光参量放大过程不仅满足相位匹配条件，还能满足群速度匹配条件。

近红外脉冲常通过光参量放大手段获得，将一个强的高频激光(泵浦光)和一个弱的低频(信号光)同时入射非线性晶体内，信号光被放大，同时产生闲频光。以 800 nm 中心波长的基频飞秒脉冲为泵浦光的光参量放大，常采用泵浦光与信号光共线的形式，以 BBO 作为非线性晶体，用一部分基频光产生超连续白光作为种子光，经两级共线光参量放大，输出信号光与闲频光。图 1-12 给出近红外波段 OPA 的示意图。

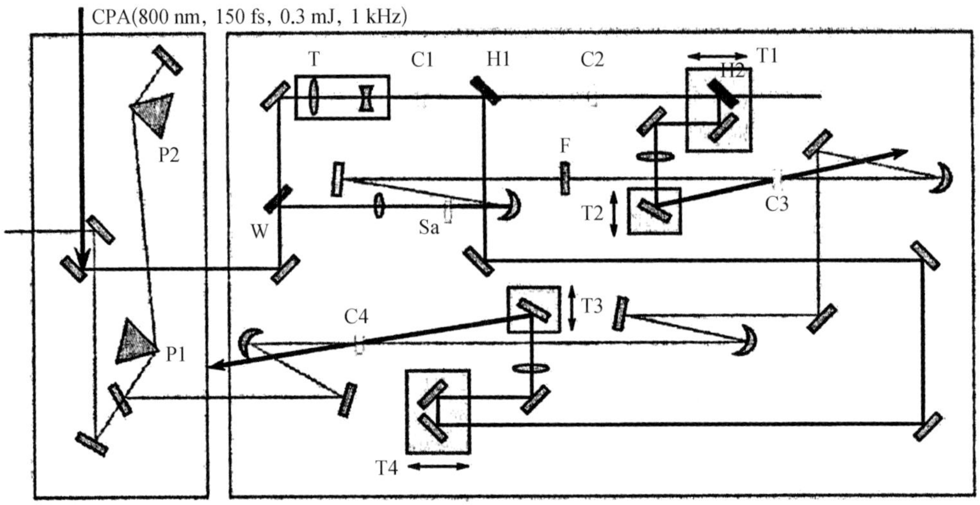

图 1-11　可见波段非共线光参量放大器光路

T—望远系统；C1，C2—倍频 BBO；C3，C4—参量放大 BBO；W—石英光楔；Sa—蓝宝石片；F—滤光片；P1，P2—石英棱镜；T1，T2，T3，T4—平移台

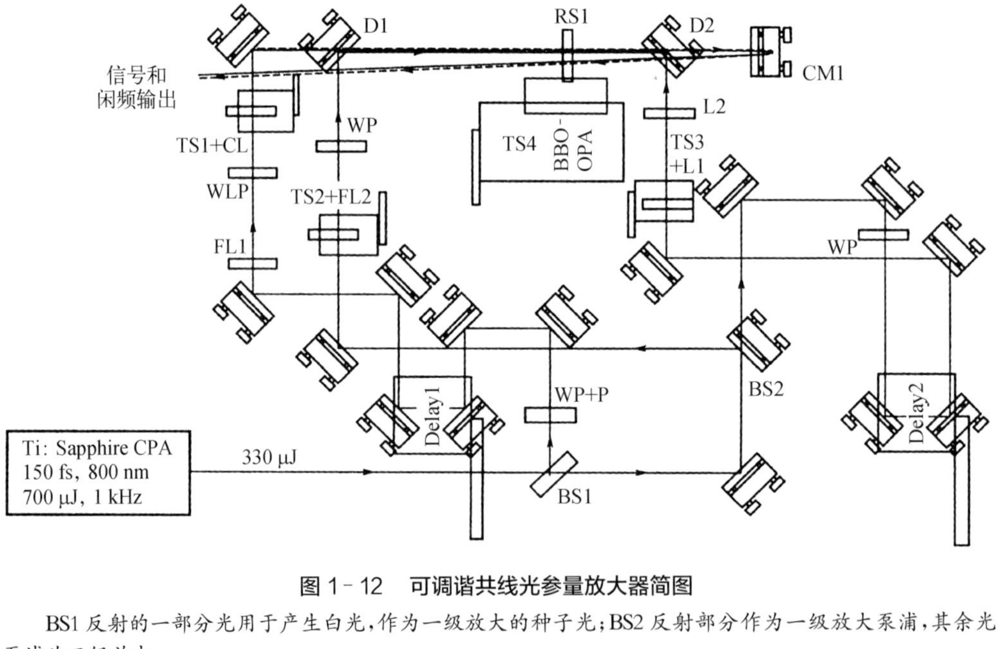

图 1-12　可调谐共线光参量放大器简图

BS1 反射的一部分光用于产生白光，作为一级放大的种子光；BS2 反射部分作为一级放大泵浦，其余光泵浦为二级放大

中红外波段 3～20 μm 的脉冲光可以通过光参量放大、光参量产生、差频、四波混频等方法获得。在飞秒光谱实验中，共线光参量放大器（OPA）是常用的近红外光源，因此利用共线光参量放大器产生的信号光与闲频光进行差频，是获得中红外脉冲的简单方法。通常

的做法是将信号光与闲频光分开，并控制两束激光之间的时间延迟，然后选择合适的差频晶体，如 $AgGaS_2$ 进行差频，即可获得中红外波段的飞秒脉冲。近红外和中红外波段的色散系数非常小，因此不需要严格选择晶体厚度，只需确定晶体的切割方式和相位，选择常用晶体厚度即可。

1.2　方法

1.2.1　飞秒时间分辨瞬态吸收光谱技术

飞秒时间分辨瞬态吸收光谱技术是一种常用的飞秒时间分辨泵浦/探测技术。该方法是利用一束泵浦脉冲激光激发待测样品，使体系的物理、化学性质发生改变，该变化常伴随某种瞬态组分的产生；随后通过另一束探测脉冲激光对体系进行探测，即瞬态吸收。通过改变泵浦光与探测光之间的时间延迟，从而获得不同时刻的体系的瞬态吸收光谱，并提取瞬态组分产生、衰减以及相应的动力学信息。通过改变泵浦光和探测光的波长，飞秒时间分辨瞬态吸收光谱技术实现对能量传递、电荷转移、电振动耦合、构象弛豫及光异构过程等研究而得以广泛的应用。

样品对光的吸收用透射率 T 或吸光度 OD 表示：

$$T = \frac{I}{I_0} \times 100\%$$

$$OD = \lg \frac{I_0}{I} = \varepsilon l c$$

瞬态吸收实验中所观测的是样品在由泵浦光激发和没有泵浦光激发时样品吸光度的差值 ΔOD：

$$\Delta OD = OD_{\text{pump on}} - OD_{\text{pump off}}$$

当样品未被激发时，吸光度：

$$OD_{\text{pump off}} = \varepsilon l c$$

当样品被激发时，被激发的样品浓度为 c^*，激发态样品的摩尔吸收系数为 ε^*，剩余未被激发的样品浓度为 $c - c^*$，此时体系吸光度：

$$OD_{\text{pump on}} = \varepsilon l(c - c^*) + \varepsilon^* l c^*$$

则有

$$\Delta OD = OD_{\text{pump on}} - OD_{\text{pump off}} = \varepsilon l(c - c^*) + \varepsilon^* l c^* - \varepsilon l c = (\varepsilon^* - \varepsilon) l c^*$$

1.2.2　飞秒时间分辨瞬态荧光光谱技术

1.2.2.1　引言

超快荧光光谱及荧光寿命测量技术目前已成为一系列光物理、光化学研究中重要的研究手段，在电子及能量转移、载流子弛豫动力学等过程中发挥着十分重要的作用。简单讲，超快荧光的测量即是用超快光脉冲研究分子从激发态到基态的弛豫过程中辐射跃迁发射荧光的动力学过程。如前所述，超快光谱是研究超快过的重要测量方法，但由于信号的产生较为复杂，往往包括激发态吸收、基态漂白剂受激辐射等多个过程，在实际测量中使得数据的分析较为困难。然而根据 Kasha 规则，瞬态荧光光谱基本上反映分子激发态的动力学变化，其成分简单、物理意义明确。

一般来讲，首先通过一束超短光脉冲（激发光脉冲，excitation pulse）对目标体系进行激发产生荧光，随后通过另一束超短光脉冲（门脉冲，gate pulse）对荧光动力学行为进行测量。由激发光脉冲产生的荧光光子只有被门脉冲捕获到才能被检测器探测，因此，通过改变激发光脉冲与门脉冲之间的时间延迟，即可以获得不同延迟时间下的荧光信号强度，进而由荧光寿命获得体系激发态的动力学行为。门脉冲可由电学方法或光学方法施加，例如单光子计数或条纹相机等方法，便是通过电学手段施加门脉冲，但这些方法的时间分辨率由于电学方法的限制而只能达到皮秒量级；荧光上转换技术及光科尔快门技术则是通过光学方法施加门脉冲，其时间分辨率取决于门脉冲激光的脉宽，可轻松达到飞秒量级，在某些超快动力学测量中具有不可取代的地位。近年来，基于非共线光参量放大技术而发展的荧光光参量放大技术（fluorescence noncollinear optical parametric amplifier，FNOPA）由于其高增益及低探测极限等特点也逐步应用在超快荧光探测的研究中。本节将针对荧光上转换技术以及光科尔快门技术进行介绍，并通过相关实例简要介绍飞秒时间分辨瞬态荧光光谱技术在光物理、光化学等一系列超快过程的动力学研究中的应用。

1.2.2.2　荧光上转换技术

混频测量方法是通过将待测信号与超快光脉冲在非线性晶体中混频产生和频或差频信号来实现对荧光信号的测量。实际应用中，和频方法，即上转换技术目前已被广泛应用成为瞬态荧光测量的一种重要手段。荧光上转换技术适合能量低、高重复频率的激光脉冲使用，时间分辨率小于 100 fs，且光谱探测范围可以从紫外光区扩展至红外光区。本小节将从原理到应用对荧光上转换技术进行简要介绍[51,52]。

1. 原理

荧光上转换技术是基于诸如偏硼酸钡、碘酸锂等非线性晶体发展的一种光学取样技术，锁模皮秒染料激光或钛宝石激光常用作激发光源。典型的荧光上转换实验光路如图 1-13 所示。

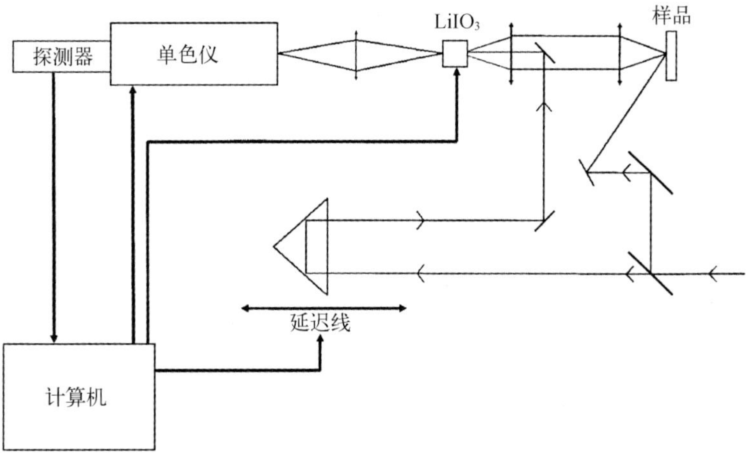

图 1-13　荧光上转换技术实验光路图

脉冲激光经分束镜一分为二，其中一路脉冲光作为激发光源激励目标体系产生荧光，随后经透镜或抛物面镜收集并聚焦至非线性晶体；另一路脉冲光经延迟线聚焦至非线性晶体上，作为“探测光”。当激光光束和星光信号同时聚焦在非线性晶体上并重合时，两束光将发生混频，从而产生上转换信号。上转换频率由晶体的光轴和入射光决定，非线性晶体作为“光快门”并且当脉冲光重合在晶体上时“门”才会打开。只有在“探测光”脉宽内的荧光信号可以与“探测光”发生混频作用产生上转换信号而被探测到。此时，当改变激发光与探测光之间的时间延迟，即可实现探测不同时间延迟下的荧光强度，从而获得荧光辐射的动力学信息。最后，上转换信号经单色仪并被探测器检测。

2. 非线性晶体混频过程

以荧光上转换实验中最常用的非线性晶体碘酸锂为例，当光脉冲在晶体上时间和空间同时重合时，发生非线性效应要求必须满足相位匹配条件：

$$\begin{aligned} \boldsymbol{K}_{\Sigma} &= \boldsymbol{K}_{\mathrm{S}} + \boldsymbol{K}_{\mathrm{L}} \\ \omega_{\Sigma} &= \omega_{\mathrm{S}} + \omega_{\mathrm{L}} \end{aligned} \tag{1-142}$$

式中，下标 Σ、S、L 分别代表上转换信号、荧光信号及探测光脉冲信号。为简单计算，假设入射光束共线，入射光偏振为非常光，此时即可满足式(1-142)。对于大多数Ⅰ型混频过程，入射光偏振方向是寻常光，此时式(1-142)可被改写为

$$\cos^2\theta = \frac{\dfrac{1}{n_{\mathrm{e}}^2(\lambda_{\Sigma})} - \dfrac{1}{n_{\mathrm{eff}}^2(\theta,\ \lambda_{\Sigma})}}{\dfrac{1}{n_{\mathrm{e}}^2(\lambda_{\Sigma})} - \dfrac{1}{n_{\mathrm{o}}^2(\lambda_{\Sigma})}} \tag{1-143}$$

其中，

$$\frac{n_{\mathrm{eff}}(\theta,\ \lambda_{\Sigma})}{\lambda_{\Sigma}}=\frac{n_{\mathrm{o}}(\lambda_{\mathrm{S}})}{\lambda_{\mathrm{S}}}+\frac{n_{\mathrm{o}}(\lambda_{\mathrm{L}})}{\lambda_{\mathrm{L}}} \tag{1-144}$$

$$\frac{1}{\lambda_{\Sigma}}=\frac{1}{\lambda_{\mathrm{S}}}+\frac{1}{\lambda_{\mathrm{L}}} \tag{1-145}$$

式中，θ 为入射光束与晶体光轴之间的夹角。值得注意的是，只有寻常光偏振方向的荧光信号可以发生混频过程产生上转换信号。

3. 非线性晶体的量子产率和空间选择性

非线性晶体的量子产率可由式(1－146)近似给出[53]：

$$\eta_{\mathrm{qu}}(\Delta K=0)=\frac{2\pi^{2}d_{\mathrm{eff}}(\theta)\beta L^{2}(P_{P}/A)}{c\varepsilon_{0}^{2}\lambda_{\mathrm{S}}\lambda_{\Sigma}n_{0}(\lambda_{\mathrm{L}})n_{\mathrm{eff}}(\theta,\ \lambda_{\Sigma})} \tag{1-146}$$

式中，d_{eff} 为给定角度 θ 下的电极化率；P_{P} 为脉冲光束能量；A 为脉冲光束在非线性晶体上的聚焦光斑面积；ε_{0} 为真空介电常数；c 为光速。

$\Delta K=0$ 表明严格相位匹配条件 $\Delta K=K_{\Sigma}-K_{\mathrm{S}}+K_{\mathrm{L}}=0$，此时 $\eta_{\mathrm{qu}}(\Delta K=0)$ 一般约在 10^{-3} 量级，当相位匹配条件不能严格满足，即 $\Delta K\neq0$ 时，转换量子产率减少为

$$\eta_{\mathrm{qu}}(\Delta K)=\eta_{\mathrm{qu}}(\Delta K=0)\frac{\sin^{2}(\Delta KL/2)}{(\Delta KL/2)^{2}} \tag{1-147}$$

对于给定脉冲光波长及入射光束和晶轴间夹角，上转换频率由荧光光谱宽度 ΔE 决定。对于碘酸锂而言，

$$\Delta E(\mathrm{meV})=\frac{3.5\times10^{-2}}{L(\mathrm{cm})(\partial K_{\mathrm{L}}/\partial\omega_{\mathrm{L}}-\partial K_{\mathrm{S}}/\partial\omega_{\mathrm{S}})(\mathrm{s/cm})} \tag{1-148}$$

1.2.2.3　光科尔快门技术

光科尔快门技术相较荧光上转换技术而言，其最大的优势在于能够同时得到瞬态荧光光谱[54]。截至目前，光科尔快门技术已发展成一种常规的荧光测量手段，并具有可以比拟荧光上转换技术及荧光非共线光参量放大技术的时间分辨率。

它是基于科尔效应实现的，通过外加电场是非线性介质产生瞬态双折射现象，当偏振方向与外加电场平行或垂直的光波通过介质时会产生一定的相位差，从而使入射偏振光的偏振方向偏转 90°成椭圆偏振光。光科尔快门技术的实验光路图如图 1－14 所示。

光科尔介质如二硫化碳、石英等位于一对偏振片 P1、P2 之间，此时荧光不能穿过两个片很怕被探测器检测到；当快门光和荧光同时聚焦至光科尔介质时，荧光偏振方向将被改变，从而使得荧光可以穿过第二个偏振片被检测到，即光科尔快门被打开。通过改变快门

光与激发光之间的时间延迟，即可使不同时间的荧光穿过快门，通过检测荧光强度随时间的关系，即可获得荧光的动力学信息。

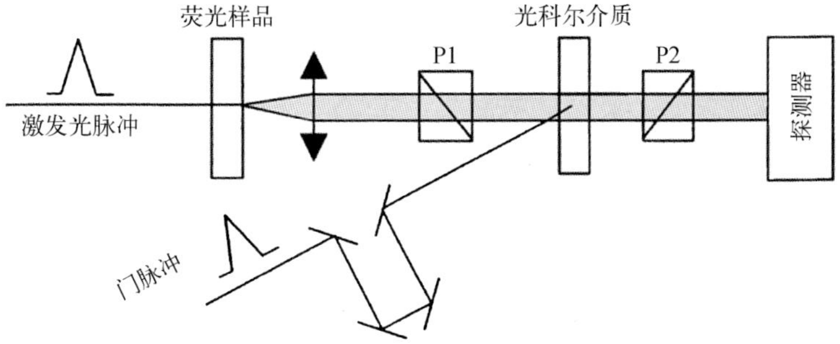

图 1-14　光科尔快门实验光路图

其中，光科尔介质是光科尔快门技术中重要的组成部分。对于光科尔介质的选择，需要满足具有大的非线性折射率系数、高损伤阈值、宽光谱透明范围及以电子响应为主等要求。根据光科尔介质的不同，光科尔快门的时间分辨率可从百飞秒量级至数皮秒量级不等。例如，以熔融石英为光科尔介质，可实现 135 fs 光科尔响应时间，当使用二硫化碳为光科尔介质时，由于液体二硫化碳的厚度及光脉冲的脉宽等影响，光科尔响应时间为 0.8～5 ps[55-57]。

高质量偏振片如格兰棱镜等对提高消光比至关重要，否则有时偏振器漏过的光与光科尔快门打开时透过的真实信号大小甚至会难以区分。假设透过率为 10%，消光比为 10^{-5}，荧光寿命为 5 ns，光科尔快门宽为 1 ps，此时偏振器漏过的信号与光科尔快门打开测到的真实信号间的比值为

$$R=\frac{10^{-5}\times\int_0^{\infty}\mathrm{e}^{-t/\tau_{\mathrm{f}}}\mathrm{d}t}{10^{-1}\times\int_0^{\infty}\mathrm{e}^{-t/\tau_{\mathrm{op}}}\mathrm{d}t}=0.5$$

由于偏振器漏过的光信号将不再能忽略，因此有必要分别测量没有快门光时荧光漏过的光强度已经存在快门光时测量的总强度并作差值，从而探测不同时间时荧光辐射的真实信号。

虽然光科尔快门技术可以时间测量瞬态荧光光谱，但由于对正交偏振片的消光比要求极高，且光科尔介质的响应速度有限，因此从某种程度上讲极大地限制了光科尔快门技术的时间分辨率。

1.2.2.4　实例

利用光科尔快门技术和荧光上转换技术实现超快荧光光谱测量的实例很多，在此仅

以一例做简要介绍。图 1-15 为利用荧光上转换技术实现对低维半导体异质结(3 nm 砷化镓量子井)电子性质的测量。通过脉宽为 1.2 ps、重复频率为 80 MHz 的钛宝石激光器输出圆偏振激发光(σ^+),通过荧光上转换技术对激子发光中两种不同成分 I_+ 和 I_- 进行探测。当施加外加磁场时,可以观察到明显的量子拍频,对应于自由电子的拉莫尔进动频率 ω 及空穴激子 Ω,从而给出激子交换能及有效电子的朗德因子 g 的相关信息[58]。

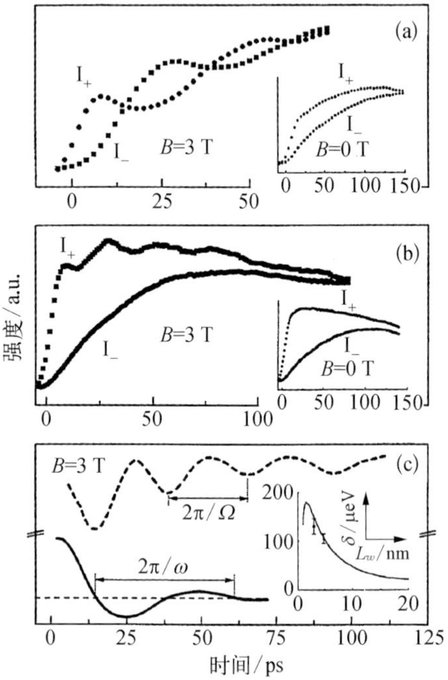

图 1-15　圆偏振光激发的量子井激子发光动力学过程

(a)(b) 非共振及共振激发时发光强度随时间依赖关系;(c) 激子发光中 I_+ 成分在共振激发(虚线)和非共振激发(实线)时的振荡周期

1.2.3　超快多维振动光谱技术

1.2.3.1　引言

超快多维振动光谱技术是目前超高时间分辨光谱中的重要前沿领域之一。这种方法的提出和建立深受二维核磁共振的启发。相较于二维核磁共振技术,超快多维振动光谱技术的重要优势之一是具有超高的时间分辨率,其能够实现皮秒至飞秒量级的时间分辨率,而二维核磁共振技术的时间分辨率仅在微秒至纳秒量级,因此超快多维振动光谱技术在研究系综水平下快速变化动力学过程、中间体微观结构信息等方面具有明显的优势。

指通过多束波长为中红外波段的超短脉冲激光(飞秒至皮秒尺度)对系综下分子中的各个化学键的多种振动模式进行顺序激发并探测,从而获取关于分子动态、静态结构信息的技术方法。通过这种方法可以实现在飞秒至皮秒时间尺度下监测分子体系中原子实的振动行为,并能够探测分子内、分子间不同振动模式之间的相互关联。因此,诸如化学键、氢键的形成及断裂,分子或分子内化学键的转动,振动能量的传递等原子实运动相关的各种分子体系微观结构信息以及快速变化动力学过程,都可通过这一技术来进行研究[59-86]。目前这一方法已经被广泛应用于化学反应机理[59-61],水及水溶液微观结构和动力学过程[87-93],蛋白质、多肽动力学及结构[76-78,94-102],氢键动力学及热动力学[82,83,103-106],分子振动耦合及能量弛豫[107-111],电荷转移[112,113],等等各类分子体系中重要科学问题的研究。

目前,针对分子空间结构解析,有 X 射线衍射、核磁共振、电子自旋共振、冷冻电镜等多种研究手段被发展和建立，其中 X 射线衍射和核磁共振技术最为常用。X 射线衍射在晶体解析中被广泛应用，其要求待测样品具有周期性结构，且由于其漫长的数据采集过程使得这种方法只能应用于稳态结构的测量，且单晶制备相对较为困难，高强度的 X 射线可能会对待测样品造成不可逆损伤，从而极大地限制它的应用范围。核磁共振技术在官能团指认、有机分子结构表征等方面具有广泛的应用，但其微秒至纳秒量级的时间分辨率使得这种方法在快速反应中间体的捕捉和结构解析等方面的应用受到限制；另外，并非所有原子实都具有核磁共振信号，目前被普遍应用的有^{1}H 谱、^{13}C 谱、^{19}F 谱、^{31}P 谱等，而如^{13}C 等极低的天然丰度使得信号的采集需要相当长的周期。相较之下，多维振动光谱技术可以通过分子体系对于不同波数的脉冲激光的吸收对分子内所含有的官能团进行指认、能够通过测量系综水平下分子的各种振动模式跃迁偶极矩间的夹角从而获得分子体系内不同官能团的相对空间取向以及通过振动能量传递过程测量分子之间的平均距离。其皮秒至飞秒量级的时间分辨率使得这种技术在几乎所有凝聚态体系中获取快速结构变化信息、三维动态结构解析等方面得以使用，成为新一代三维空间结构解析的一种有力手段。

1.2.3.2　实验原理

大多数超快多维红外光谱技术都是基于三阶极化函数的，只有当在研究更高跃迁偶极矩时才会考虑四阶、五阶响应函数[114-116]：

$$
\begin{aligned}
&P^{(3)}(t)\\
&=\left(-\frac{i}{\hbar}\right)^{3}\int_{-\infty}^{t}\int_{-\infty}^{\tau_3}\int_{-\infty}^{\tau_2}\langle\mu(t)[\mu(\tau_3),[\mu(\tau_2),[\mu(\tau_1),\rho(-\infty)]]]\rangle\\
&E(\tau_3)E(\tau_2)E(\tau_1)\mathrm{d}\tau_1\mathrm{d}\tau_2\mathrm{d}\tau_3\\
&=\left(-\frac{i}{\hbar}\right)^{3}\int_{0}^{\infty}\int_{0}^{\infty}\int_{0}^{\infty}\langle\mu(t_3+t_2+t_1)[\mu(t_2+t_1),[\mu(t_1),[\mu(0),\rho(-\infty)]]]\rangle\\
&E(t-t_3)E(t-t_3-t_2)E(t-t_3-t_2-t_1)\mathrm{d}t_1\mathrm{d}t_2\mathrm{d}t_3
\end{aligned}
\tag{1-149}
$$

在实际实验中，需通过三个限制条件以消除可以被忽略不计的项并确定非线性极化具有重要贡献的项。① 根据动量守恒原理，相位匹配，即所有波矢之和，等于诱发极化的所有波矢之和。光子动量与相应波矢成正比，振幅与光波频率成正比。这意味着不同相位匹配条件下的信号沿不同方向传播，而只有根据费曼图所要求的相位匹配条件方向上的信号能够被监测到。例如，对于相位匹配条件 $k_e=-k_1+k_2+k_3$，k_1 从左侧作用于费曼图，而 k_2 和 k_3 从右侧作用于费曼图。② 在脉冲实验中，需要控制所施加的光场和系统发生作用的时间顺序。③ 旋转波近似。旋转波近似要求所有的相互作用必须是共振的。在费曼图中，当光被吸收时，箭头指向，低能量态变为高能量态；当光被发射时，箭头指离，高能量态变为低能量态。

将式(1-149)改写为

$$P^{(3)}(t) \propto \int_0^{\infty}\int_0^{\infty}\int_0^{\infty}\left(\sum_i R_i(t_{3'}, t_2, t_1)\right) \times E_3(\tau + T_w + t_3 - t_{3'}) E_2(\tau + T_w + t_3 - t_{3'} - t_2) E_1(\tau + T_w + t_3 - t_{3'} - t_2 - t_1) \mathrm{d}t_1 \mathrm{d}t_2 \mathrm{d}t_{3'} \quad (1-150)$$

其中，

$$R_i \propto (-1)^n \mu_{AB} \times \mu_{AC} \times \mu_{BD} \times \mu_{CD} \times \mathrm{e}^{\pm i\omega_1 \tau} \times \mathrm{e}^{\pm i\omega_3 t_3} \Gamma(\tau, T_w, t_3) \mathrm{e}^{g(\tau, T_w, t_3)} \quad (1-151)$$

为材料非线性响应函数。式中，ω_1 和 ω_3 分别为 τ 和 t_3 时的相干频率；$\Gamma(\tau, T_w, t_3)$ 为时间阻尼函数；$g(\tau, T_w, t_3)$ 为线展宽函数。

1.2.3.3　实验装置

多维振动光谱技术在实验上可由多种手段实现[64-67,117-122]。大体来说，可以分为数学变换和仪器变换两类。

1. 数学变换方法

(1) 光子回声

这种方法中，ω_1 通过数学变换方法得到，ω_3 通过仪器变换方法得到[64,66,67]。这种方法的频率分辨率(2 $\mathrm{cm^{-1}}$)和时间分辨率(50 fs)都很高，但与此同时为得到 ω_1 常需要较长时间，且实验装置十分复杂，且有时需要消除相位和时间的错误数据处理过程常十分烦琐。光子回声方法的实验装置图如图 1-16 所示[123,124]。光源包括三个主要部分：① 钛宝石振

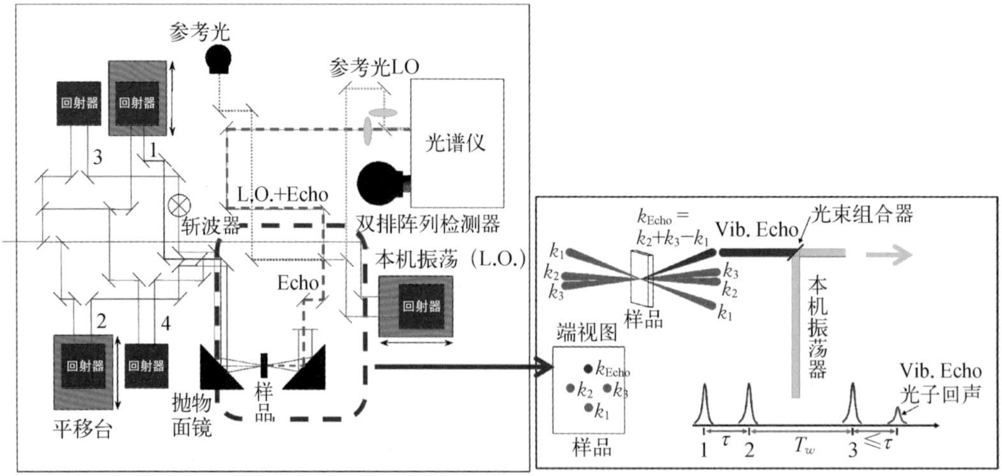

图 1-16　光子回声-二维红外装置图[125]

荡器以 80 MHz 的中心波长为 800 nm、带宽为 10～50 nm 的激光脉冲；② 钛宝石再生放大器以产生 1 KHz 的中心波长约为 800 nm、脉宽为 30～150 fs、输出能量为 0.5～4 W 的激光；③ 光参量放大器将 800 nm 激光转换为中红外激光脉冲。这束中红外光被分成 5 束：三束沿特定方向照射到样品上，并在某一方向产生时间延迟的第四束脉冲，满足相配匹配条件 $k_e = -k_1 + k_2 + k_3$ 时产生回声信号，或者产生自由感应衰减（$k_n = k_1 - k_2 + k_3$）。第四束光用来校准和确定信号方向，第五束光作为本机振荡，和准直的信号被监测。这种检测方法称为“外差探测”。通过这种方法，可得到发射信号频率 ω_3，第一、二个脉冲之间的时间延迟 τ 和第二、三个脉冲之间的时间延迟 T_w。通过傅里叶变换，通过对每个 ω_3 扫描时间延迟 τ 来绘制出不同 T_w 下的频率 ω_1。

实验探测信号的强度：

$$\begin{aligned} I_s &= |E_{LO} + S|^2 = |E_{LO}|^2 + 2Re[E_{LO}^2 \cdot S_{echo}] + |S|^2 \\ &= |E_{LO}|^2 + 2|E_{LO}| \cdot |S| \cdot \cos(\omega_1 \tau) \cdot \cos(\omega_3 t_3) + |S|^2 \end{aligned} \tag{1-152}$$

式中，E_{LO} 和 S 分别为本机振荡和信号电场强度。$E_{LO} \gg S$，故 $|S|^2$ 项可忽略不计；$|E_{LO}|^2$ 为一常量，可通过在实验中利用斩波器消除；中间项包含所有有用的信息—— ω_1、ω_3、$|S|$。

对测量信号 I_s［图 1-17(a)］做傅里叶变换得到复数形式［图 1-17(b)］。其实数部分为吸收光谱，即图 1-17(b)中红峰部分，虚数部分为弥散谱，即图 1-17(b)中的蓝峰部分。将信号转化为频率数据，首先将其转化为一个维度的频率，得到的结果再做第二次处理，从而得到另一维度的数据，两次处理的结果仍然为复数形式［式(1-154)］。相位匹配条件（$k_e = -k_1 + k_2 + k_3$）下，将信号改写为如下形式：

$$S_e(\tau, T_w, t_3) \propto A \times B(\tau, T_w, t_3) \times e^{i\omega_1 \tau} \times e^{-i\omega_3 t_3} \tag{1-153}$$

经两次变化可得

$$\begin{aligned} S_e(\omega_1, \omega_3, T_w) &= \int_0^\infty \int_0^\infty e^{i\omega_3 t_3 - i\omega_1 \tau} S_e(\tau, T_w, t_3) \\ &= [R(\omega_1) - I(\omega_1) i] \times [R(\omega_3) + I(\omega_3) i] \\ &= [R(\omega_1) R(\omega_3) + I(\omega_1) I(\omega_3)] - [I(\omega_1) R(\omega_3) - R(\omega_1) I(\omega_3)] \end{aligned} \tag{1-154}$$

可以看出，所得到的光谱信号是吸收部分和弥散部分的叠加，其频率分辨率较差且线性扭曲。

对于自由感应衰减的情形（$k_n = k_1 - k_2 + k_3$），有

$$S_n(\tau, T_w, t_3) \propto A \times B(\tau, T_w, t_3) \times e^{-i\omega_1 \tau} \times e^{-i\omega_3 t_3} \tag{1-155}$$

类似地，经过两次变化，并将其与相位匹配的情形相加可得

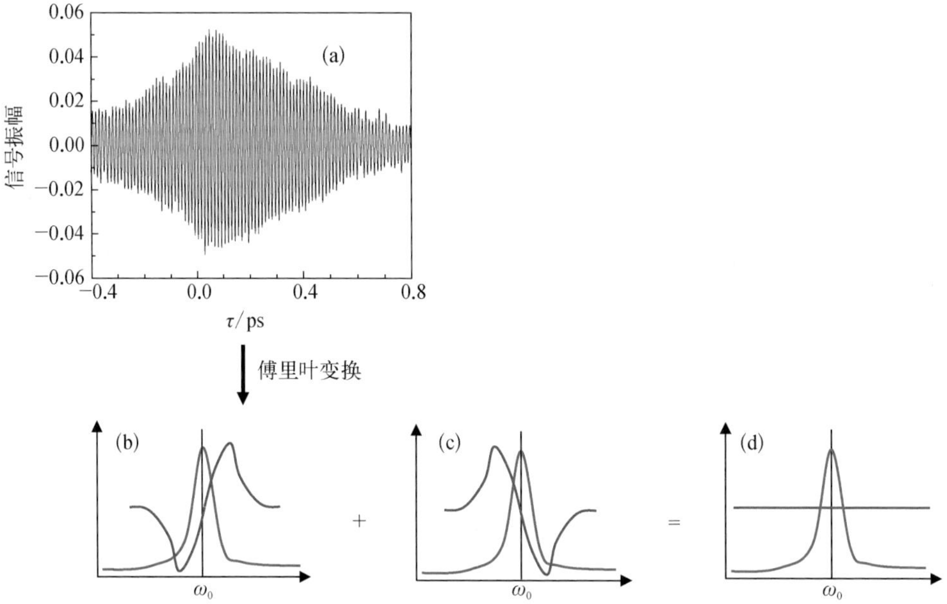

图 1－17 通过信号叠加消除弥散部分的贡献。红峰为吸收光谱，蓝峰为弥散光谱（a）阵列检测器所测得的随时间变化的信号。检测器中每个监测单元对应于一个频率 ω_3。将（a）中的信号做傅里叶变换，得到的实数部分即图（b）中的红色曲线，虚数部分即图（b）中的蓝色曲线

$$Re(S_n(\omega_1, \omega_3, T_w)) + Re(S_e(\omega_1, \omega_3, T_w)) = 2R(\omega_1)R(\omega_3) \qquad (1-156)$$

从而消除弥散部分而只保留吸收部分[55-57]。

（2）泵浦/探测方法

如前所述，为解决光子回声方法的不足，人们基于泵浦/探测发展出了新的实验方法[55-57]，在这种方法中，只有两束光与样品发生作用。

将红外光用分光片分为三束，然后再用另一分光片将光束 1 和 2 结合形成共线的“泵浦脉冲对（E_1 和 E_2）”，并用延迟线调节脉冲对之间的时间延迟。光束 3 作为第三个激发脉冲和本机振荡（E_3 和 E_{LO}）。在泵浦/探测型的装置（图 1－18）中，E_1 和 E_2 共线并包含于泵浦光中，E_3 和 E_{LO} 共线并包含于探测光中，相位匹配和相位失配方向的三阶信号和探测光是共线的。相较于光子回声方法，这种方法明显简单并且数据起来更加容易，但这种方法也有自身的问题，比如这种方法导致一半的激发能量被浪费，且由于第三个激发脉冲和本机振荡（E_3 和 E_{LO}）是同一束光而不能调节 E_3 和 E_{LO} 的能量，从而导致这种方法的探测信号较弱：

$$\frac{I_S - I_{LO}}{I_{LO}} \propto \frac{|S|}{|E_{LO}|} = \frac{|E_1||E_2||E_3|}{|E_{LO}|} \qquad (1-157)$$

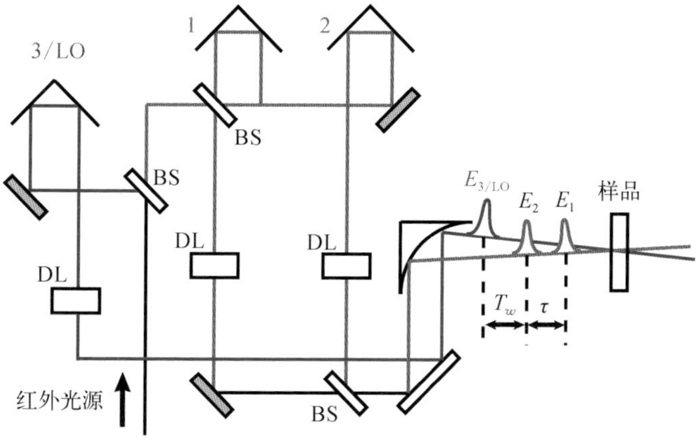

图 1－18　基于泵浦/探测方法的二维红外光谱实验装置

BS—分束镜；DL—延迟线

2. 仪器变换方法

皮秒/飞秒激光联用的实验装置如图 1－19 所示。通过使用同一种子光使皮秒激光和飞秒激光同步，其中皮秒激光进入光参量放大器产生脉宽约为 0.8 ps 的中红外光；飞秒激光进入另一光参量放大器产生脉宽约 140 fs 的中红外光。在实验中，飞秒中红外光作为探测光，作为二维红外光谱的 ω_3 轴；以皮秒中红外光作为泵浦光，通过扫描泵浦光频率从而获得二维红外光谱的 ω_1 轴。当需要测量体系不同偏振方向的信号时，在探测光路中样品前后分别添加两个偏振片即可。

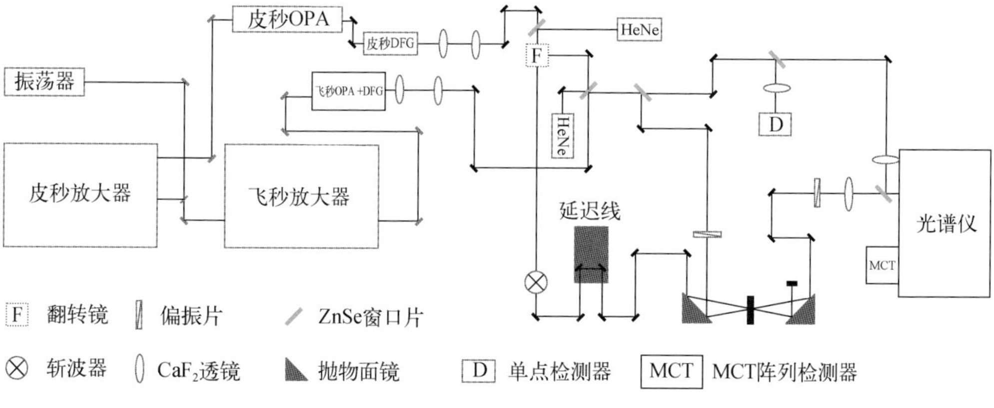

图 1－19　基于皮秒/飞秒激光联用的二维红外光谱装置图

实验装置的最主要的部分是须实现皮秒光和飞秒光的同步：① 两个再生放大器使用同一种子光源；② 两个再生放大器的腔体中要相同的两级放大以便调节皮秒和飞秒激光在放大器中的光程。这种方法可以实现两束光的高同步，偏差仅约为 100 fs(图 1－20)。

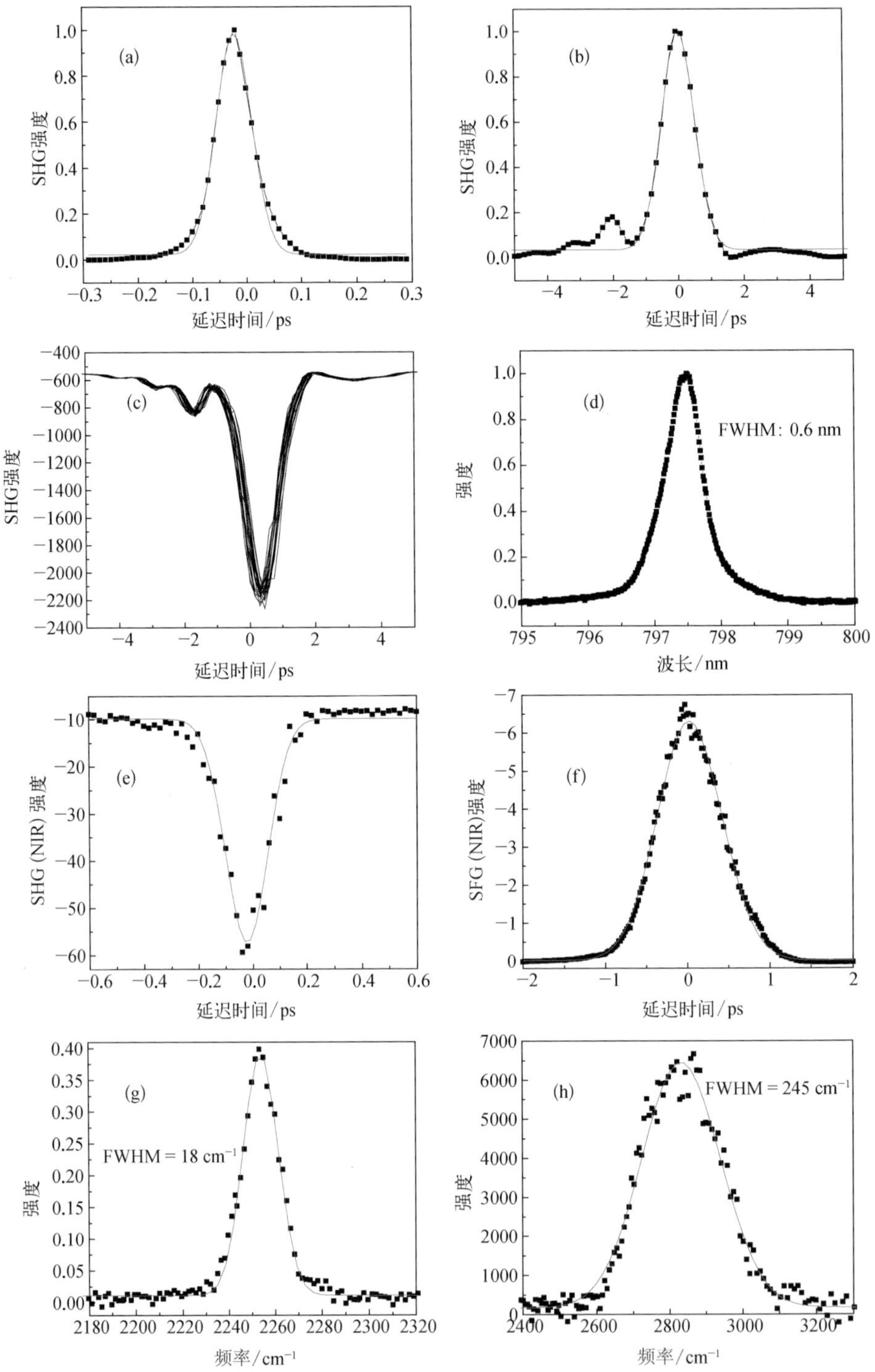

图 1-20 （a）飞秒放大器输出的自相关曲线，脉宽约为 45 fs；（b）皮秒放大器和飞秒放大器输出的互相关曲线，皮秒脉宽约为 1 ps；（c）连续扫描 30 min 的皮秒/飞秒互相关曲线，同步抖动约为 100 fs；（d）皮秒放大器输出带宽约为 0.6 nm；（e）飞秒光参量放大器输出，脉宽约为 109 fs；（f）皮秒光参量放大器和飞秒光参量放大器输出互相关曲线，皮秒红外光脉宽约为 0.8 ps；（g）皮秒光参量放大器输出带宽约为 $18\ cm^{-1}$；（h）飞秒光参量放大器输出带宽约为 $245\ cm^{-1}$

这种方法的二维频率均由仪器变换实现。探测频率 ω_3 和其他方法一样，通过光谱仪进行分辨；泵浦频率 ω_1 通过调节皮秒光参量放大器中晶体及其他光学元件的位置和角度等实现对输出频率的扫描。这种方法的优势在于它可以直接获得激发频率 ω_1；激发能量相较其他方法高出至少一个量级，从而可以实现对于某些很弱的振动跃迁和耦合的探测；激发频率 ω_1 和探测频率 ω_3 是相互独立的，这使得这种方法能够探测任意两种振动模式之间的耦合和能量转移。然而任一种方法都会有它的不足。对于这种方法，其频率和时间分辨率不如光子回声方法高，导致这种方法很难对于极快的动力学过程进行测量(图 1-20)。

综上所述，数学变换的方法具有相对更好的时间和频率分辨率，而仪器变换的方法采集数据更快，且一般能够获得更加精细的实验结果。根据不同的实验目的，可选取不同的实验方法。

1.2.3.4　二维红外光谱图

与一维红外光谱不同，对于一个振动模式，二维红外光谱通常会给出两个等强度一正(红色)一负(蓝色)两个峰。正峰的两个频 ω_1 率、ω_3 与一维红外光谱中测得的频率一样；负峰频率 ω_1 与一维红外光谱中测得的频率一样，而 ω_3 比 ω_1 小。在一维红外光谱图中，吸收峰频率表示振动从基态跃迁至第一激发态(0-1)的跃迁频率 $\omega_{0\text{-}1}$；二维红外光谱图中，正峰同样表示振动从基态跃迁至第一激发态(0-1)的跃迁频率 ω_{0-1}，而负峰则表示振动从第一激发态跃迁至第二激发态(1-2)的跃迁频率 ω_{1-2}。由于分子振动是非谐性的，高阶跃迁频率要比低频小，因此二维红外光谱中沿 ω_3 轴 1-2 跃迁峰要比 0-1 跃迁峰低，它们之间的频率差之间给出这两个跃迁之间非谐性的大小。根据量子力学原理，1-2 跃迁偶极矩是 0-1 跃迁偶极矩的 $\sqrt{2}$ 倍，信号强度正比于跃迁偶极矩的平方，但在实际测量中，常常并不一致。由于泵浦光激发使得体系中部分分子处于激发态，基态分子数目相应减少。泵浦光所造成的基态分子数目减少使得体系对 $\omega_{0\text{-}1}$ 频率的探测光吸收减少。被激发到第一激发态的分子数目和基态分子减少的数目一样，故多透过去的光和受激辐射发出的光一样强，也就是说基态漂白和受激辐射产生相同强度的信号，叠加在一起形成 0-1 峰。当没有泵浦光作用时，0-1 跃迁的基态漂白和受激辐射使更多的光透过，1-2 跃迁的激发态吸收使更少的光透过。严格讲，基态漂白和受激辐射与激发态吸收产生的信号相位差为 180°，当与 LO 叠加时，一种与 LO 相位相同，另一种则必相反。当 LO 和信号没有时间差时，基态漂白和受激辐射产生的信号与 LO 同相位，叠加的净效果是增强的使得信号变大；激发态吸收产生的信号与 LO 异相位，叠加的净效果是相消的而使信号变小。

从二维红外光谱图中，我们可以从随时间变化的对角峰线形、交叉峰强度等方面获取分子结构的变化、动力学过程等诸多信息。在沿着对角线方向，对角峰的峰形随着时间的变化逐渐从拉长的椭圆形变为圆形的过程称为光谱扩散。这一现象的产生是由体系中分子运动导致的红外探测的局域环境的能量交换所引起的，它能够给出所探测的环境波动导致的一系列变化的信息[88]。交叉峰的产生可能由多种原因导致，但大体来说可归结于四个方面：振动耦合、能量传递、化学交换及热效应[59,61,66,72,81,83,94,103,104,106-108,111,126-129]。

除了从峰型或交叉峰随时间演化过程等获得体系分子信息外，还可以通过测试信号随光偏振方向的依赖关系来推知分子结构变化及分子运动等动力学过程。振动模式的跃迁偶极矩与电场方向平行时最容易被激发，而与电场方向垂直时则最难被激发，基于此，通过改变脉冲的偏振方向，测试不同偏振方向时的二维红外光谱信号，便可以直接获得分子或特定振动模式的相对取向。

(1) 各向异性

实验中，相对分子取向可通过各向异性来表征[130]：

$$r(t)=\frac{P_{\parallel}(t)-P_{\perp}(t)}{P_{\parallel}(t)+2P_{\perp}(t)} \tag{1-158}$$

式中，$P_{\parallel}(t)$ 和 $P_{\perp}(t)$ 分别为探测光平行和垂直于激发光时的信号强度。假设激发光沿 y 轴方向传播，电场方向为 z 轴方向，那么

$$P_{\parallel}(t)=P_z(t)=A_0[\boldsymbol{z}_{E_{\text{pump}}}\cdot\boldsymbol{\mu}_{\text{pump}}(0)]^2[\boldsymbol{z}_{E_{\text{probe}}}\cdot\boldsymbol{\mu}_{\text{probe}}(t)]^2 \tag{1-159}$$

$$P_{\perp}(t)=P_x(t)=A_0[\boldsymbol{z}_{E_{\text{pump}}}\cdot\boldsymbol{\mu}_{\text{pump}}(0)]^2[\boldsymbol{x}_{E_{\text{probe}}}\cdot\boldsymbol{\mu}_{\text{probe}}(t)]^2 \tag{1-160}$$

式中，$A_0=kE_{\text{pump}}^2E_{\text{probe}}^2\mu_{\text{pump}}^2\mu_{\text{probe}}^2$。

对于对角峰，$t=0$ 时有 $\mu_{\text{pump}}=\mu_{\text{probe}}$，则：

$$P_{\parallel}(0)=A_0\overline{\cos^4(\theta_z)} \tag{1-161}$$

$$P_{\perp}(0)=A_0\overline{\cos^2(\theta_z)\cos^2(\theta_x)} \tag{1-162}$$

变换上式：

$$\begin{aligned}P_{\perp}(0)&=A_0\overline{\cos^2(\theta_z)[\cos(\theta_z)\cos(\pi/2)+\cos(\psi)\sin(\theta_z)\sin(\pi/2)]^2}\\&=A_0\overline{\cos^2(\theta_z)\cos\psi^2\sin(\theta_z)^2}=A_0\overline{\cos^2(\theta_z)\sin(\theta_z)^2}/2\end{aligned} \tag{1-163}$$

$$\overline{\cos^4(\theta_z)}=\frac{1}{2}\int_0^{\pi}\cos^4(\theta_z)\sin(\theta_z)\mathrm{d}\theta_z=\frac{1}{5} \tag{1-164}$$

$$\overline{\cos^2(\theta_z)\sin^2(\theta_z)}=\frac{1}{2}\int_0^{\pi}\cos^2(\theta_z)\sin^2(\theta_z)\sin(\theta_z)\mathrm{d}\theta_z=\frac{2}{15} \tag{1-165}$$

$$r(0)=\frac{P_{\parallel}(0)-P_{\perp}(0)}{P_{\parallel}(0)+2P_{\perp}(0)}=\frac{2}{5} \tag{1-166}$$

对于交叉峰或 1－2 跃迁峰：

$$P_{\parallel}(0) = A_0 \overline{\cos^2(\theta_z)\cos^2(\theta'_z)} \tag{1-167}$$

$$P_{\perp}(0) = A_0 \overline{\cos^2(\theta_z)\cos^2(\theta'_x)} \tag{1-168}$$

令 E_1 和 E_3 之间的夹角为 θ：

$$\begin{aligned} P_{\parallel}(0) &= A_0 \overline{\cos^2(\theta_z)[\cos(\theta_z)\cos(\theta) + \cos(\psi)\sin(\theta_z)\sin(\theta)]^2} \\ &= A_0\left(\cos^2\theta\,\overline{\cos^4(\theta_z)} + \frac{1}{2}\sin^2\theta\,\overline{\cos^2(\theta_z)\sin^2(\theta_z)}\right) \\ &= \frac{A_0}{15}(2\cos^2\theta + 1) \end{aligned} \tag{1-169}$$

$$\begin{aligned} P_{\perp}(0) &= \frac{A_0}{2}\overline{\cos^2(\theta_z)\sin^2(\theta'_z)} = \frac{A_0}{2}\overline{\cos^2(\theta_z) - \cos^2(\theta_z)\cos^2(\theta'_z)} \\ &= \frac{A_0}{15}(2 - \cos^2\theta) \end{aligned} \tag{1-170}$$

$$r(0) = \frac{P_{\parallel}(0) - P_{\perp}(0)}{P_{\parallel}(0) + 2P_{\perp}(0)} = \frac{3\cos^2\theta - 1}{5} \tag{1-171}$$

由此可见，分子中两简正模跃迁偶极矩的夹角 θ 可以直接通过测定各向异性值 r 来获得，那么通过测定体系不同振动模的各向异性即可分析分子的三维结构。值得注意的是，各向异性值与交叉角 θ 并不是线性关系，从曲线斜率可以看出当交叉角值约为 45°时各向异性变化最大。若两简正模夹角接近 0°或 90°，各向异性斜率值几乎为零（图 1-21）。综上所述，当两简正模间夹角为 30°～60°时，所测得的结构是更加准确的。

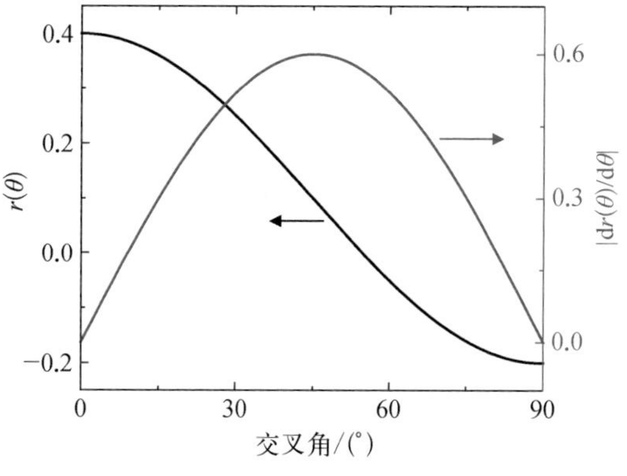

图 1-21　两振动模式间夹角与各向异性的依赖关系（左）和相应斜率曲线（右）

(2) 分子转动及能量转移

在凝聚态中，诸如分子转动及能量转移等动力学过程可能会导致激发态分子跃迁偶极矩方向的变化，而这将会导致各向异性的测量值随时间发生衰减。

激发态分子的转动会导致其取向随机化，从而导致各向异性值逐渐减小。以最简单的各向同性的自由转动情形为例，各向异性随时间衰减的曲线可以单指数衰减的形式表示：

$$r(t) = r(0)e^{-6D_r t} = r(0)e^{-t/\tau_c} \tag{1-172}$$

式中，$\tau_c = 1/6D_r$ 为转动时间常数；D_r 为转动扩散系数：

$$D_r = \frac{RT}{6V\eta} \tag{1-173}$$

式中，R 为气体常数；T 为绝对温度；V 为分子体积；η 为介质黏度。从上式可知，从泵浦/探测信号中，可以推知与分子尺寸、形状、介质微环境等相关的分子运动信息。而消除偏振的泵浦/探测信号可以简单地通过 $P(t) = P_{\parallel}(t) + 2P_{\perp}(t)$ 获得。

类似地，振动能量传递速率同样可以通过各向异性衰减曲线来获得[131]。在偶极-偶极近似下[132,133]，振动能量传递速率正比于能量给受体间耦合的平方：

$$\beta = \frac{1}{4\pi\varepsilon_0 n^2}\left[\frac{\boldsymbol{\mu}_D \cdot \boldsymbol{\mu}_A}{r_{DA}^3} - 3\frac{(\boldsymbol{\mu}_D \cdot \boldsymbol{r}_{DA})(\boldsymbol{\mu}_A \cdot \boldsymbol{r}_{DA})}{r_{DA}^5}\right] = \frac{1}{4\pi\varepsilon_0 n^2}\frac{\mu_D\mu_A\kappa}{r_{DA}^3} \tag{1-174}$$

式中，ε_0 为真空介电常数；n 为介质折射率；r_{DA} 为两振动模间距离；μ_D 和 μ_A 分别为激发振动模和探测振动模的跃迁偶极矩；κ 为取向因子：

$$\kappa = \cos\theta_{DA} - 3\cos\theta_D\cos\theta_A = \sin\theta_D\sin\theta_A\cos\varphi - 2\cos\theta_D\cos\theta_A \tag{1-175}$$

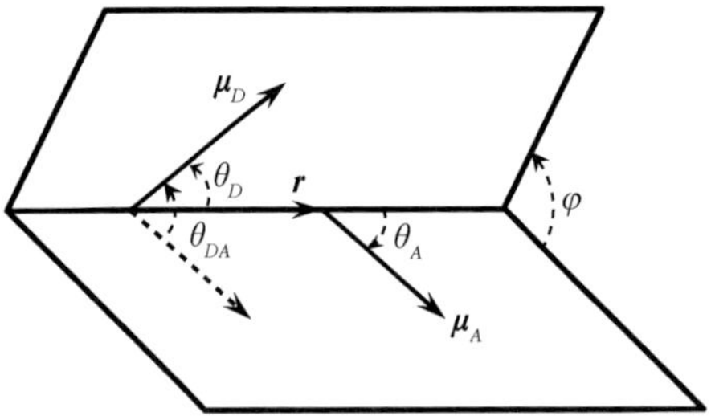

图 1-22　各个角度之间的相对关系

式中，θ_{DA} 为跃迁偶极矩间夹角；θ_D 和 θ_A 为每个跃迁偶极矩和连接两者的向量间的夹角；φ 为跃迁偶极矩在垂直于连接两者的向量的平面上投影的夹角，如图 1-22 所示。

只考虑最简单的情形，即分子在体系中是随机分布且不能移动。当 $t=0$ 时，激发态分子被局限在原地，能量在给受体之间传递的概率为

$$W(\theta,\ \omega) \propto \kappa^2 = (\sin\theta_D\sin\theta_A\cos\varphi - 2\cos\theta_D\cos\theta_A)^2 \tag{1-176}$$

当能量传递发生时，能量从给体传递至受体，导致各向异性：

$$\begin{aligned} r_{\mathrm{ET}}(\theta_D,\ \theta_A,\ \varphi) &= (3\cos^2\theta_{DA} - 1)/5 \\ &= [3(\sin\theta_D\sin\theta_A\cos\varphi + \cos\theta_D\cos\theta_A)^2 - 1]/5 \end{aligned} \tag{1-177}$$

由于分子在体系内是随机分布的，因此 θ_{DA}、θ_D 和 θ_A 在各个方向上均等分布：

$$r_{\mathrm{ET}} = \frac{\int_0^{\pi}\int_0^{\pi}\int_0^{\pi} W(\theta_D,\ \theta_A,\ \varphi)\, r_{\mathrm{ET}}(\theta_D,\ \theta_A,\ \varphi)\sin\theta_D\sin\theta_A\,\mathrm{d}\theta_D\,\mathrm{d}\theta_A\,\mathrm{d}\varphi}{\int_0^{2\pi}\int_0^{\pi}\int_0^{\pi} W(\theta_D,\ \theta_A,\ \varphi)\sin\theta_D\sin\theta_A\,\mathrm{d}\theta_D\,\mathrm{d}\theta_A\,\mathrm{d}\varphi} = 0.04r_0 \tag{1-178}$$

这表明各向异性衰减速率常数约为能量转移速率常数的 96%。

1.3　应用

1.3.1　水溶液中离子对和离子团簇的超快光谱测量

在自然界中，绝大多数生物、化学过程都是在溶液中进行的。水溶液中离子的性质会随着所处环境，例如电化学过程、生物环境及气溶胶等的不同而有明显区别。数百年来，大量科学研究致力于揭示水溶液中离子的水合结构[87,134-143]。当浓度极稀时，电解质水溶液的结构和动力学行为可以通过德拜-休克尔理论(Debye - Hückel theory)进行描述[137,144]，但当溶液浓度增加时，其结构和动力学行为会逐渐偏离理论模型从而使得该理论失效，这使得德拜-休克尔理论在解释离子体系电池、燃料电池、盐的析晶以及自然界矿物质形成等方面显得力不从心。当溶液浓度逐渐增加时，由于增强的粒子间作用力使得带有相反电荷的粒子相互靠近，使得这一理论失效[135,136]。分子动力学模拟表明相同电荷形成的粒子簇并不像传统人们所认为的那样，在中等浓度或高浓度溶液中可能也是重要的失效因素之一[145,146]。假若分子动力学模拟的结果具有普适性，那么 KSCN/$KS^{13}C^{15}N$ 混合时可能形成 $K_n(SCN)_m(S^{13}C^{15}N)_p$ 离子簇的概率则相当高[147,148]。其中硫氰酸根可以被当成是 K^+ 的配体。那么这些阴离子则有可能通过重叠的轨道或偶极-偶极相互作用来交换能量。

通过监测硫氰酸根离子之间特征振动模式的共振和非共振振动能量传递[131,132,149,150]，就可以实现之间探测一系列 1∶1 强电解质(LiSCN，NaSCN，KSCN，CsSCN)水溶液中形成的离子簇。实验结果表明，在 SCN^- 水溶液中，离子簇和分散的阴离子同时存在，如图 1 - 23 所示。

KSCN/$KS^{13}C^{15}N$ 混合水溶液傅里叶变换红外光谱(图 1 - 23)表明，同位素标记的 C—N 伸缩振动频率从 2 064 cm^{-1}(SCN^-)降低至 1 991 cm^{-1}($S^{13}C^{15}N^-$)。通过超快多维振动光谱技术，我们可以对这两种离子之间的振动能量交换过程进行直观的监测。如图 1 - 23(c)所示，在光激发后较短的时间(约 200 fs)内，在 SCN^- 和 $S^{13}C^{15}N^-$ 之间振动能量传递的过程还尚未发生，此时在二维红外光谱中仅能看到两对对角峰 1～4，其中红峰 1 和蓝峰 2 分别表示的是 SCN^- 中 C ≡ N 键振动的 0 - 1 跃迁与 1 - 2 跃迁，而红峰 3 和蓝峰 4 分别表示的是 $S^{13}C^{15}N^-$ 中 $^{13}C \equiv {}^{15}N$ 键振动的 0 - 1 跃迁与 1 - 2 跃迁。随着时间延长，振动能量开始在两种离子之间进行交换。如在 50 ps 时，二维红外光谱中非对角元上出现四个明显的信号峰 5～8，证明能量转移过程确实发生。其中，红峰 5 和蓝峰 6 对应的激发频率为 2 066 cm^{-1} (C ≡ N 键振动的 0 - 1 跃迁)，而相应的探测频率为 1 991 cm^{-1} 和 1 966 cm^{-1} ($^{13}C \equiv {}^{15}N$ 键振动的 0 - 1 跃迁和 1 - 2 跃迁)，因此可以确定红峰 5 和蓝峰 6 来源于振动能量由 SCN^- 向 $S^{13}C^{15}N^-$ 的转移。类似地，红峰 7 和蓝峰 8 来源于振动能量由 $S^{13}C^{15}N^-$ 向 SCN^- 的转移。根据细致平衡原理，能量从一个高能级传向低能级总是会快于从低能级向高能级的传递过程。这两个过程的速率之比是由波尔兹曼(Boltzmann)因子决定的：$k_{DA}/k_{AD}=\exp[(\omega_D-\omega_A)/RT]$。其中，$\omega_D-\omega_A$ 表示能量传递的给体(D)与受体(A)的能级差值。从图中可以看出，在每个固定时刻，红峰 5 和蓝峰 6 的强度总是略大于红峰 7 和蓝峰 8 的强度，理论和实验完全相符。

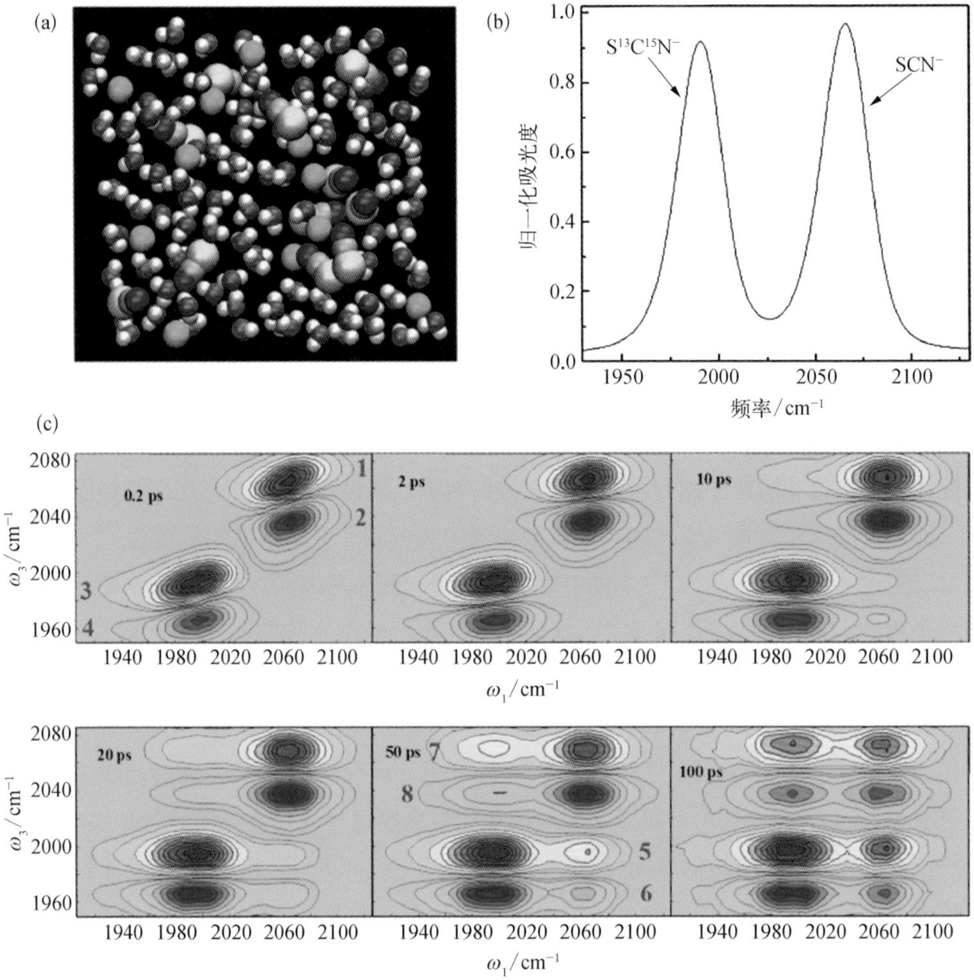

图 1-23　(a) 动力学模拟 1.8 mol/L KSCN 水溶液的抓拍图像，O(红)，H(白)，C(浅蓝)，N(深蓝)，K(绿)，S(黄)，图中可清楚地看到离子簇的形成；(b) KSCN 水溶液的傅里叶变换红外光谱；(c) 10 mol/L 1：1 KSCN/$KS^{13}C^{15}N$ 水溶液的时间依赖的二维红外光谱图

通过分析各个非对角峰的强度随时间的变化(图 1-24)，可知振动能量在相邻两个不同的离子间传递的速率。为此我们需要构建一个动力学模型，以便定量化地分析实验数据中所包含的传能速率等物理量：由于此时溶液是饱和的，如前所述，很多离子将会不可避免地聚集在一起形成团簇。不妨将水溶液中的硫氰酸根离子分为两类：一类是处于团簇

中的阴离子，在彼此之间振动能量可以高效地进行转移；另一类是被水分子分隔开的游离的阴离子，由于彼此之间距离较远，能量转移过程很难发生。这两类硫氰酸根离子的振动频率几乎相同，难以从光谱上直接进行区分。例如，图 1－23(c)中的对角峰 1 和 2 就同时包含有上述两类阴离子 C ≡ N 键振动的共同贡献。但对于非对角峰而言，由于反映的是离子间振动能量的传递，因此信号主要来源于处于团簇中的阴离子的贡献。基于对角峰与非对角峰信号来源的区别，我们便可以通过同时分析它们随时间变化的动力学过程从而得到振动能量在不同离子间交换的速率常数，并且还可以得到处于团簇中的与游离的阴离子数量的比值。上述物理图像可以用图 1－25 来表示[117]。

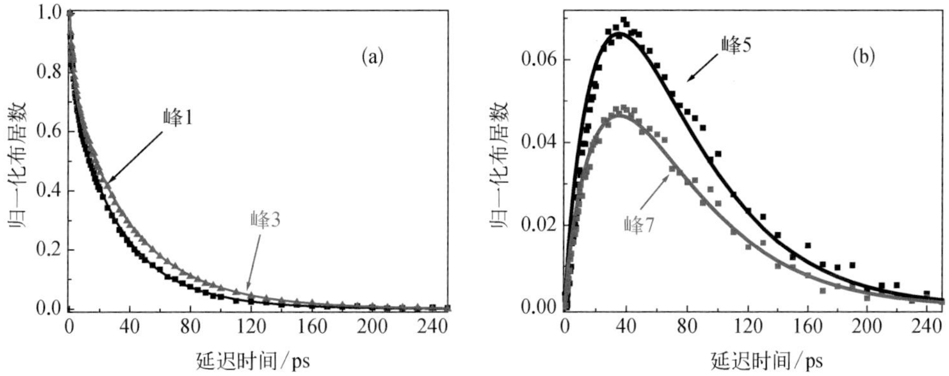

图 1－24　图 1－23 中峰 1、3、5、7 的强度随时间衰减关系

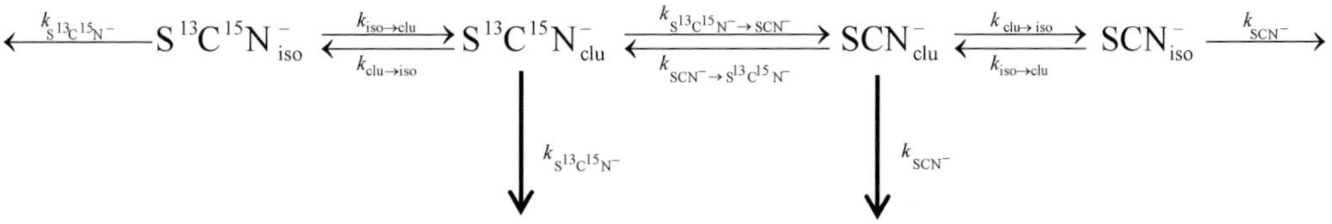

图 1－25　能量转移及位置交换动力学模型

在图 1－25 中，SCN^-_{clu}与 $S^{13}C^{15}N^-_{clu}$分别代表水溶液中形成团簇的硫氰酸根离子及其同位素的含量，SCN^-_{iso}与 $S^{13}C^{15}N^-_{iso}$分别代表溶液中其余的被水分子分隔开的硫氰酸根离子及其同位素的含量。处在团簇中的阴离子会与游离的阴离子不断地交换位置，即团簇中的某个阴离子可以在某一时刻脱离开团簇而变为一个游离的阴离子，而其逆过程也同时在发生，两者处于一个动态的平衡过程。图中用 $k_{clu\to iso}$ 和 $k_{iso\to clu}$ 分别表示两者间的交换速率常数，而它们的比值 $K = k_{iso\to clu}/k_{clu\to iso}$ 由微观可逆性原理(principle of microreversibility)来决定。另外，振动能量还可以在位于团簇中的两种离子 SCN^-_{clu}和 $S^{13}C^{15}N^-_{clu}$之间进行交换。图中用 $k_{SCN^-\to S^{13}C^{15}N^-}$ 和 $k_{S^{13}C^{15}N^-\to SCN^-}$ 分别表示这两种能量传递过程的速率常数，而两者的比

值 $D = k_{S^{13}C^{15}N^- \to SCN^-} / k_{SCN^- \to S^{13}C^{15}N^-}$ 则由前面所述的细致平衡原理来决定。为了简便起见，我们不考虑游离的阴离子之间以及它们与团簇中的离子之间的能量传递。由于它们在空间上被水分子分隔得较远，能量传递过程可以忽略不计。除此之外，所有处在激发态的阴离子本身也会因为振动能量的弛豫而回到基态。这里我们不妨简单假设无论阴离子是位于团簇中还是游离状态，C ≡ N 键或 ^{13}C ≡ ^{15}N 键振动态的弛豫时间都不变，分别用 k_{SCN^-} 和 $k_{S^{13}C^{15}N^-}$ 来表示。

基于上述动力学模型，我们便可以构建出四个微分方程来定量地解析四类阴离子激发态的动力学变化过程，并将其与实验结果进行对比。这里需要注意的是，考虑到振动弛豫的时间常数 k_{SCN^-} 和 $k_{S^{13}C^{15}N^-}$ 可由单独的实验直接获得，以及 $D = k_{S^{13}C^{15}N^- \to SCN^-} / k_{SCN^- \to S^{13}C^{15}N^-}$ 可以由细致平衡原理所确定，上述微分方程组中的系数将会仅有三个未知的参数：能量传递速率（$k_{S^{13}C^{15}N^- \to SCN^-}$ 或 $k_{SCN^- \to S^{13}C^{15}N^-}$），团簇中与游离的阴离子之间进行位置交换的平衡常数（$K = k_{iso \to clu} / k_{clu \to iso}$），位置交换的速率常数（$k_{iso \to clu}$ 或 $k_{clu \to iso}$）。通过适当地选取这三个参数的数值代入方程中求解，并将求得的四个动力学曲线与图中的四条数据曲线进行同时拟合，便可以最终确定出最符合实验结果的三个参数数值。其结果：振动能量从 SCN^- 向 $S^{13}C^{15}N^-$ 的转移时间常数为 $1/k_{SCN^- \to S^{13}C^{15}N^-} = (115 \pm 15)$ ps，平衡常数 $K = 19 \pm 3$，位置交换速率常数为 $1/k_{clu \to iso} = (12 \pm 7)$ ps。从图 1－24 中可以看出，实验数据与理论计算的结果符合得非常好。此外，平衡常数 $K = 19 \pm 3$ 也预示着在 KSCN 饱和溶液中有近 95%的阴离子聚集在一起形成团簇。具体的算法与计算参数可以参考相关文献。

在形成的每一个离子团簇内，振动能量不但可以在不同的阴离子（SCN^- 与 $S^{13}C^{15}N^-$）间进行非共振转移，同时也会在同类的阴离子（例如 $S^{13}C^{15}N^-$）间共振传递。在实验部分中已经提及，共振能量转移速率可以通过测量分子振动态的各向异性弛豫来确定。为了将实验中所测得的各向异性弛豫速度与共振能量转移速度定量地关联起来，我们需要考虑两点：一是在这种体系中，各向异性弛豫的来源有两种，即共振能量的转移与分子自身的转动；二是共振能量传递的给体将振动能量传递给受体后，同时也会接收其他受体的能量，其结果将会导致各向异性数值的恢复。考虑到以上两点，我们便可以构建适当的物理模型，并推导出如下关系式来定量分析离子间的共振能量转移过程[151]：

$$\frac{R(t)}{R(0)} = e^{-\frac{t}{\tau_{or}}} \left\{ \left[1 - \frac{1}{1 + (n_{tot} - 1) \times c} \right] e^{-[1 + (n_{tot} - 1) \times c] \frac{t}{\tau}} + \frac{1}{1 + (n_{tot} - 1) \times c} \right\} \tag{1-179}$$

我们不妨先把 $S^{13}C^{15}N^-$ 看作振动激发态能量的载体，则 τ_{or} 代表在团簇中 $S^{13}C^{15}N^-$ 转动的时间常数，c 表示 $S^{13}C^{15}N^-$ 在溶液中所有阴离子中（SCN^- 及 $S^{13}C^{15}N^-$）所占的浓度比值，n_{tot} 表示团簇内每个能量传递单元中所包含阴离子的数目，τ 表示振动能量从一个给体离子共振传递给另一个给体离子的时间常数。通过改变同位素标记阴离子的浓度 c，我们便可以在实验上测到多条各向异性值 $R(t)/R(0)$ 随时间衰减的曲线，如图1-26所示。可以看出，当 $KS^{13}C^{15}N$ 的浓度较低时，不同的 $S^{13}C^{15}N^-$ 之间间隔较远，振动能量转移速度较慢，因此 $R(t)/R(0)$ 随时间衰减也会相对较慢。而当 $KS^{13}C^{15}N$ 的浓度较高时，例如在 100：0 溶液中，不同的 $S^{13}C^{15}N^-$ 之间会靠得很近，振动能量转移速度很快，对应于 $R(t)/R(0)$ 随时间衰减而明显加快。利用式(1-179)对所有曲线同时进行拟合，便可以得到三个未知变量的数值，即 τ_{or}、n_{tot} 和 τ。

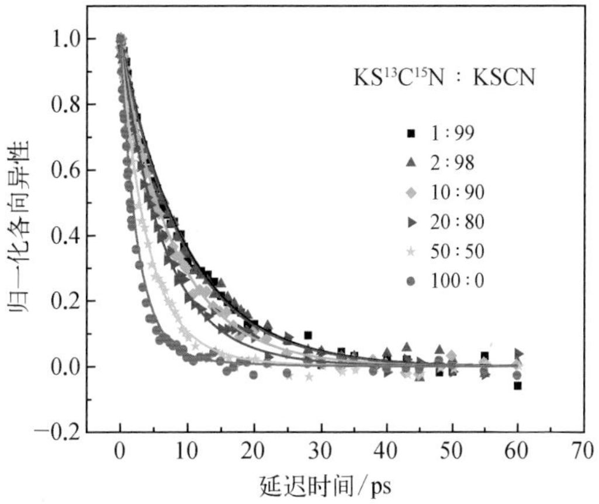

图1-26　10 mol/L $KS^{13}C^{15}N$/KSCN 水溶液中不同 $KS^{13}C^{15}N$/KSCN 比例下 $^{13}C^{15}N$ 不对称伸缩振动各向异性衰减数据

其中，团簇中 $S^{13}C^{15}N^-$ 转动的时间常数 τ_{or} 可以由 1% $KS^{13}C^{15}N$(1：99)所对应的各向异性弛豫曲线来直接获得。这是因为在此溶液中，$S^{13}C^{15}N^-$ 所占的比例非常小，每个离子团簇中几乎最多只能存在一个。因此，每个 $S^{13}C^{15}N^-$ 几乎无法将能量共振传递给其他的 $S^{13}C^{15}N^-$。此时所测量得到的 $R(t)/R(0)$ 随时间衰减将仅来源于 $S^{13}C^{15}N^-$ 自身的转动。这样，通过指数拟合，我们便可以直接得到离子转动的时间常数 $\tau_{or}=(10\pm1)$ps。仅剩的两个未知变量将会很容易从对所有曲线进行的同时拟合中获得，并且我们由图1-26可以看出，式(1-179)与实验结果拟合得非常好。最终结果表明，团簇内每个能量传递单元中所包含阴离子的数目 $n_{tot}=18\pm3$，以及振动能量从一个给体离子共振传递给另一个给体离子的时间常数 $\tau=(54\pm8)$ps。因此，在纯 $KS^{13}C^{15}N$ 溶液中，即当 $KS^{13}C^{15}N$：KSCN = 100：0 时，一个阴离子向一个能量传递单元内所有其他阴离子的传能时间常数约为 $\tau/n_{tot}\approx3$ ps。而在 $KS^{13}C^{15}N$：KSCN = 50：50 的溶液中，由于共振传能受体的个数约减少了一半，因此相应的时间常数约为 6 ps。这里需要强调的是，每个振动能量传递单元并不等同于每个离子团簇。通常一个较大的离子团簇中将会包含有多个能量传递单元，但在较稀的溶液中，由于每个离子团簇都非常地小，因此可以将它等同视为一个能量传递单元。

1.3.2　分子体系的三维空间构型解析

凝聚相中分子构型的快速变化在化学反应、蛋白质折叠、分子识别等诸多化学、生物过程中具有十分重要的意义[20,152]。以下通过几个实例说明多维振动光谱在分子体系的三维空间构型解析中的应用。

1.3.2.1 1-氰基乙烯乙酸酯在四氯化碳溶液中的构型

1-氰基乙烯乙酸酯的分子式及其傅里叶变换红外光谱如图 1-27 所示。在此,以此分子作为模型体系的主要原因有五:① 分子结构较为简单,易于通过理论计算实现分子性质的精确预测;② 此分子可能有多种构型;③ 此分子具有多种振动形式,如 C═C—H、C—C—H、C≡N、C═C、C═O 及 C—O 等;④ 这些振动官能团遍布整个分子空间从而能够实现分子构型的三维解析;⑤ 这些官能团的振动吸收范围宽且少有重叠。

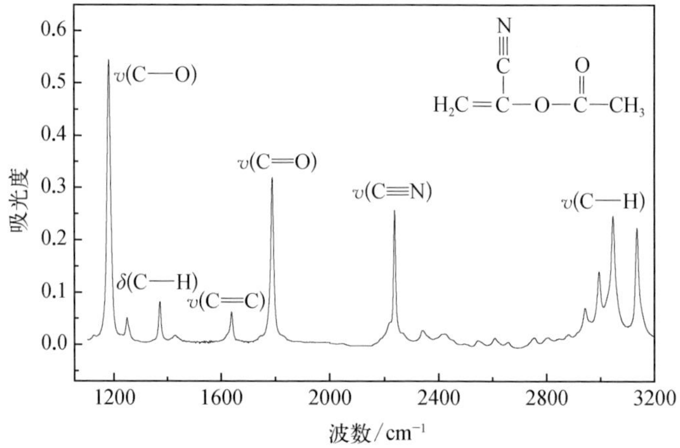

图 1-27 1-氰基乙烯乙酸酯的四氯化碳溶液傅里叶变换红外光谱图[153]

C═O(1 788 cm^{-1}),C═C(1 639 cm^{-1}),C≡N(2 236 cm^{-1}),C—H(2 942 cm^{-1},2 995 cm^{-1},3 047 cm^{-1},3 135 cm^{-1}),C—O(1 180 cm^{-1},1 248 cm^{-1})伸缩振动及 C—H 弯曲振动(1 372 cm^{-1},1 430 cm^{-1})

1. 可能的分子构型

通过 DFT 计算可知该分子在四氯化碳溶液中可能具有 5 种构型,如图 1-28 所示,它们之间可通过两个 C—O 单键的旋转相互转变。构象Ⅰ和构象Ⅳ为镜像对称,构象Ⅲ和构象Ⅴ相较其他三种构象具有较高的能量(约 5 kcal/mol)。表 1-1 中列出了 5 种构象的能量、键长和主要二面角。

表 1-1 计算得到 1-氰基乙烯乙酸酯的 5 种优势构象的相关能量值、键长和二面角数据[B3LYP/6-311++G(d, p), SCRF-CPCM(CCl_4)][153]

异 构 体	Ⅰ	Ⅱ	Ⅲ	Ⅳ	Ⅴ
ΔE/(kcal/mol)	0.00	0.97	4.68	0.00	4.68
C—C—O—C 二面角/(°)	66	−180	75	−66	−75
C—O—C═O 二面角/(°)	3	0	−180	−3	180
键长/Å	C═C(1.33),C≡N(1.16),C—O(1.39),C═O(1.21),C—C(C≡N)(1.44),C—C(CH_3)(1.50),C—H(CH_2)(1.08),C—H(CH_3)(1.09)				

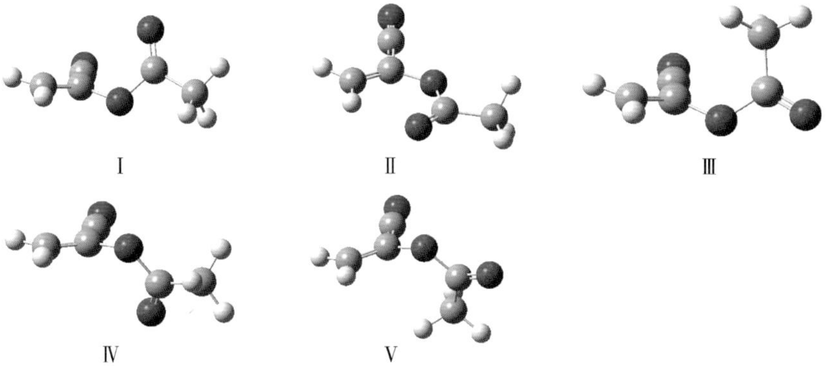

图 1－28　1-氰基乙烯乙酸酯的 5 种优势构象 [B3LYP/6－311++G(d, p), CPCM(CCl_3)][153]

2. 不同振动模式之间的夹角

在傅里叶变换红外光谱中只能采集到 0－1 跃迁的振动模频率，相较之下，二维红外光谱(图 1－29)能够给出更多的信息[153]。二维红外谱图中红峰和蓝峰分别表示 0－1 跃迁和 1－2 跃迁。其中非对角峰的出现表明各振动模之间存在非谐性的振动耦合。

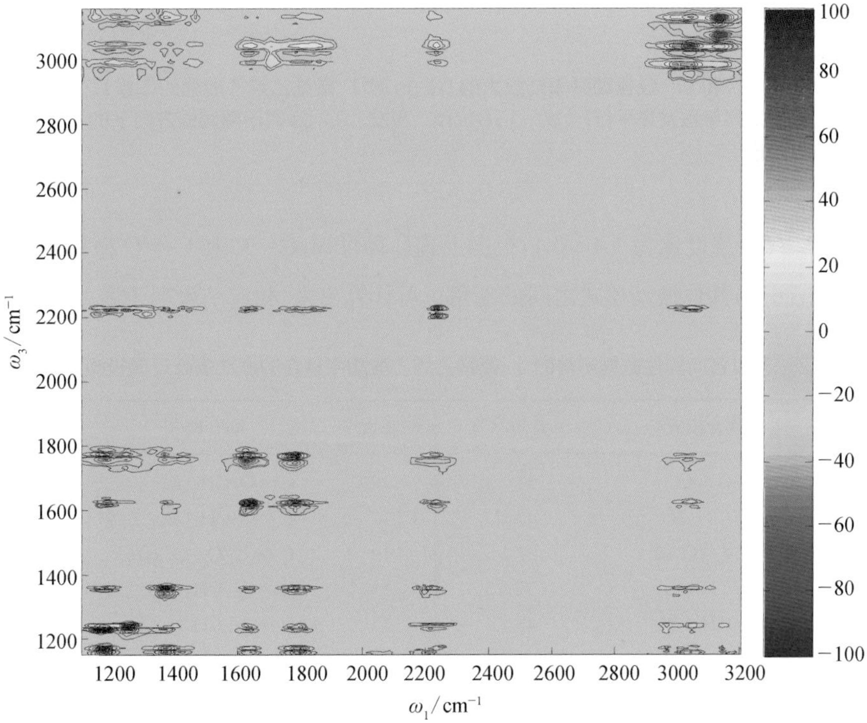

图 1－29　0.2 ps 时 1-氰基乙烯乙酸酯的二维红外光谱图[153]

当两个振动模式之间存在非谐性振动耦合时，两者的耦合是非常强的（$>1\ cm^{-1}$）。图 1 - 30所示的 1 -氰基乙烯乙酸酯中 C═C 和 C═O 振动模间的耦合，其二维红外谱图中将会出现一对非对角峰。非对角峰的强度依赖于激发光和探测光的偏振方向[66,154,155]。这是因为两种耦合的振动模式的振动方向是确定的，两者之间存在某一特定夹角。通过改变光脉冲的偏振方向，两种振动模之间的夹角便能够直接测量。峰强度和夹角之间存在关系：

$$\frac{P_{\perp}}{P_{\parallel}}=\frac{2-\cos^2\theta}{1+2\cos^2\theta} \tag{1-180}$$

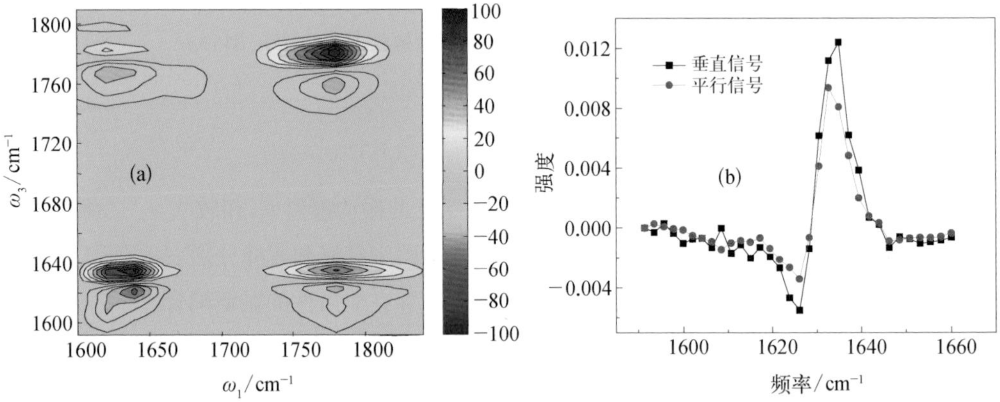

图 1 - 30 （a）C═C 和 C═O 振动频率处放大的 0.2 ps 时 1 -氰基乙烯乙酸酯的二维红外光谱图，探测光偏振方向与激发光平行；（b）1 784 cm^{-1} 激发、0.2 ps 时不同偏振方向下的 C═C 振动的瞬态吸收谱[153]

平均 $P_{\perp}/P_{\parallel}$ 强度比为 1.4 ± 0.1，根据上式计算可知，C═C 和 C═O 振动模间的夹角为 66° ± 3°。同理，其他振动模式之间的夹角也可计算出来，相应结果列于表 1 - 2 中[153]。

表 1 - 2 通过各向异性数据测得的 1 -氰基乙烯乙酸酯中耦合的振动模跃迁偶极矩夹角[153]

对数	耦合模式	夹角/(°)	对数	耦合模式	夹角/(°)
1	C═C/C═O	64 ± 3	10	C═O/CH_2(as)	58 ± 3
2	C═C/C≡N	43 ± 3	11	C═O/CH_3(as)	55 ± 3
3	C═C/C—O(as)	37 ± 5	12	C≡N/C—O(as)	69 ± 3
4	C═C/CH_2(as)	37 ± 5	13	C≡N/CH_2(as)	47 ± 5
5	C═C/CH_2(ss)	43 ± 5	14	C≡N/CH_2(ss)	37 ± 5
6	C═C/CH_3(as)	37 ± 5	15	C≡N/CH_3(as)	43 ± 5
7	C═O/C≡N	58 ± 3	16	C—O(as)/CH_2(as)	55 ± 3
8	C═O/C—O(as)	78 ± 3	17	C—O(as)/CH_2(ss)	51 ± 3
9	C═O/C—O(ss)	47 ± 5			

3. 从振动夹角到分子构型

从所得到的振动夹角并不能够直接转化为分子结构，因为振动模式的方向和化学键的方向并不完全相同。然而对于一个确定的分子构型，由于其包含的化学键取向是确定的，因此其振动行为也一定是可以确定的。我们可以通过一些商用计算软件（如 Gaussian），将原子坐标转换成振动坐标。对于 1 -氰基乙烯乙酸酯分子而言，产生不同构象的自由度主要来源于两个 C—O 单键，因此我们可以优化分子的 C—C/C—O 二面角，通过计算能量极限值和 17 对简正模的振动夹角从而确定可能的分子构象。能量极小值及其误差如图 1 - 31 所示，能量偏差 Er 可由下式计算得到：

$$Er = \frac{\sum_{i=1}^{m} |A_i^C - A_i^E|}{m} \tag{1-181}$$

式中，A_i^C 表示第 i 对简正模的振动夹角；A_i^E 表示表 1 - 2 中的实验值；m 为耦合的简正模对的数量。

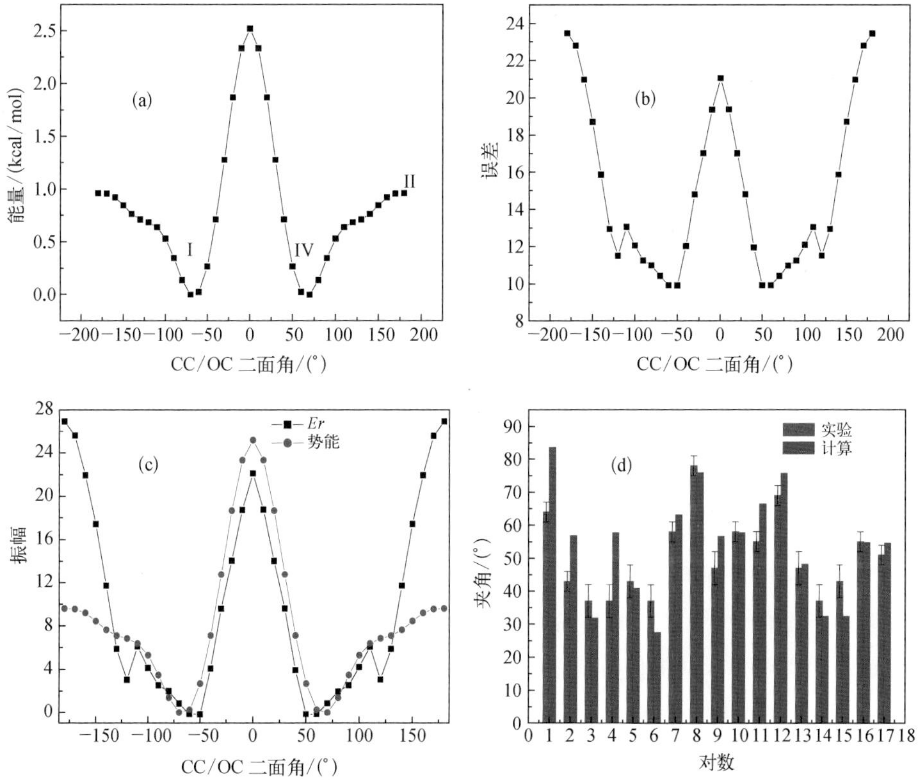

图 1 - 31　（a）四氯化碳溶液中 1 -氰基乙烯乙酸酯的势能曲线；（b）偏差值 Er 与 CC/OC 二面角的变化关系；（c）势能曲线及偏差值随二面角的变化趋势；（d）计算和实验确定的 17 对耦合振动模间的平均夹角[153]

进一步地，定义参数平均夹角 $\overline{A}$ 以描述构象分布：

$$\overline{A}=\frac{\sum_{i=1}^{n}A_i\rho_i}{\sum_{i=1}^{n}\rho_i}=e^{-\frac{E_i-E_0}{kT}} \tag{1-182}$$

式中，E_i 是计算得到的构象 i 的能量；E_0 是最低能量；ρ_i 是玻尔兹曼分布。

通过以上分析，实验确定的最可能的构象为 C—C/C—O 二面角是 ± 50°的两种构象，如图 1 - 32 所示。

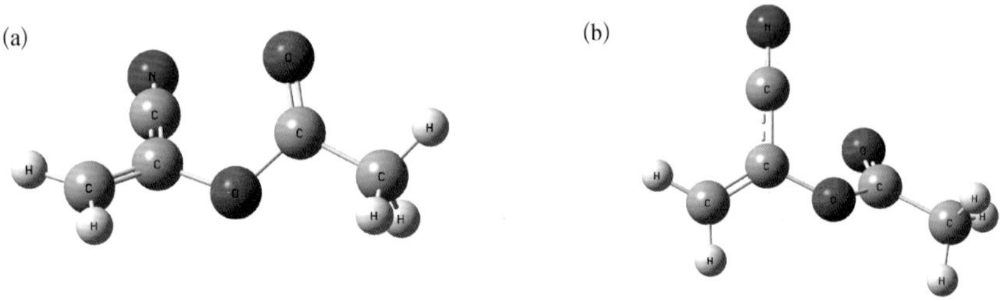

图 1 - 32　通过实验确定的两种最可能构型[153]

(a) 羧基端 C—C/C—O 二面角约为 50°；(b) 构型(a)的镜像结构

1.3.2.2　金纳米颗粒表面分子构象和动力学行为

金属纳米颗粒在过去几十年中一直是研究的热点之一，其在从催化、生物研究到纳米光电技术等诸多领域中均有广泛的应用前景[156-163]。其表面吸附分子的构象及其动力学行为在探究诸多应用方面的原理中十分重要[161,164,165]，目前，人们主要通过传统的 XRD、NMR 和 SFG 等方法进行研究和探讨[166]。在本节中，将以对羟基苯硫醇在尺寸为 3.5 nm 的金纳米颗粒表面吸附为例，对多维振动光谱在这一方面的结构解析进行介绍[166]。对羟基苯硫醇分子能够通过形成很强的 Au—S 键在金纳米颗粒表面形成单分子层。

1. 表面非绝热电子-振动耦合

表面包覆对羟基苯硫醇分子的 3.5 nm 的金纳米颗粒的透射电镜图像和傅里叶变换红外光谱图如图 1 - 33 所示。图中缺少的巯基振动峰(2 560 cm^{-1})表明配体分子通过 Au—S 键与纳米粒子键合[167,168]；O—H 宽峰表明表面键合分子的羟基官能团之间能够形成彼此形成氢键。但由于费米共振使得傅里叶变换红外光谱图并不能再进一步给出更多的结构信息[169]。而通过多维振动光谱，对足以描述分子结构的大量简正模观测，便可以通过将观测的振动夹角转换成化学键夹角，从而绘制出分子的三维空间构象。然而这一过程并不能直接应用于金属纳米粒子，其主要原因在于需要通过理论模拟来确定金纳米颗粒表面分子形态，这一过程将非常耗时。解决这一问题的一种可行的途径是当表面分子的振动行为并不会显著改变金纳米粒子表面电子性质时，可以通过减少计算过程中金原子的数量以简化计算。但是,当表面非绝热电子-振动耦合很强时,这种方法则是不可行的。

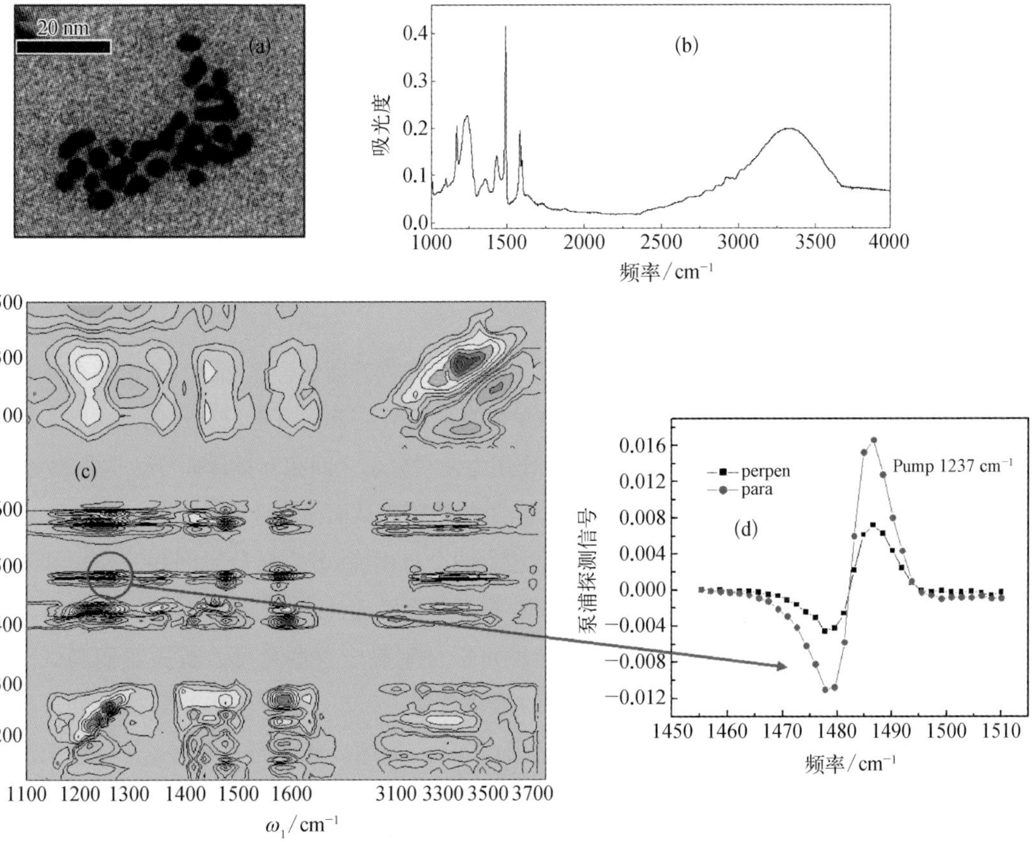

图 1－33　(a)(3.5±1) nm 金纳米颗粒的 TEM 图像;(b)吸附于金纳米颗粒表面的对羟基苯硫醇的傅里叶变换红外光谱图;(c)吸附于金纳米颗粒表面的对羟基苯硫醇的多个振动模的二维红外光谱图;(d)1 237 cm^{-1}激发、1 450～1 510 cm^{-1}探测、不同偏振方向的瞬态吸收光谱图[166]

事实上,尺寸为 3.5 nm 的金粒子的金属性是非常强的[170-172],其表面电子与表面吸附分子的振动之间存在非常强的耦合,从而导致波恩-奥本海默近似失效[173-175]。

为解决这一问题,我们测量了在对羟基苯硫醇在晶态和四氯化碳溶液中 O—H 键伸缩振动、O—H 键弯曲振动、C═C 键伸缩振动、C—H 键弯曲振动以及 C—O 键伸缩振动的寿命,结果如表 1－3 所示[166]。结果表明在距离金粒子表面约 3 Å 处,表面非绝热电子-振动耦合是粒子表面能量耗散的主要途径之一,并不会显著影响高频振动模(>1 000 cm^{-1})的振动弛豫过程,也就是说在这种情形下波恩-奥本海默进行仍然成立。这一结果应当是具有普适性的,因为绝大多数分子间振动弛豫在几十皮秒内完成,且典型的振动模的跃迁偶极矩与此处测量的振动模式是相似的[176]。因此,由于表面非绝热电子-振动耦合所导致的百皮秒量级的振动弛豫过程,理论计算得到的寿命比测量结果慢了两个数量级[166]。

表 1-3　不同环境中的对羟基苯硫醇主要振动模的振动寿命

振　动　模	纳米颗粒	晶　体	溶于 CCl_4 溶液中
O—H 伸缩振动(3 340 cm^{-1})	(1.4 ± 0.3)ps	(1.8 ± 0.3)ps	(1.5 ± 0.2)ps
C═C 伸缩振动(1 584 cm^{-1})	(4.2 ± 0.6)ps	(4.6 ± 0.6)ps	(4.2 ± 0.3)ps
C—H 弯曲振动(1 488 cm^{-1})	(2.6 ± 0.4)ps	(2.7 ± 0.4)ps	(2.4 ± 0.3)ps
C—O 伸缩振动** (1 237 cm^{-1})	(1.0 ± 0.2)ps	(1.0 ± 0.2)ps	(4.0 ± 0.2)ps
O—H 弯曲振动(1 169 cm^{-1})	(1.3 ± 0.2)ps	(1.0 ± 0.2)ps	(1.4 ± 0.2)ps

注：** C—O 伸缩振动在 CCl_4 溶液中，中心频率位于 1 280 cm^{-1}；在晶体和纳米颗粒中，中心频率位于 1 237 cm^{-1}[166]。

2. 从振动夹角到分子构型

如前所述，硫醇分子通过形成 Au—S 键与金纳米颗粒表面键合连接[167,168]，配体分子在颗粒的表面覆盖度约为 70%，且所有硫醇分子通过形成两个 Au—S 键以桥连的形式吸附在颗粒表面，这不可避免地会增强分子间相互作用力使得分子之间相互排斥而导致构象改变。为简化计算，将金纳米颗粒用包含两个金原子的团簇代替，从而简化计算分子的振动夹角。

对于 HOC_6H_4-$S(Au)_2$ 体系，优化构型包含两个自由度，分别是分子间相互作用和表面成键情况：① O—H 基团可以旋转到苯环平面内或平面外；② C—S—$(Au)_2$ 同样可以旋转到苯环平面内或平面外。从实验的角度可以分别确定这些角度。首先我们测试了表面吸附的对羟基苯硫醇的 16 对简正模的振动夹角，通过上述方法将其转换为分子构型的数据。如图 1-34 所示，在纳米颗粒表面，OH 官能团处于苯环平面外，其与平面的

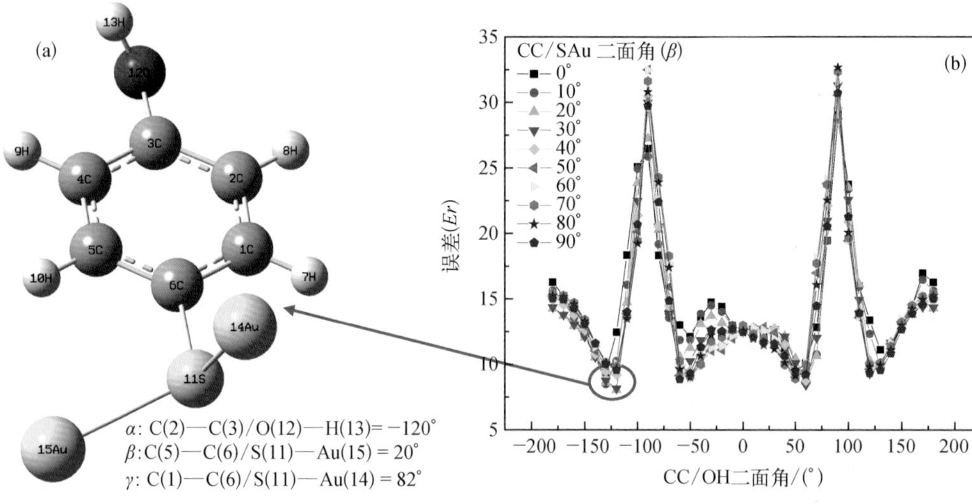

图 1-34　(a) 实验确定的在 3.5 nm 的金纳米颗粒表面的对羟基苯硫醇的最可能构型。(b) 不同 C(5)—C(6)/S(11)—Au(15) 二面角下，实验和计算所得到的振动交叉角偏差 *Er* 随 C(2)—C(3)/O(12)—H(13) 二面角变化关系 [对金原子，B3LYP/LanL2DZ；对其他原子，B3LYP/6-311++ G(d, p)]。当 α = −120°、β = 20°时，*Er* 达极小值[166]

夹角为 50°～60°；一个 Au—S 键处在苯环平面外约为 50°。Au—S—Au 键的夹角约为 110°。

作为对照，对羟基苯硫醇在晶态和四氯化碳溶液中的分子构型可通过相似的过程确定。在四氯化碳溶液中，傅里叶变换红外光谱中存在尖锐的 OH 伸缩振动峰(3 610 cm^{-1})，表明对羟基苯硫醇分子彼此之间相互分离。与苯酚分子类似[177]，由于共轭效应的影响，对羟基苯硫醇的 OH 基团最稳定的构象是与苯环共平面的状态，正如理论计算预测的一样(图 1 - 35)，这与吸附在金纳米颗粒表面的分子构型明显不一样。在晶体中，对羟基苯硫醇分子彼此之间距离很近，这使得 OH 基团间可以形成氢键，使得分子构型发生扭曲，OH 基团与苯环平面之间存在一个较小的角度。X 射线衍射结构表明酚羟基间形成的氢键使得 OH 基团与苯环之间发生约 5°的扭曲[178]，这与多维振动光谱的测量结果是一致的[166]。在

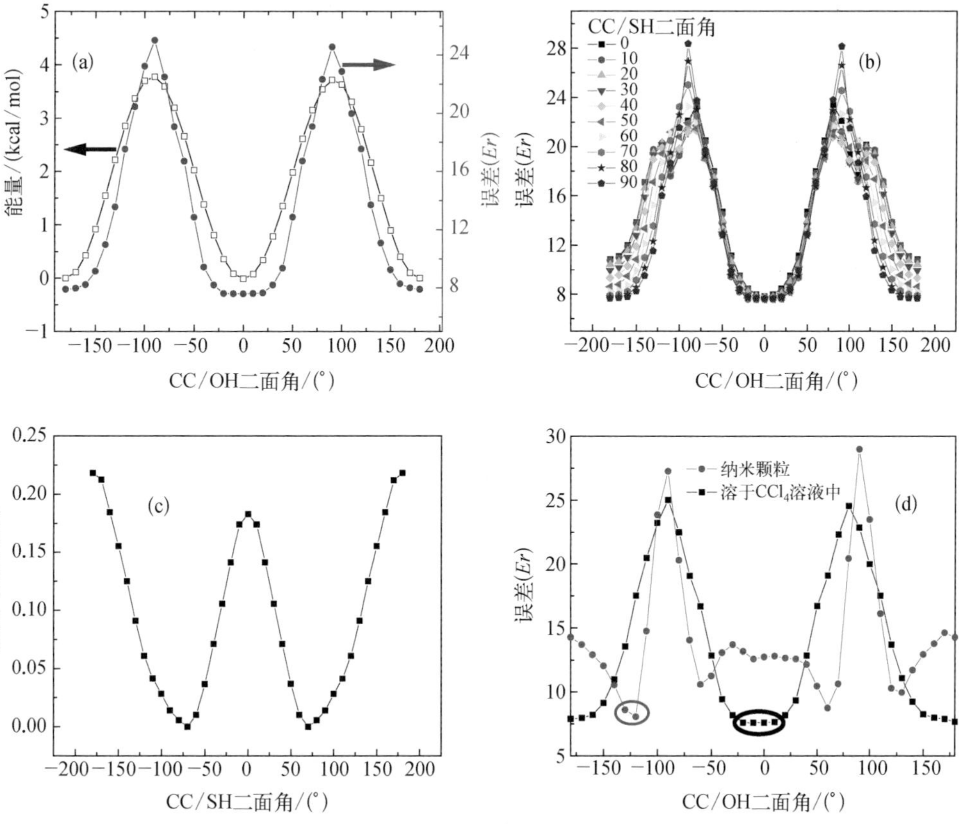

图 1 - 35　(a) CC/SH 二面角为 - 72°时，四氯化碳溶液中对羟基苯硫醇势能曲线(黑)和实验、计算测量的振动交叉角偏差值 *Er*(蓝)随 CC/OH 二面角的变化关系；(b) 不同角度的 CC/SH 二面角下，振动交叉角偏差值 *Er* 随 CC/OH 二面角的变化关系；(c) CC/OH 二面角为 0°时，势能面随 CC/SH 二面角的变化关系；(d) 在四氯化碳溶液中和纳米颗粒表面上，振动交叉角偏差值 *Er* 随 CC/OH 二面角的变化关系，圆圈标出了 CC/OH 二面角的最优值[166]

金纳米颗粒表面，OH 基团发生了 50°～60°的扭曲，这是分子间位阻增加、π－π 堆积、表面 OH 基团之间形成氢键导致的疏水作用等多种影响相互竞争的结果[153]。在四氯化碳溶液中，独立的对羟基苯硫醇分子巯基沿 C—S 键旋转的势垒仅约为 0.22 kcal/mol，表明室温下巯基可能会以相对于苯环平面任意的角度存在。实验测量的结果支持了这一观点，巯基沿着 C—S 键旋转 90°其误差值 *Er*，并没有明显的改变。但是，对于任意 C—C/S—H 二面角，OH 基团总是与苯环共平面的。

1.3.2.3　氨基酸晶体结构解析

氨基酸的晶体结构及其分子动力学行为多年来一直引起科学家的广泛关注，并且已经建立 X 射线、中子衍射、谱学及理论计算等多种方法进行研究和观测[179-186]。然而，正像之前讲述的那样，传统的研究方法只能获取长时间平均观测的结果。在此以 L-半胱氨酸为例，利用多维振动光谱技术来研究其晶体结构和相应动力学行为[187]。

L-半胱氨酸有正交相和单斜相两种主要的晶体结构。在两种晶体结构中 L-半胱氨酸均以两性离子的形式存在，其晶体结构已经通过多种手段被详细研究[188-191]从而可以提供证据来证明多维振动光谱实验结果的准确性。L-半胱氨酸的两性离子形式的分子构型及 L-半胱氨酸晶体的红外光谱图如图 1-36 所示；0.2 ps 时 L-半胱氨酸晶体的二维红外光谱如图 1-37 所示[187]。实验中所用的 L-半胱氨酸晶体主要为正交相，其晶体结构已经通过 X 射线衍射测量证实。

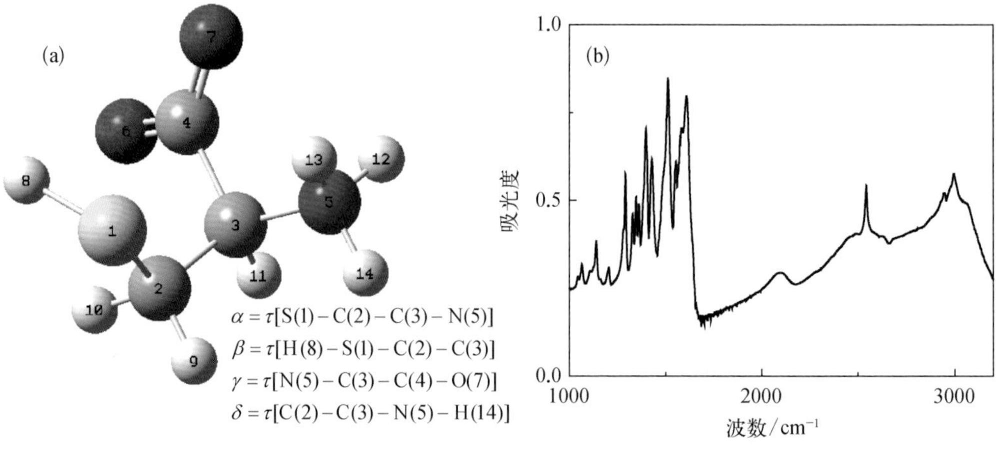

图 1-36　（a）两性离子形态的 L-半胱氨酸分子构型；（b）L-半胱氨酸晶体的傅里叶变换红外光谱图，SH 伸缩振动（2 543 cm^{-1}），CO_2 不对称伸缩振动（1 608 cm^{-1}），NH_3 弯曲振动（1 512 cm^{-1}），CH_2 弯曲振动（1 428 cm^{-1}），CO_2 伸缩振动（1 397 cm^{-1}），CH 弯曲振动（1 345 cm^{-1}，1 291 cm^{-1}）[187]

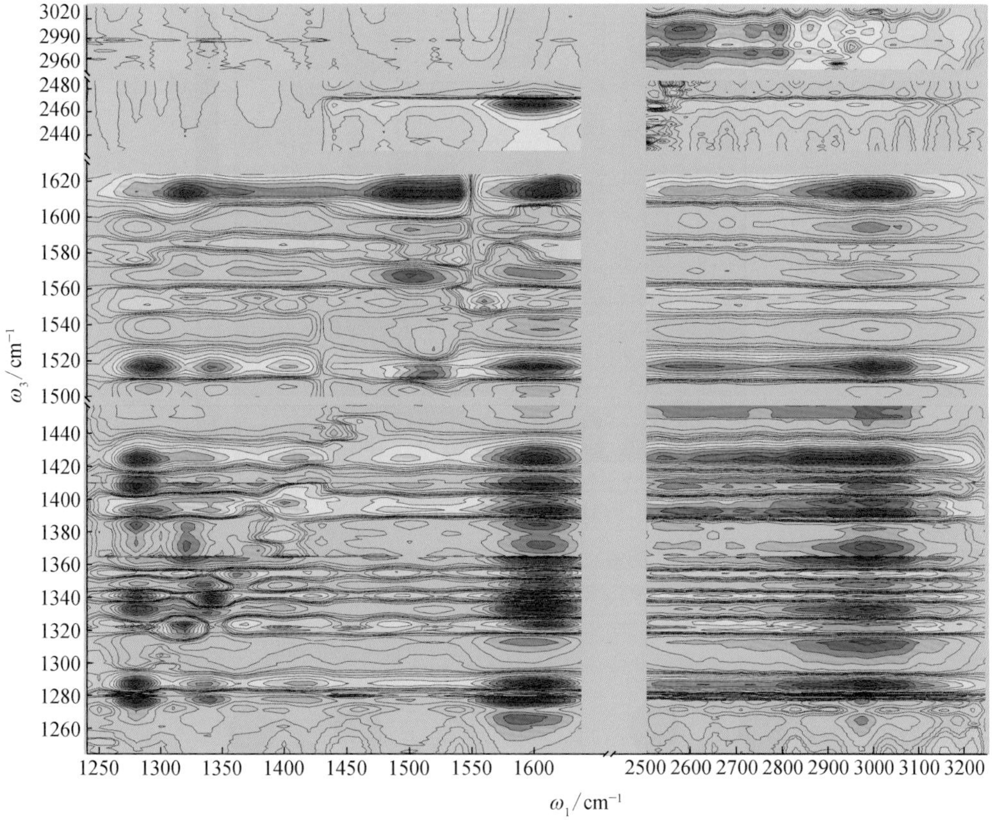

图 1－37　0.2 ps 时 L－半胱氨酸晶体的二维红外光谱图[187]

通过同样的实验方法，我们测试了 L－半胱氨酸主要简正模的夹角，随后通过理论计算的辅助将其转换为分子构型的数据。在 DFT 计算中，我们分别转动四个主要的二面角来得到振动夹角误差值的极小值 *Er*（图 1－38）。在正交相的 L－半胱氨酸晶体中，分子所处的最高概率的构象其二面角：S(1)－C(2)/C(3)－N(5)约为 60°，N(5)－C(3)/C(4)－O(7)约为 －20°，C(2)－C(3)/N(5)－H(14)约为 60°，与中子衍射方法的测量结果所吻合[188]。众所周知，半胱氨酸可以通过形成二硫键使得彼此之间相互交联，从而使其在某些特定的生物过程中扮演重要的角色[192,193]。然而要想准确测定巯基官能团的空间取向却并非易事，正交相中 L－半胱氨酸的巯基基团在室温下可以快速地旋转。巯基可有两种空间取向（取向 A/B）在晶体中以均等的概率共存，分别形成 S—H…O 和 S—H…S 氢键。其相应二面角 H(8)－S(1)/C(2)－C(3)分别为 77.57°和 －85.39°[188]。实验实际获得的偏差值也与这一结果类似（图 1－38）。对于 A/B 两种构型可能的二面角分别约为 90°（A）和 －90°（B），误差约为 4.40°。计算得到的两种构型如图 1－39 所示。

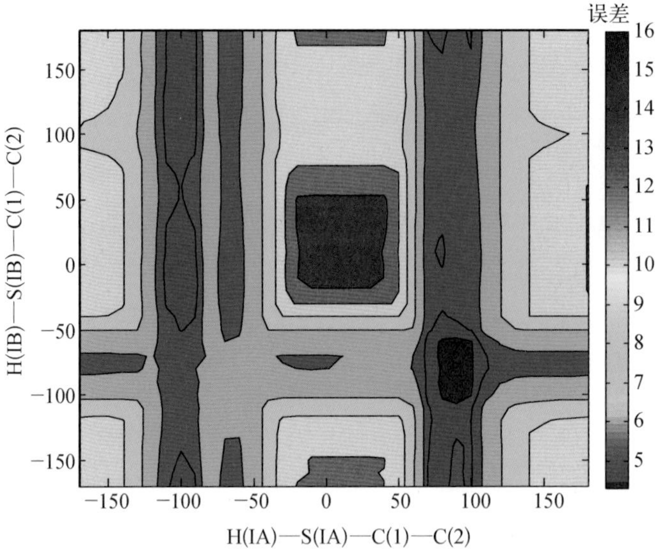

图 1-38　偏差值 *Er* 随 HS/CC 二面角的变化关系。其中最小偏差值约为 4.40°，其对应的构型 A 中二面角的值为 90°，对应的构型 B 中二面角的值为 −90°[187]

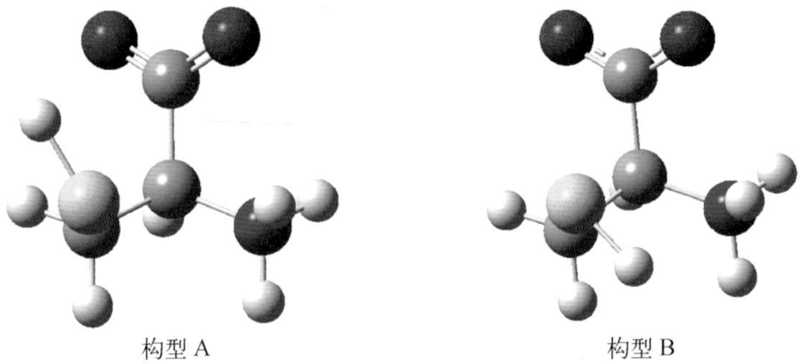

图 1-39　正交相晶体中 L-半胱氨酸分子的两种最可能构型[187]

1.3.2.4　“甲酸分解”催化剂中间体结构分析

长久以来，氢气一直被认为是理想的燃料之一[194-199]，却因氢气的存储问题，例如通过高压氢气罐，而一直未能被广泛应用。而甲酸这种无毒、不燃的液体，可以通过选择性催化分解生成氢气和二氧化碳而作为一种氢气载体，具有巨大的应用前景[200-203]。因此，发展一种高效的催化剂使甲酸快速分解产氢成为广泛的研究课题之一。PN^3P^*-Ru 螯合物体系[图 1-40(a)]其大于 38 000 h^{-1}的超高转换频率(turnover frequency，TOF)成功地吸引了科学家的眼球。因此，人们开始着手探究其超高转换频率背后的机理，以便于更好地设计和合成更加高效的甲酸分解催化剂。通过二维红外光谱，并结合密度泛函（DFT）计算，我们成功地观测到反应中间体 2 的结构和构型。

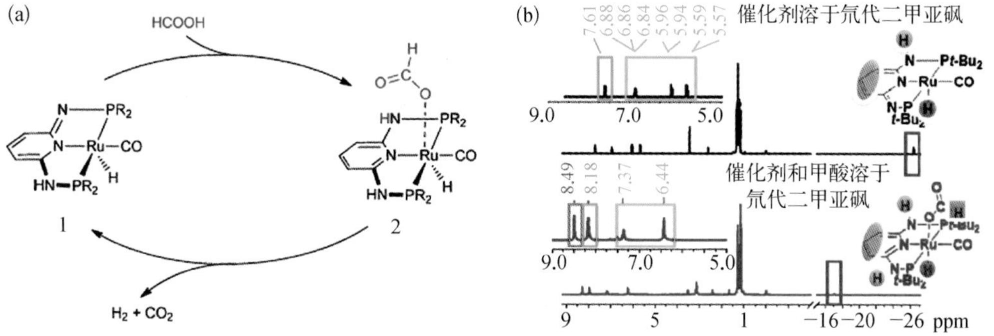

图 1-40　（a）PN^3P^*-Ru 螯合物催化甲酸分解机理；（b）催化剂及催化剂/甲酸混合物的核磁共振氢谱

（1）核磁共振及红外光谱确定钌-甲酸复合物的形成

通过对比在加入甲酸之前和之后体系的核磁共振氢谱[图 1-40(b)]，可以确定钌-甲酸复合物的形成。吡啶环上 3,5,4 位置上化学位移为 5.58(d)、5.95(d)、6.86(t)的氢为典型的不对称的脱芳构化吡啶环的典型化学位移。加入甲酸之后，质子的化学位移移至 6.33 和 7.27，5.95 和 5.58 的两个峰变为一个峰，于 6.33。这一区域的质子峰信号变为原来的 2 倍，表明吡啶环上的质子在加入甲酸后变成等价的。处于 8.18 的 NH 基团的质子信号变为原来的 2 倍，表明亚氨基被质子化。由此可以确定甲酸与钌配合物形成了钌-甲酸复合物[204]。

如图 1-41 所示，红外光谱中在 1 350～2 250 cm^{-1} 内出现五个特征吸收，分别对应于反应物和催化剂的物种振动模 υ_1 ～ υ_5，相应的复合物的振动模标记为 υ'_1～ υ'_5。位于 2 113 cm^{-1} 的振动模为 Ru—H 键的伸缩振动 υ_1。在甲酸/催化剂混合物中，这一振动模位移至 2 063 cm^{-1} 成为 υ'_1。明显的红移表明 Ru—H 键明显变弱，即有以反式配体配位至 Ru 中心。1 940 cm^{-1} 处的吸收峰 υ_2 为羰基配体配位与 Ru 中心形成的化学键的振动吸收。当加入甲酸后，υ'_2 的频率增加了约 15 cm^{-1}。这表明 C ═ O 明显增强，金属与配体之间的相互作用明显减弱。1 720 cm^{-1} 处的吸收峰 υ_3 对应于甲酸分子 C═O 双键的伸缩振动。不难发现，催化剂本身的红外光谱中并不包含此振动吸收峰，而相应的频率 υ'_3 与只含有甲酸时的振动吸收频率相同，这表明此处的羰基与相邻的羟基氧是离域的，从而导致了频率的明显降低。位于 1 450 cm^{-1}（υ_4）和 1 615 cm^{-1}（υ_5）的吸收峰分别对应于吡啶环的对称和不对称振动吸收。

（2）钌-甲酸复合物结构的测定

交叉峰信号测量示意图如图 1-42(a)所示。通过波长为 1 955 cm^{-1}[图 1-42(b)中 ω_1]的窄带红外脉冲激发，催化剂中羰基伸缩振动被共振激发。由于非谐性耦合，υ'_2 频率

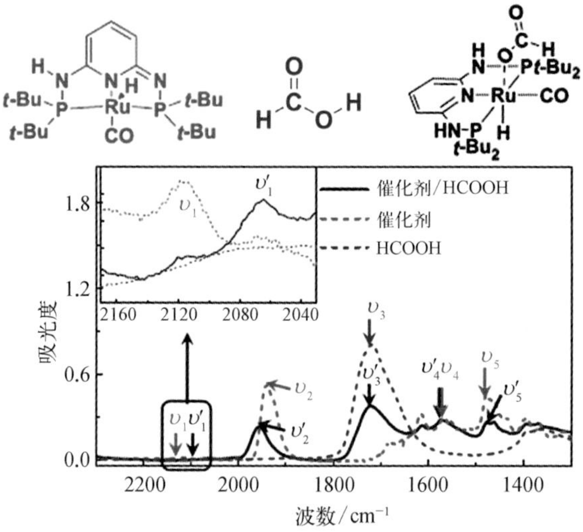

图 1-41　催化剂（红）、反应物（蓝）及混合物（黑）的红外光谱

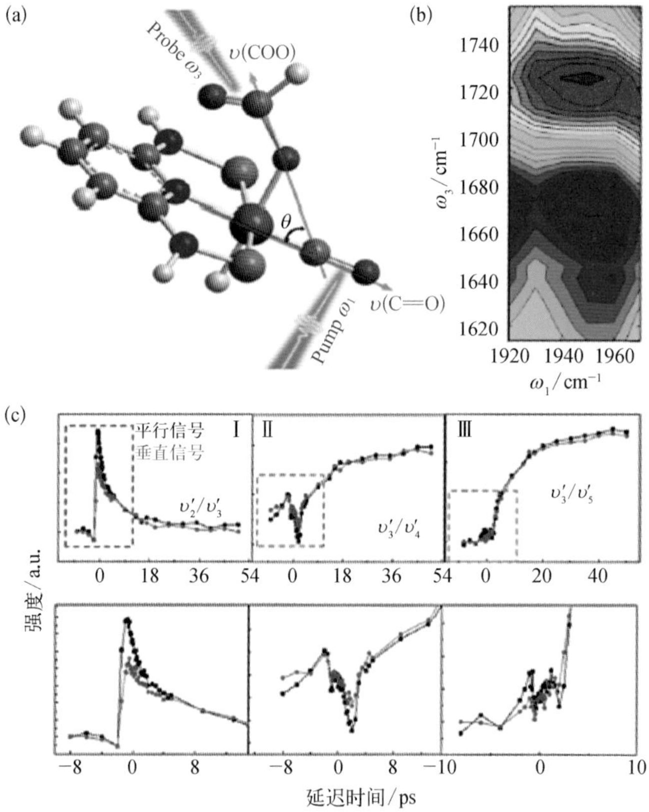

图 1-42　振动模间夹角的测定

(a) 振动模夹角测量示意图；(b) 0.1 ps 时振动模 υ'_2 和 υ'_3 交叉峰的二维红外光谱图；(c) 交叉峰信号强度

的激发使其他振动模频率发生位移。在延迟 0.1 ps 后，由 υ_2' 激发造成的羰基振动模 υ_3' 频率的位移通过波长为 1 610～1 750 cm^{-1} 的宽频红外脉冲测量。在图 1－42(b)的二维光谱中，$\omega_3 = 1\,675\ cm^{-1}$ 的蓝峰出现在位于 1 725 cm^{-1} 的红峰之下，表明催化剂中羰基振动吸收 υ_2' 使甲酸分子中羰基振动吸收 υ_3' 从 1 725 cm^{-1} 位移至 1 675 cm^{-1}。

两振动模间夹角可通过下式进行测量：

$$\frac{I_{\perp}}{I_{\parallel}} = \frac{2 - \overline{\cos^2\theta}}{1 + 2\,\overline{\cos^2\theta}}$$

式中，$I_{\parallel}$ 和 $I_{\perp}$ 分别为平行偏振和垂直偏振测量信号强度。为排除催化剂本身和甲酸本身对复合物结构测定的干扰，信号的测定分别通过激发催化剂、测定甲酸响应及激发甲酸、测定催化剂两方面进行。不同对振动模的信号如图 1－42(c)所示。信号的时间常数均小于 10 ps，这是由复合物中甲酸分子的晃动造成的，因为复合物分子体积很大而难以转动，所以分子内能量转移过程是很慢的。利用上述公式，可得不同振动模间夹角，结果如表 1－4 所示。

表 1－4　不同振动模夹角实验值

交叉峰	振动模	振动模间夹角
Ⅰ	υ_1'/υ_3'	57°±4°
Ⅱ	υ_2'/υ_3'	45°±5°
Ⅲ	υ_3'/υ_4'	45°±6°
Ⅳ	υ_3'/υ_5'	51°±9°

值得注意的一点是，从振动夹角是不能够直接确定分子构型的，但可以通过理论计算来获得不同构型的振动夹角，从而对比确定哪种构型是最可能的分子构型。进一步地，通过下式可比较实验值和计算值间的误差，从而确定最可能的中间体构型：

$$Er = \frac{\sum_{i=1}^{m} \left| A_i^C - A_i^E \right|}{m} \tag{1-183}$$

式中，A_i^C 表示第 i 对简正模的振动夹角；A_i^E 表示表 1－4 中的实验值；m 为耦合的简正模对的数量。对于这一复合物，我们通过旋转 Ru—O_1 和它旁边的 C_2—O_2 键来探索构象空间。通过改变二面角 C_1(CO)—Ru—O_1—C_2，从－5°至 175°，以 10°为间隔，以及二面角 Ru—O_1—C_2—O_2，从 1°至 351°，以 10°为间隔，共搜索到 576 个可能的分子构型。通过上式计算得到 Er 的值[图 1－43(a)]，并确定最小 Er 的值位于二面角[Ru—O_1—C_2—O_2，C_1(CO)—Ru—O_1—C_2](321°，155°)处。相应的构型如图 1－43(b)所示。

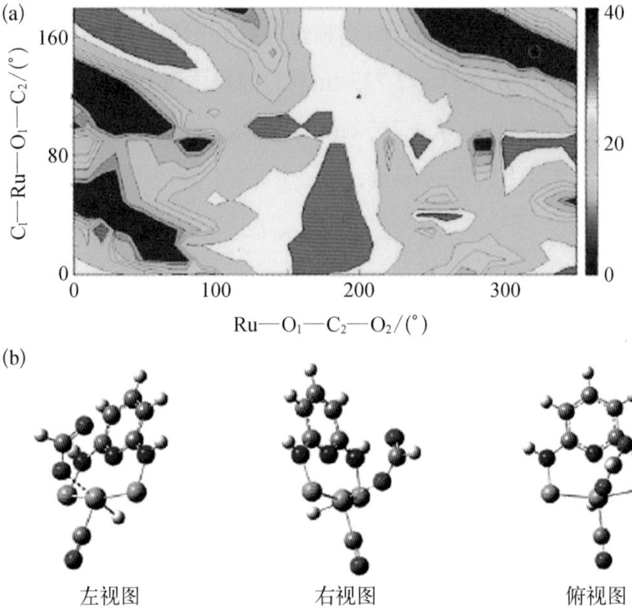

图 1-43　复合物分子构型的确定

(a) 通过搜索二面角 Ru—O_1—C_2—O_2 及 C_1(CO)—Ru—O_1—C_2 获得的 576 个可能的分子构型的振动夹角与实验测得的振动夹角的 *Er* 值；(b) 最稳定分子构型示意图

通过二维红外光谱确定的钌-甲酸复合物的分子构型十分有趣。相较于确定的分子构型而言，DFT 计算获得的能量极小值 **2′** 并不完全相同(图 1-44)。两种结构有相似的 PN^3P-螯合物框架，但甲酸基团的方向并不相同。由甲酸基团和吡啶基团间的电子-电子相互排斥，结构 **2′** 相较于结构 2 的能量低了 1.2(3.8) kcal/mol(括号中的能量为由 PCM 方法计算获得)，这表明有明显的驱动力使结构 **2** 能够稳定在能量相对较高的构型。

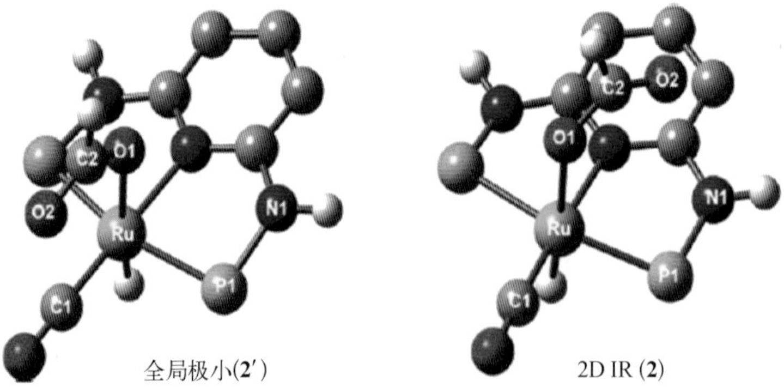

图 1-44　结构 2′和结构 2 的分子构型

我们假设是质子型分子（水或甲酸）能够在甲酸配体的羰基氧和 N—H 键之间建立桥梁，从而使结构得以稳定。通过在结构 **2** 中添加一个水分子（**2－W**）或甲酸分子（**2－FA**），其结构与结构 **2** 非常类似（图 1－45），且 **2－W** 和 **2－FA** 的能量相较于 **2′**及一个水分子、**2′**及一个甲酸分子的能量分别降低了 6.5（8.6）kcal/mol 和 4.8（9.6）kcal/mol（括号中的能量为由 PCM 方法计算获得）。这表明 PN^3P－Ru 螯合物中的 N—H 键与质子型分子相互作用使分子构型重整，而 **2－W** 或 **2－FA** 的分子构型可能是该催化剂如此高效的重要原因之一。

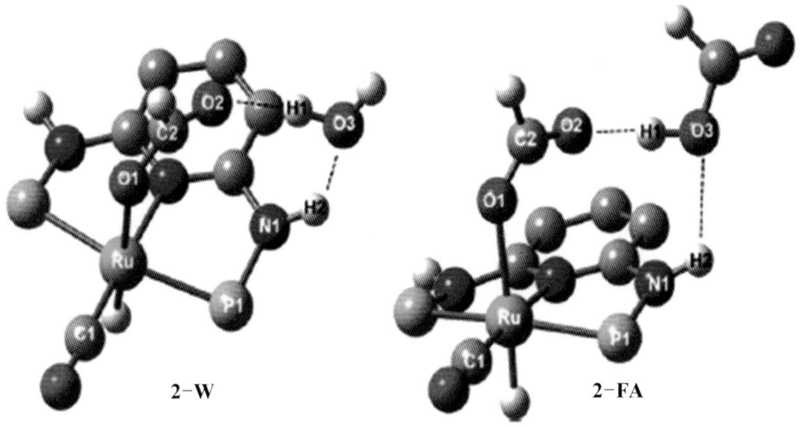

图 1－45　计算获得的 2－W 和 2－FA 的分子构型

1.3.2.5　亚纳米尺度上离子液体中离子的各向同性排序

在三种最常见的物态（固体、液体和气体）中，液体无疑是最难理解的，甚至被称为“现代物理学的辛德瑞拉”[205]。研究液体的主要挑战源自其“中间”态。液体中，分子既是“束缚的”（类似固体），又是“自由的”（类似气体）。在很小的区域内，它们可能受分子间作用力的约束而形成有序结构。而在大范围内，热运动占据主导地位，液体分子基本上无序分布，是“自由”的。广义的液体包括分子化合物的液体形式、离子化合物的熔融盐形式和既是“分子”又是“离子”的化合物的离子液体形式。离子液体常被视为分子液体和熔融盐的“中间”状态，具有很多只属于分子液体或熔融盐的独特性质[206]。例如，一方面，离子液体的蒸气压极低，类似熔融盐；另一方面，离子液体是良好且通用的溶剂，类似分子溶剂。此外，通过微调离子液体的化学结构可以得到种类繁多的化合物，估计有 10^8 种（不包括混合物）[207,208]。分子液体和熔融盐性质的结合让离子液体在电池、太阳能电池和有机合成等领域中成为极佳的溶剂和反应介质[206-209]。

但是，离子液体并非简单地将分子液体和熔融盐混合。在熔融盐中，粒子间作用力大多是无方向性的库仑作用力，而且离子被认为是均匀分布的。然而在分子液体中，粒子间作用力大多是具有方向性的范德瓦尔斯作用力(偶极或多极相互作用)或氢键[206]。非极性分子中主要是色散力,但只在相对短的距离内作用。因此,这种液体中的分子在较大区域中呈随机分布,但在短距离内形成有序结构,比如水中氢键网络。在离子液体中,无方向性、相对长程的库仑作用力和有方向性、短程的范德瓦尔斯作用力都非常重要。这些相互作用共同导致了离子液体复杂的结构和独特的性质,在理论和实验领域都引起了激烈的讨论[206,207,210-214]。

用于描述离子液体的超分子结构中,最值得注意的是离子对和离子簇[215-218]。历史上,离子对的概念最早用于描述电解质水溶液[219]。在其经典定义中,离子对是指结合得极其紧密的最近邻阴、阳离子,就像具有极大偶极矩的中性分子。有很多论点支持离子液体中“离子对”的观点。随着电解质水溶液中盐浓度的增加,离子对也不断增加,结合也更加紧密[219-221]。如果假定离子液体类似高浓度的盐溶液,那么随着盐浓度的不断增加,应该得到离子液体中结合紧密的离子对。但是这种推论是值得商榷的[218],因为离子液体本质上是不均匀的。用质谱测定某些离子液体会发现,它们气相下的离子确实会配对[222,223]。支持离子液体中离子配对的另一个论据是其反常低的离子电导率[224]。如果假定离子是“自由”的且具有单位电荷,那么离子液体的离子电导率的实验值常常比计算值低很多[225,226]。毫不奇怪,长期以来,人们一直认为离子液体中大部分离子会形成离子对且不会对总离子电导率作出贡献[218,226]。然而,很少有实验能直接证明离子液体中离子对的存在。一些实验声称离子液体中存在极强的离子成对效应[206, 218],但这些实验的解释仍然依赖于离子液体中某些可疑的假设。比如,2013 年 PNAS 上的一篇文章[210]用扫描探针显微镜测定了离子液体的结构。通过用理论模型拟合实验结果,它认为离子液体相当于解离常数为 10^{-4} 的弱电解质,其中大多数离子都会配对。也就是说,离子液体某种程度上像水一样,前者的阴、阳离子好比后者的氢氧根和氢离子,离子对好比水分子,其解离常数为 10^{-14}。如果这个结论是正确的,那么将很难解释离子液体的很多物理性质,比如它们极低的蒸气压。该文章发表后不久就受到了多个组的质疑[211-213]。实际上,一系列实验和理论研究,包括对离子液体中的亲核取代[227]、Kosower 盐的电荷转移紫外光谱[228]、各种技术在离子液体混合物中的应用[208]和理论计算[229,230]方面的研究,都表明离子在离子液体中会发生解离。

到目前为止,“离子配对或成簇”的支持者或反对者都找到了一些支持己方的证据。然而,无论哪一方,都没有直接的实验结果来揭示离子液体的结构。解决这个争论需要使用一种比离子解离速度更快的工具来直接探测离子液体中阴、阳离子间的相互作用。在本文中,我们使用自制的高功率超快多模二维红外光谱技术来直接探测最近邻阴、阳离子的相对取向和振动耦合,进而测定离子液体的局部结构[117,231]。令人惊讶的是,与广为传播的离子配对的观点相反,尽管非球形对称的阴、阳离子间存在直接相互作用,但离子间的取向仍是随机的。

我们研究阴、阳离子是否在离子液体中形成离子对的方法是测定最近邻阴、阳离子之间的相对取向。离子相对取向决定了离子间化学键和振动模的相对取向。如果两个离子完全解离，那么一个离子和其最近邻的反荷离子之间的相对取向一定是随机的，平均各向异性为 0。否则，考虑到阴、阳离子都不是球形对称的，如果它们形成离子对，那么相对取向一定是定向的。实验中，我们选择性激发一种离子的一种振动模式，探测它和反荷离子振动模式的耦合。激发光和探测光取为彼此平行或垂直，两种条件下实验信号的相对强度反映了两种耦合的振动模式的相对取向。

本文在室温下研究了三种离子液体，分别为 1 -乙基- 3 -甲基咪唑醋酸盐、1 -丁基- 3 -甲基咪唑二(三氟甲基磺酰)酰亚胺和 1 -丁基- 3 -甲基咪唑硫氰酸盐。它们的分子结构和 FTIR 谱如图 1 - 46(a)～(c)所示。在每种离子液体中，阳离子(蓝色)具有和阴离子(红色)完全不同的振动模，可以用二维红外光谱来测定，进而得到阴、阳离子间的相对取

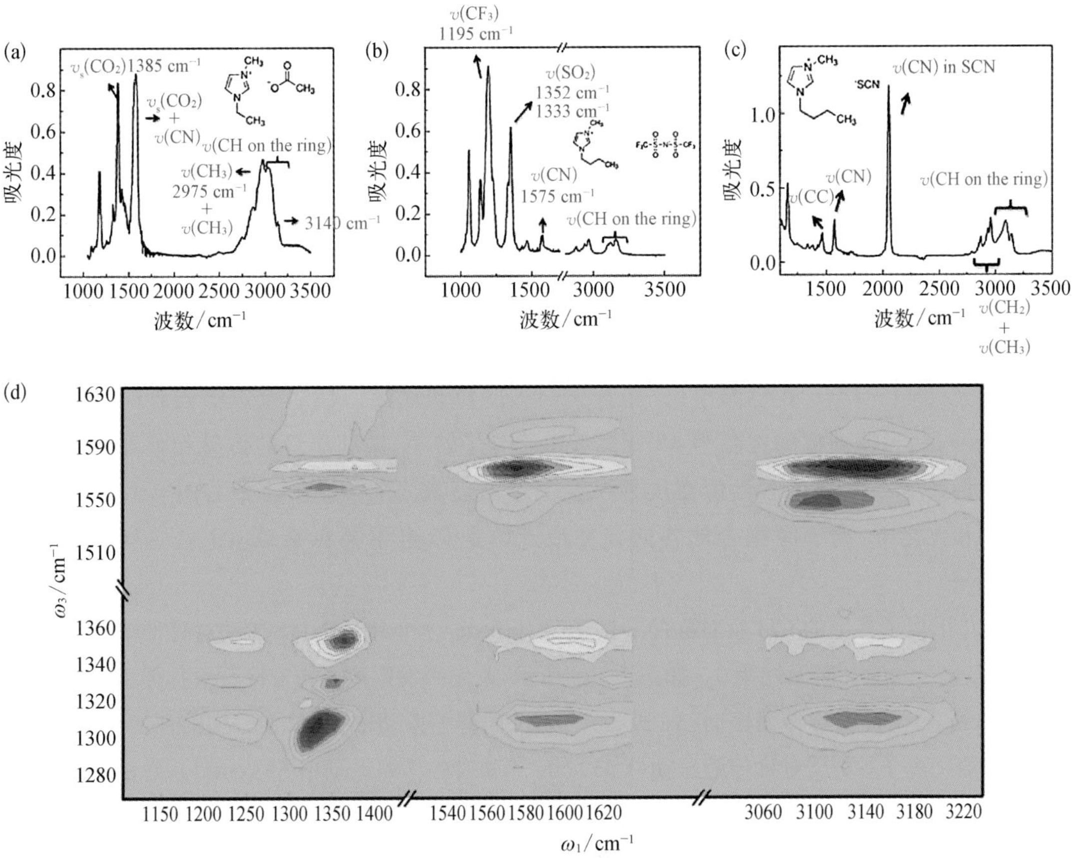

图 1 - 46　1 -乙基- 3 -甲基咪唑醋酸盐(a)、1 -丁基- 3 -甲基咪唑二(三氟甲基磺酰)酰亚胺(b)和 1 -丁基- 3 -甲基咪唑硫氰酸盐(c)的 FTIR 光谱。相应吸收峰根据 *ab initio* 计算结果和数据库数据进行归属。(d) 1 -丁基- 3 -甲基咪唑二(三氟甲基磺酰)酰亚胺在时间零点处的 2D IR 光谱

向。图 1－46(d) 是 1－丁基－3－甲基咪唑二(三氟甲基磺酰)酰亚胺的二维红外光谱，其中激发光为 1 100～3 250 cm^{-1}(ω_1)，探测光为 1 250～1 650 cm^1(ω_3)。一种振动模的激发改变了另一种振动模的频率，从而产生了漂白(红色峰)和吸收(蓝色峰)的信号[232-234]。

在 3 160 cm^{-1}处(环上 C—H 反对称伸缩振动)激发阳离子，在 1 280～1 380 cm^{-1}处探测阴离子的信号(图 1－47 中区域 Ⅰ 是 SO_2 对称和反对称伸缩振动的信号)，在 1 540～1 610 cm^{-1} 处探测阳离子的信号(图 1－47 中区域 Ⅱ 是咪唑环上 CN 伸缩振动的信号)，相关数据见图 1－47(b)。实验中令激发光和探测光的极化方向一致或垂直，将得到的两种信号代入下式可以得到各向异性[130]：

$$R=\frac{I_{\parallel}-I_{\perp}}{I_{\parallel}+2I_{\perp}} \tag{1-184}$$

式中，$I_{\parallel}$ 和 $I_{\perp}$ 分别是激发光和探测光彼此平行或垂直时的信号强度。将各向异性代入下式可以求出被激发和被探测的振动模的夹角：

$$R=\frac{3\cos^2\theta-1}{5} \tag{1-185}$$

有趣的是，在探测离子间耦合时，平行和垂直条件下的信号完全重合[图 1－47(b)的区域 Ⅰ]，即各向异性为 0[图 1－47(c)中左图]。但当探测 3 160 cm^{-1}处 CH 振动和 1 560 cm^{-1} 处 CN 振动在阳离子内部的耦合时，两种实验条件下得到的信号截然不同：无论是 1 575 cm^{-1} 处的正信号峰，还是 1 560 cm^{-1}处的负信号峰，平行时的信号都比垂直时的大[图 1－47(b)的区域 Ⅱ]。根据式(1－184)和式(1－185)可以得到各向异性约为 0.07，两种振动模间夹角为 48°±1°。由于分子转动、振动能量的传递和弛豫引发的热能传递[231,235]，各向异性值在皮秒尺度上逐渐衰减[图 1－47(c)中右图]，和预期相符。相比之下，离子间耦合的各向异性最开始是 0，也不会再衰减[图 1－47(c)中左图]。

不止阳离子环上的 CH 反对称伸缩振动(3 160 cm^{-1})和阴离子中 SO_2 反对称伸缩振动(1 352 cm^{-1})间的各向异性为 0。如图 1－48 所示，首先激发阳离子上 CH 反对称伸缩振动(3 160 cm^{-1})、CH 对称伸缩振动(3 120 cm^{-1})和 CN 伸缩振动(1 575 cm^{-1})中的任何一个，然后探测阴离子 SO_2 反对称伸缩振动(1 352 cm^{-1})和对称伸缩振动(1 333 cm^{-1})，总能得到相同的平行信号和垂直信号。测定其他两种离子液体的振动耦合，可以得到类似的结果。如图 1－49 和图 1－50 所示，在每种离子液体中，离子间耦合的各向异性均为 0，然而离子内耦合的各向异性不是 0，是随时演变的。各向异性为 0，说明离子间取向是随机的，下面会进行详细的讨论。

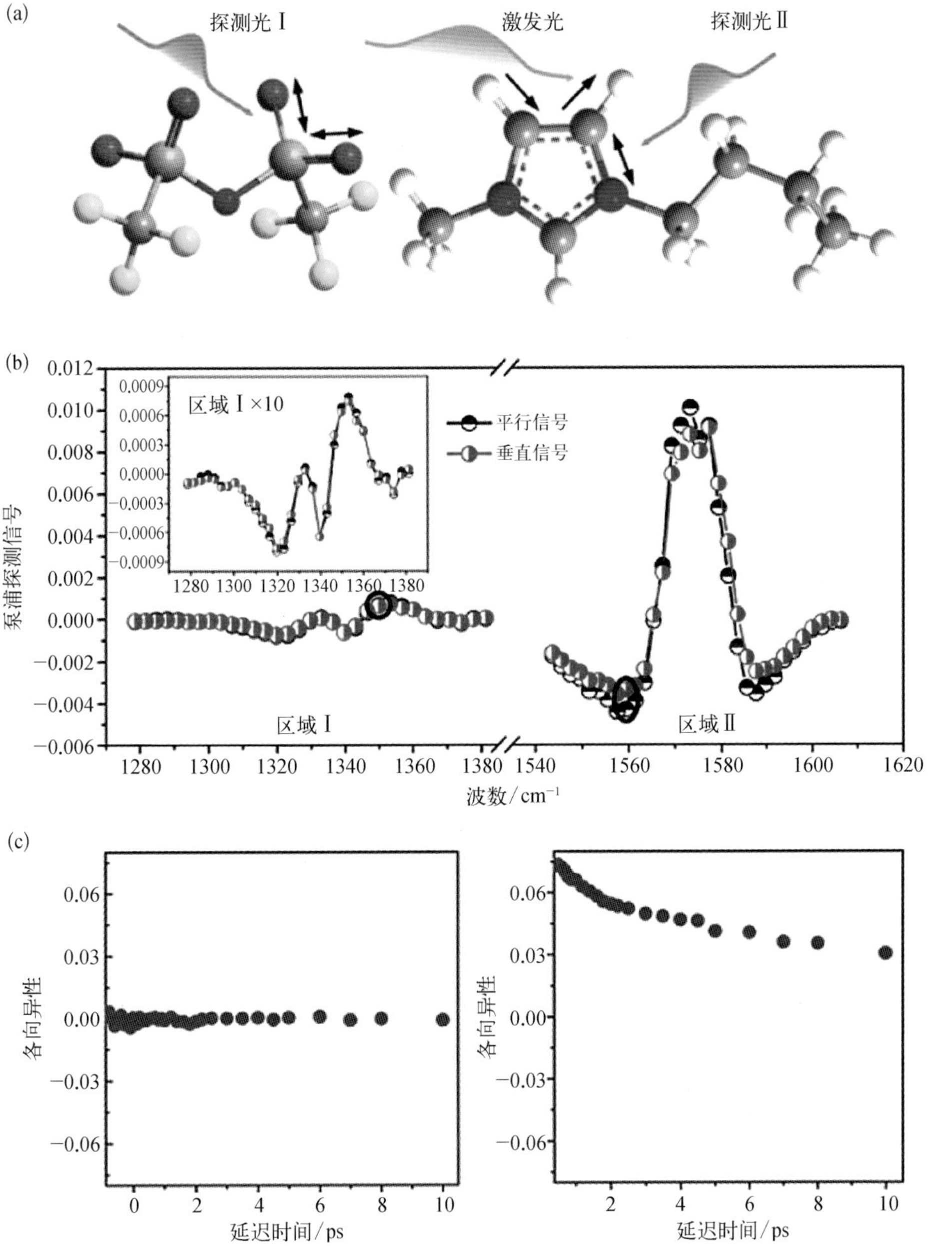

图1-47 1-丁基-3-甲基咪唑二(三氟甲基磺酰)酰亚胺的泵浦探测信号和各向异性数据

(a) 分子结构。(b) 在3 160 cm^{-1}处激发阳离子得到的振动耦合信号。当探测1 280～1 380 cm^{-1}内阴离子的响应(区域Ⅰ)时，平行(黑色半圆)和垂直(红色半圆)的信号相同，因此各向异性值为0。当探测1 540～1 610 cm^{-1}内阳离子的响应(区域Ⅱ)时，平行和垂直的信号不同，得到各向异性值约为0.07，相应夹角为48°。所有数据都是在时间零点的数据。(c) 1 352 cm^{-1}(左)和1 560 cm^{-1}(右)处随时间演变的各向异性值

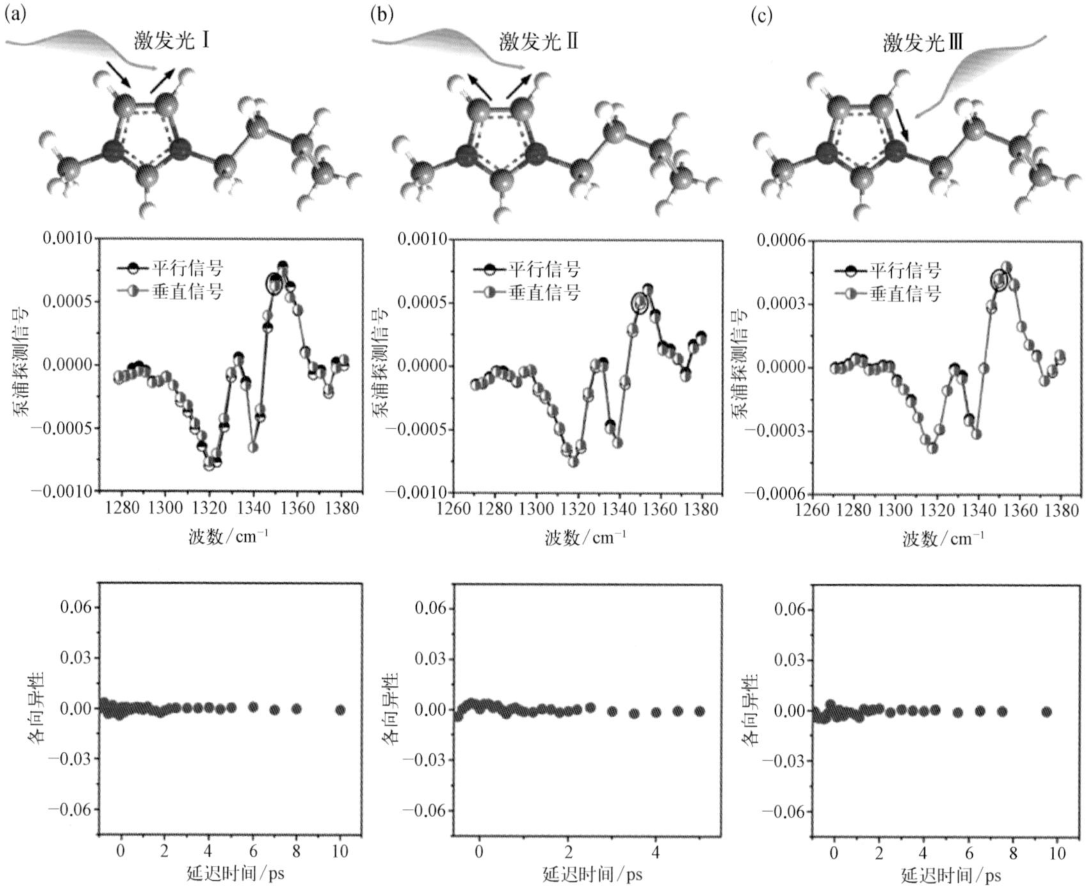

图 1-48　阳离子的三种振动模和阴离子的两种振动模间耦合的各向异性为 0

(a) 在 3 160 cm^{-1} 处激发阳离子 CH 反对称伸缩振动；(b) 在 3 120 cm^{-1} 处激发阳离子 CH 对称伸缩振动；(c) 在 1 575 cm^{-1} 处激发阳离子 CN 伸缩振动。所有数据都在 SO_2 反对称（1 352 cm^{-1}）和对称（1 333 cm^{-1}）伸缩振动处探测

(a)

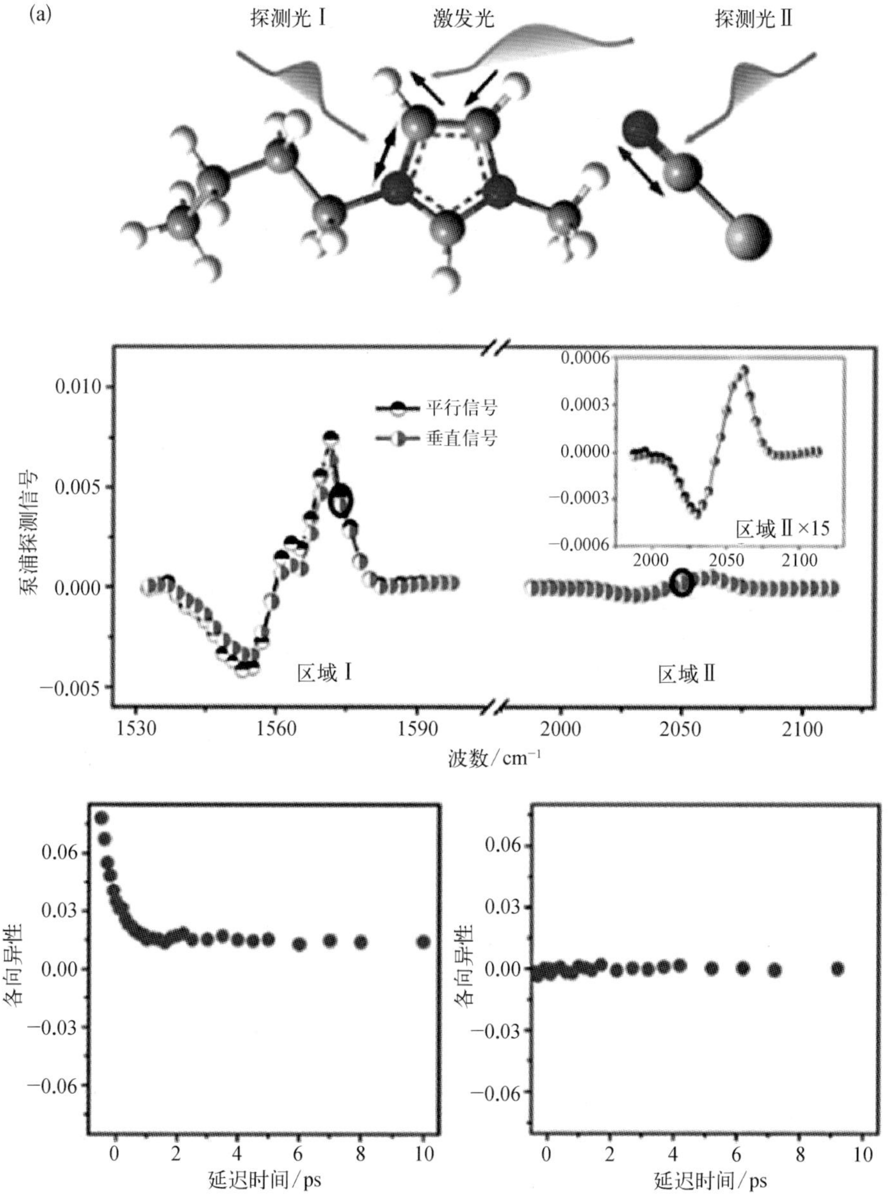
探测光Ⅰ
激发光
探测光Ⅱ
平行信号
垂直信号
泵浦探测信号
区域Ⅰ
区域Ⅱ
区域Ⅱ×15
波数/cm⁻¹
各向异性
延迟时间/ps
各向异性
延迟时间/ps

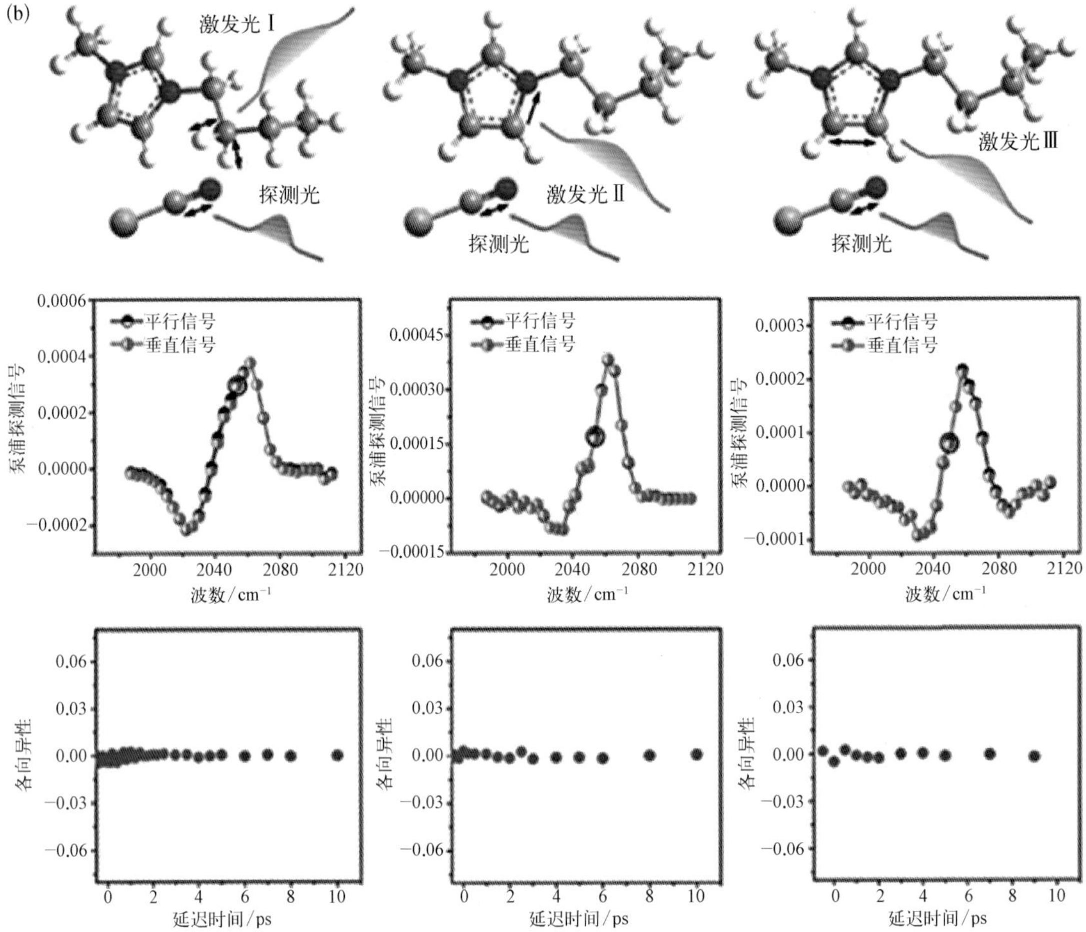

图1-49　1-丁基-3-甲基咪唑硫氰酸盐的各向异性数据

(a) 上图为分子结构;中图为离子内(左)和离子间(右)振动耦合信号;下图为各向异性随时间的演变。
(b) 上图为分子结构;中图为离子间振动耦合信号;下图为各向异性随时间的演变

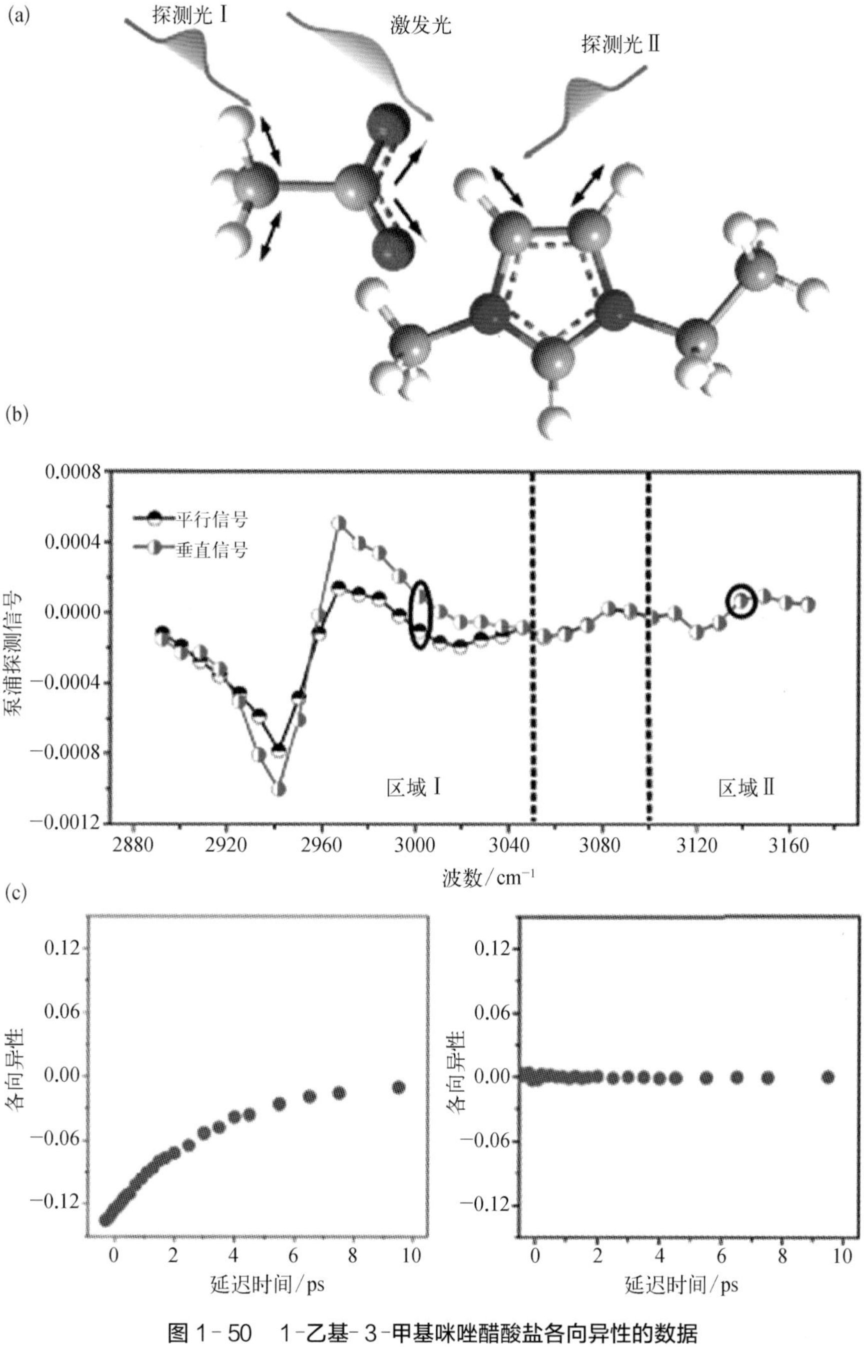

图 1-50　1-乙基-3-甲基咪唑醋酸盐各向异性的数据

(a) 分子结构；(b) 离子间(左边区域 I)和离子内(右边区域 II)的振动耦合信号；(c) 各向异性随时间的演变

我们在观察到，所研究的所有离子间振动模耦合的各向异性都是 0。理论上讲，两种耦合振动模的各向异性为 0，可能存在两种原因：第一，振动模的夹角是魔角，即 54.7°；第二，两种模的相对取向是随机的。在我们的实验中，第一种情况的可能性极低，甚至没有，因为不可能三种不同的离子液体的所有离子间振动模的夹角都是魔角。此外，在 1 -丁基- 3 -甲基咪唑二(三氟甲基磺酰)酰亚胺和 1 -丁基- 3 -甲基咪唑硫氰酸盐中，振动模间夹角与其几何构象相关，可以严格证明它们不可能同时都是魔角。

因此，各向异性为 0 可以归结为离子的无序排布。实验上得到的各向异性是各种可能构象的系综平均。本实验中的各向异性和荧光光谱中的相似，具有可加性，按下式加和：

$$R_{\mathrm{obs}} = \sum_i f_i R_i \tag{1-186}$$

式中，R_i 是第 i 种组分的各向异性；f_i 是其比例系数。考虑到我们实验的不确定性(约 0.01)，各向异性为 0，实质上指各向异性的取值在 ±0.01 以内。下面我们具体阐释离子液体中各向异性极低的意义。

首先，即便离子液体中存在离子对，其浓度也一定非常低。离子对比例的上限可以通过本实验的不确定性推算。在离子对模型中，需要考虑两种物质：缔合离子对和解离离子对。总各向异性是两种物质的加权平均：$R_{\mathrm{obs}} = f_{i\mathrm{p}} R_{i\mathrm{p}} + f_{\mathrm{dis}} R_{\mathrm{dis}}$。若假定解离离子对的各向异性为 0，则式子可以进一步化简为 $R_{\mathrm{obs}} = f_{i\mathrm{p}} R_{i\mathrm{p}}$。对于夹角为 30°的耦合振动模，$R_{i\mathrm{p}}$ 为 0.25，则 $f_{i\mathrm{p}}$ 必须小于 4%才能使 R_{obs} 小于不确定度 0.01。当然，随着夹角不断逼近魔角，比例系数会不断变大。但正如之前所说，这些夹角是几何相关的，如果一个接近 54.7°，那么其他的会显著偏离魔角。角度相关和实验不确定性共同说明离子液体中离子对的比例非常小。

其次，离子对即使存在，其构象也一定极易变化。实验上得到的各向异性是多种构象的系综平均。弱束缚的离子对允许离子相对旋转，于是存在夹角的分布 $\rho(\Omega)$，总 R_{obs} 变为 $R_{i\mathrm{p}}$ 加权平均：

$$R_{\mathrm{ave}} = \frac{\int R_{i\mathrm{p}}(\Omega)\mathrm{d}\Omega}{\int \rho(\Omega)\mathrm{d}\Omega} \tag{1-187}$$

平均值 R_{ave} 随着角度分布变宽而减小。定量的分析需要有精确的 $\rho(\Omega)$，但这是不容易得到的。为方便讨论，我们考虑两种可能的分布——高斯分布和带有固定偶极子模型的玻尔兹曼分布，来估计构象变化对总各向异性的影响。如果假设角度分布遵循中心为角度 θ、峰宽 σ 的高斯分布，那么 R_{ave} 可以被数值求解。如果 $\theta = 30°$，那么 σ 至少为 59°才能使 $R_{\mathrm{ave}} < 0.01$，即涨落的幅度约为所有可能角度(0°～90°)的 2/3。如果假定遵循玻尔兹曼分布，那么室温下的相互作用能至多为 0.9 kcal/mol 才能使 $R_{\mathrm{ave}} < 0.01$。无论哪种分布，构象变化都必须非常大，只有超过所有可能角度的 60%，才能解释实验观察到的极低的各向

异性。根据定义，离子间构象变化剧烈意味着离子配对作用非常弱。

总之，离子液体中任意离子间振动模耦合都没有各向异性，这一现象不能简单地用都处于魔角来解释。相反，这说明离子液体中离子的排布几乎是随机的。离子对或离子簇即便存在，浓度也一定非常低，或者变化非常剧烈，以至在经典定义中不能被视为离子对或离子簇。

物质在不同尺度上可以有不同的结构。我们实验中探测的分子间振动耦合的有效距离仅在几埃[220,221]，而离子间无序排布的结论也只关系到直接相邻的阴、阳离子（因为此处研究的分子或离子的大小同样为几埃）。然而越来越多的证据表明，大多数离子液体在更大的空间尺度（纳米尺度）上是高度有序的。最有力的证据来自 X 射线散射实验[236,237]，表明离子液体的结构具有纳米尺度上的周期性。这些介观区域会形成双连续的海绵状纳米结构[238,239]，如图 1－51 所示，表明离子液体既是"离子"的，又是"分子"的。在经典的离子液体中，例如本文研究的，离子中同时存在离子官能团（本文中为咪唑）和疏水官能团（烷基侧链），而反荷离子是纯离子。咪唑环和阴离子间存在较强的相互作用，共同形成离子液体的离子部分。但烷基链不和咪唑作用也不和阴离子作用。由于离子部分和疏水部分的物理性质存在较大差异，因此它们自发地发生"相分离"，形成介观域。X 射线散射实验和振动耦合实验是互补的。前者表明，在介观尺度上存在有序的离子/疏水相的分离，而后者表明，在分子尺度上离子域中的离子实际上是无序排布的，类似熔融盐。

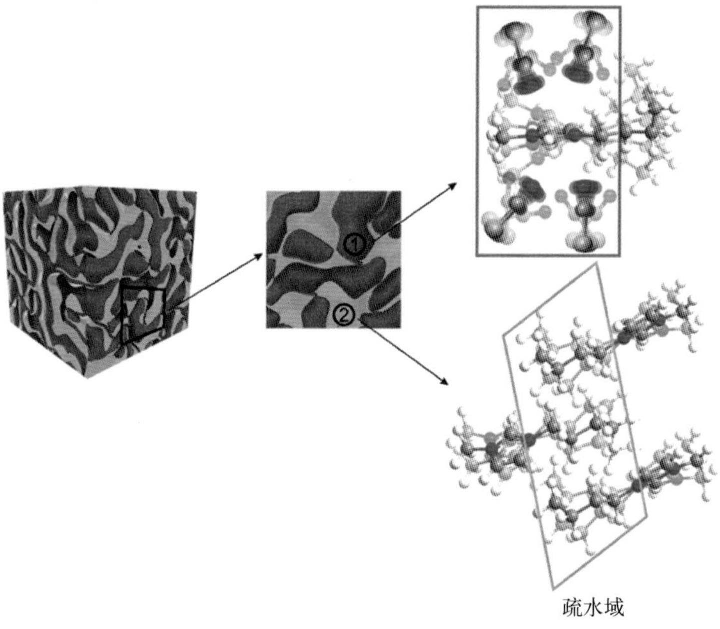

图 1－51　离子液体结构的示意图

在介观尺度上，离子液体形成双连续结构，由离子域和疏水域组成。在离子域中，离子间取向随机在离子液体的异质结构中，阴、阳离子间的平均距离比仅根据浓度算出的距离更近，这也保证了阴、阳离子间强的相互作用，进而为反荷离子间电荷转移提供可能[225,226]。阴、阳离子间电荷转移导致两种离子都仅带部分电荷，总的离子电导率也被显著降低[225,226]，即总离子电导率的实验值小是因为按单位电荷计算出的值偏大[225,226]。

总之，离子液体在介观尺度（纳米）上是高度有序的，但在分子尺度（亚纳米）上的离子域和疏水域中是无序排布的。这种结构在液体中很少见。人们可以将离子液体视为两个连续域的“混合物”：一种是类似熔融盐的离子域，本质上是高度自由的离子簇，但没有气相中那样清晰确定的结构[217,236,240]；另一种是类似非极性分子液体的分子域。因此，离子液体不是熔融盐和分子液体的“中间”态。它们更像是类似熔融盐的结构和类似分子液体的结构通过共价键连接形成的“纳米复合材料”。离子域中解离离子间的强静电相互作用使其蒸气压极低，而分子域中弱范德瓦尔斯作用力则使其熔点低。正如许多纳米复合材料，离子液体通常具有两种材料的有利特性，而不仅仅是简单混合得到的“中等”性质。这里所用到的高功率二维红外光谱技术可以探测极弱的分子间作用力，我们期待它在物理化学之外有更广泛的应用。

1.3.3　二维材料异质结构的超快电荷转移过程

在由半导体和导体组成的光电和光电化学器件中，光可以将半导体的电子从占据的价带激发到空的导带中，形成瞬态导电自由载流子[241]。空的价带态（空穴）和被激发的电子在静电作用下可以形成寿命较长的绝缘激子[242-244]。由声子、光子和带电准粒子间相互作用而引起的器件界面电子空穴对的演变，决定了器件基本的性质，如荧光、产热、电荷分离和输运、氧化还原反应动力学和输出等[245-247]。以往关于光电材料界面动力学的研究集中在同时具有界面和体相的块状或纳米级样品，并测定了带隙附近的吸收、荧光和可见泵浦/探测光谱[241,248,249]。尽管这些测试对激子的产生和湮灭比较敏感，但因光子动量较小，所以只能探测到质心动量几乎可以忽略的准粒子。此外，由于这些实验中无法探测到散射，可以假定大多数激子的动量值是有限的[250,251]。然而，通过探测内在量子跃迁[251-254]，低能量光子（如近红外、中红外和太赫兹）可以在可见光范围之外探测位于质心动量阱中的激子[图 1-52(a)]，可以在不受其他物质干扰的情况下直接精确测定激子的能量和动力学。这种方法可有效避免信号中混有自由载流子、激子和缺陷捕获的载流子的信号，而在可见泵浦探测实验中，由于探测光能量很高，这种情况是经常出现的[255]。另外，仅由两个原子层组成的二维异质结[256,257]是研究带电准粒子界面转移动力学的理想材料。然而受空间分辨率所限，传统红外装置很难探测到二维异质结中尺寸远小于红外光束的电子空穴对。在本文中，我们结合了显微技术、超快可见/近红外/中红外混频光谱技术[图 1-52(b)]和当前最好的二维原子器件制造工艺，首次直接观测到两原子层间电子空穴气体的相变。不同条件下的实验揭示了在导电石墨烯和半导体 $MoSe_2$ 界面处，导电自由载流子形成紧束缚绝缘层间激子的超快过程。

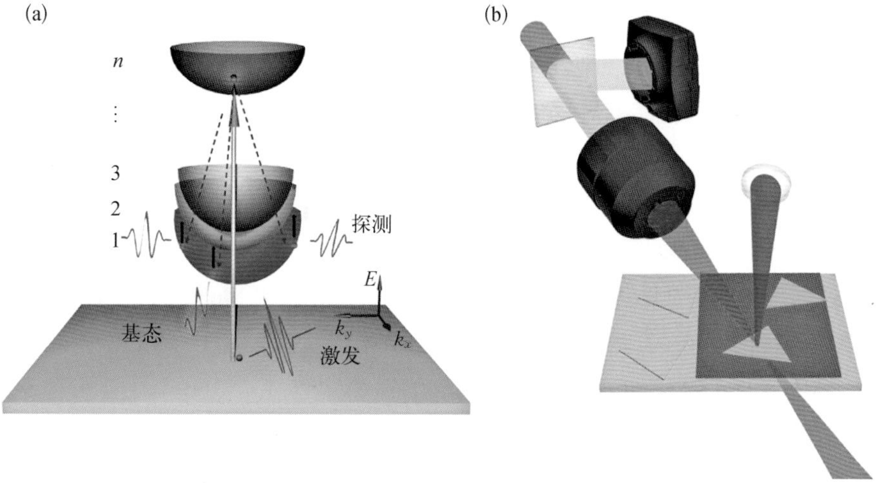

图 1 - 52　实验装置及其原理的示意图

(a) 中红外光在较宽的动量范围内探测激子 1s 到 2p 的内在量子跃迁。光激发产生自由载流子，该过程动量变化可忽略不计。自由载流子通过散射进入激子态(虚线)，该过程动量变化较大。(b) 实验装置示意图，红外探测光通过物镜聚焦到样品上，然后透过样品进入 MCT 阵列检测器。反射的可见光通过物镜被 CCD 采集，用于确定光和物质相互作用的位置。通过调节样品台，可以在同一 CaF_2 基底上研究异质结、石墨烯和 $MoSe_2$，三角形和浅黑色层分别表示单层 $MoSe_2$ 和石墨烯

(1) $MoSe_2$ 的光致发光被石墨烯猝灭

实验中，光激发产生的电子和空穴被限制在双原子层的二维空间中。我们研究了由一层 $MoSe_2$ 和一层 p 掺杂的石墨烯组成的异质结[图 1 - 53(a)]。单层 $MoSe_2$ 是直接带隙半导体[242,258]，激子玻尔半径非常小且带间光吸收反常地强[242]。此外，它的激子束缚能约为 0.6 eV，比体相材料的大几个数量级[252,259,260]，使得 $MoSe_2$ 的层内激子可以在室温下稳定存

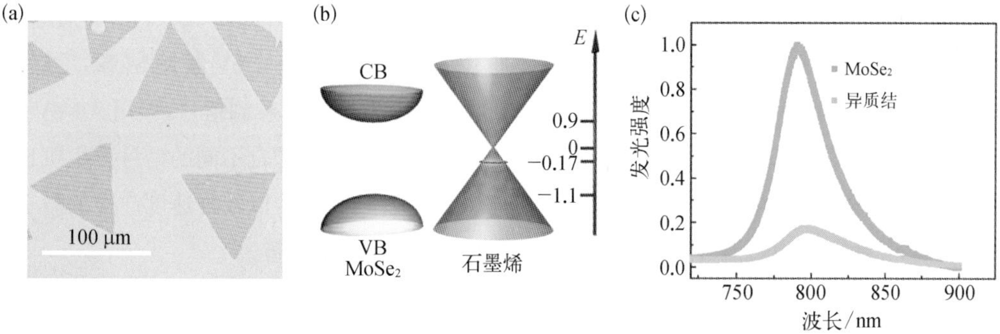

图 1 - 53　$MoSe_2$/石墨烯异质结

(a) CaF_2 窗口上 $MoSe_2$/石墨烯异质结的光学成像。三角形是石墨烯连续膜下的 $MoSe_2$。(b) 异质结的能带排列图。CBM($MoSe_2$ 导带底部)、狄拉克点、石墨烯费米能级和 VBM($MoSe_2$ 价带顶部)的能量(eV)从上到下依次在右边列出。(c) 单层 $MoSe_2$ 和 $MoSe_2$/石墨烯异质结的光致发光(PL)光谱。异质结的 PL 被猝灭

在。单层石墨烯是一种半金属导体[261]，光激发可以产生自由载流子，并很快达到费米-狄拉克分布[262]。因为石墨烯无带隙，所以导电的自由载流子不会转变为绝缘激子[263-265]。石墨烯和 $MoSe_2$ 等直接带隙二维过渡金属硫化物（TMDC）材料[244,260]具有截然不同的光电性质，因此其组合成为制造原子级厚度光电器件的理想材料，其中二维过渡金属硫化物吸收光，石墨烯则充当透明电极[256,257]。

图 1－53(b)是 $MoSe_2$/石墨烯异质结的能带排列示意图。$MoSe_2$ 导电底 CBM 和价带顶部 VBM 的差值约为 2.0 eV[259,260,266]。石墨烯的狄拉克点比 $MoSe_2$ 的 CBM 低 0.9 eV，而且由于电荷转移的存在，石墨烯在异质结中的费米能级为 －0.17 eV，比单层石墨烯高 0.02 eV。异质结的光致发光（PL）峰在 795 nm（1.56 eV）[图 1－53(c)]，主要来自 $MoSe_2$ 激子 1s 的跃迁。石墨烯的存在导致异质结中存在着高效的层间电荷和能量转移[267]，其荧光也被极大地猝灭了。

(2) 用低于 $MoSe_2$ 跃迁能的能量来激发

在超快实验中[图 1－52(b)]，样品分别被 40 fs 的 1 200 nm（1.03 eV，低于 $MoSe_2$ 能隙）近红外光和 400 nm（3.1 eV）蓝光激发，然后可以用中红外光来探测激发后的光密度变化。图 1－54(a)(b)展示了单层石墨烯和 $MoSe_2$/石墨烯异质结的光密度变化，具体的探测范围为 1 950～2 230 cm^{-1}，激发能量为 1.03 eV。为阐明样品信号随探测频率的变化，我们将不同延迟时间下信号强度最大值都设为 1。在整个探测频段，单层石墨烯的光谱都很平，不随延迟时间变化[图 1－54(a)]，异质结的信号却与时间相关。随着延迟时间的增加，低频的相对信号强度急剧减小[图 1－54(b)]，16 ps 时的光谱[图 1－54(c)]即体现了异质结和石墨烯之间显著的差异：异质结的信号为中心 2 185 cm^{-1}、宽 280 cm^{-1} 的共振峰且存在超过 20 ps [图 1－54(c)]，而石墨烯的信号已经为零。探测频率相关的动力学可以进一步解释这种差异。用 2 185 cm^{-1} 光[图 1－54(d)]探测异质结，其动力学明显慢于石墨烯且尾部不为零[图 1－54(e)]。但是，如果用频率更低的光进行探测，如 1 860 cm^{-1}[图 1－54(f)]，异质结信号尾部回到零，衰减速度也变快了，和石墨烯基本一样，都慢于用 3.1 eV 激发 $MoSe_2$ 后层内自由载流子的衰减速度[244]。单层 $MoSe_2$ 被 1.03 eV 光激发后没有看到信号，但用 3.1 eV 激发后信号上升的速度明显慢于用 1.03 eV 激发的。这种差异主要源自不同的信号产生机理。用 3.1 eV 激发得到的信号直接来自迅速生成的自由载流子，和随后以较慢速度产生的激子。但用 1.3 eV 激发得到的信号来自石墨烯中非常快速的电子重新排布。

(3) 层间激子 1s 到 2p 的内在量子跃迁

信号的巨大差异揭示了石墨烯和异质结中电子空穴不同的演变过程。1.03 eV 的激发能量比 MoS_2 的激子跃迁能量（1.59 eV）低，因此单层 $MoSe_2$ 中几乎不会产生电子空穴对。在单层石墨烯中，光激发产生电子和空穴各 5.2×10^{12} cm^{-2}，能量平均分布于狄拉克点两侧，以电声耦合的方式迅速转变为热并快速弛豫，跃迁矩阵元为[268,269]

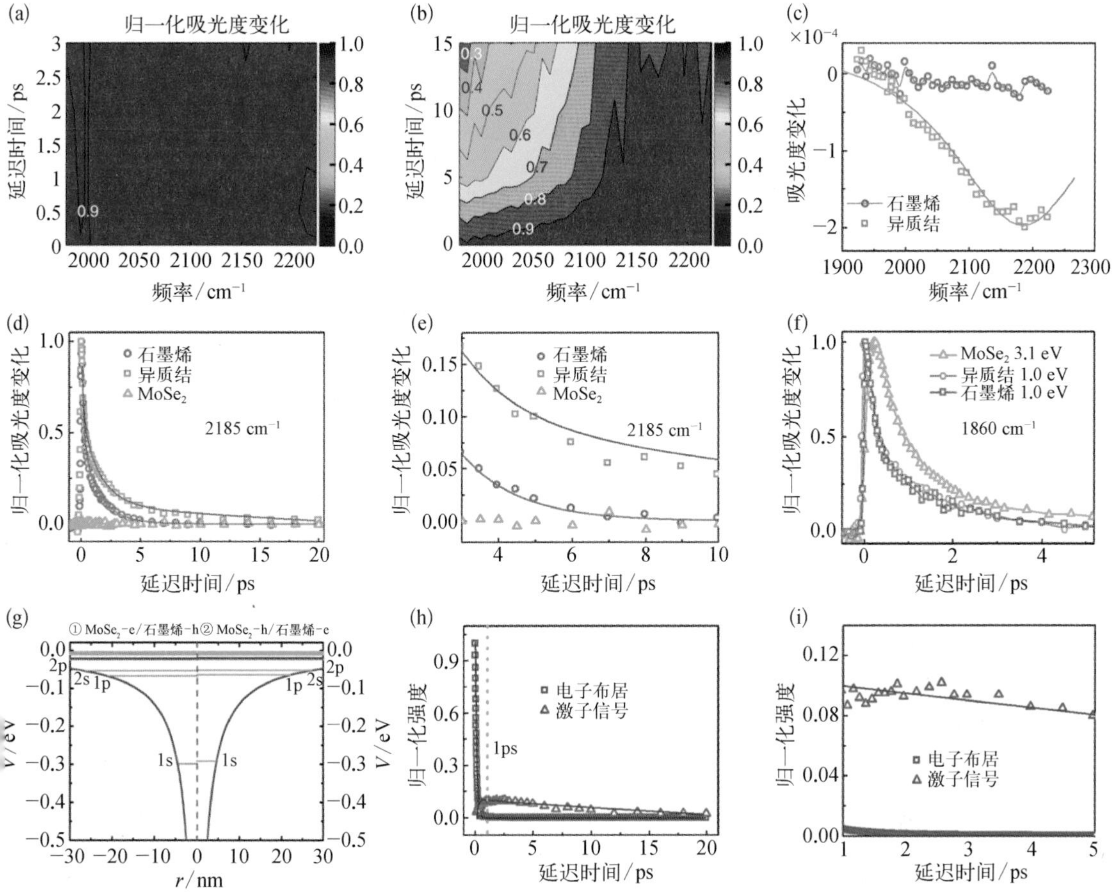

图 1-54 超快实验表明形成了层间激子

(a)(b) 单层石墨烯和 $MoSe_2$/石墨烯异质结的瞬态光谱，激发光为 1.03 eV。不同延迟时间下的信号强度最大值都设为 1。因此，该图只能反映信号和探测频率的关系，而非衰减动力学。每个轮廓线都表示 10%的强度变化。(c) $MoSe_2$/石墨烯异质结和单层石墨烯在被 1.03 eV 的光激发后 16 ps 时的光谱。石墨烯的信号(点和曲线)已经回到零，而异质结的信号却处于峰值。洛伦兹拟合得到峰中心为 2 185 cm^{-1}，峰宽 280 cm^{-1}。点是数据，曲线是拟合结果。(d) 用 1.03 eV 的光激发单层石墨烯、$MoSe_2$/石墨烯异质结和单层 $MoSe_2$ 后，用 2 185 cm^{-1} 的光探测到的瞬态吸收随时间的演变。异质结信号的衰减明显慢于石墨烯。点是实验数据，线是理论计算结果。(e) 图(d)中 3 ps 后的红外瞬态信号的放大图，可以看到异质结信号的尾部没有回到零。(f) 用 1 860 cm^{-1} 的光探测到的单层石墨烯、$MoSe_2$/石墨烯异质结和单层 $MoSe_2$ 的瞬态吸收随时间的演变。其中前两者用 1.03 eV 光激发，$MoSe_2$ 用 3.1 eV 光激发。不同于探测光为 2 185 cm^{-1} 时的结果，石墨烯和异质结的衰减速度在实验误差范围内可以认为是一样的。但两者都比被 3.1 eV 激发的 $MoSe_2$ 中自由载流子动力学要慢。(g) 用二维模型计算得到的 $MoSe_2$/石墨烯异质结层间激子能级，其中石墨烯费米能级是 −0.17 eV。计算表明层间激子的束缚能约为 0.3 eV。(h) 计算得到石墨烯(藏青色)和层间激子(红色)的动力学随时间的变化。线是动力学分析结果。(i) 图(h)中 1 ps 后激子和自由载流子的信号差异，其中自由载流子浓度几乎为零

$$M_{k',k}^{(\mathrm{TO\&LO})} \approx 3\eta\sqrt{\frac{\hbar}{4M_C\omega_{\mathrm{phonon}}}} \tag{1-188}$$

式中，η 是电声耦合常数；ω_{phonon} 是声子角频率；M_C 是碳原子质量。该过程引起电子温度的变化和费米狄拉克电子的重新分布，进而导致光电导率的变化，由带内和带间跃迁同时决定[270]：

$$\begin{aligned}\sigma_{\mathrm{inter}}(\omega) &= i\left(\frac{e^2\ \hbar\ \omega}{\pi\ \hbar}\right)\int_0^{+\infty}\mathrm{d}\varepsilon\ \frac{1}{(2\varepsilon)^2-(\hbar\ \omega+i\Gamma)^2}\left[f_{\mathrm{FD}}(\varepsilon-\mu)-f_{\mathrm{FD}}(-\varepsilon-\mu)\right]\\ \sigma_{\mathrm{intra}}(\omega) &= i\left(\frac{e^2/\pi\ \hbar}{\hbar\omega+i\ \hbar/\tau_e}\right)\int_0^{+\infty}\mathrm{d}\varepsilon\left[f_{\mathrm{FD}}(\varepsilon-\mu)+1-f_{\mathrm{FD}}(-\varepsilon-\mu)\right]\end{aligned} \tag{1-189}$$

式中，f_{FD} 是费米狄拉克分布函数；μ 是化学势（费米能）；e 是单位电荷；Γ 是带间跃迁的展宽；τ_e 是弛豫时间，受带内载流子散射影响。根据式(1-188)和式(1-189)对石墨烯信号进行定量分析的结果和实验结果非常吻合[图 1-54(d)]，可以得出石墨烯的费米能级（-0.19 eV）、电子/空穴数的变化以及温度的变化。详细分析见 SI。石墨烯中自由电子和空穴的衰减非常快，时间常数为 120 fs[图 1-54(h)(i)，藏青色]。这些性质和之前报道的数据非常相似[262,271]。

异质结的信号[图 1-54(b)～(f)]和太赫兹频域探测到的 GaAs 量子阱中自由载流子/激子跃迁引起的信号相似，共振峰对应于激子 1s 到 2p 的内在量子跃迁[252,272]。此外金刚石上的单层 WS_2 在中红外频段也有着相似的 1s-2p 跃迁峰[251]。但这两个实验不同的是，石墨烯/$MoSe_2$ 异质结样品不是纯物质，而是两个单层的组合，因此，共振峰在 2 185 cm^{-1} 的激子可能有如下几个来源：① 石墨烯的内在中性和带电激子，如传统的激子和三激子[273]；② 单层 $MoSe_2$ 的内在中性和带电激子；③ 层间中性和带电激子。

接下来，结合实验数据和文献，我们认为中性层间激子是产生共振信号的主要物质。第一，在室温泵浦探测（红外）实验中，带电激子（包括三激子和其他由三个以上载流子构成的激子）贡献很小。之前的工作已经解决了这个问题[251]。总之，三激子的束缚能只有约为 30 meV[273]，具有更多载流子的激子束缚能则更小。不同温度下的光致发光实验已经证明[251,274]，室温下大多数三激子会由于热运动而解离[251,274]。第二，石墨烯中不太可能存在层内激子。尽管费米能级偏离狄拉克点，对称性也受到轻微的破坏，导致石墨烯中的载流子不再是无质量的[275]，但因为异质结中石墨烯的带隙（4.4 meV）远小于室温热能（26 meV）[275]，所以不可能形成弱束缚激子。第三，也不可能是 $MoSe_2$ 中的层内激子（层间效应使激子束缚能降低），图 1-54(d)(f)中分别用 3.1 eV 和 1.3 eV 光激发的实验排除了这种可能性。1.03 eV 明显低于 MoS_2 带隙，用它激发不会产生足以被检测到的自由载流子或激子[图 1-54(d)中的绿色点]。如果异质结 2 185 cm^{-1} 处的峰[图 1-54(c)]是 $MoSe_2$ 中的层内激子引起的，那么激子应由从石墨烯中转移过来的电子和空穴组成。载流子在转移到 $MoSe_2$ 后，应像自由载流子一样[275]，弛豫形成激子等束缚态。在这个过程中，异质结 $MoSe_2$ 层内自由载流子衰减速度应和单层 $MoSe_2$ 被 3.1 eV 光激发产生的自由载流子相似或者稍慢(因为能量更低)[275]。但从实验上看,在用 1.03 eV 光激发、1 860 cm^{-1} 探测时,异质结中自由载流子衰减速度明显快于单层 $MoSe_2$,且与石墨烯基本相同[图 1-54(f)]。探测光能量(1 860 cm^{-1})比激子内在量子跃迁能量(2 195 cm^{-1})低,因此 1 860 cm^{-1} 不能探测到激子,只能反映自由载流子的信息。比较自由载流子衰减速度可以发现,2 185 cm^{-1} 的共振峰和 $MoSe_2$ 层内激子无关。实际上,单层 $MoSe_2$ 层内激子内在量子跃迁需要更高的能量,即 0.55 eV,这进一步证明异质结 2 185 cm^{-1} 处的共振峰不是 $MoSe_2$ 层内激子的信号。总之,所有的实验结果都表明,中性层间激子是引起 2 185 cm^{-1} 处共振峰的主要物质。此外,异质结和石墨烯中自由载流子衰减过程的相似性[图 1-54(f)]非常有趣,值得进一步探讨。根据我们之前的工作[275],在 WS_2/MoS_2 异质结中层间激子的形成过程中,观察到了类似的现象——异质结中自由载流子的衰减过程和两单层中较快的 MoS_2 保持一致。可以预见,层间激子的形成需要载流子在两层之间扩散并由其更快地主导。

但是,如果用传统的 3D 氢原子模型来估算,那么在包含石墨烯的结构中形成束缚能大于 2 185 cm^{-1}(0.27 eV)的层间激子是不可能的。众所周知,纯石墨烯具有无质量的载流子,不会形成激子[275]。在大多数通过 CVD 法生长的被有效掺杂了的石墨烯中(正如我们实验中用的),费米能级不再在狄拉克点。正是由于形成异质结导致了费米能级的偏离和对称性的破坏[275],载流子不再是无质量的:石墨烯中载流子的有效质量为 0.01～0.03m_0(m_0是自由电子质量),费米能级为 -0.017 eV,和之前外延生长的石墨烯报道的 0.012m_0 相近[275]。用这个有效质量和传统的三维氢原子模型(束缚能和有效质量成正比)进行估算,石墨烯/$MoSe_2$ 层间激子的束缚能仅为 $MoSe_2$ 层内激子的 1/60。$MoSe_2$ 层内激子束缚能的计算值为 0.4～0.6 eV[259],实验证明其约为 0.6 eV,这表明层间激子束缚能的估计值应小于 0.01 eV,明显小于观测到的激子内在量子跃迁能 0.27 eV。解决这一矛盾的关键在于,原子层中二维激子不能用三维氢原子模型来描述[276,277],应用二维氢原子模型[276,277]。在二维模型中,束缚能不再和有效质量呈线性关系[276,277],层间激子的束缚能也更大,为 $MoSe_2$ 层内激子束缚能的 1/4～1/2,即 0.1～0.3 eV,与激子内在量子跃迁能 0.27 eV 相近。利用已在其他二维材料上检验过的二维模型[244,276],可以得到 $MoSe_2$/石墨烯层间激子的束缚能为 0.3 eV[图 1-54(g)]。总之,$MoSe_2$/石墨烯异质结被 1.03 eV 光激发后形成了层间激子。动力学过程可以形象地表示:光激发石墨烯后产生自由载流子,载流子的半瞬态热运动[262]带来新的费米狄拉克分布,其中在 $MoSe_2$ 的 VBM 下的空穴数约为 $MoSe_2$ 的 CBM 上的电子数的 4 倍。这些带电载流子在两层间迅速转移[244,267]并达到新的准平衡态,最终使 $MoSe_2$ 中主要为空穴,石墨烯中主要是电子。两层中电荷相反的准粒子相互吸引形成层间激子,其 1s 到 2p 的跃迁导致了 2 185 cm^{-1} 处共振峰的出现[图 1-54(c)]。此外,和 WS_2/MoS_2 异质结类似[244],层间激子的寿命远长于自由载流子[图 1-54(h),藏青色线和红色线]。零点时异质结中大多数电子和空穴为自由载流子,但不到 1 ps,大多数电子空穴对就已经转变成层间激子[图 1－54(i)]。将实验结果按吸收截面归一化后进行动力学分析,可以看到层间激子的形成时间为(0.49 ± 0.27) ps,寿命为(65 ± 20) ps[图 1－54(h),红色,点为实验数据,线是理论值]。结果表明,石墨烯产生的自由载流子中约有 25%(120 fs/490 fs)在数百飞秒内转变为层间激子,剩下的自由载流子大部分会复合或在石墨烯中释放能量。在 $MoSe_2$ 顶部的石墨烯和 Si 顶部的 $MoSe_2$ 之间测定光电流,结果和超快实验结果一致。此外,我们还可以得到一个有趣的结论:传统模式下用石墨烯作透明电极、$MoSe_2$ 作生色团,该实验条件下变成了石墨烯吸光、$MoSe_2$ 接受电荷。

(4) 用高于 MoSe 跃迁能的能量来激发

自由载流子主要来自 $MoSe_2$ 时也可以观测到层间激子的超快形成。图 1－55(a)～(c)是石墨烯、$MoSe_2$ 和 $MoSe_2$/石墨烯异质结被 3.1 eV 光激发后 16 ps 时在三个不同的红外频段探测到的光谱。在低频段(1 280～1 380 cm^{-1})中,石墨烯和异质结的信号均为零;在 1 900～2 300 cm^{-1} 中,石墨烯的信号接近于零,但异质结出现信号峰;在高频段(2 500～2 800 cm^{-1})中,石墨烯的信号为零,异质结的信号是平的,振幅只有 2 156 cm^{-1} 峰值处的 30%～40%。和用 1.03 eV 光激发后的现象相似[图 1－54(c)],中心在 2 156 cm^{-1}、宽 278 cm^{-1} 的信号峰是层间激子跃迁产生的[252,272]。峰中心的红移,应该是实验误差,而非激子的影响。我们的分辨率约为 9 cm^{-1},而且超宽频连续探测光对频率分布有空间依赖,使得不同频率下的信号强度和聚焦条件有关。这两个因素都会导致峰值频率发生偏移。因此,在实验误差范围内,我们可以认为,用 1.03 eV 和 3.01 eV 光激发得到的峰值频率及峰宽相同。较高频段中平坦的信号对应于电子跃迁到能量较高的束缚态和连续态的过程[252,272]。而低频时光电导率为零,说明层间激子是绝缘的[图 1－55(a)]。用高于 $MoSe_2$ 带隙的 3.1 eV 光激发异质结,不仅会使石墨烯中产生自由载流子,还会促使电子进入 $MoSe_2$ 的非束缚的连续态。被激发的准粒子在两单层之间转移,最后石墨烯中主要是电子,$MoSe_2$ 中主要是空穴,两者跨层相互吸引。这种电荷分离产生了光电流,电子可以通过外部回路从石墨烯流入 $MoSe_2$。

因为用 3.1 eV 激发时,$MoSe_2$ 对光的吸收(14%)明显高于石墨烯(4.14%)[264,278,279],所以层间电荷转移使石墨烯中电子温度升高。如果不考虑 $MoSe_2$ 中剩余的自由载流子,只考虑半瞬态层间电荷转移[244,267]和电子将能量转变为热能[262]的过程,那么单层石墨烯的激发通量会增加约 200%。通量的增加带来温度的升高,进而使电子衰减速度减缓约 30%,即从 130 fs 变为 170 fs。伴随着长寿命层间激子的形成,这种温度效应还会使异质结信号的衰减显著慢于单层石墨烯[图 1－55(d)],甚至比 $MoSe_2$ 中自由载流子[244]得更慢。动力学分析表明,形成层间激子的时间为(0.51 ± 0.28) ps,激子寿命为(55 ± 20) ps[图 1－55(e),红色,点是实验值,线是理论值],表明约 33%的光生自由载流子会形成层间激子。不论是用 1.03 eV 光还是用 3.01 eV 光激发,激子的衰减速度是一样的,但因为 3.01 eV 激发时自由载流子衰减更慢,所以会生成更多的激子。

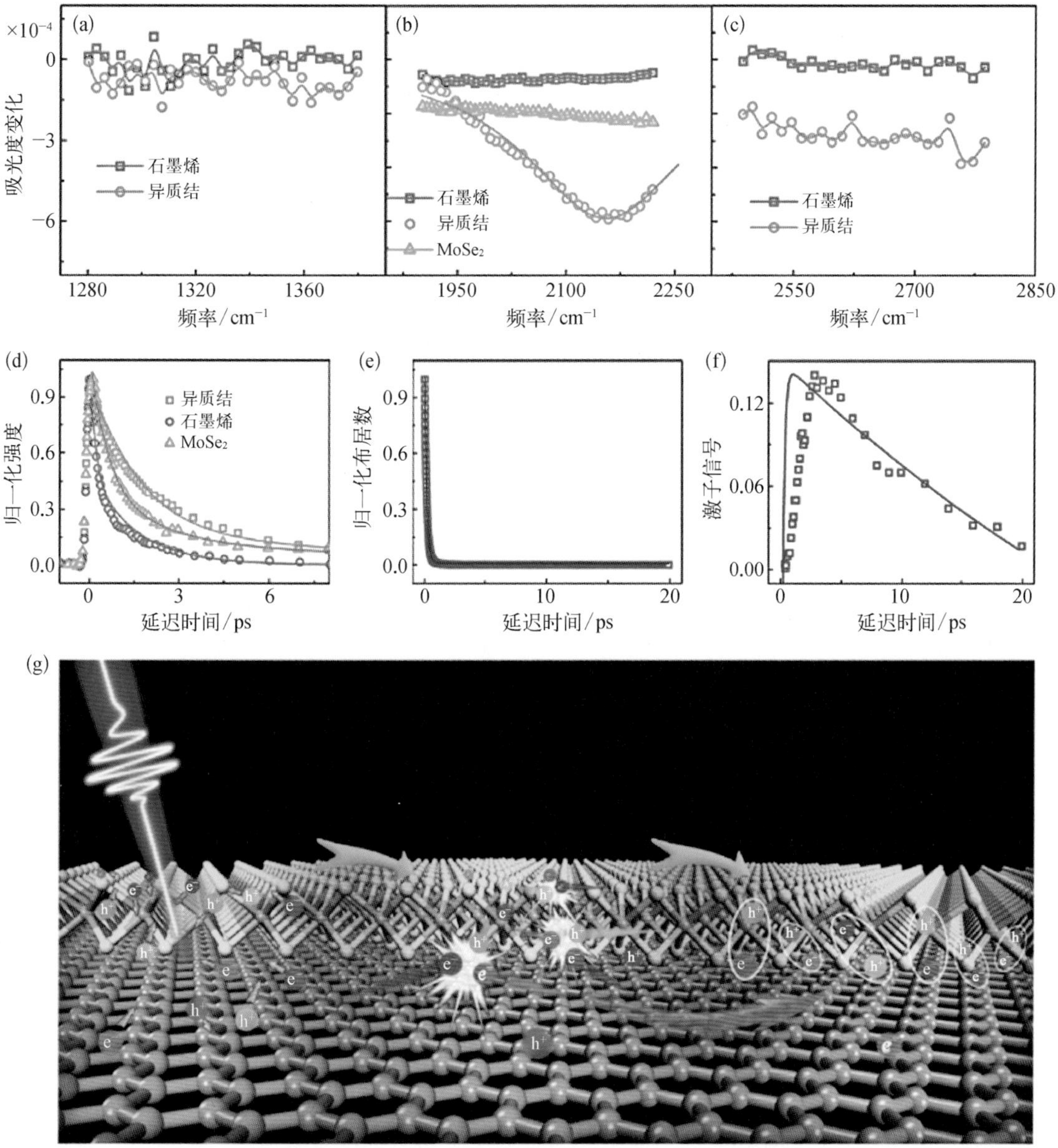

图 1-55　用 3.1 eV 激发也会导致层间激子的形成

(a) 用 3.1 eV 光子激发 $MoSe_2$/石墨烯异质结和单层石墨烯后 16 ps 时，在 1 280～1 380 cm^{-1}（低于激子 1s-2p跃迁能）内探测到的光谱。信号均为零。(b) 用 3.1 eV 光子激发 $MoSe_2$/石墨烯异质结、$MoSe_2$和石墨烯后 16 ps 时，在 1 900～2 230 cm^{-1}（覆盖了激子 1s-2p 跃迁能）内探测到的光谱。石墨烯和 $MoSe_2$信号都是平的，异质结则是中心 2 156 cm^{-1}、宽 278 cm^{-1}的峰。(c) 用 3.1 eV 光子激发 $MoSe_2$/石墨烯异质结和石墨烯后 16 ps 时，在 2 450～2 800 cm^{-1}（高于激子 1s-2p 跃迁能）内探测到的光谱。石墨烯信号为零，异质结由于电子跃迁到能量更高的束缚态和非束缚态而具有非零的信号。(d) 探测频率为 2 186 cm^{-1}时 $MoSe_2$/石墨烯异质结、$MoSe_2$和石墨烯的瞬态吸收信号（已归一化）。异质结衰减速度最慢。三个样品原始信号强度之比为异质结：石墨烯：$MoSe_2$ = 3.4：1.8：1。点是数据，线是理论值。(e) 异质结中石墨烯的电子动力学。点是计算，线是拟合结果。(f) 异质结中的层间激子信号。点是实验数据，线是动力学计算结果。(g) 异质结中电子/空穴气体跃迁示意图。椭圆中的电子/空穴对表示激子。用高于 $MoSe_2$带隙的能量(3.1 eV)激发会在 $MoSe_2$和石墨烯中产生自由载流子，载流子在两层之间转移，彼此碰撞并传递能量和动量，因此声子运动不是形成层间激子所必需的。受能带结构的影响，更多的电子在石墨烯侧，而更多的空穴在 $MoSe_2$侧综上所述，$MoSe_2$/石墨烯层间激子可以在数百飞秒内形成，因为上述石墨烯中的载流子几乎没有质量，层间超快电荷转移[244,267]会将电子和空穴运到石墨烯中[280]，在几百飞秒内复合[263,265]。然而，普遍接受的图像过于简化，不能解释真实体系中复杂的多体动力学。组成激子的准粒子不能单独处理，在光生电子空穴气体中，电子和空穴间就存在库仑相互作用和非线性相互作用[281]。其中一些可以直观地表述：一对电子和空穴将能量和动量转移给其他自由载流子或通过碰撞形成新的分布[图 1-55(g)]，进而形成激子。多体库仑相互作用可以解释我们实验中观测到的层间激子的超快形成。因为石墨烯和 $MoSe_2$ 的相对取向随机，层内动量不匹配，所以一旦电子和空穴形成激子，就不能再直接复合。如果载流子要复合，那么需要额外的步骤或时间来补偿不匹配的动量或越过势垒。因此，形成层间激子可以通过显著减慢层间电荷转移来有效地维持界面处电荷分离的状态。

半导体/半金属二维异质结中导电自由载流子向绝缘层间激子的转变，揭示了多体相互作用在界面复杂的电子动力学中的重要地位。紧束缚层间激子的形成说明异质结中掺杂石墨烯的载流子不再是无质量的，其有效质量虽然仅相当于 m_0 的 1%或 2%，但足以将载流子限制在二维空间中，其能量也比室温下的热能大 10 倍。此外，层间激子超快的形成显著提高了石墨烯界面上的电荷分离效率。如果没有层间激子，光生载流子将在数百飞秒内转移到石墨烯中并复合。寿命较长(>50 ps)的层间激子，可使带电准粒子停留在不同层上的时间延长 20 倍以上。对于许多将光能转换成电能的应用，例如太阳能电池、光探测器和光电化学，提高本征电荷分离效率非常重要。我们认为，本文中的显微红外探测将能够对原子界面上的非平衡态进行实时、精确的研究，对原子级厚度和其他光电器件的未来发展和应用至关重要。

1.3.4　聚集诱导发光机理探究

在自然界中，一些分子在稀溶液中常表现出很强的荧光，而在聚集态中则会变得十分暗淡，这一现象即人们所熟知的聚集诱导猝灭现象[282]。在实际应用当中，聚集诱导猝灭经常是影响发光效率主要因素之一[283-285]。而有一类分子则表现出完全相反的性质，它们随着聚集浓度的增加，荧光强度会逐渐增强，被称为聚集诱导发光。这一现象在 2001 年被唐本忠教授组首次报道[286]，并被为解决荧光猝灭导致的一系列问题指明了方向[287-289]。由于其巨大的应用前景，人们逐渐致力于从原理上说明聚集诱导发光的成因[287-303]。目前被普遍接受的机理是分子运动受限机理[304-308]：聚集态中分子间振动、转动等受限，使得激发态电子和分子振动声子之间的耦合变弱，非辐射跃迁通道被关闭，从而导致电子能量以辐射弛豫的形式耗散掉，即发生聚集诱导发光。但最近几年，逐渐有理论计算结果正在挑战这一说法[309-312]。在某些体系中，激发态分子会转变形成新的结构，这一过程中无须可见光激发，而是激发态分子经过锥形交叉点弛豫到新的结构基态上[313]。这一观点由于缺乏实验证据而尚未被广泛接受。本节以经典的聚集诱导发光类型分子——四苯乙烯及其衍生物为例，介绍通过超快紫外-可见/红外光谱揭示聚集诱导发光机理。

四苯乙烯分子的时间分辨红外光谱图如图 1-56 所示。在固体样品中，随着 290 nm 波长的紫外光激发，在 1 380～1 540 cm^{-1} 波段出现了两个明显的吸收峰，对应于苯环骨架的呼吸振动[图 1-56(a)]。吸收峰强度随时间迅速降低，约 10 ps 后峰值强度即降低 70%以

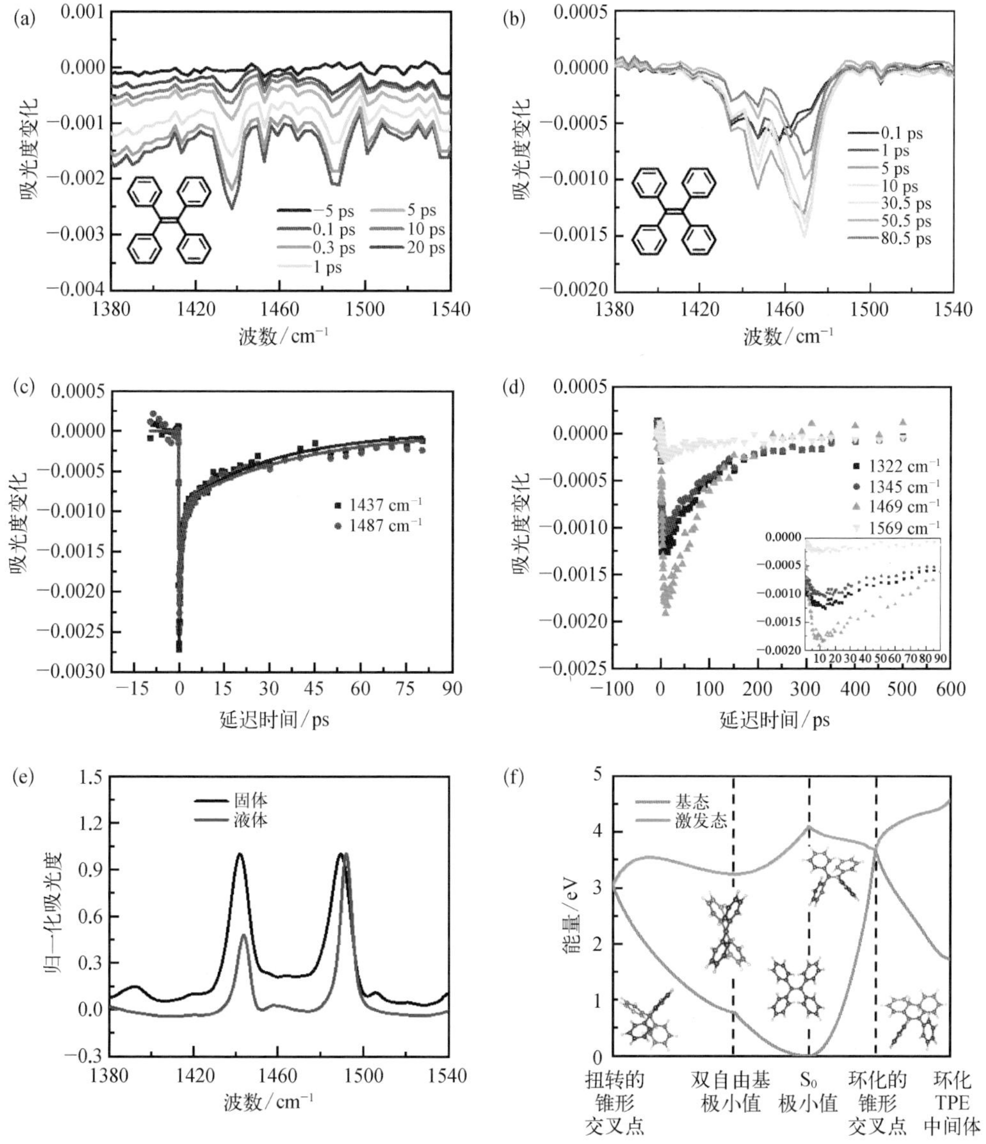

图 1-56　290 nm 紫外光激发四苯乙烯分子的动力学行为及势能面

(a)(b) 固体和液体中四苯乙烯分子的瞬态红外光谱。(c)(d) 固体和液体中四苯乙烯分子特征振动动力学行为。固体样品中在时间零点处信号达最大值，而在液体样品中则直至约 10 ps 才达到最大值。(e) 四苯乙烯分子傅里叶变换红外光谱图。(f) 光激发下四苯乙烯分子能量曲线

上。电子激发导致其激发态苯环骨架呼吸振动相较于傅里叶变换红外光谱[图 1 - 56(e)]，两个吸收峰略微发生红移。相应地，其对应的 0 - 1 跃迁的漂白信号由于峰位置的重叠而很小且略微蓝移(1 497 cm^{-1}，1 447 cm^{-1})。在溶液中，其傅里叶变换红外光谱与固体样品十分类似，但超快光谱演化行为则与固体样品明显不同[图 1 - 56(b)]。随着紫外光激发，谱图出现了一系列新的吸收峰，分别位于 1 322 cm^{-1}、1 345 cm^{-1}、1 469 cm^{-1}、1 569 cm^{-1}、3 031 cm^{-1}、3 058 cm^{-1} 和 3 086 cm^{-1}[图 1 - 56(b)给出的是位于 1 380～1 540 cm^{-1} 波段的新的吸收峰]，这些新的吸收峰在约 10 ps 时达到最大值[图 1 - 56(d)]。这些新的吸收峰的出现可能有如下三种机理：① 电子激发态导致了频率的位移和振动的激发(电子-振动耦合)；② 由于电子-振动的耦合使得能量转化和传递；③ 形成新的分子结构，例如经过锥形交叉点的超快退化过程。由于 Franck - Condon 原理，电子激发导致的振动激发或频率的位移要求在分子到达激发态时达到最大值，类似于固体样品产生的信号，因此这种机理不可能导致新的吸收峰在约 10 ps 作用才达到最大值。电子-振动耦合导致的能量转化和传递同样不是新吸收峰出现的原因，因为四苯乙烯分子的所有振动模都和新出现的吸收峰的频率不同。因此，新的吸收峰的出现表明，一定是有新的分子结构在光激发过程中出现，也就是说，四苯乙烯分子在溶液中经过一个锥形交叉点并形成了新的电子态结构。事实上，这些新出现的特征振动信号正是理论预测的环状中间体(图 1 - 57)。

从图 1 - 56(f)可知，激发态四苯乙烯分子可向右形成 Woodward - Hoffmann 激发态环化，或向左通过扭转中间的乙烯双键而发生顺反异构。光环化过程势垒相对较低，且不会发生剧烈的分子构型调整，异构化过程是动力学主导的但需要分子核坐标明显改变，包括弛豫到能量较低处的双自由基构型及跨越势垒才能到达锥形交叉点。理论计算结果表明，在光激发的条件下，C ═C 双键键级降低，类似于光激发乙烯分子形成的双自由基的特征。激发态分子随后沿着中心化学键发生扭转，直到弛豫至与高能量的基态分子构型相交，即到达锥形交叉点。的确，顺反异构确实可以发生，由于四苯乙烯分子的对称性，异构化后的分子将会重新回到四苯乙烯基态的分子结构。而苯环取代基的共轭使另一种竞争机理成为主要因素之一。Woodward - Hoffmann 环化使在同侧的两个六元环之间形成新的共价键，从而形成新的环状分子结构。

环状中间体的形成需要多个环结构的核运动，这使得在环状中间体形成的过程中，其周围的溶剂结构也将发生重排。实验结果表明，环状中间体的形成明显受溶剂效应的影响。在四氢呋喃溶液中，环状中间体的信号在约 10 ps 达到最大值，而在四氯化碳中这一时间则缩短至约 7 ps。此环状中间体相较四苯乙烯电子基态而言是不稳定的，在光激发或分子热运动导致的分子碰撞作用下，会重新转化成四苯乙烯结构，这一过程仅大约持续 300 ps。当给予充足的反应时间使环状中间体与氧气发生反应时，这一中间体将会被氧化而稳定下来，通过 HPLC - MS 进行分离和监测(图 1 - 57)。

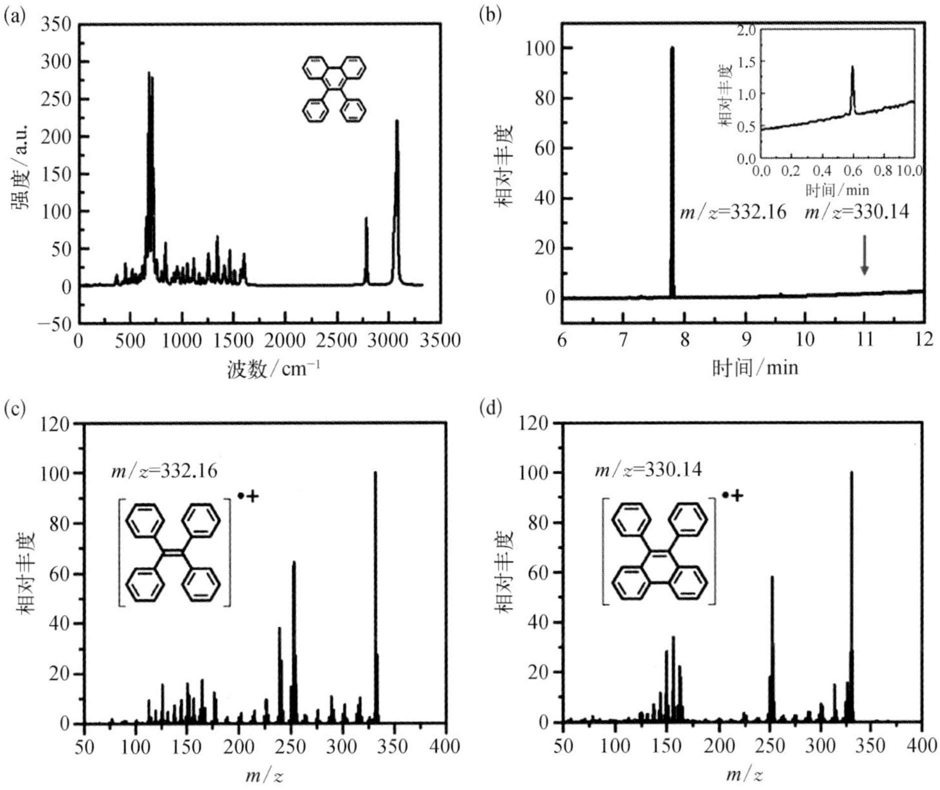

图 1-57　环状中间体

(a) 环状中间体理论计算红外光谱图。(b) 长时间光激发四苯乙烯分子的总离子流图。长时间照射后微量环状中间体被氧化从而被稳定下来。(c)(d) 四苯乙烯分子和环状中间体分子的质谱图

相较之下,固体样品由于无法经过锥形交叉点而使大多数电子能量只能通过发光的形式好散掉。具有聚集诱导发光性质的分子,其非共平面的侧基使其避免激发态分子的电子在相邻分子间发生迁移,从而导致其具有相对较高的荧光量子产率。由于相互排斥的分子堆积形态,密堆积的分子间的电荷或能量转移十分困难,即这一过程的发生相对十分缓慢。这一性质可由时间依赖的各向异性数据得以反映(图 1-58)。初始状态体系各向异性由同一分子的电子跃迁偶极矩和振动跃迁偶极矩之间的夹角所决定,当分子被激发后,如果在激发态分子和相邻分子之间发生电荷或能量转移,那么给体分子的电子跃迁偶极矩和受体分子的电子/振动跃迁偶极矩之间的夹角将发生改变,各向异性的信号也将随之发生改变。如图 1-58 所示,具有聚集诱导发光性质的四苯乙烯类分子的各向异性在 20 ps 内并未发生明显衰减,而结构类似但整体结构几乎共平面的分子的各向异性数据则发生了明显的变化,表明这类分子在激发态分子和相邻分子间存在着明显的电荷/能量转移,故这类分子荧光很容易被猝灭,不具有聚集诱导发光的性质。

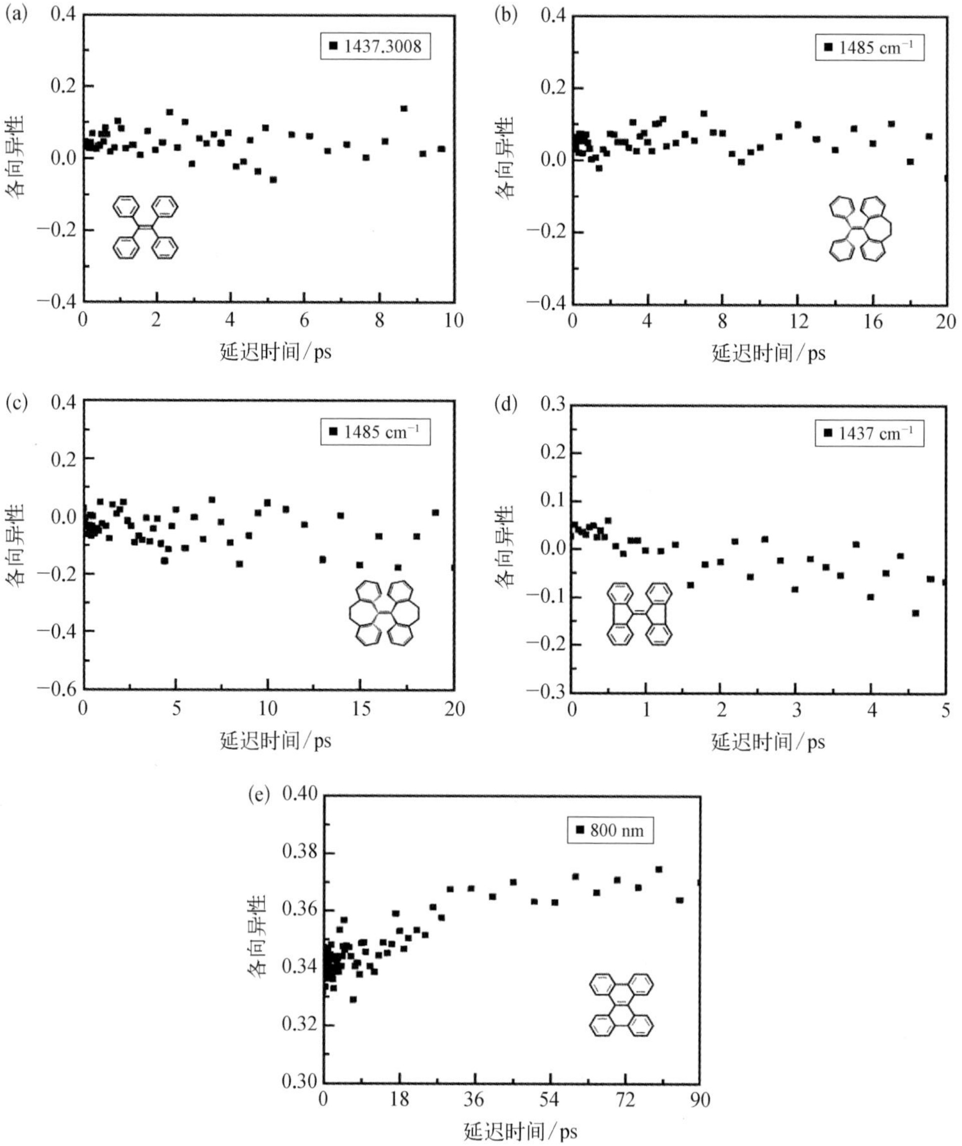

图 1-58　紫外激发-红外探测时间依赖的各向异性数据

具有聚集诱导发光性质的四苯乙烯类分子的各向异性并未发生衰减(a)～(c)，而聚集诱导猝灭性质的平面分子的各向异性则快速显著变化(d)(e)

综上所述，具有聚集诱导荧光性质的四苯乙烯类分子在溶液相中能够经过锥形交叉点，发生光环化而形成环状中间体的结构，而固体结构中的分子则不能经过锥形交叉点，从而保持电子能量以荧光的形式被耗散掉。固体分子间由非共面的侧基而导致的非共面堆积效应使分子间的电荷/能量传递速率显著降低，保证了有效的发光效率。这两种因素的共同作用导致了反常的聚集诱导发光现象的发生。经过锥形交叉点是一种释放快速且有效的途径，能够在分子体系内将电子激发转换为热能（振动、转动）。聚集诱导发光性质的分子在液相/固相中的转变作为“开关”，使得锥形交叉途径打开或关闭，从而导致荧光性质的显著变化。

1.4　展望：未来重要发展方向和重点研究的科学问题

经过长时间的发展和探索，超快光谱已经成为一种重要的研究手段，在诸多研究领域有着广泛的应用。利用超快光谱，科研工作者已经实现在激子动力学、电荷转移、能量传递、超快反应过程的研究、反应中间体的探测和捕捉、分子发光机制、物质结构解析等诸多领域取得重要的突破。例如超快多维振动光谱技术，通过测量分子内各个振动模式的跃迁偶极矩的相对取向，实现对分子体系三维结构信息的获取，可以通过振动能量转移过程测量分子之间的距离。飞秒量级的时间分辨率及其相当广泛的使用体系，使得这一技术能够有效避免传统测量方法的不足，有希望成为解析分子三维空间构型的新一代有力手段。但在此之前，尚有一些问题亟待解决。

参考文献

[1] 张建成，王夺元.现代光化学[M].北京：化学工业出版社，2006.
[2] 翁羽翔，陈海龙.超快激光光谱原理与技术基础[M].北京：化学工业出版社，2013.
[3] G.赫兹堡.分子光谱与分子结构第一卷双原子分子光谱[M].北京：科学出版社，1983.
[4] Simons J P. Photochemistry and spectroscopy[M]. London：Wiley-Interscience，1971.
[5] Caspar J V，Meyer T J. Application of the energy gap law to nonradiative，excited-state decay[J]. The Journal of Physical Chemistry，1983，87(6)：952－957.
[6] 方容川.固体光谱学[M].合肥：中国科学技术大学出版社，2001.
[7] Keller U. Recent developments in compact ultrafast lasers[J]. Nature，2003，424(6950)：831－838.
[8] Strickland D，Mourou G. Compression of amplified chirped optical pulses[J]. Optics Communications，1985，56(3)：219－221.
[9] Backus S，Durfee C G Ⅲ，Murnane M M，et al. High power ultrafast lasers[J]. Review of Scientific Instruments，1998，69(3)：1207－1223.
[10] Limpert J，Roser F，Schreiber T，et al. High-power ultrafast fiber laser systems[J]. IEEE Journal of Selected Topics in Quantum Electronics，2006，12(2)：233－244.
[11] Manzoni C，Cerullo G. Design criteria for ultrafast optical parametric amplifiers[J]. Journal of Optics，2016，18(10)：103501.
[12] Brida D，Manzoni C，Cirmi G，et al. Few-optical-cycle pulses tunable from the visible to the mid-infrared by optical parametric amplifiers[J]. Journal of Optics，2010，12(1)：013001.
[13] Nisoli M，de Silvestri S，Svelto O，et al. Compression of high-energy laser pulses below 5 fs[J]. Optics Letters，1997，22(8)：522－524.

[14] Bradler M, Baum P, Riedle E. Femtosecond continuum generation in bulk laser host materials with sub-μJ pump pulses[J]. Applied Physics B, 2009, 97(3): 561-574.

[15] Kaindl R A, Wurm M, Reimann K, et al. Generation, shaping, and characterization of intense femtosecond pulses tunable from 3 to 20 μm[J]. Journal of the Optical Society of America B, 2000, 17(12): 2086-2094.

[16] Chang Z H, Rundquist A, Wang H W, et al. Generation of coherent soft X rays at 2.7 nm using high harmonics[J]. Physical Review Letters, 1997, 79(16): 2967-2970.

[17] Bonifacio R, Pellegrini C, Narducci L M. Collective instabilities and high-gain regime free electron laser[C]//American Institute of Physics. AIP Conference Proceedings. [S.l.]: AIP Publishing, 1984: 236-259.

[18] Young L, Kanter E P, Krässig B, et al. Femtosecond electronic response of atoms to ultra-intense X-rays[J]. Nature, 2010, 466(7302): 56-61.

[19] Kraus P M, Zürch M, Cushing S K, et al. The ultrafast X-ray spectroscopic revolution in chemical dynamics[J]. Nature Reviews Chemistry, 2018, 2(6): 82-94.

[20] Deflores L P, Ganim Z, Nicodemus R A, et al. Amide Ⅰ′-Ⅱ′ 2D IR spectroscopy provides enhanced protein secondary structural sensitivity[J]. Journal of the American Chemical Society, 2009, 131(9): 3385-3391.

[21] Guan J X, Wei R, Prlj A, et al. Direct observation of aggregation-induced emission mechanism[J]. Angewandte Chemie International Edition, 2020, 59(35): 14903-14909.

[22] Lei Y X, Dai W B, Guan J X, et al. Wide-range color-tunable organic phosphorescence materials for printable and writable security inks[J]. Angewandte Chemie International Edition, 2020, 59(37): 16054-16060.

[23] Guan J X, Shen C Z, Peng J, et al. What leads to aggregation-induced emission? [J]. The Journal of Physical Chemistry Letters, 2021, 12(17): 4218-4226.

[24] Lewis-Borrell L, Sneha M, Clark I P, et al. Direct observation of reactive intermediates by time-resolved spectroscopy unravels the mechanism of a radical-induced 1, 2-metalate rearrangement[J]. Journal of the American Chemical Society, 2021, 143(41): 17191-17199.

[25] Kumar S, Franca L G, Stavrou K, et al. Investigation of intramolecular through-space charge-transfer states in donor-acceptor charge-transfer systems[J]. The Journal of Physical Chemistry Letters, 2021, 12(11): 2820-2830.

[26] Loe C M, Liekhus-Schmaltz C, Govind N, et al. Spectral signatures of ultrafast excited-state intramolecular proton transfer from computational multi-edge transient X-ray absorption spectroscopy[J]. The Journal of Physical Chemistry Letters, 2021, 12(40): 9840-9847.

[27] Kar S, Su Y, Nair R R, et al. Probing photoexcited carriers in a few-layer MoS_2 laminate by time-resolved optical pump-terahertz probe spectroscopy[J]. ACS Nano, 2015, 9(12): 12004-12010.

[28] Sabbah A J, Riffe D M. Femtosecond pump-probe reflectivity study of silicon carrier dynamics[J]. Physical Review B, 2002, 66(16): 165217.

[29] Attar A R, Bhattacherjee A, Pemmaraju C D, et al. Femtosecond X-ray spectroscopy of an electrocyclic ring-opening reaction[J]. Science, 2017, 356(6333): 54-59.

[30] Engel G S, Calhoun T R, Read E L, et al. Evidence for wavelike energy transfer through quantum coherence in photosynthetic systems[J]. Nature, 2007, 446(7137): 782-786.

[31] Collini E, Wong C Y, Wilk K E, et al. Coherently wired light-harvesting in photosynthetic marine algae at ambient temperature[J]. Nature, 2010, 463(7281): 644-647.

[32] Stone K W, Gundogdu K, Turner D B, et al. Two-quantum 2D FT electronic spectroscopy of biexcitons in GaAs quantum wells[J]. Science, 2009, 324(5931): 1169-1173.

[33] Moody G, Cundiff S T. Advances in multi-dimensional coherent spectroscopy of semiconductor nanostructures[J]. Advances in Physics: X, 2017, 2(3): 641 - 674.
[34] Chung H S, Ganim Z, Jones K C, et al. Transient 2D IR spectroscopy of ubiquitin unfolding dynamics[J]. Proceedings of the National Academy of Sciences of the United States of America, 2007, 104(36): 14237 - 14242.
[35] Strasfeld D B, Ling Y L, Shim S H, et al. Tracking fiber formation in human islet amyloid polypeptide with automated 2D-IR spectroscopy[J]. Journal of the American Chemical Society, 2008, 130(21): 6698 - 6699.
[36] Ramasesha K, de Marco L, Mandal A, et al. Water vibrations have strongly mixed intra- and intermolecular character[J]. Nature Chemistry, 2013, 5(11): 935 - 940.
[37] Kim Y S, Liu L, Axelsen P H, et al. 2D IR provides evidence for mobile water molecules in β-amyloid fibrils[J]. Proceedings of the National Academy of Sciences of the United States of America, 2009, 106(42): 17751 - 17756.
[38] Doyle D A, Morais Cabral J, Pfuetzner R A, et al. The structure of the potassium channel: Molecular basis of K^+ conduction and selectivity[J]. Science, 1998, 280(5360): 69 - 77.
[39] Kratochvil H T, Carr J K, Matulef K, et al. Instantaneous ion configurations in the K^+ ion channel selectivity filter revealed by 2D IR spectroscopy[J]. Science, 2016, 353(6303): 1040 - 1044.
[40] Orrit M, Bernard J. Single pentacene molecules detected by fluorescence excitation in a *p*-terphenyl crystal[J]. Physical Review Letters, 1990, 65(21): 2716 - 2719.
[41] Gaiduk A, Yorulmaz M, Ruijgrok P V, et al. Room-temperature detection of a single molecule's absorption by photothermal contrast[J]. Science, 2010, 330(6002): 353 - 356.
[42] Tiwari V, Matutes Y A, Gardiner A T, et al. Spatially-resolved fluorescence-detected two-dimensional electronic spectroscopy probes varying excitonic structure in photosynthetic bacteria[J]. Nature Communications, 2018, 9: 4219.
[43] Bruder L, Bangert U, Binz M, et al. Coherent multidimensional spectroscopy of dilute gas-phase nanosystems[J]. Nature Communications, 2018, 9: 4823.
[44] Middleton C T, de La Harpe K, Su C, et al. DNA excited-state dynamics: From single bases to the double helix[J]. Annual Review of Physical Chemistry, 2009, 60: 217 - 239.
[45] Jiang J, Mukamel S. Two-dimensional ultraviolet (2DUV) spectroscopic tools for identifying fibrillation propensity of protein residue sequences[J]. Angewandte Chemie International Edition, 2010, 49(50): 9666 - 9669.
[46] 李淳飞.非线性光学：原理和应用[M].上海：上海交通大学出版社,2015.
[47] 张志刚.飞秒激光技术[M].北京：科学出版社,2011.
[48] Franken P A, Hill A E, Peters C W, et al. Generation of optical harmonics[J]. Physical Review Letters, 1961, 7(4): 118 - 119.
[49] Boyd R W, Townes C H. An infrared upconverter for astronomical imaging[J]. Applied Physics Letters, 1977, 31(7): 440 - 442.
[50] Goldberg L S. Narrow-bandwidth tunable infrared difference-frequency generation at high repetition rates in $LiIO_3$[J]. Applied Optics, 1975, 14(3): 653 - 656.
[51] Moore J N, Hansen P A, Hochstrasser R M. A new method for picosecond time-resolved infrared spectroscopy: Applications to CO photodissociation from iron porphyrins[J]. Chemical Physics Letters, 1987, 138(1): 110 - 114.
[52] Shah J. Ultrafast luminescence spectroscopy using sum frequency generation[J]. IEEE Journal of Quantum Electronics, 1988, 24(2): 276 - 288.
[53] Zernike F, Midwinter J E. Applied nonlinear optics[M]. New York: John Wiley & Sons, 1973.

[54] Ma C S, Kwok W M, Chan W S, et al. Ultrafast time-resolved study of photophysical processes involved in the photodeprotection of p-hydroxyphenacyl caged phototrigger compounds[J]. Journal of the American Chemical Society, 2005, 127(5): 1463-1472.
[55] Yu Z H, Gundlach L, Piotrowiak P. Efficiency and temporal response of crystalline Kerr media in collinear optical Kerr gating[J]. Optics Letters, 2011, 36(15): 2904-2906.
[56] Takeda J, Nakajima K, Kurita S, et al. Femtosecond optical Kerr gate fluorescence spectroscopy for ultrafast relaxation processes[J]. Journal of Luminescence, 2000, 87/88/89: 927-929.
[57] Takeda J, Nakajima K, Kurita S, et al. Time-resolved luminescence spectroscopy by the optical Kerr-gate method applicable to ultrafast relaxation processes[J]. Physical Review B, 2000, 62(15): 10083-10087.
[58] Amand T, Marie X, Le Jeune P, et al. Spin quantum beats of 2D excitons[J]. Physical Review Letters, 1997, 78(7): 1355-1358.
[59] Cahoon J F, Sawyer K R, Schlegel J P, et al. Determining transition-state geometries in liquids using 2D-IR[J]. Science, 2008, 319(5871): 1820-1823.
[60] Kolano C, Helbing J, Kozinski M, et al. Watching hydrogen-bond dynamics in a β-turn by transient two-dimensional infrared spectroscopy[J]. Nature, 2006, 444(7118): 469-472.
[61] Bredenbeck J, Helbing J, Hamm P. Labeling vibrations by light: Ultrafast transient 2D-IR spectroscopy tracks vibrational modes during photoinduced charge transfer[J]. Journal of the American Chemical Society, 2004, 126(4): 990-991.
[62] Hamm P, Lim M, DeGrado W F, et al. Pump/probe self heterodyned 2D spectroscopy of vibrational transitions of a small globular peptide[J]. The Journal of Chemical Physics, 2000, 112(4): 1907-1916.
[63] Asbury J B, Steinel T, Stromberg C, et al. Hydrogen bond dynamics probed with ultrafast infrared heterodyne-detected multidimensional vibrational stimulated echoes[J]. Physical Review Letters, 2003, 91(23): 237402.
[64] Zheng J R, Kwak K, Fayer M D. Ultrafast 2D IR vibrational echo spectroscopy[J]. Accounts of Chemical Research, 2007, 40(1): 75-83.
[65] Shim S H, Strasfeld D B, Ling Y L, et al. Automated 2D IR spectroscopy using a mid-IR pulse shaper and application of this technology to the human islet amyloid polypeptide[J]. Proceedings of the National Academy of Sciences of the United States of America, 2007, 104(36): 14197-14202.
[66] Khalil M, Demirdöven N, Tokmakoff A. Coherent 2D IR spectroscopy: Molecular structure and dynamics in solution[J]. The Journal of Physical Chemistry A, 2003, 107(27): 5258-5279.
[67] Asplund M C, Zanni M T, Hochstrasser R M. Two-dimensional infrared spectroscopy of peptides by phase-controlled femtosecond vibrational photon echoes[J]. Proceedings of the National Academy of Sciences of the United States of America, 2000, 97(15): 8219-8224.
[68] Tanimura Y, Mukamel S. Two-dimensional femtosecond vibrational spectroscopy of liquids[J]. The Journal of Chemical Physics, 1993, 99(12): 9496-9511.
[69] Mukamel S. Principles of nonlinear optical spectroscopy[M]. New York: Oxford University Press, 1995.
[70] Khalil M, Demirdöven N, Tokmakoff A. Obtaining absorptive line shapes in two-dimensional infrared vibrational correlation spectra[J]. Physical Review Letters, 2003, 90(4): 047401.
[71] Golonzka O, Khalil M, Demirdöven N, et al. Vibrational anharmonicities revealed by coherent two-dimensional infrared spectroscopy[J]. Physical Review Letters, 2001, 86(10): 2154-2157.
[72] Rubtsov I V, Kumar K, Hochstrasser R M. Dual-frequency 2D IR photon echo of a hydrogen bond [J]. Chemical Physics Letters, 2005, 402(4/5/6): 439-443.

[73] Zanni M T, Gnanakaran S, Stenger J, et al. Heterodyned two-dimensional infrared spectroscopy of solvent-dependent conformations of acetylproline-NH_2 [J]. The Journal of Physical Chemistry B, 2001, 105(28): 6520 - 6535.

[74] Cervetto V, Helbing J, Bredenbeck J, et al. Double-resonance versus pulsed Fourier transform two-dimensional infrared spectroscopy: An experimental and theoretical comparison[J]. The Journal of Chemical Physics, 2004, 121(12): 5935 - 5942.

[75] Šanda F, Mukamel S. Stochastic simulation of chemical exchange in two dimensional infrared spectroscopy[J]. The Journal of Chemical Physics, 2006, 125(1): 014507.

[76] Wang J P, Chen J X, Hochstrasser R M. Local structure of β - hairpin isotopomers by FTIR, 2D IR, and *ab initio* theory[J]. The Journal of Physical Chemistry B, 2006, 110(14): 7545 - 7555.

[77] Maekawa H, Formaggio F, Toniolo C, et al. Onset of 3_{10}-helical secondary structure in aib oligopeptides probed by coherent 2D IR spectroscopy[J]. Journal of the American Chemical Society, 2008, 130(20): 6556 - 6566.

[78] Mukherjee P, Kass I, Arkin I T, et al. Picosecond dynamics of a membrane protein revealed by 2D IR[J]. Proceedings of the National Academy of Sciences of the United States of America, 2006, 103 (10): 3528 - 3533.

[79] Maekawa H, Toniolo C, Moretto A, et al. Different spectral signatures of octapeptide 3_{10}- and α - helices revealed by two-dimensional infrared spectroscopy[J]. The Journal of Physical Chemistry B, 2006, 110(12): 5834 - 5837.

[80] Baiz C R, Nee M J, McCanne R, et al. Ultrafast nonequilibrium Fourier-transform two-dimensional infrared spectroscopy[J]. Optics Letters, 2008, 33(21): 2533 - 2535.

[81] Zheng J R, Kwak K, Xie J, et al. Ultrafast carbon-carbon single-bond rotational isomerization in room-temperature solution[J]. Science, 2006, 313(5795): 1951 - 1955.

[82] Zheng J R, Fayer M D. Hydrogen bond lifetimes and energetics for solute/solvent complexes studied with 2D-IR vibrational echo spectroscopy[J]. Journal of the American Chemical Society, 2007, 129 (14): 4328 - 4335.

[83] Zheng J R, Kwak K, Asbury J, et al. Ultrafast dynamics of solute-solvent complexation observed at thermal equilibrium in real time[J]. Science, 2005, 309(5739): 1338 - 1343.

[84] Zhao W, Wright J C. Doubly vibrationally enhanced four wave mixing: The optical analog to 2D NMR[J]. Physical Review Letters, 2000, 84(7): 1411 - 1414.

[85] Wright J C. Coherent multidimensional vibrational spectroscopy [J]. International Reviews in Physical Chemistry, 2002, 21(2): 185 - 255.

[86] Pakoulev A V, Rickard M A, Meyer K A, et al. Mixed frequency/time domain optical analogues of heteronuclear multidimensional NMR[J]. The Journal of Physical Chemistry A, 2006, 110(10): 3352 -3355.

[87] Moilanen D E, Wong D, Rosenfeld D E, et al. Ion-water hydrogen-bond switching observed with 2D IR vibrational echo chemical exchange spectroscopy[J]. Proceedings of the National Academy of Sciences of the United States of America, 2009, 106(2): 375 - 380.

[88] Asbury J B, Steinel T, Stromberg C, et al. Water dynamics: Vibrational echo correlation spectroscopy and comparison to molecular dynamics simulations [J]. The Journal of Physical Chemistry A, 2004, 108(7): 1107 - 1119.

[89] Steinel T, Asbury J B, Corcelli S A, et al. Water dynamics: Dependence on local structure probed with vibrational echo correlation spectroscopy[J]. Chemical Physics Letters, 2004, 386(4/5/6): 295 - 300.

[90] Loparo J J, Roberts S T, Nicodemus R A, et al. Variation of the transition dipole moment across the

OH stretching band of water[J]. Chemical Physics, 2007, 341(1/2/3): 218 - 229.
[91] Loparo J J, Roberts S T, Tokmakoff A. Multidimensional infrared spectroscopy of water. Ⅱ. Hydrogen bond switching dynamics[J]. The Journal of Chemical Physics, 2006, 125(19): 194522.
[92] Fecko C J, Eaves J D, Loparo J J, et al. Ultrafast hydrogen-bond dynamics in the infrared spectroscopy of water[J]. Science, 2003, 301(5640): 1698 - 1702.
[93] Cowan M L, Bruner B D, Huse N, et al. Ultrafast memory loss and energy redistribution in the hydrogen bond network of liquid H_2O[J]. Nature, 2005, 434(7030): 199 - 202.
[94] Cervetto V, Hamm P, Helbing J. Transient 2D-IR spectroscopy of thiopeptide isomerization[J]. The Journal of Physical Chemistry B, 2008, 112(28): 8398 - 8405.
[95] Koziński M, Garrett-Roe S, Hamm P. 2D-IR spectroscopy of the sulfhydryl band of cysteines in the hydrophobic core of proteins[J]. The Journal of Physical Chemistry B, 2008, 112(25): 7645 - 7650.
[96] Finkelstein I J, Ishikawa H, Kim S, et al. Substrate binding and protein conformational dynamics measured by 2D-IR vibrational echo spectroscopy[J]. Proceedings of the National Academy of Sciences of the United States of America, 2007, 104(8): 2637 - 2642.
[97] Treuffet J, Kubarych K J, Lambry J C, et al. Direct observation of ligand transfer and bond formation in cytochrome *c* oxidase by using mid-infrared chirped-pulse upconversion[J]. Proceedings of the National Academy of Sciences of the United States of America, 2007, 104(40): 15705 - 15710.
[98] Ishikawa H, Kwak K, Chung J K, et al. Direct observation of fast protein conformational switching [J]. Proceedings of the National Academy of Sciences of the United States of America, 2008, 105 (25): 8619 - 8624.
[99] Ganim Z, Chung H S, Smith A W, et al. Amide Ⅰ two-dimensional infrared spectroscopy of proteins[J]. Accounts of Chemical Research, 2008, 41(3): 432 - 441.
[100] DeCamp M F, DeFlores L, McCracken J M, et al. Amide Ⅰ vibrational dynamics of *N*-methylacetamide in polar solvents: The role of electrostatic interactions[J]. The Journal of Physical Chemistry B, 2005, 109(21): 11016 - 11026.
[101] Fang C, Bauman J D, Das K, et al. Two-dimensional infrared spectra reveal relaxation of the nonnucleoside inhibitor TMC278 complexed with HIV-1 reverse transcriptase[J]. Proceedings of the National Academy of Sciences of the United States of America, 2008, 105(5): 1472 - 1477.
[102] Mukherjee P, Kass I, Arkin I T, et al. Structural disorder of the CD3ζ transmembrane domain studied with 2D IR spectroscopy and molecular dynamics simulations[J]. The Journal of Physical Chemistry B, 2006, 110(48): 24740 - 24749.
[103] Woutersen S, Mu Y, Stock G, et al. Hydrogen-bond lifetime measured by time-resolved 2D-IR spectroscopy: *N*-methylacetamide in methanol[J]. Chemical Physics, 2001, 266(2/3): 137 - 147.
[104] Kim Y S, Hochstrasser R M. Chemical exchange 2D IR of hydrogen-bond making and breaking[J]. Proceedings of the National Academy of Sciences of the United States of America, 2005, 102(32): 11185 - 11190.
[105] Zheng J R, Kwak K, Chen X, et al. Formation and dissociation of intra-intermolecular hydrogen-bonded solute-solvent complexes: Chemical exchange two-dimensional infrared vibrational echo spectroscopy[J]. Journal of the American Chemical Society, 2006, 128(9): 2977 - 2987.
[106] Zheng J R, Fayer M D. Solute-solvent complex kinetics and thermodynamics probed by 2D-IR vibrational echo chemical exchange spectroscopy[J]. The Journal of Physical Chemistry B, 2008, 112(33): 10221 - 10227.
[107] Khalil M, Demirdöven N, Tokmakoff A. Vibrational coherence transfer characterized with Fourier-transform 2D IR spectroscopy[J]. The Journal of Chemical Physics, 2004, 121(1): 362 - 373.

[108] Zheng J R, Kwak K, Steinel T, et al. Accidental vibrational degeneracy in vibrational excited states observed with ultrafast two-dimensional IR vibrational echo spectroscopy[J]. The Journal of Chemical Physics, 2005, 123(16): 164301.

[109] Naraharisetty S R G, Kasyanenko V M, Rubtsov I V. Bond connectivity measured via relaxation-assisted two-dimensional infrared spectroscopy[J]. The Journal of Chemical Physics, 2008, 128(10): 104502.

[110] Naraharisetty S R G, Kurochkin D V, Rubtsov I V. C—D modes as structural reporters via dual-frequency 2DIR spectroscopy[J]. Chemical Physics Letters, 2007, 437(4/5/6): 262 - 266.

[111] Nee M J, Baiz C R, Anna J M, et al. Multilevel vibrational coherence transfer and wavepacket dynamics probed with multidimensional IR spectroscopy[J]. The Journal of Chemical Physics, 2008, 129(8): 084503.

[112] Barbour L W, Hegadorn M, Asbury J B. Watching electrons move in real time: Ultrafast infrared spectroscopy of a polymer blend photovoltaic material[J]. Journal of the American Chemical Society, 2007, 129(51): 15884 - 15894.

[113] Barbour L W, Hegadorn M, Asbury J B. Microscopic inhomogeneity and ultrafast orientational motion in an organic photovoltaic bulk heterojunction thin film studied with 2D IR vibrational spectroscopy[J]. The Journal of Physical Chemistry B, 2006, 110(48): 24281 - 24286.

[114] Garrett-Roe S, Hamm P. Purely absorptive three-dimensional infrared spectroscopy[J]. The Journal of Chemical Physics, 2009, 130(16): 164510.

[115] Bredenbeck J, Ghosh A, Smits M, et al. Ultrafast two dimensional-infrared spectroscopy of a molecular monolayer[J]. Journal of the American Chemical Society, 2008, 130(7): 2152 - 2153.

[116] Xiong W, Laaser J E, Mehlenbacher R D, et al. Adding a dimension to the infrared spectra of interfaces using heterodyne detected 2D sum-frequency generation (HD 2D SFG) spectroscopy[J]. Proceedings of the National Academy of Sciences of the United States of America, 2011, 108(52): 20902 - 20907.

[117] Chen H L, Bian H T, Li J B, et al. Ultrafast multiple-mode multiple-dimensional vibrational spectroscopy[J]. International Reviews in Physical Chemistry, 2012, 31(4): 469 - 565.

[118] DeFlores L P, Nicodemus R A, Tokmakoff A. Two-dimensional Fourier transform spectroscopy in the pump-probe geometry[J]. Optics Letters, 2007, 32(20): 2966 - 2968.

[119] Shim S H, Strasfeld D B, Zanni M T. Generation and characterization of phase and amplitude shaped femtosecond mid-IR pulses[J]. Optics Express, 2006, 14(26): 13120 - 13130.

[120] Shim S H, Strasfeld D B, Fulmer E C, et al. Femtosecond pulse shaping directly in the mid-IR using acousto-optic modulation[J]. Optics Letters, 2006, 31(6): 838 - 840.

[121] Shim S H, Zanni M T. How to turn your pump-probe instrument into a multidimensional spectrometer: 2D IR and vis spectroscopies via pulse shaping[J]. Physical Chemistry Chemical Physics, 2009, 11(5): 748 - 761.

[122] Xiong W, Zanni M T. Signal enhancement and background cancellation in collinear two-dimensional spectroscopies[J]. Optics Letters, 2008, 33(12): 1371 - 1373.

[123] Zheng J R. Ultrafast chemical exchange spectroscopy: Applications of 2D IR in fast chemical exchange reactions[M]. [S.l.]: VDM Verlag Dr. Müller, 2008.

[124] Asbury J B, Steinel T, Fayer M D. Vibrational echo correlation spectroscopy probes of hydrogen bond dynamics in water and methanol[J]. Journal of Luminescence, 2004, 107(1/2/3/4): 271 - 286.

[125] Zheng J. Dissertations & Theses[D]. Stanford: Stanford University, 2007.

[126] Asbury J B, Steinel T, Fayer M D. Using ultrafast infrared multidimensional correlation

spectroscopy to aid in vibrational spectral peak assignments[J]. Chemical Physics Letters, 2003, 381 (1/2): 139 - 146.

[127] Kumar K, Sinks L E, Wang J P, et al. Coupling between C—D and C=O motions using dual-frequency 2D IR photon echo spectroscopy[J]. Chemical Physics Letters, 2006, 432(1/2/3): 122 - 127.

[128] Rickard M A, Pakoulev A V, Kornau K, et al. Interferometric coherence transfer modulations in triply vibrationally enhanced four-wave mixing[J]. The Journal of Physical Chemistry A, 2006, 110 (40): 11384 - 11387.

[129] Pakoulev A V, Rickard M A, Mathew N A, et al. Frequency-domain time-resolved four wave mixing spectroscopy of vibrational coherence transfer with single-color excitation[J]. The Journal of Physical Chemistry A, 2008, 112(28): 6320 - 6329.

[130] Lakowicz J R. Principles of fluorescence spectroscopy[M]. 3rd ed. New York: Springer, 2006.

[131] Woutersen S, Bakker H J. Resonant intermolecular transfer of vibrational energy in liquid water[J]. Nature, 1999, 402(6761): 507 - 509.

[132] Gaffney K J, Piletic I R, Fayer M D. Orientational relaxation and vibrational excitation transfer in methanol-carbon tetrachloride solutions[J]. The Journal of Chemical Physics, 2003, 118(5): 2270 - 2278.

[133] Förster T. Intermolecular energy migration and fluorescence[J]. Annals of Physics, 1948, 2: 55 - 75.

[134] Gurney R W. Ionic processes in solution[M]. New York: McGraw-Hill, 1953.

[135] Conway B E. Ionic hydration in chemistry and biophysics[M]. Amsterdam: Elsevier Scientific Publishing Company, 1981.

[136] Pitzer K S. Activity coefficients in electrolyte solutions[M].2nd ed. Florida: CRC Press, 1991.

[137] Barthel J M G, Krienke H, Kunz W. Physical chemistry of electrolyte solutions: Modern aspects [M]. New York: Springer, 1998.

[138] Bakker H J, Skinner J L. Vibrational spectroscopy as a probe of structure and dynamics in liquid water[J]. Chemical Reviews, 2010, 110(3): 1498 - 1517.

[139] Laage D, Hynes J T. On the residence time for water in a solute hydration shell: Application to aqueous halide solutions[J]. The Journal of Physical Chemistry B, 2008, 112(26): 7697 - 7701.

[140] Moskun A C, Jailaubekov A E, Bradforth S E, et al. Rotational coherence and a sudden breakdown in linear response seen in room-temperature liquids[J]. Science, 2006, 311(5769): 1907 - 1911.

[141] Deàk J C, Pang Y, Sechler T D, et al. Vibrational energy transfer across a reverse micelle surfactant layer[J]. Science, 2004, 306(5695): 473 - 476.

[142] Roberts S T, Petersen P B, Ramasesha K, et al. Observation of a Zundel-like transition state during proton transfer in aqueous hydroxide solutions[J]. Proceedings of the National Academy of Sciences of the United States of America, 2009, 106(36): 15154 - 15159.

[143] Lin Y S, Auer B M, Skinner J L. Water structure, dynamics, and vibrational spectroscopy in sodium bromide solutions[J]. The Journal of Chemical Physics, 2009, 131(14): 144511.

[144] Debye P, Huckel E. The theory of electrolytes Ⅰ. The lowering of the freezing point and related occurrences[J]. Physikalische Zeitschrift, 1923, 24: 185 - 206.

[145] Hassan S A. Computer simulation of ion cluster speciation in concentrated aqueous solutions at ambient conditions[J]. The Journal of Physical Chemistry B, 2008, 112(34): 10573 - 10584.

[146] Chen A A, Pappu R V. Quantitative characterization of ion pairing and cluster formation in strong 1 : 1 electrolytes[J]. The Journal of Physical Chemistry B, 2007, 111(23): 6469 - 6478.

[147] Petrucci S. Ionic interactions: From dilute solutions to fused salts[M]. New York: Academic

Press，1971.
[148] Powell J E. The structure of electrolytic solutions[J]. Journal of the American Chemical Society，1960，82(6)：1520.
[149] Bian H T，Li J B，Wen X W，et al. Mode-specific intermolecular vibrational energy transfer. Ⅰ. Phenyl selenocyanate and deuterated chloroform mixture[J]. The Journal of Chemical Physics，2010，132(18)：184505.
[150] Bian H T，Wen X W，Li J B，et al. Mode-specific intermolecular vibrational energy transfer. Ⅱ. Deuterated water and potassium selenocyanate mixture[J]. The Journal of Chemical Physics，2010，133(3)：034505.
[151] Bian H T，Chen H L，Li J B，et al. Nonresonant and resonant mode-specific intermolecular vibrational energy transfers in electrolyte aqueous solutions[J]. The Journal of Physical Chemistry A，2011，115(42)：11657－11664.
[152] Finkelstein I J，Zheng J R，Ishikawa H，et al. Probing dynamics of complex molecular systems with ultrafast 2D IR vibrational echo spectroscopy[J]. Physical Chemistry Chemical Physics，2007，9(13)：1533－1549.
[153] Bian H T，Li J B，Wen X W，et al. Mapping molecular conformations with multiple-mode two-dimensional infrared spectroscopy[J]. The Journal of Physical Chemistry A，2011，115(15)：3357－3365.
[154] Woutersen S，Hamm P. Structure determination of trialanine in water using polarization sensitive two-dimensional vibrational spectroscopy[J]. The Journal of Physical Chemistry B，2000，104(47)：11316－11320.
[155] Hahn S，Lee H，Cho M. Theoretical calculations of infrared absorption，vibrational circular dichroism，and two-dimensional vibrational spectra of acetylproline in liquids water and chloroform[J]. The Journal of Chemical Physics，2004，121(4)：1849－1865.
[156] Murray C B，Kagan C R，Bawendi M G. Synthesis and characterization of monodisperse nanocrystals and close-packed nanocrystal assemblies[J]. Annual Review of Materials Science，2000，30：545－610.
[157] Penn S G，He L，Natan M J. Nanoparticles for bioanalysis[J]. Current Opinion in Chemical Biology，2003，7(5)：609－615.
[158] Bell A T. The impact of nanoscience on heterogeneous catalysis[J]. Science，2003，299(5613)：1688－1691.
[159] Park S J，Taton T A，Mirkin C A. Array-based electrical detection of DNA with nanoparticle probes[J]. Science，2002，295(5559)：1503－1506.
[160] Sperling R A，Gil P R，Zhang F，et al. Biological applications of gold nanoparticles[J]. Chemical Society Reviews，2008，37(9)：1896－1908.
[161] Maxwell D J，Taylor J R，Nie S M. Self-assembled nanoparticle probes for recognition and detection of biomolecules[J]. Journal of the American Chemical Society，2002，124(32)：9606－9612.
[162] Ghosh P，Han G，De M，et al. Gold nanoparticles in delivery applications[J]. Advanced Drug Delivery Reviews，2008，60(11)：1307－1315.
[163] Huang X H，Jain P K，El-Sayed I H，et al. Gold nanoparticles：Interesting optical properties and recent applications in cancer diagnostics and therapy[J]. Nanomedicine，2007，2(5)：681－693.
[164] Shukla N，Bartel M A，Gellman A J. Enantioselective separation on chiral Au nanoparticles[J]. Journal of the American Chemical Society，2010，132(25)：8575－8580.
[165] Pissuwan D，Valenzuela S M，Cortie M B. Therapeutic possibilities of plasmonically heated gold nanoparticles[J]. Trends in Biotechnology，2006，24(2)：62－67.

[166] Bian H T, Li J B, Chen H L, et al. Molecular conformations and dynamics on surfaces of gold nanoparticles probed with multiple-mode multiple-dimensional infrared spectroscopy [J]. The Journal of Physical Chemistry C, 2012, 116(14): 7913 - 7924.

[167] Brust M, Fink J, Bethell D, et al. Synthesis and reactions of functionalised gold nanoparticles[J]. Journal of the Chemical Society, Chemical Communications, 1995(16): 1655 - 1656.

[168] Jadzinsky P D, Calero G, Ackerson C J, et al. Structure of a thiol monolayer-protected gold nanoparticle at 1.1 Å resolution[J]. Science, 2007, 318(5849): 430 - 433.

[169] Wilson E B, Jr, Decius J C, Cross P C. Molecular vibrations: The theory of infrared and Raman vibrational spectra[J]. Journal of The Electrochemical Society, 1955, 102(9): 235C-236C.

[170] Daniel M C, Astruc D. Gold nanoparticles: Assembly, supramolecular chemistry, quantum-size-related properties, and applications toward biology, catalysis, and nanotechnology[J]. Chemical Reviews, 2004, 104(1): 293 - 346.

[171] Valden M, Lai X, Goodman D W. Onset of catalytic activity of gold clusters on titania with the appearance of nonmetallic properties[J]. Science, 1998, 281(5383): 1647 - 1650.

[172] Paulus P M, Goossens A, Thiel R C, et al. Surface and quantum-size effects in Pt and Au nanoparticles probed by ^{197}Au Mössbauer spectroscopy [J]. Physical Review B, 2001, 64(20): 205418.

[173] Nahler N H, White J D, LaRue J, et al. Inverse velocity dependence of vibrationally promoted electron emission from a metal surface[J]. Science, 2008, 321(5893): 1191 - 1194.

[174] Wodtke A M, Matsiev D, Auerbach D J. Energy transfer and chemical dynamics at solid surfaces: The special role of charge transfer[J]. Progress in Surface Science, 2008, 83(3): 167 - 214.

[175] Andersson S, Pendry J B. Structure of CO adsorbed on Cu(100) and Ni(100)[J]. Physical Review Letters, 1979, 43(5): 363 - 366.

[176] Dlott D D. Vibrational energy redistribution in polyatomic liquids: 3D infrared-Raman spectroscopy [J]. Chemical Physics, 2001, 266(2/3): 149 - 166.

[177] Pedersen T, Larsen N W, Nygaard L. Microwave spectra of the six monodeuteriophenols. Molecular structure, dipole moment, and barrier to internal rotation of phenol [J]. Journal of Molecular Structure, 1969, 4(1): 59 - 77.

[178] Zavodnik V E, Bel'skii V K, Zorkii P M. Crystal structure of phenol at 123℃K [J]. Journal of Structural Chemistry, 1988, 28(5): 793 - 795.

[179] Torii K, Iitaka Y. The crystal structure of L-isoleucine [J]. Acta Crystallographica Section B: Structural Crystallography and Crystal Chemistry, 1971, 27(11): 2237 - 2246.

[180] Torii K, Iitaka Y. The crystal structure of L-valine[J]. Acta Crystallographica Section B: Structural Crystallography and Crystal Chemistry, 1970, 26(9): 1317 - 1326.

[181] Simpson H J, Marsh R E. The crystal structure of L-alanine[J]. Acta Crystallographica, 1966, 20(4): 550 - 555.

[182] Derissen J L, Endeman H J, Peerdeman A F. The crystal and molecular structure of L-aspartic acid [J]. Acta Crystallographica Section B: Structural Crystallography and Crystal Chemistry, 1968, 24(10): 1349 - 1354.

[183] Hirokawa S. A new modification of L-glutamic acid and its crystal structure [J]. Acta Crystallographica, 1955, 8(10): 637 - 641.

[184] Cochran W, Penfold B R. The crystal structure of L-glutamine[J]. Acta Crystallographica, 1952, 5(5): 644 - 653.

[185] Tarakeshwar P, Manogaran S. Vibrational frequencies of cysteine and serine zwitterions — an *ab initio* assignment[J]. Spectrochimica Acta Part A: Molecular and Biomolecular Spectroscopy, 1995,

51(5): 925-928.

[186] Pawlukojć A, Leciejewicz J, Ramirez-Cuesta A J, et al. L-cysteine: Neutron spectroscopy, Raman, IR and *ab initio* study[J]. Spectrochimica Acta Part A: Molecular and Biomolecular Spectroscopy, 2005, 61(11/12): 2474-2481.

[187] Chen H L, Bian H T, Li J B, et al. Ultrafast multiple-mode multiple-dimensional vibrational spectroscopy[J]. International Reviews in Physical Chemistry, 2012, 31(4): 469-565.

[188] Kerr K A, Ashmore J P, Koetzle T F. A neutron diffraction study of L-cysteine[J]. Acta Crystallographica Section B: Structural Crystallography and Crystal Chemistry, 1975, 31(8): 2022-2026.

[189] Kerr K A, Ashmore J P. Structure and conformation of orthorhombic L-cysteine[J]. Acta Crystallographica Section B: Structural Crystallography and Crystal Chemistry, 1973, 29(10): 2124-2127.

[190] Harding M M, Long H A. The crystal and molecular structure of L-cysteine[J]. Acta Crystallographica Section B: Structural Crystallography and Crystal Chemistry, 1968, 24(8): 1096-1102.

[191] Görbitz C H, Dalhus B. L-cysteine, monoclinic form, redetermination at 120 K[J]. Acta Crystallographica Section C: Crystal Structure Communications, 1996, 52(7): 1756-1759.

[192] Gregoret L M, Rader S D, Fletterick R J, et al. Hydrogen bonds involving sulfur atoms in proteins [J]. Proteins: Structure, Function, and Bioinformatics, 1991, 9(2): 99-107.

[193] Zhou P, Tian F F, Lv F L, et al. Geometric characteristics of hydrogen bonds involving sulfur atoms in proteins[J]. Proteins: Structure, Function, and Bioinformatics, 2009, 76(1): 151-163.

[194] Turner J A. Sustainable hydrogen production[J]. Science, 2004, 305(5686): 972-974.

[195] Lewis N S, Nocera D G. Powering the planet: Chemical challenges in solar energy utilization[J]. Proceedings of the National Academy of Sciences of the United States of America, 2006, 103(43): 15729-15735.

[196] Whitesides G M, Crabtree G W. Don't forget long-term fundamental research in energy[J]. Science, 2007, 315(5813): 796-798.

[197] Moriarty P, Honnery D. Hydrogen's role in an uncertain energy future[J]. International Journal of Hydrogen Energy, 2009, 34(1): 31-39.

[198] Moriarty P, Honnery D. A hydrogen standard for future energy accounting? [J]. International Journal of Hydrogen Energy, 2010, 35(22): 12374-12380.

[199] Armaroli N, Balzani V. The hydrogen issue[J]. ChemSusChem, 2011, 4(1): 21-36.

[200] Masel R. Hydrogen quick and clean[J]. Nature, 2006, 442(7102): 521-522.

[201] Tedsree K, Li T, Jones S, et al. Hydrogen production from formic acid decomposition at room temperature using a Ag-Pd core-shell nanocatalyst[J]. Nature Nanotechnology, 2011, 6(5): 302-307.

[202] Hull J F, Himeda Y, Wang W H, et al. Reversible hydrogen storage using CO_2 and a proton-switchable iridium catalyst in aqueous media under mild temperatures and pressures[J]. Nature Chemistry, 2012, 4(5): 383-388.

[203] Eppinger J, Huang K W. Formic acid as a hydrogen energy carrier[J]. ACS Energy Letters, 2017, 2(1): 188-195.

[204] Li H F, Zheng B, Huang K W. A new class of PN^3-pincer ligands for metal-ligand cooperative catalysis[J]. Coordination Chemistry Reviews, 2015, 293/294: 116-138.

[205] Tabor D. Gases, liquids, and solids: And other states of matter[M]. 3rd ed. Cambridge: Cambridge University Press, 1991.

[206] Hayes R, Warr G G, Atkin R. Structure and nanostructure in ionic liquids[J]. Chemical Reviews, 2015, 115(13): 6357-6426.

[207] Earle M J, Seddon K R. Ionic liquids. Green solvents for the future[J]. Pure and Applied Chemistry, 2000, 72(7): 1391-1398.

[208] Niedermeyer H, Hallett J P, Villar-Garcia I J, et al. Mixtures of ionic liquids[J]. Chemical Society Reviews, 2012, 41(23): 7780-7802.

[209] Rogers R D, Seddon K R. Ionic liquids: Solvents of the future? [J]. Science, 2003, 302(5646): 792-793.

[210] Gebbie M A, Valtiner M, Banquy X, et al. Ionic liquids behave as dilute electrolyte solutions[J]. Proceedings of the National Academy of Sciences of the United States of America, 2013, 110(24): 9674-9679.

[211] Perkin S, Salanne M, Madden P, et al. Is a Stern and diffuse layer model appropriate to ionic liquids at surfaces? [J]. Proceedings of the National Academy of Sciences of the United States of America, 2013, 110(44): E4121.

[212] Perkin S, Salanne M. Interfaces of ionic liquids[J]. Journal of Physics: Condensed Matter, 2014, 26(28): 280301.

[213] Lee A A, Vella D, Perkin S, et al. Are room-temperature ionic liquids dilute electrolytes? [J]. The Journal of Physical Chemistry Letters, 2015, 6(1): 159-163.

[214] Brooks N J, Castiglione F, Doherty C M, et al. Linking the structures, free volumes, and properties of ionic liquid mixtures[J]. Chemical Science, 2017, 8(9): 6359-6374.

[215] Ludwig R. A simple geometrical explanation for the occurrence of specific large aggregated ions in some protic ionic liquids[J]. The Journal of Physical Chemistry B, 2009, 113(47): 15419-15422.

[216] Addicoat M A, Stefanovic R, Webber G B, et al. Assessment of the density functional tight binding method for protic ionic liquids[J]. Journal of Chemical Theory and Computation, 2014, 10(10): 4633-4643.

[217] Cao B C, Shen X N, Shang J Z, et al. Low temperature photoresponse of monolayer tungsten disulphide[J]. APL Materials, 2014, 2(11): 116101.

[218] Kirchner B, Malberg F, Firaha D S, et al. Ion pairing in ionic liquids[J]. Journal of Physics: Condensed Matter, 2015, 27(46): 463002.

[219] Marcus Y, Hefter G. Ion pairing[J]. Chemical Reviews, 2006, 106(11): 4585-4621.

[220] Bian H T, Wen X W, Li J B, et al. Ion clustering in aqueous solutions probed with vibrational energy transfer[J]. Proceedings of the National Academy of Sciences of the United States of America, 2011, 108(12): 4737-4742.

[221] Chen H L, Bian H T, Li J B, et al. Vibrational energy transfer: An angstrom molecular ruler in studies of ion pairing and clustering in aqueous solutions[J]. The Journal of Physical Chemistry B, 2015, 119(12): 4333-4349.

[222] Leal J P, Esperança J M S S, da Piedade M E M, et al. The nature of ionic liquids in the gas phase [J]. The Journal of Physical Chemistry A, 2007, 111(28): 6176-6182.

[223] Neto B A D, Meurer E C, Galaverna R, et al. Vapors from ionic liquids: Reconciling simulations with mass spectrometric data[J]. The Journal of Physical Chemistry Letters, 2012, 3(23): 3435-3441.

[224] MacFarlane D R, Forsyth M, Izgorodina E I, et al. On the concept of ionicity in ionic liquids[J]. Physical Chemistry Chemical Physics, 2009, 11(25): 4962-4967.

[225] Armand M, Endres F, MacFarlane D R, et al. Ionic-liquid materials for the electrochemical challenges of the future[J]. Nature Materials, 2009, 8(8): 621-629.

[226] Angell C A, Ansari Y, Zhao Z F. Ionic liquids: Past, present and future[J]. Faraday Discussions, 2012, 154: 9-27.
[227] Hallett J P, Welton T. Room-temperature ionic liquids: Solvents for synthesis and catalysis. 2[J]. Chemical Reviews, 2011, 111(5): 3508-3576.
[228] Lui M Y, Crowhurst L, Hallett J P, et al. Salts dissolved in salts: Ionic liquid mixtures[J]. Chemical Science, 2011, 2(8): 1491-1496.
[229] Hunt P A, Ashworth C R, Matthews R P. Hydrogen bonding in ionic liquids[J]. Chemical Society Reviews, 2015, 44(5): 1257-1288.
[230] Hollóczki O, Malberg F, Welton T, et al. On the origin of ionicity in ionic liquids. Ion pairing versus charge transfer[J]. Physical Chemistry Chemical Physics, 2014, 16(32): 16880-16890.
[231] Chen H L, Zhang Y F, Li J B, et al. Vibrational cross-angles in condensed molecules: A structural tool[J]. The Journal of Physical Chemistry A, 2013, 117(35): 8407-8415.
[232] Hamm P, Lim M, Hochstrasser R M. Structure of the amide Ⅰ band of peptides measured by femtosecond nonlinear-infrared spectroscopy[J]. The Journal of Physical Chemistry B, 1998, 102(31): 6123-6138.
[233] Silbey R J. Principles of nonlinear optical spectroscopy by shaul mukamel (University of Rochester). Oxford University Press: New York. 1995. xviii + 543 pp. $65.00. ISBN 0-19-509278-3.[J]. Journal of the American Chemical Society, 1996, 118(50): 12872.
[234] Beckerle J D, Casassa M P, Cavanagh R R, et al. Sub-picosecond time-resolved IR spectroscopy of the vibrational dynamics of $Rh(CO)_2(acac)$[J]. Chemical Physics, 1992, 160(3): 487-497.
[235] Chen H L, Bian H T, Li J B, et al. Relative intermolecular orientation probed via molecular heat transport[J]. The Journal of Physical Chemistry A, 2013, 117(29): 6052-6065.
[236] Greaves T L, Kennedy D F, Mudie S T, et al. Diversity observed in the nanostructure of protic ionic liquids[J]. The Journal of Physical Chemistry B, 2010, 114(31): 10022-10031.
[237] Triolo A, Russina O, Bleif H J, et al. Nanoscale segregation in room temperature ionic liquids[J]. The Journal of Physical Chemistry B, 2007, 111(18): 4641-4644.
[238] Shimizu K, Tariq M, Freitas A A, et al. Self-organization in ionic liquids: From bulk to interfaces and films[J]. Journal of the Brazilian Chemical Society, 2016, 27(2): 349-362.
[239] Canongia Lopes J N A, Pádua A A H. Nanostructural organization in ionic liquids[J]. The Journal of Physical Chemistry B, 2006, 110(7): 3330-3335.
[240] Dupont J. On the solid, liquid and solution structural organization of imidazolium ionic liquids[J]. Journal of the Brazilian Chemical Society, 2004, 15(3): 341-350.
[241] Chemla D S, Shah J. Many-body and correlation effects in semiconductors[J]. Nature, 2001, 411(6837): 549-557.
[242] Mak K F, Lee C G, Hone J, et al. Atomically thin MoS_2: A new direct-gap semiconductor[J]. Physical Review Letters, 2010, 105(13): 136805.
[243] Ye Z L, Cao T, O'Brien K, et al. Probing excitonic dark states in single-layer tungsten disulphide[J]. Nature, 2014, 513(7517): 214-218.
[244] Chen H L, Wen X W, Zhang J, et al. Ultrafast formation of interlayer hot excitons in atomically thin MoS_2/WS_2 heterostructures[J]. Nature Communications, 2016, 7: 12512.
[245] Hagfeldt A, Grätzel M. Molecular photovoltaics[J]. Accounts of Chemical Research, 2000, 33(5): 269-277.
[246] Vandewal K, Albrecht S, Hoke E T, et al. Efficient charge generation by relaxed charge-transfer states at organic interfaces[J]. Nature Materials, 2014, 13(1): 63-68.
[247] Schmidt H, Giustiniano F, Eda G. Electronic transport properties of transition metal dichalcogenide

field-effect devices: Surface and interface effects[J]. Chemical Society Reviews, 2015, 44(21): 7715-7736.

[248] Kraabel B, McBranch D, Sariciftci N S, et al. Ultrafast spectroscopic studies of photoinduced electron transfer from semiconducting polymers to C_{60} [J]. Physical Review B, 1994, 50(24): 18543-18552.

[249] Heeger A J. 25th anniversary article: Bulk heterojunction solar cells: Understanding the mechanism of operation[J]. Advanced Materials, 2014, 26(1): 10-28.

[250] Marie X, Urbaszek B. Ultrafast exciton dynamics[J]. Nature Materials, 2015, 14(9): 860-861.

[251] Poellmann C, Steinleitner P, Leierseder U, et al. Resonant internal quantum transitions and femtosecond radiative decay of excitons in monolayer WSe_2 [J]. Nature Materials, 2015, 14(9): 889-893.

[252] Kaindl R A, Carnahan M A, Hägele D, et al. Ultrafast terahertz probes of transient conducting and insulating phases in an electron-hole gas[J]. Nature, 2003, 423(6941): 734-738.

[253] Cha S, Sung J H, Sim S, et al. 1s-intraexcitonic dynamics in monolayer MoS_2 probed by ultrafast mid-infrared spectroscopy[J]. Nature Communications, 2016, 7: 10768.

[254] Steinleitner P, Merkl P, Nagler P, et al. Direct observation of ultrafast exciton formation in a monolayer of WSe_2 [J]. Nano Letters, 2017, 17(3): 1455-1460.

[255] Wang H N, Zhang C J, Rana F. Ultrafast dynamics of defect-assisted electron-hole recombination in monolayer MoS_2 [J]. Nano Letters, 2015, 15(1): 339-345.

[256] Britnell L, Ribeiro R M, Eckmann A, et al. Strong light-matter interactions in heterostructures of atomically thin films[J]. Science, 2013, 340(6138): 1311-1314.

[257] Geim A K, Grigorieva I V. Van der Waals heterostructures[J]. Nature, 2013, 499(7459): 419-425.

[258] Bhimanapati G R, Lin Z, Meunier V, et al. Recent advances in two-dimensional materials beyond graphene[J]. ACS Nano, 2015, 9(12): 11509-11539.

[259] Berkelbach T C, Hybertsen M S, Reichman D R. Theory of neutral and charged excitons in monolayer transition metal dichalcogenides[J]. Physical Review B, 2013, 88(4): 045318.

[260] Ugeda M M, Bradley A J, Shi S F, et al. Giant bandgap renormalization and excitonic effects in a monolayer transition metal dichalcogenide semiconductor[J]. Nature Materials, 2014, 13(12): 1091-1095.

[261] Novoselov K S, Fal'ko V I, Colombo L, et al. A roadmap for graphene[J]. Nature, 2012, 490(7419): 192-200.

[262] Malard L M, Mak K F, Castro Neto A H, et al. Observation of intra- and inter-band transitions in the transient optical response of graphene[J]. New Journal of Physics, 2013, 15(1): 015009.

[263] Fallah F, Esmaeilzadeh M. Energy levels of exciton in a gapped graphene sheet[J]. Journal of Applied Physics, 2013, 114(7): 073702.

[264] Mak K F, Shan J, Heinz T F. Seeing many-body effects in single- and few-layer graphene: Observation of two-dimensional saddle-point excitons[J]. Physical Review Letters, 2011, 106(4): 046401.

[265] Yang L. Excitons in intrinsic and bilayer graphene[J]. Physical Review B, 2011, 83(8): 085405.

[266] Gong C, Zhang H J, Wang W H, et al. Band alignment of two-dimensional transition metal dichalcogenides: Application in tunnel field effect transistors[J]. Applied Physics Letters, 2013, 103(5): 053513.

[267] Hong X P, Kim J, Shi S F, et al. Ultrafast charge transfer in atomically thin MoS_2/WS_2 heterostructures[J]. Nature Nanotechnology, 2014, 9(9): 682-686.

[268] Li Z Z, Wang J Y, Liu Z R. Intrinsic carrier mobility of Dirac cones: The limitations of deformation potential theory[J]. The Journal of Chemical Physics, 2014, 141(14): 144107.
[269] Park C H, Bonini N, Sohier T, et al. Electron-phonon interactions and the intrinsic electrical resistivity of graphene[J]. Nano Letters, 2014, 14(3): 1113 - 1119.
[270] Dawlaty J M, Shivaraman S, Strait J, et al. Measurement of the optical absorption spectra of epitaxial graphene from terahertz to visible[J]. Applied Physics Letters, 2008, 93(13): 131905.
[271] Zhang W J, Chuu C P, Huang J K, et al. Ultrahigh-gain photodetectors based on atomically thin graphene-MoS_2 heterostructures[J]. Scientific Reports, 2014, 4: 3826.
[272] Kaindl R A, Hägele D, Carnahan M A, et al. Transient terahertz spectroscopy of excitons and unbound carriers in quasi-two-dimensional electron-hole gases[J]. Physical Review B, 2009, 79(4): 045320.
[273] Mak K F, He K L, Lee C G, et al. Tightly bound trions in monolayer MoS_2[J]. Nature Materials, 2013, 12(3): 207 - 211.
[274] Wang G, Bouet L, Lagarde D, et al. Valley dynamics probed through charged and neutral exciton emission in monolayer WSe_2[J]. Physical Review B, 2014, 90(7): 075413.
[275] Ma Y D, Dai Y, Wei W, et al. First-principles study of the graphene@$MoSe_2$ heterobilayers[J]. The Journal of Physical Chemistry C, 2011, 115(41): 20237 - 20241.
[276] Zhu X Y, Monahan N R, Gong Z Z, et al. Charge transfer excitons at van der Waals interfaces[J]. Journal of the American Chemical Society, 2015, 137(26): 8313 - 8320.
[277] Olsen T, Latini S, Rasmussen F, et al. Simple screened hydrogen model of excitons in two-dimensional materials[J]. Physical Review Letters, 2016, 116(5): 056401.
[278] Beal A R, Knights J C, Liang W Y. Transmission spectra of some transition metal dichalcogenides. Ⅱ. Group Ⅵ A: Trigonal prismatic coordination[J]. Journal of Physics C: Solid State Physics, 1972, 5(24): 3540 - 3551.
[279] Liu H L, Shen C C, Su S H, et al. Optical properties of monolayer transition metal dichalcogenides probed by spectroscopic ellipsometry[J]. Applied Physics Letters, 2014, 105(20): 201905.
[280] He J Q, Kumar N, Bellus M Z, et al. Electron transfer and coupling in graphene-tungsten disulfide van der Waals heterostructures[J]. Nature Communications, 2014, 5: 5622.
[281] You Y M, Zhang X X, Berkelbach T C, et al. Observation of biexcitons in monolayer WSe_2[J]. Nature Physics, 2015, 11(6): 477 - 481.
[282] Mei J, Leung N L C, Kwok R T K, et al. Aggregation-induced emission: Together we shine, united we soar! [J]. Chemical Reviews, 2015, 115(21): 11718 - 11940.
[283] Hong Y N, Lam J W Y, Tang B Z. Aggregation-induced emission: Phenomenon, mechanism and applications[J]. Chemical Communications, 2009(29): 4332 - 4353.
[284] Voll C C A, Engelhart J U, Einzinger M, et al. Donor-acceptor iptycenes with thermally activated delayed fluorescence[J]. European Journal of Organic Chemistry, 2017, 2017(32): 4846 - 4851.
[285] Kawasumi K, Wu T, Zhu T Y, et al. Thermally activated delayed fluorescence materials based on homoconjugation effect of donor-acceptor triptycenes[J]. Journal of the American Chemical Society, 2015, 137(37): 11908 - 11911.
[286] Luo J D, Xie Z L, Lam J W Y, et al. Aggregation-induced emission of 1 - methyl-1, 2, 3, 4, 5 - pentaphenylsilole[J]. Chemical Communications, 2001(18): 1740 - 1741.
[287] Hu F, Xu S D, Liu B. Photosensitizers with aggregation-induced emission: Materials and biomedical applications[J]. Advanced Materials, 2018, 30(45): 1801350.
[288] Ding D, Goh C C, Feng G X, et al. Ultrabright organic dots with aggregation-induced emission characteristics for real-time two-photon intravital vasculature imaging[J]. Advanced Materials,

2013, 25(42): 6083-6088.

[289] Li Y, Xu L R, Su B. Aggregation induced emission for the recognition of latent fingerprints[J]. Chemical Communications, 2012, 48(34): 4109-4111.

[290] Shustova N B, Ong T C, Cozzolino A F, et al. Phenyl ring dynamics in a tetraphenylethylene-bridged metal-organic framework: Implications for the mechanism of aggregation-induced emission [J]. Journal of the American Chemical Society, 2012, 134(36): 15061-15070.

[291] Cai Y J, Du L L, Samedov K, et al. Deciphering the working mechanism of aggregation-induced emission of tetraphenylethylene derivatives by ultrafast spectroscopy[J]. Chemical Science, 2018, 9 (20): 4662-4670.

[292] Xiong J B, Yuan Y X, Wang L, et al. Evidence for aggregation-induced emission from free rotation restriction of double bond at excited state[J]. Organic Letters, 2018, 20(2): 373-376.

[293] Shi J Q, Chang N, Li C H, et al. Locking the phenyl rings of tetraphenylethene step by step: Understanding the mechanism of aggregation-induced emission [J]. Chemical Communications, 2012, 48(86): 10675-10677.

[294] Leung N L C, Xie N, Yuan W Z, et al. Restriction of intramolecular motions: The general mechanism behind aggregation-induced emission[J]. Chemistry — A European Journal, 2014, 20 (47): 15349-15353.

[295] Wang B, Wang X J, Wang W L, et al. Exploring the mechanism of fluorescence quenching and aggregation-induced emission of a phenylethylene derivative by QM (CASSCF and TDDFT) and ONIOM (QM : MM) calculations[J]. The Journal of Physical Chemistry C, 2016, 120(38): 21850-21857.

[296] Zhang Y H, Mao H L, Kong L W, et al. Effect of E/Z isomerization on the aggregation-induced emission features and mechanochromic performance of dialdehyde-substituted hexaphenyl-1, 3-butadiene[J]. Dyes and Pigments, 2016, 133: 354-362.

[297] Zhou Z X, Yan X Z, Saha M L, et al. Immobilizing tetraphenylethylene into fused metallacycles: Shape effects on fluorescence emission[J]. Journal of the American Chemical Society, 2016, 138 (40): 13131-13134.

[298] Zhang M M, Yang W, Li K, et al. Multi-branch effect on aggregation-induced emission enhancement and tunable emission of triphenylamine fluorophores[J]. Materials Chemistry and Physics, 2018, 204: 37-47.

[299] Tong H, Dong Y Q, Hong Y N, et al. Aggregation-induced emission: Effects of molecular structure, solid-state conformation, and morphological packing arrangement on light-emitting behaviors of diphenyldibenzofulvene derivatives[J]. The Journal of Physical Chemistry C, 2007, 111(5): 2287-2294.

[300] Gao H Z, Xu D F, Wang Y H, et al. Effects of alkyl chain length on aggregation-induced emission, self-assembly and mechanofluorochromism of tetraphenylethene modified multifunctional β-diketonate boron complexes[J]. Dyes and Pigments, 2018, 150: 59-66.

[301] Liu Y, Deng C M, Tang L, et al. Specific detection of d-glucose by a tetraphenylethene-based fluorescent sensor[J]. Journal of the American Chemical Society, 2011, 133(4): 660-663.

[302] Lu H G, Zheng Y D, Zhao X W, et al. Highly efficient far red/near-infrared solid fluorophores: Aggregation-induced emission, intramolecular charge transfer, twisted molecular conformation, and bioimaging applications[J]. Angewandte Chemie International Edition, 2016, 55(1): 155-159.

[303] Crespo-Otero R, Li Q S, Blancafort L. Exploring potential energy surfaces for aggregation-induced emission — from solution to crystal[J]. Chemistry — An Asian Journal, 2019, 14(6): 700-714.

[304] Zhao J, Yang D, Zhao Y X, et al. Anion-coordination-induced turn-on fluorescence of an

oligourea-functionalized tetraphenylethene in a wide concentration range[J]. Angewandte Chemie, 2014, 126(26): 6750 - 6754.

[305] Sinha N, Stegemann L, Tan T T Y, et al. Turn-on fluorescence in tetra-NHC ligands by rigidification through metal complexation: An alternative to aggregation-induced emission[J]. Angewandte Chemie International Edition, 2017, 56(10): 2785 - 2789.

[306] Chen J W, Law C C W, Lam J W Y, et al. Synthesis, light emission, nanoaggregation, and restricted intramolecular rotation of 1, 1 - substituted 2, 3, 4, 5 - tetraphenylsiloles[J]. Chemistry of Materials, 2003, 15(7): 1535 - 1546.

[307] Luo J Y, Song K S, Gu F L, et al. Switching of non-helical overcrowded tetrabenzoheptafulvalene derivatives[J]. Chemical Science, 2011, 2(10): 2029 - 2034.

[308] Kumar S, Singh P, Mahajan A, et al. Aggregation induced emission enhancement in ionic self-assembled aggregates of benzimidazolium based cyclophane and sodium dodecylbenzenesulfonate[J]. Organic Letters, 2013, 15(13): 3400 - 3403.

[309] Chen Y C, Lam J W Y, Kwok R T K, et al. Aggregation-induced emission: Fundamental understanding and future developments[J]. Materials Horizons, 2019, 6(3): 428 - 433.

[310] Tran T, Prlj A, Lin K H, et al. Mechanisms of fluorescence quenching in prototypical aggregation-induced emission systems: Excited state dynamics with TD-DFTB[J]. Physical Chemistry Chemical Physics, 2019, 21(18): 9026 - 9035.

[311] Prlj A, Došlić N, Corminboeuf C. How does tetraphenylethylene relax from its excited states? [J]. Physical Chemistry Chemical Physics, 2016, 18(17): 11606 - 11609.

[312] Li Q S, Blancafort L. A conical intersection model to explain aggregation induced emission in diphenyl dibenzofulvene[J]. Chemical Communications, 2013, 49(53): 5966 - 5968.

[313] Robb M A. Conical intersections in organic photochemistry[M]//Domcke W, Yarkony D R, Köppel H. Conical intersections: Theory, computation and experiment. [S.l.]: World Scientific, 2011: 3 - 50.

MOLECULAR SCIENCES

Chapter 2

第2章

大气环境分子科学

葛茂发　佟胜睿　王炜罡　张秀辉　杜　林

2.1 大气自由基化学和气相氧化

2.1.1 OH 自由基

2.1.1.1 OH 自由基简介

1970 年，levy[1] 首次提出对流层大气是以自由基化学反应为核心的氧化性大气环境。OH 自由基是大气中最重要的氧化剂，也被称为大气“清洁剂”（2006，大气环境化学，唐孝炎）。1894 年，Fenton 通过过氧化氢（H_2O_2）与二价铁离子（Fe^{2+}）混合产生的强氧化性首次发现 OH 自由基。1971 年，他提出大气 HO_x（$OH+HO_2$）循环，OH 自由基浓度约为 pptv 量级（10^6 cm^{-3}）[1]。

OH 自由基决定了大气的氧化能力，在大气化学中占据核心地位。OH 自由基能够参与大多数污染物的大气氧化，同时伴随着链反应末端的 OH 自由基再次生成，从而形成循环。OH 自由基的循环收支[2] 如图 2－1 所示。

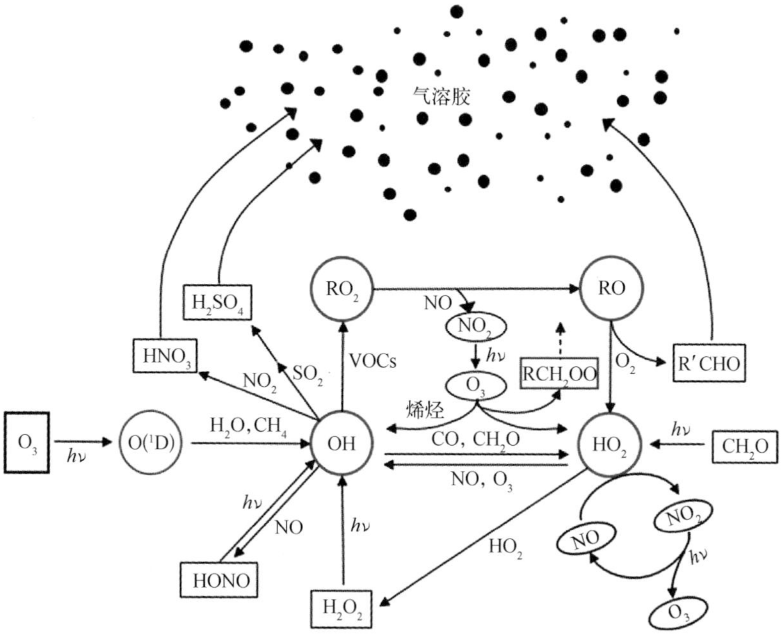

图 2－1 OH 自由基在大气中的循环转化[2]

2.1.1.2 OH 自由基的来源和去除

OH 自由基有四个重要来源，包括臭氧（O_3）反应［（R 2.1）～（R 2.3）］、过氧化氢光解

(R 2.4)、甲醛(HCHO)光解[(R 2.5)～(R 2.8)]和气态亚硝酸(HONO)光解(R 2.9)。

$$O_3 + h\nu(\lambda < 330\ \text{nm}) \longrightarrow O(^1D) + O_2 \quad (R\ 2.1)$$

$$O(^1D) + H_2O \longrightarrow 2OH \quad (R\ 2.2)$$

$$O_3 + \text{烯烃} \longrightarrow OH \quad (R\ 2.3)$$

$$H_2O_2 + h\nu(\lambda < 555\ \text{nm}) \longrightarrow 2OH \quad (R\ 2.4)$$

$$HCHO + h\nu(\lambda < 330\ \text{nm}) \longrightarrow H + HCO \quad (R\ 2.5)$$

$$H + O_2 \longrightarrow HO_2 \quad (R\ 2.6)$$

$$HCO + O_2 \longrightarrow CO + HO_2 \quad (R\ 2.7)$$

$$NO + HO_2 \longrightarrow OH + NO_2 \quad (R\ 2.8)$$

$$HONO + h\nu(\lambda < 400\ \text{nm}) \longrightarrow NO + OH \quad (R\ 2.9)$$

其中 O_3 反应和 HONO 光解被认为是 OH 自由基的重要来源[3]。O_3 作为二次污染物,和光化学烟雾密不可分。近年来,臭氧污染作为环境污染之一,被越来越多的学者关注。在清晨,臭氧和醛类的浓度较低,HONO 贡献可达到 60%,但 HONO 对 OH 自由基的贡献不只在清晨。

OH 自由基对环境大气物种的消耗过程,同时也是 OH 自由基的去除过程,通过链传递可以转化为 HO_2 和 RO_2 自由基,无机组分(如 CO、NO_x)、挥发性有机物(volatile organic compounds, VOCs)(如烷烃、烯烃、芳香烃)等都可以消耗 OH 自由基。

2.1.1.3　OH 自由基的测量

OH 自由基的平均寿命通常为几秒甚至更短,且日间平均浓度仅在 $10^6\ cm^{-3}$,变化十分剧烈。因此,对 OH 自由基的检测始终是国际社会面临的一个重大难题。

目前,主要有化学电离质谱(chemical ionization mass spectrum, CIMS)和激光诱导荧光(laser induced fluorescence, LIF)两种方法进行 OH 自由基的检测。CIMS 利用同位素标记的 $^{34}SO_2$ 滴定大气中的 OH 自由基,过量的 $^{34}SO_2$ 将 OH 自由基滴定为 $H_2^{34}SO_3$,进而氧化为 $H_2^{34}SO_4$,加入 NO_3^- 将 $H_2^{34}SO_4$ 离子化为 $H^{34}SO_4^-$,通过质谱法对 $H^{34}SO_4^-$ 和参与反应的 HNO_3 进行检测得到 OH 自由基浓度;LIF 是在一定压强下,用一束特定波长的激光照射 OH 自由基,使之发生共振跃迁,把低能态的 OH 自由基激发到高能态,然后对电子弛豫发出的荧光进行检测,在固定实验条件下荧光强度与 OH 自由基浓度成正比。LIF 系统的主要设计为 FAGE(fluorescence assay by gas expansion)架构[4],采用 308 nm 激光激发,既保持高灵敏度又降低光解干扰和吸收饱和的问题。其他方法例如差分吸收光谱(differential optical absorption spectrum, DOAS)在污染大气中测量的干扰较大,不适合用于外场连续观测;水杨酸捕集法、电子自旋共振法、^{14}CO 氧化法等也因为测量准确性、时间分辨率等问题被逐渐淘汰。

国内针对 OH 自由基的外场观测多采用 LIF 的方法，可以稳定测量污染地区的 OH 自由基，但是其测量受到 Criegee 中间体低压分解生成 OH 自由基干扰，干扰程度与仪器设计有关[5]。CIMS 测量受到样品中的 HO_2 影响，可与 NO 作用影响测量结果，在高 NO_x 时需要进行修正。对于 DOAS 测量 OH 自由基，目前仅德国 Jülich 研究中心有一台在 SAPHIR 烟雾箱中使用。

由于 OH 自由基准确测定的困难性和价格高昂的仪器设备，有些研究不对 OH 自由基进行直接测量，而是对 OH 自由基参与的重要的大气反应体系的示踪物、标志物的测定，进而研究体系中 OH 自由基。

2.1.1.4 OH 自由基的研究进展

英国伯明翰、美国纽约、美国科罗拉多、日本东京等都进行过 OH 自由基的测量，并基于不同化学机制将模拟值与观测值相比较，其中伯明翰[6]在缺少 HONO、HCHO 测量结果的情况下，发现 OH 观测值与模拟值有一定的差异。Ramasamy 等[7]在东京郊区森林中进行了 OH 总反应性测量，发现在夏季，异戊二烯是主要的贡献者，占 OH 反应活性的 28.2%，这是有光活性的生物排放增强的结果；而在秋季，NO_2 是主要的贡献者，由于太阳强度降低，因此占 OH 反应活性的 19.6%。我国从 2006 年起由北京大学率先进行 LIF 观测，陆克定等在广州和北京开展大气 HO_x 的观测研究，发现我国 OH 的非传统再生机制[8]，并且在北京和河北地区多次开展 HO_x 的观测，对观测结果和模拟结果进行了比较。Tan 等[9]在北京郊区观测，发现随着 NO 浓度的增加，HO_2 和 RO_2 观测值与模拟值的比值增加，说明对高 NO_x 状态下气相化学的理解存在缺陷，即使在冬季，光化学过程对大气中痕量气体的氧化也是非常有效的，从而促进了二次污染物的快速形成。众多研究小组在华北平原进行了多次 OH 自由基浓度的观测，Tan 等[10]利用 RACM2 模型模拟，提出当 NO 浓度高于 0.3 ppbv 时，模拟的 OH 浓度较为准确，NO 浓度偏低时 OH 自由基被很大程度低估。Fuchs 等[11]发现人为活动与 OH 自由基有相关，NO_x 对 OH 反应活性的贡献较大，有农业生物质燃烧活动时存在未知的 OH 反应活性，同样得出低 NO 浓度时模拟的 OH 浓度被低估。Li 等[12]研究了 $PM_{2.5}$ 对 OH 自由基的贡献，发现单位质量 OH 的产量随着环境 $PM_{2.5}$ 浓度的增加而下降，这是因为 SO_4^{2-}、NO_3^- 和 NH_4^+ 主导了 $PM_{2.5}$ 的增加，而这些二次无机成分并不促进 OH 的生成。微量金属（如铁、铜、硒）和碳类物质（有机碳和元素碳）与 OH 的生成有较好的相关性，说明煤燃烧、汽车尾气、工业等燃烧源的颗粒对 OH 的生成贡献较大。

德国 Jülich 研究中心在 SAPHIR 烟雾箱中利用 DOAS 对 OH 自由基进行研究，对理解 OH 自由基相关反应的机理有重要作用。在 OH 自由基氧化甲基乙烯基酮（MVK）的研究[13]中，发现在低 NO 浓度条件下的 OH 自由基浓度被模型低估了，存在着与 RO_2 + NO

竞争的其他 RO_2 反应通道；与此同时，MCM 模拟的 HO_2 和羟乙醛的浓度也要比实验测量值小。而高 NO 浓度条件下，主要的产物甲基乙二醛和羟基乙醛的产率与其他文献中报道的一致，且 RO_2 主要通过与 NO 反应进行消除。利用 SAPHIR 烟雾箱[14]进行 2-甲基-3-丁烯-2-醇(MBO)的光氧化实验，测量的 OH 和 HO_2 自由基的浓度与模型一致。实验测得 OH 浓度与以 MBO 排放为主的森林观测值一致，而在以单萜类排放为主的森林地区的观测时，HO_2 无法形成闭合，猜测造成这种差异的原因是萜烯氧化产物中存在另外的 HO_2 自由基来源。

2.1.2　NO_3自由基

2.1.2.1　NO_3自由基概述

一般认为，夜间对流层大气的氧化能力由 NO_3 自由基(nitrate radical)贡献[15]。与 OH 自由基相比，NO_3 的浓度和反应活性较低，反应速率也较小。目前普遍认为夜间低对流层广泛存在 NO_3 基团，在陆地区域相对清洁的空气中典型浓度为(2～20)×10^8 molecules/cm^3，在夜间的降解机理中发挥重要作用。

2.1.2.2　NO_3自由基的来源和去除

NO_2 与 O_3 反应是 NO_3 生成的主要通道($NO_2 + O_3 \longrightarrow NO_3 + O_2$)[16]，前体物 NO_2 与 O_3 作为大气中重要的二次污染物，也与机动车和工厂直接排放有关。活性中间体 Criegee 也是重要的前体物[17]，实验室研究表明 Criegee 自由基与 NO_2 反应会生成 NO_3，但是还没有该途径的反应速率定量。另外的途径 $OH + HNO_3 \longrightarrow NO_3 + H_2O$ 和部分有机硝酸的光解等，在对流层大气中对 NO_3 的贡献较小。

NO_3 可以与 NO_x、VOCs、DMS 以及气溶胶颗粒物反应进行去除，气溶胶发生核化与增长进一步形成云凝结核等。日间 NO_3 容易光解为 NO_2 与 O 原子，在光照(<640 nm)时 90% NO_3 自由基会进行光解，正午太阳光下寿命在 5 s 左右。日落后光化学反应停止，NO_3 浓度逐渐积累，在夜间 NO_3 会与 NO_2 进一步生成 N_2O_5，与有机化合物反应，进行二次有机气溶胶的形成和夜间降解。NO_3 还可以与 NO 的反应，即 $NO_3 + NO \longrightarrow 2NO_2$。在德国柏林长期的 NO_3 自由基观测表明，NO_3 的去除途径是有明显季节变化的，夏季由 VOCs 氧化主导，冬季由 N_2O_5 的非均相反应主导[18]。NO_2 与 NO_3 的反应是 N_2O_5 的唯一来源，这一反应也是 NO_3 化学的间接去除途径，N_2O_5 可在水汽以及云滴、颗粒物上进行非均相反应等[19]。

污染地区近地面的 NO_x 多，且其浓度随着高度的增加而下降，O_3 浓度随着高度的增加而逐渐升高，因此近地面处 NO_3 自由基浓度较低，距离地面 100～300 m 处 NO_3 浓度较高，在城市地区及城市下风向较高的地区，NO_3 浓度高。NO_3 和 N_2O_5 及其反应可以在垂直空间上梯度变化，其浓度和对 NO_x 和 O_3 在夜间传输和损失的影响可以随高度的变化而表现出很大的差异性[20]。

2.1.2.3　NO_3 自由基的测量

NO_3 自由基的准确测量是进行夜间大气化学研究的重要基础，目前国际上对 NO_3 的测量主要集中在实验室和技术研究层面，也有一些研究团队应用在了外场观测中。

NO_3 大气浓度低且寿命短，测量难度大。测量技术主要有基质隔离电子顺磁共振光谱（MI－ESR）、差分光学吸收光谱（DOAS）、腔增强吸收光谱（CEAS）、激光诱导荧光光谱（LIF）、腔衰荡吸收光谱（CRDS）和化学电离质谱（CIMS），这些测量技术可以分为四类：吸收光谱、荧光光谱、质谱、磁共振谱。其中应用到 NO_3 外场观测的有 DOAS、MIESR、CRDS 及 CEAS 技术。

大气 NO_3 自由基探测技术各有利弊。NO_3 自由基在 623 nm 和 662 nm 有强吸收，比 NO_2 在该波段的吸收截面高 3 个数量级，可以使用光谱法进行测量，包括吸收光谱和荧光光谱。吸收光谱技术基于朗伯比尔定律，并采用长测量光程来对低浓度的 NO_3 进行测量。其中 DOAS 根据光源的不同可以分为被动 DOAS（Max－DOAS）和主动 DOAS（LP－DOAS），被动 DOAS 采用自然光，主动 DOAS 采用氙灯等自带光源，利用角反射镜折叠光路。早期 NO_3 自由基测量主要采用 DOAS，因为该方法具有高灵敏性、高时间分辨率、内定标特征，可在线测量，但是测量的气体浓度是在长距离光路上气体浓度的平均值，无法获取小空间尺度的浓度，还受大气能见度影响[21]。CRDS 和 CEAS 将腔技术应用在吸收光谱，优点是高效折叠形成的长光程使测量具有良好的灵敏度，极大提升了光谱技术的检测能力，使吸收光谱技术应用于外场观测成为可能。CRDS 技术的原理是测量谐振腔内光强衰荡时间的变化。CRDS 具有灵敏度高、抗干扰能力强、装置简单、操作方便等优点，CRDS 中的技术难题是需要使用滤膜以减少气溶胶消光的干扰，滤膜的使用时间和穿透效率关系不确定，还有吸收截面、有效腔长等问题的干扰影响测量结果的准确性。CEAS 是在 CRDS 和 DOAS 基础上发展的新型宽带腔增强吸收光谱，可同时测量多种痕量气体，CEAS 可以测量整个 NO_3 强吸收波段的光谱。Venables 等[22]利用非相干宽带腔增强吸收光谱（IBBCEAS）技术对大气 NO_3 的高灵敏度原位监测，证明应用在外场观测中的可能。荧光光谱技术主要是 LIF，连续二极管激光在 NO_3 的强吸收峰 662 nm 强吸收带附近激发 NO_3 发生共振跃迁，NO_3 的浓度可以通过收集 700～750 nm 内的荧光获得。LIF 的气体停留时间短、壁损失低、背景信号低、检测限低、选择性好、精确度高，可在线连续测量。但是高浓度 NO_2 影响 NO_3 荧光信号，采用双波长激光方法降低干扰后会降低仪器检测限[23]，准确测量需要的操作复杂。

2.1.2.4　NO_3自由基的研究进展

2003年以前，对NO_3自由基的研究多集中在与N_2O_5的关系，以及测量方法与精确性的研究。随着测量仪器的发展，逐步应用到外场观测中。

受人为排放的NO_x影响，NO_3的浓度高值通常出现在城市地区及其下风向地区，城市地区夏季夜间峰值可达到100～200 pptv，以色列耶路撒冷地区地势高、湿度低、夜间污染物聚集，NO_3浓度水平达到了807 pptv[24]。清洁地区浓度较低。德国马普所、英国剑桥大学、美国国家大气海洋局也对NO_3、N_2O_5进行了外场观测。不同地区垂直观测显示NO_3浓度水平高处高于近地面，这是因为夜间边界层混合不均匀和近地面排放NO、VOCs的影响[20,25]。我国也开展了一系列NO_3自由基的外场观测，例如中科院安徽光学精密器械研究所Li等在广州用DOAS的方法开展了NO_3的测量，并进一步开发了CRDS技术[26]。

2.1.3　卤素自由基

2.1.3.1　卤素自由基简介

活性卤素物种（reactive halogen species，RHS）是一类在大气平流层和对流层化学中都有重要作用的卤素化合物，包括X、X_2、XY、XO、OXO、XNO_2、$XONO_2$等，X和Y代表卤素原子（F、Cl、Br、I）。其中Cl自由基来源广泛，一方面来自含氯物种的光解，如自然源排放的海盐，人为源则有城市垃圾焚烧、工业生产、大型冷却塔制冷、日常生活消毒、矿物燃烧和生物质燃烧等过程；另一方面则来自$ClNO_2$的光解[27]。大气中Br自由基主要来自短链碳溴化合物的光解及海盐气溶胶的脱溴反应，GEOS－Chem模式估算海盐气溶胶对对流层Br排放贡献达到1 420 Gg/a，其他碳溴化合物贡献达到约500 Gg/a，平流层输送36 Gg/a[28]。BrO是造成极地地区太阳升起时低层臭氧完全损耗的关键性物种。大量活性溴物种的显著增加与低层臭氧的快速损耗是有联系的，这可以解释为海盐表面溴成分自催化的释放过程（“溴爆炸”）[29]。在许多沿海观测点还发现有IO和OIO的存在，且IO_x对大气臭氧有极大的破坏性[30]，说明在中纬度地区活性卤素也起着重要的作用。

活性卤素物种在许多典型区域内对对流层化学存在重要影响，其光化学途径与OH氧化光化学途径相互作用，共同影响区域大气反应。OH及活性卤素光化学反应机理均和臭氧的生成密切相关。此外，活性卤素物种也能通过催化途径降解臭氧，从而直接影响大气氧化能力[31]。

2.1.3.2　卤素自由基的来源和去除

现有观测研究表明$ClNO_2$分布范围广泛，在中国香港、珠三角地区[32]及华北平原[33]等地的外场观测中均检测到 $ClNO_2$ 的存在，浓度最高可达 2.1 ppbv。其浓度一般在午夜达到极大值，随着太阳升起迅速光解形成 Cl 自由基，影响对流层大气氧化能力，对 VOC 氧化、氮氧化物循环及二次污染物形成均具有重要影响，对大气环境及空气质量的影响不容忽视。

$ClNO_2$ 等活性卤素化合物光解产生的 Cl 自由基，一方面能够参与大气中的多种化学过程，显著影响臭氧的生消、气溶胶的形成等。通过活性卤素循环影响重要痕量物种的源和汇，如甲烷、臭氧、颗粒物等，从而影响直接和间接辐射强迫，具有潜在的环境效应。此外，其对大气硫循环和汞循环也有重要影响[34]。另一方面，Cl 与 O_3 反应生成 ClO 自由基（R 2.10），继而分别与 HO_2 自由基和 NO_2 反应生成 HOCl 和 $ClONO_2$（R 2.11 和 R 2.12）。我国大气中氮氧化物浓度很高，所以 ClO 自由基将主要与 NO_2 反应生成 $ClONO_2$，而在一般条件下反应 R 2.12 的重要性有限。

$$Cl + O_3 \longrightarrow ClO + O_2 \qquad (R\ 2.10)$$

$$ClO + HO_2 \longrightarrow HOCl + O_2 \qquad (R\ 2.11)$$

$$ClO + NO_2 + M \longrightarrow ClONO_2 + M \qquad (R\ 2.12)$$

在大气中，$ClONO_2$ 主要与气溶胶颗粒物发生非均相反应，其产物主要包括 HNO_3、HOCl、Cl_2 和 BrCl 等［（R 2.13）～（R 2.15）］，而 HOCl、Cl_2 和 BrCl 光解又将重新产生 Cl 自由基。其中，反应 R 2.14 和 R 2.15 尤为重要，因为这两个反应为颗粒物中的 Cl^- 和 Br^- 转化为活性卤素化合物提供了新的反应途径。

$$ClONO_2(g) + H_2O(a) \longrightarrow HOCl(g) + HNO_3(a) \qquad (R\ 2.13)$$

$$ClONO_2(g) + Cl^-(a) \longrightarrow Cl_2(g) + HNO_3(a) \qquad (R\ 2.14)$$

$$ClONO_2(g) + Br^-(a) \longrightarrow BrCl(g) + HNO_3(a) \qquad (R\ 2.15)$$

2.1.3.3　卤素自由基的研究进展

对于活性卤素与挥发性有机物（VOCs）化学反应动力学的研究是近 30 年才开始的，且以 Cl 自由基为主。甲烷、乙烷、丙烷、正丁烷等短链烷烃与 Cl 自由基反应的速率常数比 OH 自由基平均大了 2 个数量级[35]；对于烯烃而言，它们与 Cl 自由基反应的速率常数比 OH 自由基平均大了 1 个数量级[35]。而对于生物源排放的代表类物质，如异戊二烯、α-蒎烯、β-蒎烯、柠檬烯，以及人为源排放的代表物质，如苯系物与 Cl 自由基反应的速率常数与 OH 自由基相比大了 1 个数量级[35]。对于二次有机气溶胶的重要前体物中等挥发性有机物（IVOCs）而言，长链烷烃与 Cl 自由基反应的速率常数比 OH 自由基平均大了 2 个数量级[36]；此外，IVOCs 中的多环芳烃与 Cl 反应的速率常数同样比 OH 自由基大了 1 个数量级[36]。Br 自由基与 Cl 自由基不同，它们与非甲烷烃的反应速率平均会比 OH 自由基低 3 个数量级[37]，因此对它们的动力学研究也相对较少。

虽然 Cl 自由基得到了广泛的关注，但是其与人为源生成的二次有机气溶胶（SOA）及生物质燃烧生成的 SOA 之间相互反应的研究却不多。Cai 等[38]以人为源甲苯为例，用烟雾箱研究了其与 Cl 的反应，研究发现伴随 SOA 生成的同时，会有部分无机氯化物的生成，两者在颗粒物中处于混合的状态。质谱分析推断最终产物可能由醌类物质氧化而来，而醌类物质则由醛氧化而来。零维度计算表明，在海边或者工业区，Cl 对苯的氧化可能与 OH 自由基氧化同等重要。Cai 等[39]以生物源 α-蒎烯、β-蒎烯和 d-柠檬烯为例，用烟雾箱研究了它们与 Cl 的反应。研究发现三种烯烃与 Cl 反应均生成大量 SOA，其产率可与臭氧、硝基自由基氧化生成的产率相当；同时发现 SOA 的氧化曲线与初始反应物质的浓度相关。因此在沿海区域及工业区域，这三种典型的单萜烯被 Cl 氧化所生成的 SOA 可能是当地有机气溶胶的一个重要来源。IVOC 包含长链烷烃、多环芳烃等，是模式中尚未被收录的 SOA 前体物之一，其在大气中的反应活性及反应后生成的 SOA 等仍受到广泛关注。Riva 等[40]研究了由 Cl 引发的多环芳烃（PAHs）的氧化反应，发现多环芳烃的氧化主要有两种途径：一是脱氢和 Cl 的加成，产物主要为邻苯二甲酸酐和氯萘；二是苊、苊烯与 Cl 反应，环戊环类反应占主导，苊与 Cl 反应的主产物为苊酮，苊烯与 Cl 反应的主产物为苊酮、苊醌、1,8-萘二甲酸酐等。研究还发现多环芳烃与 Cl 反应生成 SOA 的产率很高，且大部分产物会分配到颗粒相。这意味着在 Cl 自由基丰富的地区，其对 PAHs 的氧化及 SOA 的生成有着很大的影响。Wang 等[41]在烟雾箱中研究正辛烷、正癸烷、正十二烷这三种长链烷烃与 Cl 反应生成的 SOA，观察到快速的 SOA 形成和臭氧的产生；Cl 引发的辛烷（0.24）、癸烷（0.50）和十二烷（1.10）的氧化产率远高于对各烷烃的 OH 自由基引发的产率。他们还观察到痕量的烷烃衍生的有机氯化物，可能是先通过非均相反应生成二氢呋喃化合物，再与 Cl 反应生成的。他们开发了二维热谱图，使用单位质量分辨率数据可视化有机气溶胶组分的组成和相对挥发性并得到低聚物形成和热分解的证据。研究还发现相对于干燥条件（相对湿度为 5%），潮湿条件（相对湿度为 35%～67%）抑制了气溶胶的产率和低聚物形成。

2.1.4　Criegee 中间体

2.1.4.1　Criegee 中间体研究起源

1949 年，Rudolf Criegee 在研究的 Δ9,10-八氢化萘的臭氧化反应过程中提出了臭氧与烯烃的反应机理中首次提出了 Criegee 中间体的概念[42]。在臭氧和烯烃反应的过程中，臭氧通过与不饱和键 1,3-环加成反应形成了一个 1,2,3-三氧五元环[常称为初级臭氧化产物(primary ozonide, POZ)],这个过程会释放出大量的能量[43],促进 POZ 分解产生一个羰基化合物和一个氧化羰基化合物,这个具有两个单电子的氧化羰基化合物就是我们所提到的 Criegee 中间体,随后断裂分解形成的羰基氧化物和羰基氧化物通过重排形成一个 1,2,4-三氧五元环[常称为二次臭氧化物(secondary ozonide, SOZ)],这就是一个完整的烯烃臭氧化反应过程。自从这项反应机理被提出就一直是化学家们争议的热点,并通过大量的实验验证了 Criegee 机理的正确性[44],但是被认为是最关键的 Criegee 中间体一直都没有被捕捉到。直到 20 世纪 90 年代才在液相反应中检测到 Criegge 中间体存在的证据。

2.1.4.2 Criegee 中间体研究方法与进展

2009 年,Hoops 和 Ault 首次使用基质隔离方法直接观察到 Criegee 中间体存在的证据[45]。近来,随着对大气对流层大气研究的日渐深入以及 Criegee 中间体超强的不稳定性,人们对臭氧与大气中的碳碳双键碰触之后产生的 Criegee 中间体产生了极大的兴趣并展开深入的研究。但是,由于实验室中使用烯烃和臭氧反应的方法产生 Criegee 中间体的浓度十分低,导致对于 Criegee 中间体与其他痕量气体的反应动力的直接研究在 2012 年前都还只停步于理论计算的阶段[46],但是一种新的产生 Criegee 中间体的方法改善了这种境况。2012 年,Welz 等[47]使用 CH_2I 和 O_2 通过光解的方法形成了纯度较高的 CH_2OO,从而为研究 Criegee 中间体的动力学提供了新的思路,之后 Lee 等对 CH_2OO 的紫外光电子光谱信息进行了补充[48]。Taatjes 等[49]使用这种方法将产生高浓度 Criegee 中间体的方法由一个碳扩展到了两个碳的 Criegee 中间体,得到了浓度较高的 CH_3CHOO,并可通过不同 Criegee 中间体的电离能来区分其顺反构型。随后 Barber 等[50]通过光解生成、共振稳定的碘代烯烃自由基与 O_2 反应制备了四个碳的 Criegee 自由基,并得到了其红外光谱。

这些工作为直接研究 Criegee 的反应动力学打开了一扇大门。大量关于 Criegee 中间体和痕量气体的动力学数据在实验室中被检测出来[43],显示出了 Criegee 中间体极大的反应活性。随着对 Criegee 中间体的深入研究,发现其具有极强的大气氧化性对大气新粒子生成等具有巨大贡献[51]。除对于含碳数较少($C\leqslant4$)的 Criegee 中间体的研究之外,目前通过臭氧氧化反应直接研究含碳数较多的 Criegee 中间体也有了一些初步进展[52]。但对于大的 Criegee 中间体的直接表征和动力学研究还不足。使用计算化学的手段可对 Criegee 中间体的热力学和动力学进行研究[53]。现阶段对具有不同基团的 Criegee 中间体还仅处于检测阶段[54],Wang 等[55]对含卤素的烯烃的臭氧化过程对新粒子生成贡献进行了研究。而且在探究不饱和有机物和臭氧的反应过程中发现其他新的反应通道的存在,如杜林等在探究臭氧和呋喃反应产生的 Criegee 中间体过程中发现臭氧可以摘掉呋喃 1,4 位上的氢而形成共轭的四氢呋喃,而不是根据 Criegee 机理所描述的臭氧加成到双键上形成 POZ,之后断裂 O—O 键和 C—C 键形成 Criegee 中间体和一个羰基化合物[56]。不同的 Criegee 中间体的取代基团和反应环境对其反应性能的影响也是极大的,但是受限于现在反应动力学数据样本较少导致对 Criegee 中间体反应性能的影响因素评价不足。

2.1.5 展望

大气自由基化学是大气氧化性的主要来源,是二次污染物形成的核心内容,对大气自由基化学进行源汇分析及准确表征是理解区域二次污染成因及全球尺度污染问题的关键。

OH 自由基作为大气中最重要的氧化剂,与人类及生物排放到大气中的各种气体发生反应,决定了绝大部分痕量气体的化学寿命,在全天尤其是白天至关重要;相对于 OH 自由基是白天大气化学的驱动力,NO_3 自由基则是夜间大气中最重要的氧化剂;活性卤素物种在许多典型区域内对对流层化学存在重要影响,其光化学途径与 OH 氧化途径相互作用,共同影响区域大气化学过程。OH 及活性卤素光化学反应机理均和臭氧的生成密切相关,此外,活性卤素物种也能通过催化途径降解臭氧,从而直接影响大气氧化能力;Criegee 中间体具有极强的大气氧化性,并且可以通过自身分解反应产生 OH 自由基,对大气新粒子生成等具有巨大贡献。深入了解以 OH 自由基、NO_3 自由基、活性卤素物种和 Criegee 中间体为代表的大气自由基物种,是理解我国灰霾污染和臭氧光化学复合污染的关键。然而,由于自由基活性高、寿命短等特征,对其准确测量一直十分困难,需要对仪器测量技术有更进一步的开发。近年来,通过仪器的改进、理论计算、区域模型、自由基的外场观测和实验室模拟方面的研究,我国在大气自由基化学方面取得了长足进步,对 OH 自由基在区域污染、大气新粒子生成等方面有一定的认识,但是对 NO_3 自由基、卤素活性物种及 Criegee 中间体的研究还在起步阶段,主要集中在反应速率常数、气相反应途径及氧化机制等方面,并且关于不同条件下二次有机气溶胶形成过程及物化性质的科学认识还很有限,由此造成的对环境效应的影响更是知之甚少。同时,在污染物减排、城市化进程的发展当中逐渐改变的大气环境条件,更需要直接观测数据的支撑与实验室理论研究的创新。

2.2 大气气溶胶成核和新粒子生成

2.2.1 新粒子形成概述

气溶胶新粒子的形成(new particle formation, NPF)[57]是大气中气溶胶颗粒物和云凝结核的重要来源,贡献了大气中气溶胶粒子数的一半以上,对区域环境质量、全球气候和人体健康有很大影响。新粒子形成可大致分为三个阶段[58]:(1) 化学反应阶段,即大气中一次排放的气态前体物通过化学反应形成低挥发性的气态成核前体；(2) 成核阶段，即气态成核前体物之间相互作用形成稳定的分子团簇，而后在适当的条件下进一步长大形成气溶胶临界核的阶段；(3) 临界核的增长阶段，即分子簇凝结碰撞并继续长大到宏观可观测尺寸的阶段。气溶胶新粒子的形成本质上是一个随着团簇尺寸增大进而由气相向粒子组成颗粒相转变的动力学过程，其中，成核过程是新粒子形成的关键过程。然而，由于缺乏高分辨率、高灵敏度的大气气态前体物的测量手段，成核阶段团簇的化学成分及物理化学机制还不尽清楚。

新粒子的形成是全球性的现象。由于全球大气环境复杂多样，适用于不同大气条件下的成核机制逐渐被发现。针对其成核机制，气态硫酸被普遍认为是参与成核过程的关键前体物。已有的成核理论[57]包含硫酸-水二元成核、硫酸-水-氨三元成核、离子诱导成核，以及近些年来备受关注的有机酸和有机胺参与的成核机制。在沿海地区，普遍监测到频繁的高强度新粒子形成事件，且发现粒子的组成都与含碘物质有关。我国大气具有高污染、强氧化性的特点，参与新粒子形成的组分及新粒子形成的机制更加复杂。

2.2.2　大气气溶胶成核研究进展

2.2.2.1　硫酸、水、氨和有机胺参与的气溶胶成核

实验和理论研究表明，硫酸分子在成核阶段起关键的作用，是重要的大气成核前体物之一[57,59]。通常认为，气态硫酸是由大气污染物 SO_2 氧化为 SO_3 后继续和水蒸气反应形成的，因此不同地区气态硫酸浓度主要取决于大气中污染物 SO_2 的排放量。在洁净地区，硫酸浓度通常较低，而在高度污染地区，硫酸浓度通常较高。硫酸分子在典型的对流层大气条件下具有较低的饱和蒸气压，因此很容易达到过饱和状态，快速地从气相转化为凝结相。同时，硫酸还能够与大气中的其他分子通过氢键弱相互作用形成稳定的团簇。其中，由于水分子的浓度非常高，且其与硫酸的混合焓较大，因此可以与硫酸分子形成稳定团簇，进而有效地降低硫酸的饱和蒸气压[57,60]。1961 年，Doyle 等[61]通过理论手段，首次提出硫酸-水二元成核，具有开创性意义。1999 年，Ball 等[62]第一次通过实验手段研究了硫酸-水二元成核，并利用化学离子源质谱测定了硫酸浓度，发现二元成核过程中硫酸浓度为 10^9 ～ 10^{10} molecules/cm^3。此外，Kulmala 等[59,63]对硫酸-水二元成核机理进行了模式模拟和理论计算，并对成核速率的计算进行参数化处理。最终发现，二元成核机制通常仅可用来解释在温度较低、湿度较高、气相硫酸浓度较高的大气环境下发生的成核事件。对于其他新粒子形成速率相对较快的地区，如海岸和部分大陆，硫酸-水二元成核机制并不适用。

氨气在大气中普遍存在且含量丰富，其大气浓度为 10^9 ～ 10^{13} molecules/cm^3。大气粒子成分分析研究表明，新形成的粒子中通常包含硫酸盐，铵基等物质[57]。氨分子可以通过与大

气中的硫酸分子相互作用形成硫酸铵$(NH_4)_2SO_4$和硫酸氢铵NH_4HSO_4团簇，显著地降低硫酸的饱和蒸气压，稳定硫酸团簇，进而参与硫酸分子的成核中。研究指出，ppt浓度级别的氨分子就可以促进硫酸-水二元体系的成核速率[62]。此外，为了进一步从分子水平上理解氨参与的成核过程，Kurtén等[64]利用量子化学计算方法对不同尺寸团簇的结构和热力学参数进行了分析，发现硫酸-氨相互作用过程中质子从硫酸分子转移到了氨分子的氮原子上，从而形成了稳定的硫酸氢铵或硫酸铵团簇。此研究从微观层面上揭示了氨促进硫酸成核的主要驱动力是硫酸与氨之间的强静电吸引作用。在此基础上，Li等理论研究[65]发现，在NH_3浓度较高的污染干燥地区，NH_3与重要的大气污染物SO_3可发生自催化反应，而其反应产物氨基磺酸可不同程度增强城市地区大气关键成核团簇的形成速率，从而提出高度污染地区NH_3和SO_3自催化反应引发的气溶胶颗粒物新粒子形成的新机制(图2-2)。

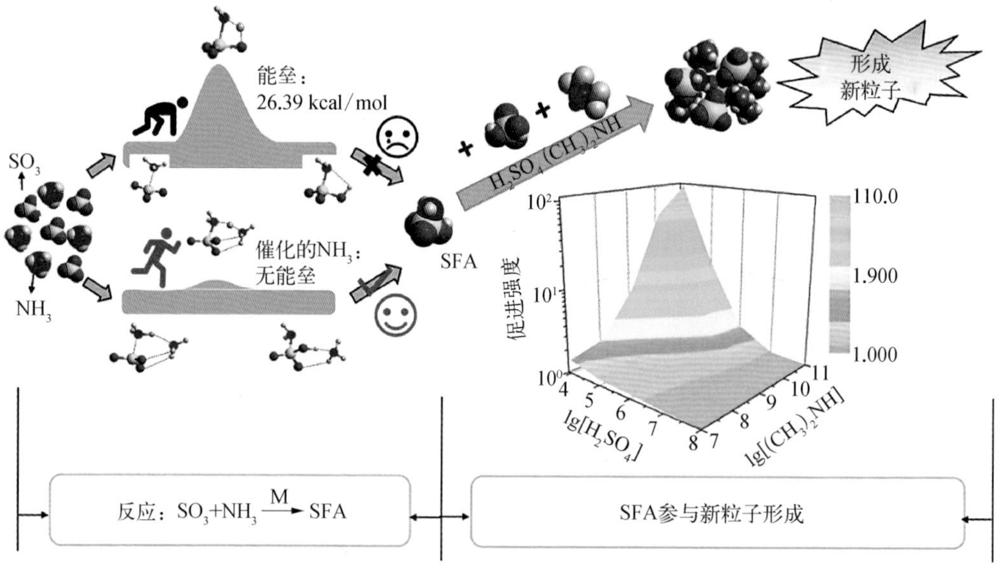

图2-2　NH_3与SO_3自催化反应引发的气溶胶颗粒物新粒子形成的新机制[65]

除氨分子外，有机胺类物质在气溶胶新粒子的形成中亦扮演着重要角色。有机胺是大气中重要的含氮有机物，包括烷基胺类、醇胺类等。烷基胺类可看作氨分子中的氢原子被烃基取代后的物质，如一元胺、二元胺、三元胺等。其中一元胺是指分子中只含有一个碱性氮原子的胺，如甲胺、二甲胺、三甲胺等。与氨相比，一元胺的碱性更强，因此其与硫酸团簇或硫酸-水团簇的结合能力更强[66,67]。例如，2013年，Almeida等[66]利用CLOUD实验比较了硫酸-水-二甲胺和硫酸-水-氨的成核速率，发现在二甲胺浓度为5 pptv时，新粒子形成速率是氨浓度在250 pptv下形成速率的1 000多倍。此外，Olenius等[67]通过将理论计算与大气动力学模型(ACDC)模拟相结合的方式研究并对比了硫酸-氨和硫酸-二甲胺两种二元成核体系的团簇生长方式。结果表明，硫酸-氨团簇的生长过程是存在吉布斯自由能能垒的，并且团簇是通过依次与一个硫酸分子和一个氨气分子碰撞实现生长的，而硫酸-二甲胺团簇的生长过程是一个无能垒的过程，并且团簇是通过与一个硫酸-二甲胺团簇发生碰撞来实现生长的。

同时，一元胺在新粒子形成中的作用逐步在外场观测中被证实。2011 年，Zhao 等[68]首次在美国 Boulder 地区的成核事件中观测到了含量丰富的硫酸-一元胺团簇，此研究为一元胺参与的硫酸成核提供了直接的外场观测证据。2018 年，Yao 等[69]在中国上海地区新粒子形成事件中检测到了含量较高的硫酸-二甲胺团簇，并与 CLOUD 实验模拟结果进行比较，发现硫酸-二甲胺-水三元成核速率与中国超大型城市地区高的成核速率吻合程度较好。上述研究表明，一元胺分子不仅可有效增强硫酸-水二元体系的成核速率，而且其参与的成核过程可解释特定地区的新粒子形成事件。

考虑到大气中水分子的含量极为丰富，并且实验室和外场难以直接测定，因而理论上对硫酸和一元胺相互作用过程中的水的影响进行了大量探索。通过量子化学计算，DePalma 等[70]发现水分子虽然可以与硫酸-二甲胺分子通过氢键相互作用，但是团簇形成的主要驱动力是质子从酸分子转移到碱分子时所产生的离子间的静电吸引作用。此外，还发现，硫酸-二甲胺团簇结合水分子的能力远不如硫酸-氨团簇，因此水分子对硫酸-二甲胺体系的影响远远小于硫酸-氨体系。Bork 等[71]同样提出水分子对硫酸-二甲胺团簇的稳定能力较弱，对团簇形成的主要路径影响较小。

虽然一元胺类分子(如二甲胺)的成核能力强，但由于其在大气中的浓度有限，依旧无法解释部分地区观测到的新粒子形成速率。除一元胺外，大气中还存在一些多元胺，如乙二胺、甲基乙二胺、二甲基乙二胺、三甲基乙二胺、四甲基乙二胺等。由于二元胺的碱性比一元胺强，分子内含有多个胺基基团，因此可以和硫酸分子发生更多的质子转移，进而形成更稳定的团簇。2016 年，Jen 等[72]利用实验研究发现，二元胺成核体系产生的大气粒子浓度要比二甲胺和甲胺体系分别高出 10 倍和 100 倍，表明二元胺参与大气成核阶段的可能性。由于二元胺在部分地区的实际浓度可以与一元胺匹敌，2016 年，Elm 课题组[73]通过理论计算对比了氨、一元胺及二元胺稳定硫酸团簇的能力。结果表明，二元胺与硫酸分子形成团簇的吉布斯自由能差值与二甲胺的相似甚至更低。同时，一个二元胺分子能有效稳定多达四个硫酸分子，但是一个一元胺分子(如 DMA)最多只能稳定两到三个硫酸分子，表明了二元胺参与成核阶段的潜力。随后，该课题组于 2017 年模拟了最多含有四个硫酸和四个腐胺分子的成核体系，并与硫酸-二甲胺成核体系进行了对比。结果表明，腐胺具有比二甲胺更强的促进大气成核的能力。同时推断，具有较强碱性的二元胺可以与硫酸分子形成气溶胶成核初始阶段的分子团簇，随后具有较低碱性的胺类可以通过吸附到上述团簇中从而协助新粒子的形成。

综上所述，一元胺、多元胺和羟基胺均具有参与大气新粒子形成的潜力。然而有机胺研究中一个最大的问题就是大气中有机胺的来源和浓度存在着很大的不确定性，这导致有机胺参与的成核过程仍未被完全揭示。因此，有待开展更多的实验和理论研究来深入理解有关有机胺参与的成核过程。

2.2.2.2　有机酸参与的成核

大气中的挥发性有机物（VOCs）通过光氧化过程形成一系列的半挥发性或不挥发性有机物，通过新粒子形成过程或者非均相反应吸收过程形成二次有机气溶胶（SOA）。近期研究表明[74-80]，有机酸在气溶胶新粒子形成中有不可忽视的作用。

2004 年，Zhang 等[74]将安息香酸、对甲苯酸和间甲苯酸等芳香酸的混合物加入硫酸-水二元体系中，发现大气粒子的浓度及成核速率均有明显的提高。但在没有硫酸存在的实验条件下，无论加入单一的有机酸，还是加入不同有机酸的混合物，均不会有新粒子生成。同时，理论计算结果表明芳香酸和硫酸之间能够通过氢键弱相互作用形成非常稳定的团簇，这大幅度降低了硫酸分子的饱和蒸气压及成核过程的能垒。上述实验模拟和理论计算研究表明，有机酸能够促进有机气溶胶及硫酸盐气溶胶的形成。随后，该课题组通过实验研究发现，一次排放物单萜烯的氧化产物也会对新粒子的形成有促进作用，进一步证实了有机酸在气溶胶新粒子形成过程中的重要性。

在此基础上，人们进一步探索了不同类型有机酸在新粒子成核中的微观机制。对于一元羧酸，Xu 等[75]发现苯甲酸、乙醇酸等一元羧酸可以稳定中性硫酸和氨分子。Zhang 等[76]进一步研究了甲酸与多组分体系（硫酸、二甲胺、水）的相互作用，发现甲酸虽然可与成核前体分子通过氢键结合，但是对硫酸-二甲胺团簇的稳定作用较弱。在此基础上，Zhang 等采用量子化学计算与大气团簇动力学模型（ACDC）模拟相结合，研究了醇酸类（乙醇酸、乳酸）物质参与硫酸-氨/二甲胺成核机制[77,78]。研究发现，醇酸类物质分子可增强硫酸-氨系列团簇中硫酸与氨分子之间氢键强度或质子转移的程度（图 2－3），并在低温下可以明显促进硫酸-氨/二甲胺成核，且促进作用与有机酸浓度成正比，而与硫酸（SA）浓度呈负相关。同时发现，促进作用还受到相对湿度的影响，如图 2－4 所示。进一步对醇酸类物质参与的气溶胶团簇增长路径发现，无论乙醇酸还是乳酸，皆以“催化机制”参与成核，即醇酸类物质携带成核前体物进入大团簇后再蒸发出去的方式促进团簇的形成（图 2－5）。随后，该课题组进一步用改进的大气团簇动力学模型对包含水合反应的乙醛酸成核过程进行了模拟[79,80]，发现乙醛酸成核过程会伴随乙醛酸的水合反应，即乙醛酸先与硫酸水团簇碰撞，在硫酸催化作用下，乙醛酸在团簇中发生水合反应生成偕二醇，继续成核（图 2－6）。但随着团簇长大，偕二醇又会从团簇中蒸发出去，整个团簇形成过程乙醛酸（偕二醇）起到类似“催化剂”的作用。

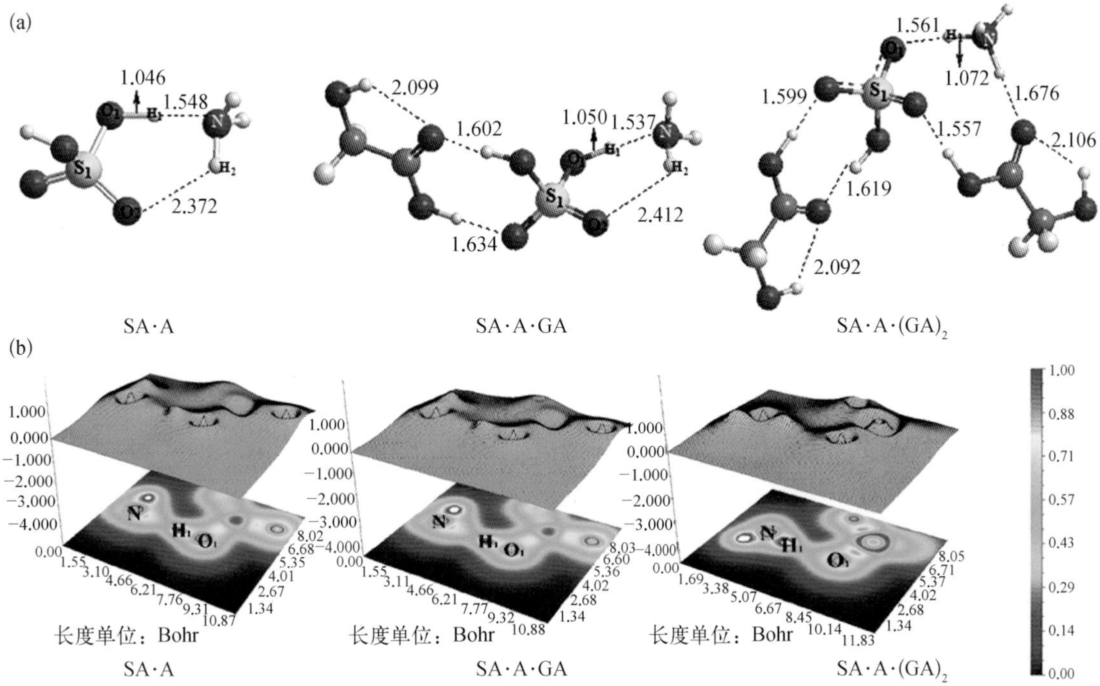

图 2-3 （a）M06-2X/6-311++ G（3df，3pd）水平下计算得到的团簇 SA·A，SA·A·GA 以及 SA·A·（GA）$_2$的最稳定构型[77]。 氢键用虚线表示，氢键的长度单位为 Å。（b）定域化轨道指示函数图

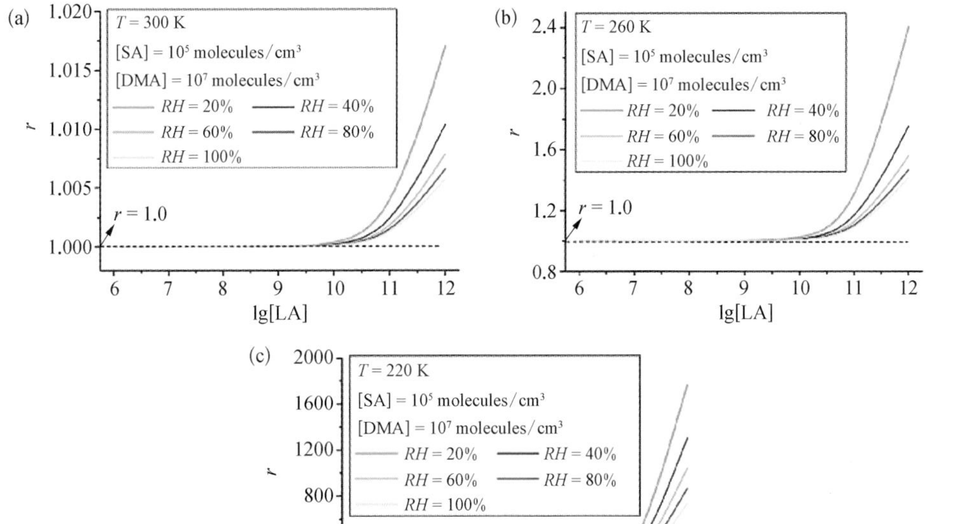

图 2-4 乳酸（LA）的促进强度 r 随 LA 浓度的对数值、湿度及大气温度的变化情况：（a）$T=300$ K；（b）$T=260$ K；（c）$T=220$ K。 SA、DMA 分别是硫酸和二甲胺的简写[78]

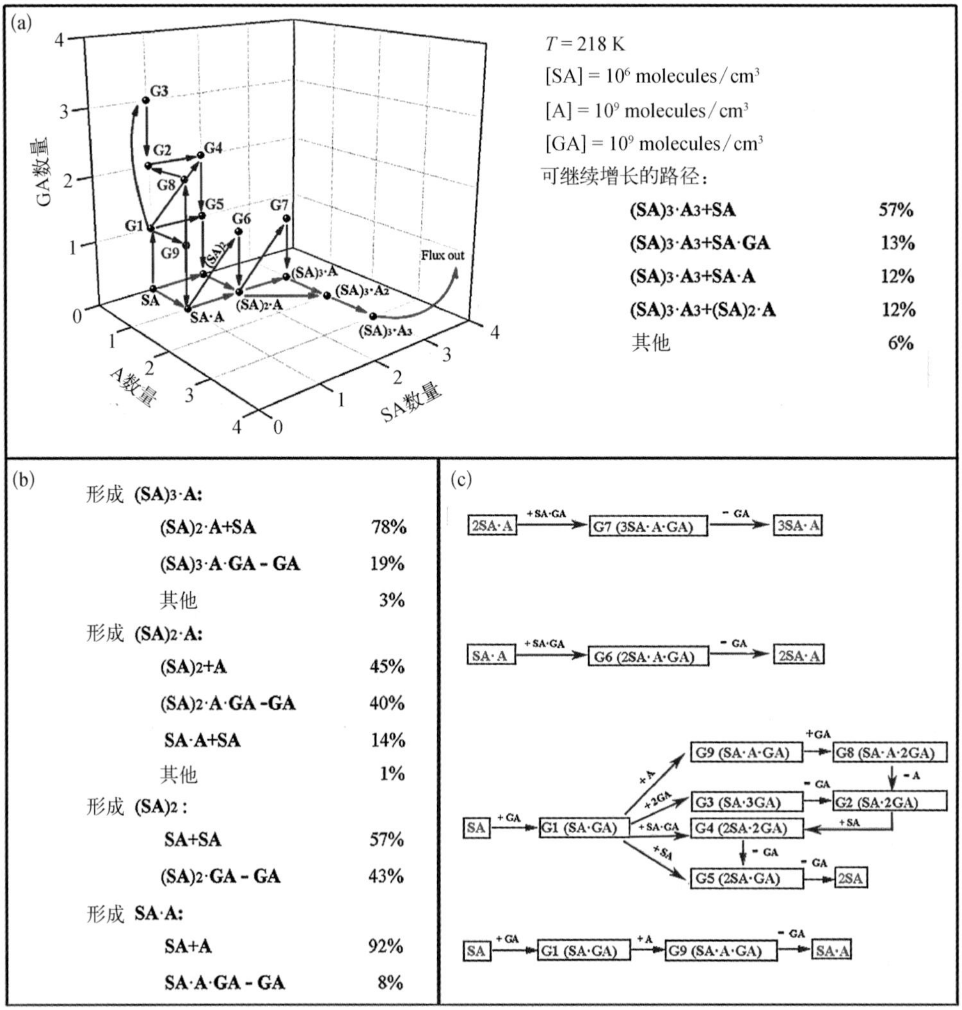

图 2－5　(a) 研究体系在温度为 218 K、硫酸 (SA) 分子浓度为 10^6 molecules/cm^3、氨 (A) 分子浓度为 10^9 molecules/cm^3 及乙醇酸 (GA) 分子浓度为 10^9 molecules/cm^3 的模拟条件下团簇的形成机制[77]。红色箭头代表 SA－A 系列团簇的形成机制，蓝色箭头代表含有 GA 分子的团簇的形成机制。(b) 不同团簇的形成途径及其所占的比例。(c) GA 分子相对 SA－A 团簇长出路径示意图

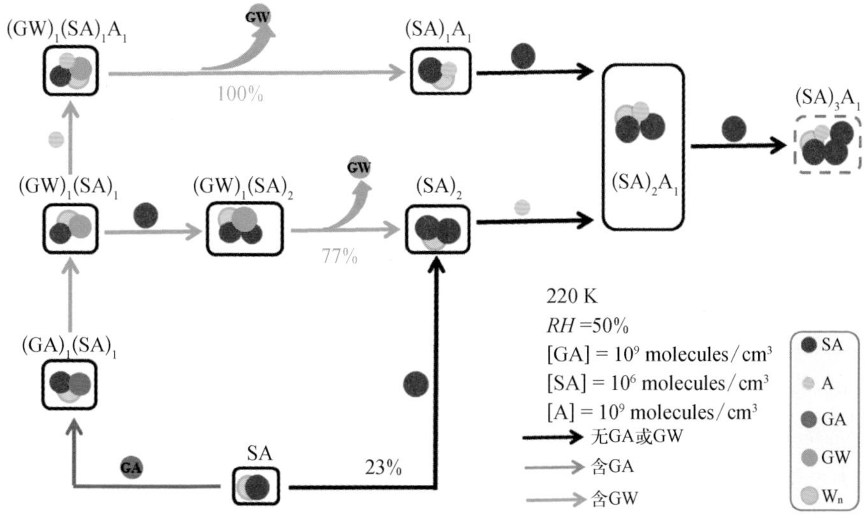

图 2-6　乙醛酸协同参与的硫酸、氨、水成核机制。其中，乙醛酸、偕二醇、硫酸、氨、水团簇分别用 GA、GW、SA、A、W_n 表示[80]

除一元羧酸外，Xu 等[75]研究了草酸、丙二酸、马来酸、邻苯二甲酸、丁二酸等二元羧酸与硫酸和氨之间的相互作用，发现二元羧酸同样可以稳定硫酸-氨团簇。Zhu 等[81]研究了草酸和氨体系，发现草酸和氨可以形成稳定的团簇，且计算得到的草酸-氨二聚体的浓度较高，因此有潜力参与新粒子的形成中。随后，Zhang 等[82]研究了饱和蒸气压较低的丙二酸分子对硫酸-氨的促进作用，发现只有在低温下丙二酸才会对硫酸-氨团簇的形成有促进作用，且相同条件下的促进作用强于乙醇酸（图 2-7）。

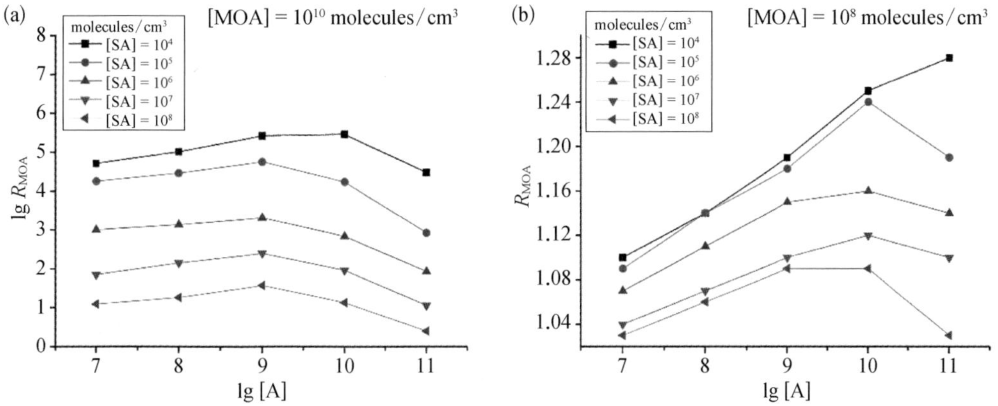

图 2-7　在模拟温度为 218 K[82]**、不同的丙二酸（MOA）浓度下，MOA 的促进强度 R_{MOA} 的对数值随硫酸（SA）分子浓度和氨（A）分子浓度对数值的变化情况。其中，SA 的模拟浓度为 10^4 ~ 10^8 molecules/cm^3，A 的模拟浓度为 10^7 ~ 10^{11} molecules/cm^3，MOA 的模拟浓度分别为 10^{10} molecules/cm^3（a）、10^8 molecules/cm^3（b）**

2017 年，Elm 课题组[83]计算了硫酸分子与 14 种常见的大气羧酸分子形成的稳定团簇及相关热力学性质，旨在判断何种有机物可以有效地稳定硫酸团簇。结果表明，有机酸与硫酸之间的氢键强度和硫酸中的 S—OH 基团与羧酸中的—COOH 基团的结合强度有关。并且满足以下两点的有机物具备有效稳定硫酸团簇的潜力：一是有机物单体中没有分子内氢键或者只有比较弱的分子内氢键；二是有机物单体中至少包含两个羧基基团。该课题组以此工作为基础，进一步计算了含有多个羧基基团的极低挥发性有机物（ELVOC）- 3 - 甲基- 1,2,3 -三羧基丁酸（MBTCA）稳定硫酸分子（SA）的能力，发现团簇的形成自由能垒较高。因此，在真实大气环境中，仅通过 MBTCA 与硫酸的相互作用不能形成新粒子。随后，Zhang 等[84]理论研究了 MBTCA 与 SO_3 在气相中反应生成相应的有机硫酸酐 MBTCSA 的化学反应微观机制（图 2 - 8），发现 MBTCA 在大气中很容易与 SO_3 反应生成成核能力更强的 MBTCSA。其推测，大气中与羧酸类反应生成有机硫酸酐并进一步参与气溶胶团簇形成是羧酸类物质参与气溶胶成核的另一种有效途径。羧酸类物质在新粒子增长中也有不可忽视的作用，2019 年，Zhong 等[85]采用 Born - Oppenheimer 分子动力学（BOMD）模拟，系统研究了不同种类有机酸与 SO_3 在水滴上的反应，发现在气液界面处，有机酸分子不仅可以作为 SO_3 与 H_2O 反应的催化剂，而且可以与 SO_3 在皮秒时间内直接反应生成类似于表面活性剂的离子，从而协助水滴进一步吸收大气中的可凝结性物质并有助于颗粒物迅速增长（图 2 - 9）。

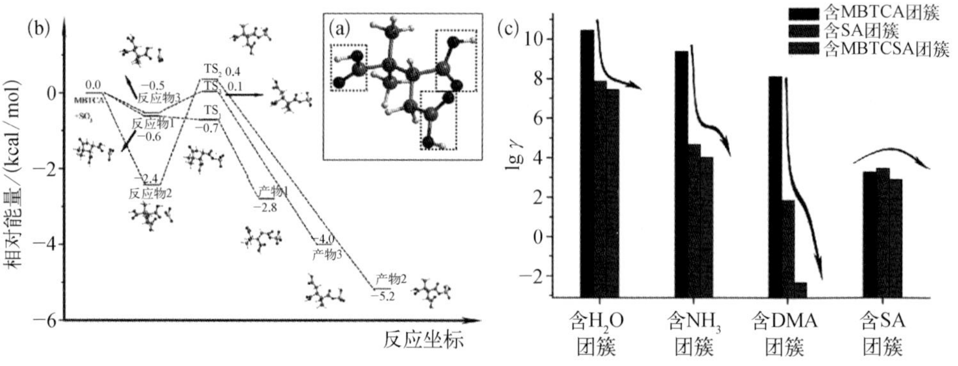

图 2 - 8　（a）MBTCA 分子的最稳定构型及分子内三个—COOH 基团的位置示意图；（b）在 DLPNO - CCSD（T）/aug - cc - pVTZ//M06 - 2X/6 - 311++ G（3df, 3pd）水平下计算得到的 MBTCA 与 SO_3 反应的吉布斯自由能势能剖面（kcal/mol）[84]，其中白色、灰色、红色和黄色小球分别代表 H、C、O 和 S；（c）在 M06 - 2X/6 - 311++ G（3df，3pd）水平下计算得到的团簇中单体的蒸发系数 γ（s^{-1}）的对数值[84]

除羧酸外，磺酸也是一种重要的有机酸，由海洋生物活动、生物质燃烧、工业生产和农业活动中产生的有机硫化物氧化得到，且通常伴随着二氧化硫（硫酸的前体物）的产生而形成。外场观测结果表明，甲磺酸的气相浓度为 $10^5 \sim 10^7$ molecules/cm^3，是硫酸浓度的

10%～100%；甲磺酸普遍存在于海洋上空、海岸地区和内陆地区的气溶胶颗粒物中。Dawson 等[86]利用流管实验和从头算研究了甲磺酸在新粒子形成中的贡献，发现当甲磺酸、水、碱同时存在时，则可观察到大量的新粒子形成，说明甲磺酸在特定情况下有参与新粒子形成的潜力。随后，该课题组进一步研究了草酸加入上述体系后对新粒子形成的影响。结果表明，向甲磺酸-甲胺混合体系中加入草酸，可使新粒子形成增强，而向甲磺酸-甲胺-水混合体系中加入草酸，颗粒物浓度没有明显增长。此外，Bork 等[71]利用量子化学计算和 ACDC 模型相结合的方式，发现甲磺酸能够增强硫酸-二甲胺二元体系中团簇的形成速率，其作用强弱依赖成核前体的浓度和外界环境的温度。上述研究表明，甲磺酸不仅可以与碱性分子在水分子存在下形成新粒子，还可以与有机羧酸或无机硫酸一同参与新粒子形成过程。

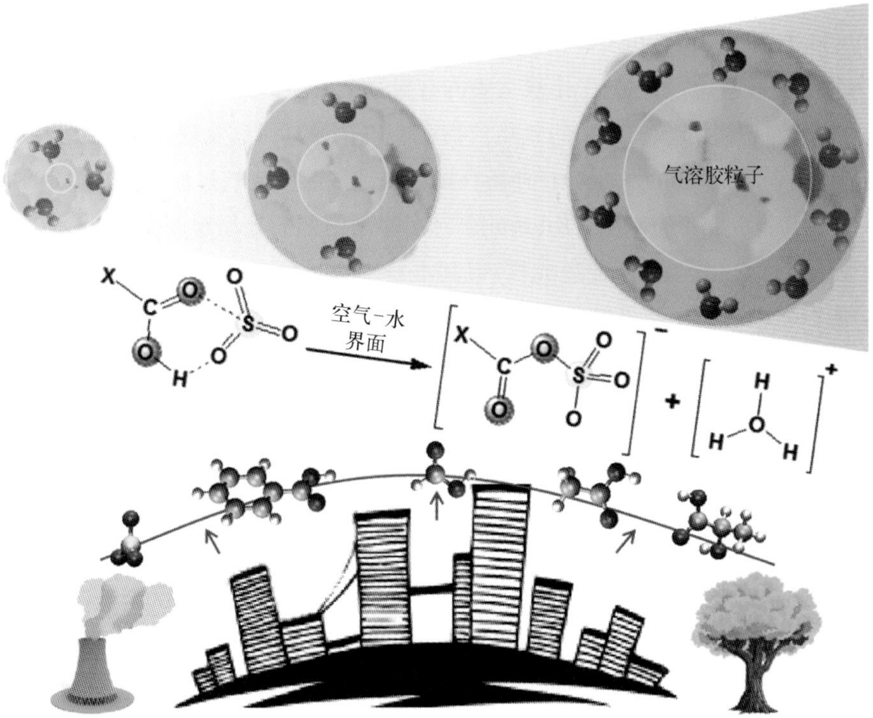

图 2-9　SO_3与有机酸在水滴表面物理化学反应微观机制[85]

氨基酸在大气环境中含量丰富。由于包含多种官能团，其可与大气成核前体物之间通过氢键相互作用形成稳定的分子团簇。2013 年，Elm 课题组[87]报道了常见大气成核前体物（硫酸、氨和水）与含量最高的氨基酸——甘氨酸（Gly）之间形成的团簇的稳定构型以及热力学性质。研究结果表明，硫酸可以和甘氨酸分子之间发生质子转移，导致团簇内的分子间相互作用比硫酸与氨分子之间的相互作用强。并且当甘氨酸的两个官能团均与硫酸形成弱相互作用时,对硫酸分子表现出的稳定作用最强。

综上所述,有机酸如羧酸和甲磺酸具有参与大气新粒子成核的潜力。然而在实际大气中,有机酸种类繁多、结构各异、性质复杂,且含有一种甚至多种官能团,不同官能团与成核前体的成键性质和相互作用强弱不尽相同,甚至差别很大,因此参与成核的能力也会有很大不同。此外,考虑到复杂多变的大气环境,有待开展更多的实验和理论工作来深入理解含不同类型官能团的常见有机酸的成核潜力及其大气条件(如温度和湿度)的影响。

2.2.2.3 高度氧化多官能团有机物参与的成核

近年来,实验室与外场观测研究发现,除有机酸外,一些挥发性有机物(VOCs)的高度氧化产物不仅可以促进硫酸成核,而且在硫酸浓度较低时自身就可以形成气溶胶临界核。这类氧化产物通常含有多个官能团,被称为高度氧化多官能团有机物(highly oxidized multifunctional organic compounds, HOMs)。HOMs有机物种类繁多(有上千种),结构复杂,在大气中存在广泛,是大气中比较重要的有机物类型。2013年,Schobesberger等[88]在实验室中研究了植物排放的萜类的氧化产物在NPF中的贡献,发现其在气溶胶成核中起着关键作用。同年,Kulmala等[58]在外场直接观测到气溶胶成核过程,提出HOMs在气溶胶成核中起着非常重要的作用。Kürten等[89]在德国中部的外场观测发现HOMs(异戊二烯和单萜的系列氧化产物)能促进成核,但其本身不会单独参与成核。2018年,Lehtipalo等[90]发现HOMs和硫酸以及氨对新粒子的形成具有协同促进的作用,这一发现表明生物蒸气前体物和人为排放前体物在形成新粒子过程中存在着复杂的相互作用。凝聚态HOMs的命运可以总结为以下三种:① 可以保持在颗粒相而不发生结构变化;② 发生裂解反应而产生短链羰基化合物;③ 形成更大的SOA组分。尽管HOMs对气溶胶新粒子形成的重要作用已被实验确认,但参与气溶胶成核阶段的有机物种类及其参与成核的机制,尤其是动力学机制尚不明确。

2.2.2.4 离子诱导成核

离子诱导成核是指离子团簇通过与其他团簇不断碰撞、结合,从而增长到更大的尺寸,最终形成气溶胶粒子。在实际的大气环境中,离子是普遍存在的,同时银河宇宙射线和放射性元素衰变也可以源源不断地产生新的离子。因此,离子诱导成核是大气新粒子形成的重要来源之一。目前研究离子诱导成核的实验室方法主要有两种[57]:一是在电离辐射的条件下检测新粒子形成并确定离子对成核速率的宏观影响;二是通过研究离子与中性分子的反应来判定成核机制以及带电团簇的生长机制。

1997年,Kim等[91]在α-射线照射条件下研究了$SO_2/H_2O/N_2$混合气体的成核,发现当SO_2浓度较低时,离子诱导成核比二元均相成核更具优势。2004年,Lovejoy等[92]和

Wilhelm 等[93]通过模型和实验室研究发现，在大气对流层区域，带负电的硫酸-水离子比带正电的离子有更强的成核能力。2016 年，Kirkby 等[94]通过实验研究表明，在硫酸浓度较低的环境下，宇宙射线产生的离子可以提高 α-蒎烯氧化产物 HOMs 的成核速率，这进一步说明了离子诱导成核在大气新粒子形成中的重要作用。2018 年，Rose 等[95]发现，在少量或不含硫酸的条件下，单萜氧化生成的 HOMs 可在光照后的几个小时通过离子诱导成核形成新粒子。2018 年，Jokinen 等[96]研究了南极东部海岸附近的新粒子形成事件，发现来自银河宇宙射线的南极底层大气中离子诱导了硫酸-氨的成核，从而驱动了该地的新粒子形成。离子诱导成核在大气成核中具有一定地位，但其具体比重还有待进一步探究。

2.2.2.5　含碘物质参与的成核

在海洋地区，特别是沿海区域，可以观测到频繁、高强度的新粒子形成事件。在不同海域的观测研究一致发现，新粒子生成事件爆发在退潮之后藻类植物暴露在空气中的期间[57]。为了进一步探索海洋地区含碘物质参与的新粒子形成机制，科学家在实验室通过在臭氧存在下光解 CH_2I_2 或 I_2 模拟了沿海含碘颗粒物的形成，并通过不同实验手段确认反应产生的以碘氧化物为主的含碘物质是新粒子形成的主要参与者。他们还通过分析颗粒物的吸湿性增长、元素组成等方式，尝试确定新粒子中含碘物质的成分，但对于具体成分是 I_2O_5、I_2O_4 还是 HIO_3，目前尚无定论。而且，这些实验测量的都是粒径在 8 nm 以上颗粒物的成分，对于粒径小于 3 nm 的成核阶段的颗粒物的成分更加不能确定。2016 年，Sipilä 等[97]在 HIO_3 浓度高而 H_2SO_4 浓度中等的爱尔兰 Mace Head 海岸地区观测到强烈的新粒子生成事件，并发现粒径小于 3 nm 的临界团簇主要由以 HIO_3 和 I_2O_5 为主的碘氧化物和碘的含氧酸构成。他们推测，团簇形成主要包括 HIO_3 的聚合及团簇内 HIO_3 脱水形成 I_2O_5 的过程。而理论研究[98]表明，HIO_3 脱水生成 I_2O_5 要克服很高的能垒，而且海岸地区的相对湿度较高，因此这一脱水反应在实际条件下难以发生。

此外，在一些受到污染的近海地区，气态硫酸的大气浓度较高，比海洋清洁大气高 2 个数量级甚至更多。除硫酸外，受人为源污染影响的近海大气中，也观测到比海洋清洁大气高几个数量级的高浓度的氨。2019 年，Yu 等[99]在中国东部沿海地区，观测到高强度的新粒子爆发事件，发现粒径为 10～18 nm 的粒子含有较多的碘酸和硫酸，表明硫酸可能与碘酸共同参与了我国东部沿海地区的新粒子形成。而氨作为酸的稳定剂，在参与硫酸气溶胶成核中起到了非常关键的作用[57]，其是否也会在受污染影响的近海区域参与含碘物质的新粒子形成，目前尚无确定的结论。

综上所述，含碘物质在海洋地区新粒子形成中起着极为关键的作用，而其成核机制，尤其是我国复合大气污染影响下的近海地区含碘物质成核机制，有待实验和理论科学家进一步探索。

2.2.3　展望

尽管当前大气气溶胶成核研究取得了一系列进展，但仍存在很多关键的问题尚未解决。尤其是在我国污染地区，背景颗粒物浓度高，而新粒子事件仍可以高频发生且伴有较高的形成速率，这一现象与高浓度背景颗粒物会抑制新粒子生成的机制相悖。因此，进一步探究影响新粒子形成的关键因素有着重要的意义。应充分结合外场观测、大气烟雾箱模拟实验和理论模型模拟，揭示新粒子频发的现象与气象条件、痕量气态污染物浓度、颗粒物化学组分之间的关系，并进一步构建多参数的成核速率与增长速率模型。

为深入探究气溶胶成核机制，应完善精确测定气态前体物的技术手段，结合烟雾箱实验和理论模型去揭示关键化学组分在新粒子生成过程中的作用。除硫酸、水、氨等成核前体物外，有机物在气溶胶新粒子形成中也有着不可忽视的作用，但因大气中的有机物种类繁多、浓度各异，且成核能力不尽相同，其对气溶胶形成的贡献及成核机制仍有待进一步分类具体明确。

在我国大气复合污染环境下，新粒子的形成会受到不同种类污染物的共同影响，探究不同种类污染物协同参与的大气成核机制可能是揭示我国新粒子事件频发的关键之一。此外，大气气溶胶成核涉及复杂的物理化学过程，研究过程中不仅需要考虑成核前体物分子之间通过氢键、卤键等弱相互作用力聚集形成临界核团簇，还需要考虑活性分子之间可能存在的化学反应。因此，构建包含化学反应和分子聚集的多组分协同的大气成核机制将为大气复合污染条件下的气溶胶成核研究提供理论线索。

2.3　大气气固气液非均相化学和二次气溶胶

2.3.1　大气气固非均相化学和二次气溶胶

大气气固非均相化学反应的研究主要始于 20 世纪 80 年代，研究发现气固非均相反应过程直接或间接改变大气中气-固相的组成和分配，影响大气氧化能力以及颗粒的物化性质，近年来气固非均相反应的研究被日趋重视。大量外场观测发现固体颗粒在大气传输过程中为污染气体提供沉降及发生化学反应的场所，气固非均相反应已经被证明是一种重要的二次气溶胶来源。大气颗粒物的主要成分包括矿尘、无机盐、有机物等。矿尘一般是多种矿物及化学组分的混合物，其中两性氧化物 Al_2O_3、TiO_2、Fe_2O_3 等具有催化活性；中性氧化物主要作为反应发生的载体；$CaCO_3$ 是矿尘中最普遍存在的反应活性组分之一。此外，土壤表面、建筑物表面和植被表面也是进行气固非均相反应非常重要的场所。

气固非均相反应的研究方法多种多样，可根据不同的研究重点进行选择。例如，原位漫反射红外光谱对细颗粒和粉末样品表面的非均相反应具有良好的灵敏性和实时监测性；衰减全反射光谱法可以从衰减反射波的能量变化得到样品的吸收信息，可以直接将固体粉末置于基底上，也可以将粉末分散或溶解于溶液后涂覆在基底表面；原位显微拉曼光谱可以得到单个颗粒表面气固非均相反应过程中形貌、元素分布、化学成分等信息；努森池是一种低压反应器，主要用于获取非均相反应动力学参数；流动管结合各种气体检测仪和质谱仪可以对实际大气颗粒物以及土壤表面的非均相摄取系数和气相产物进行研究。

2.3.1.1　NO_2 的气固非均相反应

外场观测发现很多地区 NO_x（包括 NO 和 NO_2）的含量持续上升，已经成为最主要的大气污染物。NO_x 参与的气固非均相反应直接影响着大气光化学过程和大气氧化能力，与大气中 O_3、OH 自由基、HONO 等物质的含量密切相关，对整个大气化学有着非常重要的意义。

NO_x 的气固非均相反应是二次硝酸盐形成的重要途径，NO_2 转化为硝酸盐主要有两种机制：一种是吸附态 NO_2 先转化为 N_2O_4 中间体，然后分解为 NO^+ 与 NO_3^-；另一种是通过表面羟基氧化形成 NO_2^- 之后进一步氧化形成 NO_3^-[100,101]。而关于 NO_2^- 氧化形成硝酸盐也有 Langmuir - Hinshelwood（LH）氧化机理和 Eley - Rideal（ER）氧化机理两种机制。NO_2 在 TiO_2 表面非均相转化为硝酸盐是通过 N_2O_4 中间体，且 H_2O 的存在会置换 NO^+ 形成 HNO_2[102]。NO_2 在 Al_2O_3 表面的非均相反应生成 NO_2^- 作为双齿硝酸盐产物的中间体，且随着温度的降低转化速率增加[103]。NO_2 在 Al_2O_3、Fe_2O_3 和 TiO_2 表面的非均相反应过程检测到延迟的气相 NO 生成，且与反应物 NO_2 浓度之比为 1∶2，推断此时 NO_2 在表面的反应为 ER 氧化机理[100]。

Scharko 等研究了 NO_2 在腐殖酸和黏土矿尘组成的土壤表面的还原反应，发现黑暗条件下 NO_2 向 HONO 的转化和腐殖酸中 C—O 含量相关，紫外-可见光照射能使 HONO 的生成量升高 2 倍，光化学反应与腐殖酸中 C═O 部分的含量有关。该结果为土壤表面的还原活性位点驱使地表的 NO_2 向亚硝酸盐转化以及矿尘表面促进亚硝酸盐以 HONO 形式释放提供了证据[104]。Kebede 等发现含铁的矿尘促进 NO_2 产生 HONO 的途径比 NO_2 水解生成 HONO 的途径更加重要，NO_2 向 HONO 转化的程度取决于颗粒物基底中 Fe^{2+} 的含量及土壤表面的酸度。在 pH<5 的条件下，HONO 来源于 NO_2 与表面水膜中游离态 Fe^{2+} 的反应；在 pH = 5～8 之间 HONO 来源于 NO_2 与结构化的 Fe^{2+} 或表面 Fe^{2+} 复合物反应及 $Fe^{2+}-OH_2^+$ 将 NO_2^- 质子化。NO_2 在含铁矿尘表面的还原能够帮助解释夜间边界层 HONO 的积累以及城市地区沙尘期间升高的 HONO/NO_2 比值[105]。Han 等发现 NO_2 在腐殖酸表面模拟光照条件下的摄取系数与光照强度及腐殖酸质量（0～2 $\mu g/cm^2$）的线性正相关，与 NO_2 浓度负相关。HONO 产率与光照强度、腐殖酸质量、NO_2 浓度及温度无关。在 7%～

70%相对湿度条件下，摄取系数随湿度升高而增加，HONO产率在40%相对湿度下达到最大值[106]。

含TiO_2纳米颗粒的表面自清洁材料被认为能够去除NO_x等污染性气体。然而研究发现在紫外-可见光的照射下，NO_x吸附在表面后进一步产生有害的气相副产物，如HONO和N_2O。在365 nm波长光的照射下，硝酸盐吸附在干燥的TiO_2表面作为副产物存在，并转化为表面吸附态NO_2及其他还原性含N物质。当表面有水分子存在时，硝酸盐会更快地转化。颗粒表面K^+对NO_3^-有强吸引，能够有效地捕获表面含氮物种[107]。将TiO_2涂覆在玻璃上在光照条件下暴露于NO_x条件下能够检测到O_3的生成，将TiO_2与KNO_3的混合物膜表面进行光照也能够检测到O_3[108]。NO_2在TiO_2表面反应后经过潮解生成硝酸盐溶液，使得TiO_2表面吸湿性提高，这是NO_2比SO_2和CO_2反应活性高的原因之一[109]。在没有光照的条件下，NO_2吸附在TiO_2表面即会转化为二聚体的形式N_2O_4，然后发生一系列分子间的歧化反应生成与表面弱连接的单齿NO_3^-，并在Ti^{4+}和O^{2-}位点形成高反应活性的NO^+和/或N_2O_3。NO^+与表面的晶格O^{2-}作用，产生更稳定的NO_2^-，然后NO_2^-通过与N_2O_4进一步发生分子间的歧化反应生成与表面Ti^{4+}强吸附的双齿NO_3^-，同时放出NO气体。随着反应的进行，表面弱吸附态单齿NO_3^-转化为强吸附态双齿NO_3^-[110]。

大气污染物经过排放传输混合形成多组分混合体系，实际发生的气固反应过程中往往是由多种物质同时参与的混合体系。例如，外场观测发现硫酸盐和矿尘在实际大气颗粒中往往同时存在。对NO_2在$(NH_4)_2SO_4-CaCO_3$混合颗粒表面的非均相反应研究发现：中湿度条件下$(NH_4)_2SO_4$通过与硝酸盐的相互作用促进NO_2转化为硝酸盐；85%湿度下$(NH_4)_2SO_4$与$CaCO_3$沉积为硫酸钙水合物覆盖在表面从而对NO_2转化为硝酸盐起到抑制作用[111]。在$Na_2SO_4-CaCO_3$混合体系与NO_2的反应过程中，湿度小于1%时混合物表面的产物浓度符合单独成分表面产物浓度的线性叠加；30%湿度下$Ca(NO_3)_2$与Na_2SO_4进一步形成$NaNO_3$晶体及$CaSO_4 \cdot nH_2O$，促进NO_2向硝酸盐转化；80%湿度下硫酸钙水合物阻止表面活性位点的暴露抑制硝酸盐生成，且不同湿度下反应后具有完全不同的形貌，如图2-10所示[112]。

表面预吸附的甲醛对NO_2在$\gamma-Al_2O_3$表面转化为硝酸盐和亚硝酸盐的生成都表现出抑制作用，同时硝酸盐促进了甲酸离子生成[113]。乙醛、乙二醛、乙酸对NO_2与$\gamma-Al_2O_3$颗粒反应生成硝酸盐和亚硝酸盐具有不同程度的抑制效应，其中乙酸的抑制效应最为明显[114]。二苯甲酮能够显著提高NO_2与腐殖酸的气固反应中HONO的产率，且摄取系数和HONO产率都随光照强度的增强和温度的升高而增大，随pH的升高而减小。在相对湿度为22%时，摄取系数和HONO产率达到最大值[115]。实际颗粒中各组分之间存在复杂的相互影响和作用，在以后的研究中有待进一步进行系统研究。

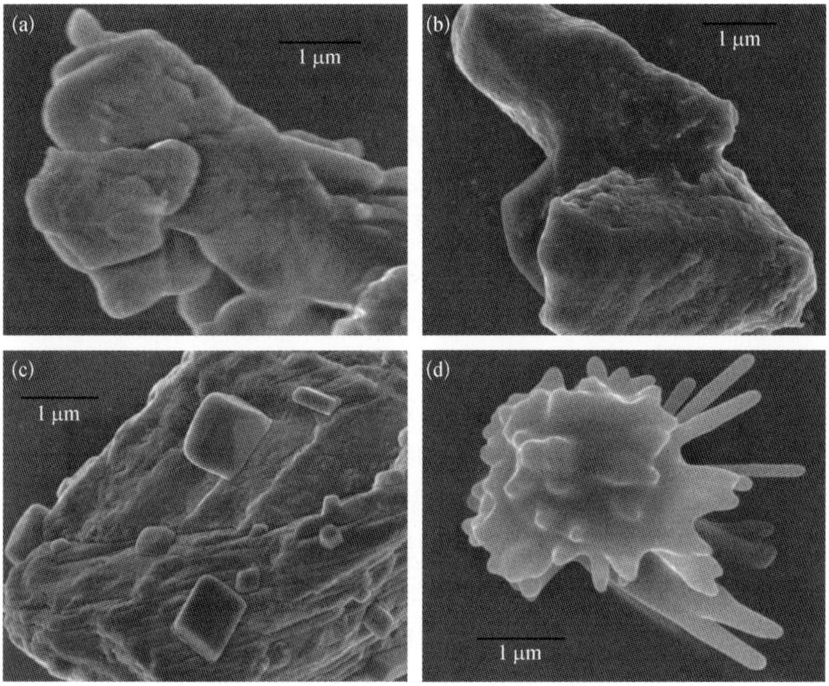

图 2-10　(a) Na_2SO_4-$CaCO_3$混合体系与 NO_2在反应前；(b)~(d) < 1%、30%和 80%相对湿度条件下反应 120 min 后的 SEM 图[112]

2.3.1.2　二氧化硫的气固非均相反应

SO_2主要来源于燃料燃烧等为排放，自然来源包括火山喷发、微生物分解等。据估计，全球 SO_2排放量的一半最终被转化成颗粒相硫酸盐形式，SO_2在固体表面的非均相反应是硫酸盐形成的重要通道之一。对 SO_2在佛得角群岛矿尘表面的非均相反应研究发现，SO_2单独在固体表面摄取时几乎不形成硫酸盐，NO_2或 O_3的加入明显促进硫酸盐的生成[116]。在未加光照的干态条件下，SO_2在 TiO_2表面的非均相产物只有亚硫酸盐；紫外-可见光照射能够促进 SO_2向硫酸盐转化，促进含硫物质在 TiO_2表面的吸附。表面吸附水对 SO_2在 TiO_2表面的吸附具有竞争效应，相对湿度的增加使得 SO_2的摄取系数和表面吸附量减少；而 O_2的存在则对硫酸盐的生成具有明显的促进效应。

葛茂发研究员课题组研究了不同湿度下 O_3在 $CaCO_3$表面将 SO_2氧化为硫酸盐的过程，发现湿度为 80%时表面产物浓度和产物生成速率是干态下的数倍到数十倍，表明吸附态水影响反应过程，促进硫酸盐形成。他们还给出 1%～90%的湿度范围内摄取系数随相对湿度变化的拟合方程，为灰霾期间大气中硫酸盐的爆发式增长提供了一种可能的机理解释[117]。研究还发现表面吸附水直接影响表面产物的形貌，当湿度高于 60%时才会在

$CaCO_3$表面生成棒状硫酸钙晶体[118]。

温度影响SO_2在固体表面的非均相转化，例如，SO_2与O_3在$CaCO_3$表面的非均相反应随温度变化出现一个阶梯变化：在230～257 K，硫酸盐浓度随温度升高而增加；257～298 K时则相反，温度升高会抑制硫酸盐的生成[119]。温度效应在SO_2与Fe_2O_3颗粒非均相过程中主要表现在三个方面：在初始阶段，高温有利于H_2SO_3的离子化，使亚硫酸盐在总产物中的百分比升高；温度升高使反应能垒降低，有利于初始阶段产物的生成；高温不利于水分子在颗粒表面吸附，导致后期反应阶段出现抑制效应[120]。

金属氧化物的形态和组成等也能够影响其与气体的反应活性，例如通过对SO_2在不同形态MnO_2颗粒表面的非均相反应研究发现，干态下与SO_2反应活性最高的是$\delta-MnO_2$，反应活性最低的为$\beta-MnO_2$。在湿态条件下，表面水的存在会改变硫酸盐的化学形态，促进SO_2的非均相氧化；在湿度为25%和45%时，SO_2在$\delta-MnO_2$和$\gamma-MnO_2$表面分别达到最大非均相摄取[121]。SO_2与不同形态Fe_2O_3颗粒具有不同的反应现象：六角形纳米板状颗粒和聚集纳米粒子状颗粒比纳米胶囊状颗粒和空心纳米环状颗粒具有更高的SO_2摄取能力，前两种颗粒的BET表面积和孔径更大，拥有更多的反应活性位点。此外，光照对这四种形貌的Fe_2O_3颗粒与SO_2的反应具有不同程度的促进效应[122]。紫外-可见光照射对于SO_2在戈壁沙尘表面的动力学摄取具有显著的促进作用，相对湿度的增加对SO_2的摄取也具有促进作用。光照下SO_2在戈壁沙尘表面的摄取系数约是SO_2在亚利桑那实验粉尘表面摄取系数的2倍，主要由于这两种矿尘颗粒中半导体金属的含量不同以及它们的吸湿性质不同[123]。Huang等还对SO_2在亚洲矿物灰尘、腾格里沙漠灰尘、亚利桑那实验粉尘等实际矿尘表面的非均相过程进行了研究，发现随着相对湿度的增加，SO_2在亚洲矿物灰尘表面的摄取系数减小，而在腾格里沙漠灰尘和亚利桑那实验粉尘表面的摄取系数增加。其可能的原因是这些矿尘的矿物组成和老化程度不同[124]。

吸附在矿尘表面的SO_2主要通过两种途径转化为硫酸盐，即在开放的环境中自动氧化和在紫外-可见光照射下的光催化氧化。Yu等对比了这两种机制下的非均相氧化过程，在紫外-可见光的照射下，亚利桑那矿尘中半导体金属氧化物光催化产生的OH自由基等氧化剂促进SO_2的氧化。连续7个小时对SO_2在室外烟雾箱中进行光氧化，在低NO_x浓度下矿尘非均相反应贡献了55%硫酸盐生成；在高NO_x浓度下，硫酸盐的生成仍受到矿尘非均相反应的促进，但是由于都需要表面氧化剂的参与，NO_2与SO_2存在竞争关系[125]。使用原位显微拉曼光谱对氮气氛围中NO_2与SO_2在单颗粒$CaCO_3$表面的非均相过程研究表明，$CaCO_3$颗粒先完全转化为$Ca(NO_3)_2$，然后NO_2将SO_2在潮解的$Ca(NO_3)_2$表面氧化生成针状$CaSO_4$晶体[126]。

Yu等研究了$SO_2-NO_2-O_2$混合气体体系在单颗粒$CaCO_3$表面的气固反应，发现$CaCO_3$转化为包裹着$CaSO_4 \cdot 2H_2O$的$Ca(NO_3)_2$颗粒。SO_2的反应摄取系数为10^{-5}，比

SO_2直接被NO_2氧化的摄取系数高 2～3 个数量级。体系中O_2是主要的氧化剂，对于自由基链的形成具有必要作用，NO_2是自由基链的触发剂。NO_2与O_2的协同氧化作用能力比两者单独氧化SO_2时要大得多[127]。Ma 等发现SO_2影响NO_2在 CaO、$\alpha-Fe_2O_3$、ZnO 等矿尘颗粒表面的气固反应。当SO_2存在时，NO_2先转化为N_2O_4中间体，N_2O_4也是将四价态 S 氧化为六价态的重要氧化剂。在$CaCO_3$和$CaSO_4$等矿尘颗粒表面并没有发现NO_2与SO_2具有此类协同作用，可能的原因是这些颗粒表面缺乏活性氧位点[128,129]。Yu 等使用大型室外烟雾箱研究了实际环境光照条件下SO_2和NO_x在亚利桑那州矿尘颗粒和戈壁矿尘颗粒表面的气固反应，在高NO_x浓度的城市区域，吸湿性硝酸盐通过矿尘颗粒中碳酸盐的缓冲作用快速形成，在SO_2的存在下，颗粒相硝酸盐由于二次硫酸盐的生成而逐渐消耗[130]。

关于大气中其他气态污染物共同参与下SO_2的气固非均相反应也有一系列的研究。湿态条件下Cl_2、NO_2和SO_2在$\gamma-Al_2O_3$表面进行气固反应具有协同效应，Cl_2促进二次硫酸盐和硝酸盐的生成[131]。SO_2和甲酸的混合气体在$\alpha-Fe_2O_3$表面的非均相研究表明，SO_2形成硫酸盐的过程不受甲酸影响，而SO_2对甲酸盐的形成具有抑制作用[132]。NH_3对于SO_2-NO_2在$\alpha-Fe_2O_3$、$\alpha-Al_2O_3$等酸性颗粒表面转化为二次无机盐具有明显的促进作用，原因是在这些颗粒表面存在NO_2/SO_2与NH_3的酸碱相互作用[133]。将实验室得到的不同湿度下$NH_3-NO_2-SO_2$在大气实际矿尘表面的动力学数据应用到 CMAQ 模型中，对于北京冬季硫酸盐浓度的模拟结果改善了 6.6%[134]。H_2O_2的存在能够显著提高SO_2在Al_2O_3表面的饱和覆盖率且达到饱和覆盖需要的时间，并且其随着湿度的增加而增加，原因是湿态下表面吸附态水促进SO_2水解，随后H_2O_2有效地将SO_3^{2-}/HSO_3^{2-}氧化以缓解表面酸度的升高。类似的现象在SiO_2等非反应活性颗粒表面也被发现[135]。

陈建民教授课题组对SO_2在含赤铁矿和氧化铝纳米级颗粒混合物表面的非均相反应过程进行了研究，发现在氧化铝和含赤铁矿混合物表面的产物分别为亚硫酸盐和硫酸盐。以赤铁矿为主要成分的混合物具有比单独成分的理论贡献值之和更大的硫酸盐生成能力；而当混合物的主要成分为氧化铝时具有相反的结果，表明这两种混合物对于硫酸盐的生成分别具有协同和拮抗作用。他们还研究了硝酸盐影响Fe_2O_3与SO_2的非均相反应的过程，发现硝酸盐参与SO_2的非均相反应，促进硫酸盐的生成，生成HNO_3、气相N_2O和 HONO[136]。

在没有硝酸盐存在时，干态条件下光照能够促进SO_2在Fe_2O_3表面的非均相转化和硫酸盐生成；湿态条件下生成的吸附态硫酸盐比干态下多，然而湿态下硫酸盐的生成和SO_2的转化受到光照条件的抑制，表明光致还原性溶解的出现。当吸附态硝酸盐存在时，干态下光照也能够促进硫酸盐生成，湿态下有光照的条件下比没有光照条件下更强，表明吸附态硝酸盐的光解伴随着SO_2的氧化和硫酸盐的生成[137]。

Tang 等总结了 OH、NO_3、O_3、H_2O_2、N_2O_5等大气痕量气体在矿尘颗粒表面的非均相反应，从对比气固非均相反应途径与其他主要损失途径以及对比外场观测结果与模拟结果的角度探讨了此类气固反应的重要性[138]。

2.3.1.3 典型有机物的气固非均相反应

Tong 等研究了甲酸、乙酸和丙酸在 $\alpha-Al_2O_3$ 表面的摄取过程以及相对湿度对反应的影响，发现表面吸附态水可以作为羧酸离子的溶剂，同时也使颗粒表面羟基化[139]。甲酸吸附在 NaCl 颗粒表面转化为甲酸盐并伴随着 Cl 的消耗，当湿度小于 30%时甲酸的吸附和甲酸盐的生成随着湿度的升高而降低，45%～70%湿度之间则随湿度升高而增加[140]。温度不仅能够改变乙酸在 $\alpha-Al_2O_3$ 表面非均相反应的动力学系数，还可以抑制乙酸盐的生成，促进乙酸晶体的聚集（248～298 K）[141]。甲酸在 $\alpha-Al_2O_3$ 表面的非均相反应摄取系数随温度降低而增加，低温下发现甲酸晶体与 $\alpha-Al_2O_3$ 的能进一步反应（240～298 K）[142]。

异戊二烯在铁氧化物颗粒表面光氧化为甲醛，这一直接氧化过程需要克服较大的能垒。光照能够加速吸附产物的转化，尤其可见光区域的照射对于甲醛的生成具有良好的选择性[143]。Chen 等使用烟雾箱研究了 TiO_2 对于间二甲苯-NO_x 体系光氧化下形成二次有机气溶胶的影响。发现 TiO_2 对 SOA 的形成具有明显的抑制作用。在间二甲苯-NO_x 体系光氧化生成二次气溶胶的产率为 0.3%～4%，当 TiO_2 存在时，没有能够检测到二次有机气溶胶的生成；当有硫酸铵种子气溶胶存在时，TiO_2 的存在使 SOA 的产率从 0.3%～6%降至 0.3%～1.6%。反应活性羰基化合物浓度的急剧减少是 TiO_2 对 SOA 形成具有抑制作用的原因，抑制效果与种子气溶胶的加入和 NO_x 初始浓度有关[144]。

过氧乙酰硝酸酯（PAN）在 soot 表面的非均相反应过程是一个一级反应，初始摄取系数与 PAN 的浓度和相对湿度都没有明显关系，该反应在 soot 表面生成 CH_3COO^-、$HCOO^-$、NO_2^- 和 NO_3^-[145]。在没有光照的条件下，CH_3COOH 在 $\gamma-Al_2O_3$ 表面的气固反应过程中有物理/化学态吸附的乙醛、丁烯醛、水合乙醛、二聚乙醛、聚乙醛生成。将不同量 NO_2 在 Al_2O_3 表面进行预吸附后，短时间 NO_2 预吸附对水合反应及聚合/寡聚反应具有促进效应。光照下，醇醛缩合和乙醛的氧化是由于表面酸度的增加和硝酸盐、亚硝酸盐的生成而被促进的[146]。

大气中硝基多环芳烃的来源之一是通过多环芳香烃的硝基化反应，通过对多环芳香烃与 NO_2 在矿尘表面的非均相反应的研究发现，酸性矿尘表面，尤其是黏土矿尘，能够加速该硝基化反应的进行。反应过程中气相 N_2O_4 与气相 NO_2 达到平衡并吸附在基底表面，在酸性条件下形成亲电子试剂 $N_2O_4H^+$ 后进攻芳香烃，生成相应的硝基化合物。反应通过 Langmuir-Hinshelwood-Type 机制进行，反应可能在吸附态物质和另一种表面束缚的反应物之间发生，也可能在表面吸附态反应物与表面之间发生。此外还观测到北京地区颗粒相的硝基多环芳烃在沙尘天气期间浓度明显增加，推测矿尘表面的非均相反应是毒性有机物的一个未知源[147]。

光照对丁醇与亚利桑那粉尘反应影响的研究发现，水在这个过程中有重要的作用，吸附水在初始阶段抑制丁醇的非均相过程，当挥发之后加速丁醇的后续反应速率。反应产物包括一系列含羰基的物质，在光照条件下这些物质会进一步光解产生 OH 自由基，将矿尘表面由有机物的沉降场所变为释放反应活性物质的来源[148]。

2.3.2　大气气液非均相反应和二次气溶胶

近年来，灰霾污染在我国频繁发生，以 2013 年 1 月为例，京津冀地区发生了五次强灰霾事件。通过分析颗粒物化学组成发现，与清洁天相比较，二次无机气溶胶中硫酸盐、硝酸盐、铵盐的含量增加显著，其中硫酸盐和硝酸盐对 $PM_{2.5}$ 的贡献分别由清洁时期的 10.3%～13.4%和 6.6%～14%增长至灰霾时期的 25.1%和 17.5%～20.6%，二次无机气溶胶在灰霾最严重的时期下总贡献可达 60%[149]。目前大气化学模式模型对于二次无机气溶胶生成模拟与实际监测结果仍有出入，证明现有的化学机理仍需完善，对于强复合污染条件下二次无机气溶胶生成机制问题研究十分重要。2015 年北京冬季观测发现，PM2.5 中气溶胶液态水含量介于 2%到最高 74%，同时二次无机气溶胶组分会从 24%涨至最高 55%，气溶胶液态水作为气液非均相反应的有效介质，其与二次无机气溶胶增长趋势的正相关性证明大气气液非均相反应是生成二次无机气溶胶的重要途径（Wu et al.，2018）。

2.3.2.1　研究方法

实际大气中发生的气液非均相反应受多种影响因素制约，如气态前体物浓度、相对湿度、光照强度、风速风向等。烟雾箱系统可以简化模拟大气条件，对于提炼出的有代表性的反应途径，通过控制变量法可以探究各环境因素或物种浓度对于反应的影响，烟雾箱系统可以配备多种检测手段，如气体分析仪、质谱、颗粒物数谱仪等，所得到的相关数据结合大气模式模型推测这一反应途径对实际大气二次颗粒物生成贡献的重要性。此外，原位显微拉曼光谱可以观察单个液滴在反应气体通入后的化学组分及粒径的变化，用于探究反应机理。

2.3.2.2　二次硫酸盐生成

二次硫酸盐主要的生成途径有二氧化硫与羟基自由基的气相氧化反应，二氧化硫与过氧化氢、臭氧、二氧化氮、过渡金属离子催化等途径的气液非均相氧化反应，以及二氧化硫在 α-氧化铝等表面发生的气固非均相氧化反应。根据观测结果发现，二次硫酸盐含量与相对湿度有良好的正相关性，由此可以推测气液非均相反应可能是硫酸盐爆发生成增长的主要途径之一。

Wang 等[150]通过研究 2012 年西安冬季和 2015 年北京冬季观测结果，发现硫酸盐含量和铵盐含量是从清洁时期到污染时期变化量最大的组分，同时分析二次硫酸盐浓度与二氧化硫、氮氧化物、氨气、臭氧等气体浓度及湿度之间的相关性，发现高二氧化硫到硫酸盐转化率情况会伴随着高湿度以及高浓度二氧化硫，氮氧化物及氨气条件下发生。烟雾箱实验研究发现在高湿度条件下(70%)草酸种子在二氧化硫，二氧化氮和氨气存在下粒径发生增长，并测得颗粒物中有硫酸盐生成，二氧化硫摄取系数为 10^{-4} 量级。二氧化硫和二氧化氮气体通过配分平衡进入种子颗粒物表面液膜，两者反应在溶液相中发生反应，

$$SO_2(g) + 2NO_2(g) + 2H_2O(aq) \longrightarrow 2H^+(aq) + SO_4^{2-}(aq) + 2HONO(aq)$$

由于这一过程会产生氢离子，若没有氨气平衡，则会导致颗粒物的 pH 下降，降低二氧化硫气体的有效亨利系数，抑制反应进行，实验结果也表明在无氨气条件下未检测到硫酸盐生成，也符合通过观测数据离子平衡估算出的颗粒物 pH。结果印证这一时期硫酸盐的生成是二氧化硫和二氧化氮的非均相气液氧化反应过程，同时需要氨气平衡反应过程中 pH。

Cheng 等[151]整合了过氧化氢、臭氧、过渡金属离子催化、二氧化氮非均相液相氧化途径的速率常数，通过带入 2013 年 1 月北京冬季灰霾污染时期的观测数据，计算得到不同反应途径硫酸盐生成速率随颗粒物 pH 的变化关系，因为 pH 会同时影响气体有效亨利系数、反应物浓度和反应速率常数，臭氧、过渡金属离子催化、二氧化氮氧化这三条途径随 pH 变化的变动幅度很大。当处于 Cheng 等认为的观测时期颗粒物的 pH(5.4～6.2)时，二氧化氮氧化途径硫酸盐的生成速率最快，说明二氧化氮氧化途径对于这一时期硫酸盐生成贡献最多。

由于颗粒物的 pH 对于二氧化硫气液非均相氧化反应转化生成硫酸盐的重要性，近年来有诸多关于颗粒物 pH 的确定的文献报道。Guo 等[152]利用热力学模型 ISORROPIA-Ⅱ计算颗粒物 pH，提出在严重污染时期高氨气浓度条件下，颗粒物 pH 也无法达到中性，认为 Wang 等研究中北京和西安两套观测时期重污染条件下 pH 应分别为 4.5 和 5；后续 Liu 等[153]、Song 等[154]利用 ISORROPIA-Ⅱ模型不同模式和 E-AIM 模型计算得到的我国华北地区污染时期 pH 分别为 3～4.9 和 4～5，在这一 pH 条件下，二氧化氮氧化二氧化硫途径对于硫酸盐生成的重要性值得重新评估。

在 Cheng 等的研究中，过氧化氢氧化途径相较于其余几种氧化途径在各 pH 范围硫酸盐生成速率均较低，对硫酸盐贡献相对不重要。Ye 等[155]在北京(城市站点)和望都(乡下站点)展开了 2016—2018 年三年冬季过氧化氢浓度观测，观测结果发现在清洁时期和严重污染时期过氧化氢浓度维持在 0.05 ppbv 左右，但是在一般污染时期，过氧化氢浓度极值可以达到 0.9 ppbv。过氧化氢浓度平均值相较于 Cheng 等的研究中数值大 25 倍，将这一浓

度水平数据带入后，过氧化氢氧化途径硫酸盐生成速率可达其余三种途径之和的 2～5 倍，推测这一途径可能是二次硫酸盐生成贡献重要的途径。

相较于上述传统认知途径，近年来也有一些新的气液非均相氧化途径被提出。Hung 等[156]提出了在酸性液滴表面，氧气氧化二氧化硫生成硫酸盐的反应途径。以及 Song 等[157]提出甲醛与二氧化硫非均相反应生成羟甲基磺酸盐（HMS）可能被误检测为硫酸盐，可以用于解释目前空气质量模型中无法解释的硫酸盐浓度的三分之一，同时 HMS 的生成也可进一步转化生成硫酸盐。

由于灰霾污染时期颗粒物浓度高，导致光照减弱，故关于二次硫酸盐生成途径研究多集中于暗反应。Gen 等[158]研究了在光照条件下二氧化硫与硝酸盐液滴之间的非均相反应，如图 2-11 所示。在 300 nm 光照及通入二氧化硫条件下，硝酸盐液滴内检测持续生成硫酸盐。进一步探究反应机理，通过将载气从零空气换为氮气，加入 OH 自由基捕获剂乙二醛及草酸和不生成 HO_2 自由基的 OH 自由基捕获剂碳酸氢钠。实验结果表明该反应过程不需要氧气氧化，硝酸盐在 300 nm 光照下生成亚硝酸盐，一部分 N(Ⅲ)氧化气液配分进入体相的二氧化硫，另一部分通过平衡生成 HONO，光照分解生成 OH 自由基和 NO，分别与 NO 和亚硝酸根反应生成 N(Ⅲ)。

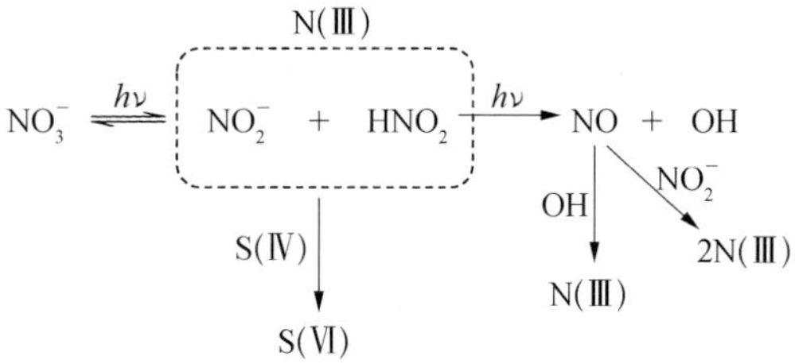

图 2-11　硝酸盐液滴在光照条件下氧化 S(Ⅳ)机理图[158]

2.3.2.3　五氧化二氮的气液非均相反应

硝酸盐作为气溶胶质量的一大来源，也有许多研究来探究其本身主要的来源。综合来说，日间主要以 NO_2 与 OH 自由基反应生成气态硝酸的气相氧化为主，气态硝酸与氨气或有机胺结合而进入颗粒相；而在夜间由于 OH 自由基溶度较低，硝酸盐的主要形成通道为 N_2O_5 的水解反应，主要反应为液相 N_2O_5 水解产物 NO_2^+ 与 NO_3^- 各自再产生液相的硝酸。

$$N_2O_5(g) \longleftrightarrow N_2O_5(aq)$$

$$N_2O_5(aq) \longrightarrow NO_3^-(aq) + NO_2^+(aq)$$

$$NO_2^+(aq) + H_2O(l) \longrightarrow H^+(aq) + HNO_3(aq)$$

$$NO_3^-(aq) + H^+(aq) \longleftrightarrow HNO_3(aq)$$

在 Sun 等[159]在长三角地区进行的为期 2 年的观测活动中发现，硝酸盐贡献了最多的 $PM_{2.5}$ 来源，而这样的污染过程经常发生在冬季。其中根据计算，在 2015 年 11 月 29 日至 2015 年 12 月 2 日的一个污染过程中，N_2O_5 水解贡献了 80% 的硝酸盐增长。而在 Wang

等[160] 2016年12月16日到22日的观测中发现，N_2O_5水解产生硝酸盐的反应通道在近地面，由于N_2O_5的浓度较低而显得不重要，在150 m以上的高空中变得尤为重要，而且基于模拟计算得到150～340 m高空产生的50 μg/m^{3}硝酸盐可导致近地面28 μg/m^{3}硝酸盐的增长，能够比较好地解释当日早晨的峰值。Wang等[161]在北京2016年秋季的观测结果表示，N_2O_5非均相摄取产生的硝酸盐生成速率可达24～85 μg/m^3，持平甚至超过HNO_3配分对硝酸盐生成的贡献程度。Tham等[162]在望都夏季的观测结果中指出，与成熟研究结果不同的是，N_2O_5的非均相摄取过程与相对湿度有较强相关，表示摄取由气溶胶含水量主导。同时计算得到的$ClNO_2$产率与实际观测值相比被高估，且其与生物质燃烧有关。

2.3.2.4 二氧化氮的气液非均相反应

作为大气中常见的气态污染物，NO_2同时也存在丰富的气液非均相反应，主要表现为水解生成HONO。NO_2是HONO的主要前体物，尤其在夜间，HONO浓度的累积起着主要作用。根据反应条件的不同，可分为在地表面的暗反应、地表面的光增强反应、气溶胶表面的暗反应、气溶胶表面的光增强反应。

同时诸多研究还表明，在有机物如腐殖酸的存在下，NO_2的非均相反应速率将得到极大的增大。

Monge等[163]在新鲜soot表面的光解实验指出，夜间soot在大气中迅速失活，而在光照条件下NO_2在soot表面发生的非均相反应促使NO与HONO的产生，进而对大气氧化性有着增强作用。在Li等[164]的观测及其模型计算的总结中指出，NO_2气溶胶表面非均相反应转化为HONO，在夜间NO_2摄取系数可取1×10^{-6}，而在日间由于有机物腐殖酸等物质的促进作用摄取系数取5×10^{-6}；NO_2的表面非均相反应转化为HONO，在夜间NO_2摄取系数同样取1×10^{-6}，而在日间由于腐殖酸、土壤、特定芳香化合物的光增强反应摄取系数取2×10^{-5}，且当光强高于400 W/m^{2}时，系数取光强除以400的增强因子。

2.3.3 展望

目前关于气固、气液非均相化学反应已经取得了部分研究成果，获得了主要气相污染物在典型固体颗粒表面的反应动力学参数和反应机制，对于大气气液非均相反应对二次无机气溶胶的重要性认识已基本到位。但是将这些参数和机制代入动力学模型中得到的结果与实际观测结果还有一定差距。可能的原因是实验室研究中所使用的气相物质浓度范围与实际大气浓度差别较大；实际大气颗粒表面的非均相反应过程往往有多种共存的气固相物质同时参与，存在复杂的复合效应；此外，实际大气中的气象因素复杂多变，温度、湿度、光照等因素在气固非均相反应中扮演着重要的角色。在接下来的研究工作中，结合多种实验手段对共存组分体系的复合效应和机制进行研究，以及考虑气象因素的影响对提高模型模拟和理解实际大气非均相化学过程具有实际意义。我们仍需要一条有说服力的二次硫酸盐生成途径，反应速率可以在实际大气条件下不受影响，同时满足于模式模拟，可以解释重污染时期硫酸盐含量的快速增长。

2.4　界面光谱

2.4.1　气溶胶界面非均相反应

2.4.1.1　气溶胶表面有机膜的概述

气溶胶颗粒是大量无机物和有机物的混合体。具有表面活性的有机材料在液相或固相表面附着会使气溶胶表面会形成有机覆盖层，这一发现最早是由美国的海洋科学家 Duncan C. Blanchard 教授提出的，他发现了海盐表面包裹的有机膜，并认为表面活性有机物通过海气交换进入大气中，能够参与凝结核的形成[165]。这一研究发表在 1964 年的 *Science* 杂志上，但由于当时研究条件的限制，并没有给出有机膜的形貌图片。直到 1983 年，Gill 等科学家拍摄了首张气溶胶有机膜的电镜图(图 2 - 12)，还总结了在气溶胶、云滴、雾滴等不同表面有机膜的特征[166]。随着对有机膜的研究从整体形貌不断地深入微观水平，1999 年 Ellison 等首次提出被有机薄膜包裹的液相气溶胶是反胶束的结构[167]，它由一个亲水内核和疏水表面组成(图 2 - 13)，并给出了脂肪酸、磷脂在海洋表面以及海洋飞沫表面的结构模型。表面活性分子介于气相和液相之间，它的极性端在水相中，而非极性端在气相中，Langmuir 单分子膜正好具有上述结构，之后的研究者常用单分子膜来模拟液相有

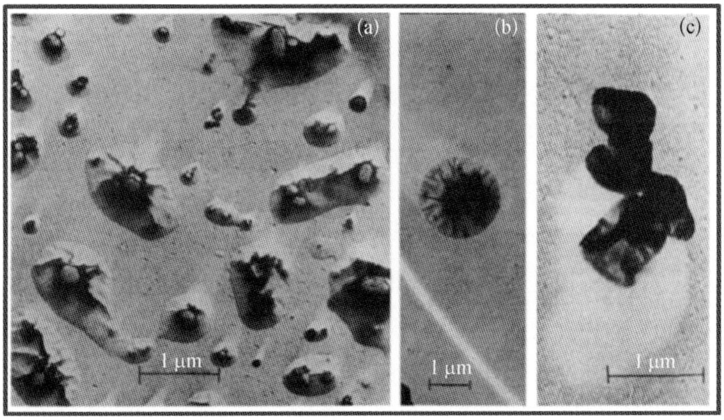

图 2 - 12　气溶胶表面有机膜的电镜图[166]

机气溶胶的表面。目前的研究通常将新生成的海洋飞沫气溶胶分为以下四种类型：海盐(SS)，海盐和有机碳混合(SS－OC)，有机碳(OC)和生物气溶胶(Bio)[168,169]。SS－OC气溶胶是一类主要的亚微米级海洋飞沫气溶胶，它通常由水溶性差的有机物和阳离子、阴离子组成。SS－OC气溶胶的有机物质通常认为是脂肪含量高的脂质分子，例如脂肪酸等。这些海洋飞沫气溶胶中的有机物含量大于海水。气泡爆破产生飞沫，能将表面活性物质有效地转移到大气气溶胶界面上。

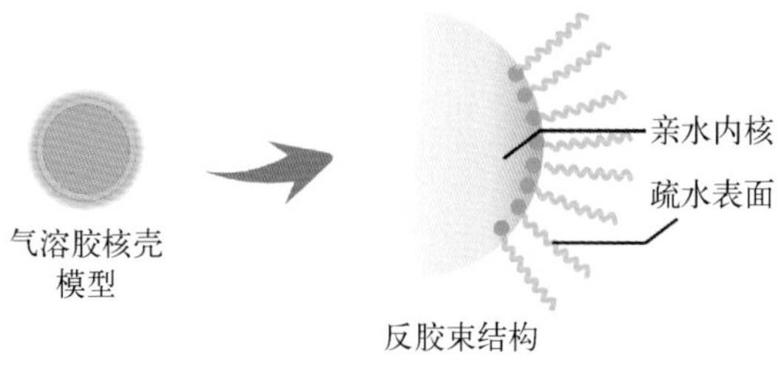

图 2－13　液相有机气溶胶的实验模型

2.4.1.2　大气中表面活性物质的来源

脂肪酸通常被认为是气溶胶潜在的表面活性剂。陆地气溶胶中脂肪酸的碳链长度最长可达 C_{32}，主要是正烷链酸和正烯链酸。在对流层中，羧酸通常在液相中被检测到，特别是雨滴和云雾水中脂肪酸也是海洋边界层气溶胶的主要成分，碳链长度为 C_{12}～C_{19} 的直链脂肪酸通常会在海盐颗粒表面形成有机覆盖层[170]。海洋环境中，表面活性物质最重要的来源是太阳光促进浮游植物和细菌产生有机物质的分解。细菌和硅藻的降解或浮游植物细胞溶解释放产生的脂质，如磷脂、三酰甘油酯和糖脂，都是微生物细胞的主要成分。大分子的酶分解会产生长链的饱和脂肪酸和不饱和脂肪酸，脂肪酸和它们的衍生物在海洋微表层的浓度较高，因为它们倾向于在水-气界面上富集，其他水溶性好的有机物则溶解在亚层海水中，长链饱和脂肪酸，如棕榈酸和硬脂酸，也在海洋气溶胶中被检测到[171]。Wang 等在我国十四个海滨城市测到的脂肪酸的平均浓度为 769 ng/m^3[172]。Kang 等研究发现在我国东海海域中，碳链长度为 C_8－C_{32} 的饱和脂肪酸在海洋气溶胶中的整体浓度为 17.7～356 ng/m^3，其中碳链长度小于 C_{19} 的饱和短链脂肪酸的浓度为 15.1～181 ng/m^3（平均浓度为 72.6 ng/m^3）[173]。硬脂酸和棕榈酸是海洋飞沫气溶胶中最主要的饱和脂肪酸，通常用来模拟研究海盐气溶胶表面的有机覆盖层。

Osterroht 等发现碳链长度为 C_{18}～C_{22} 的不饱和脂肪酸占据了海水样品中的主要成分，其中油酸和反油酸是海水中含量最丰富的不饱和脂肪酸[174]。我国东海海域中不饱和脂肪酸的总浓度在 1.19～79.3 ng/m^3 的范围内[173]。除了自然生物来源，生物质燃烧、厨房烹饪和城市地区汽车尾气排放也是不饱和脂肪酸主要的人为源。Ots 等发现若将厨房烹饪排放的有机气溶胶来源纳入模型将增加人为源细颗粒物的 10%左右[175]。Ren 等测得北京市的脂肪酸浓度为 137～3 310 ng/m^3（平均值为 871 ng/m^3），比其他大城市的浓度略高[176]。

海洋环境中的脂肪醇主要来源于陆地高等植物表皮蜡质。碳链长度小于 C_{20} 的脂肪醇同系物占海洋中脂肪醇的主要部分[177]。我国东海海域海洋气溶胶中的脂肪醇浓度为 52.6 ng/m^3，与脂肪酸相近[173]。此外，人为活动如厨房烹饪排放、吸烟和野外大火对高分子量脂肪醇的贡献也较大。Ren 等[176]在北京采集的气溶胶样品中，脂肪醇白天的平均浓度为 109 ng/m^3，夜间浓度为 190 ng/m^3。总的来说，大气中的脂肪醇碳链长度为 C_{12}～C_{28}，其中以 C_{18} 为主。

2.4.1.3　气溶胶表面有机膜的大气意义

单一成分和复合成分的脂肪酸膜在纯水和单一成分的盐溶液上的界面性质已经有了很好的研究。金属离子的存在会显著影响气溶胶表面有机膜的表面结构和形貌[178]，会使表面有机膜发生扩张或收缩，也会使脂肪酸的羧酸基团发生去质子化。酸碱度也会影响脂肪酸膜的稳定性，例如当 pH 为 3～7 时，硬脂酸单分子膜的稳定性会随着 pH 的升高而增强。阴离子如 SO_4^{2-}、Cl^- 和 NO_3^- 等是海洋云雾水中的主要离子。基于 Hofmeister 序列，阴离子可以分成结构构造型离子和结构破坏型离子，它们对界面有截然不同的亲和性质[179]。几十年来大量的实验表明，Hofmeister 序列会影响疏水性溶质在水中的溶解度，改变表面活性剂的分散表现和界面分子排列，还会影响不同酶的活性和电解质溶液的表面张力。此外，离子浓度也是重要因素，因为离子的相对浓度会由于海洋气溶胶吸水或失水发生改变。

表面活性的有机物会在液滴表面浓缩并降低表面张力，不同官能团的性质可能会改变气溶胶的界面性质，影响云凝结核的形成和增长，继而对气候产生间接影响（图 2-14）。气溶胶表面有机膜能够减少水分从液滴或颗粒物的蒸发，气体分子和自由基在气相和液相的转移和摄取也受有机膜的影响，有机膜会减缓液滴的清除改变气溶胶的大气寿命[180]。此外，液滴的光学性质也会因为有机膜的包裹而改变。

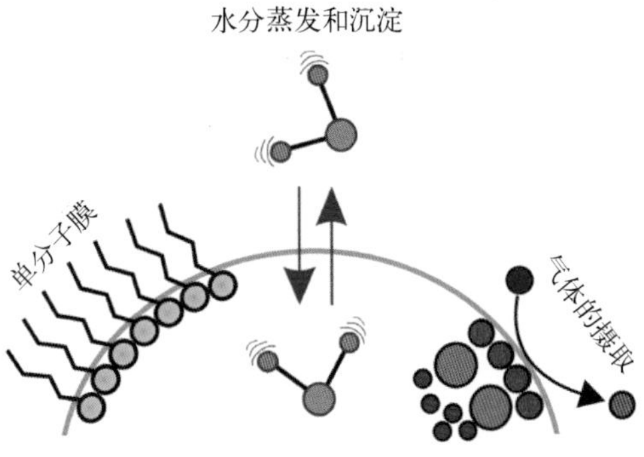

图 2-14　气溶胶表面有机膜的界面作用

2.4.2　大气相关的界面光谱技术研究进展

大气复合污染形成过程中的气溶胶界面非均相化学是当前大气化学研究的重要前沿和热点。大气中疏水性的有机污染物会在气溶胶表面结合形成有机膜，从而改变气溶胶的性质并进一步影响大气环境、人体健康与气候变化。有机污染物与无机污染物在大气矿物气溶胶表面会产生复杂的协同效应。漫反射傅里叶变换红外光谱（DRIFTS）技术是将有机颗粒物吸附在固态界面上从而研究气-固界面反应的一种有效手段。DRIFTS分析不仅不改变样品原有形态，且容易实现在各种温度、压力和湿度条件下的原位分析。研究了SO_2、NO_2、HCHO、CH_3SO_3H等物质在大气细颗粒物表面的非均相反应机理[101]，发现NO_2与大气矿尘颗粒表面生成的硝酸盐可极大地改变颗粒物的吸水性。他们还研究了PAHs吸附在大气颗粒物上的非均相反应机理，发现颗粒物表面的相对湿度是影响NO_2与PAHs反应的关键因素[181]。

此外，衰减全反射红外光谱(ATR-FTIR)技术基于光内反射原理，红外光可以穿透样品表面内一定深度后再返回表面，从而获得样品表层化学成分的结构信息。ATR-FTIR技术的检测灵敏度高、测量区域小，也可以实现红外光谱的原位测定，从而可以通过特定红外振动谱峰的位置和强度的变化获得表面反应的信息，因此被用于研究温度、相对湿度、有机膜厚度等因素对反应机理、产率、产物吸湿性和氧化还原活性的影响。Fu等利用ATR技术实时原位监测表面辛醇膜的光敏化反应生成羧酸、醛类等二次有机气溶胶物质的过程[182]。气溶胶表面的分子类型及其分布会影响界面的物理化学特性，进而影响气相分子的吸附、界面与活性自由基的反应等，界面反应过程在吸收和转化大气污染气体方面也至关重要。

对于气-液/气-固界面的反应，实验室研究中还常使用流动反应器研究二次有机气溶胶(SOA)的大气转化过程。He等结合原位红外和拉曼光谱研究，发现O_3和烟尘的反应中无定形碳和无序的反应位点对触发非均相反应起了重要的作用，并且在产物中发现了与烟尘表面相连的含羰基、内酯等官能团的界面产物[183]。同样利用流动管装置，Wang等研究了油酸的非均相臭氧化反应，发现界面形成的Criegee中间体比气相稳定并进一步反应生成高分子量的气溶胶成分[184]。

对机理研究来说，自组装的单层膜作为气溶胶界面模型有非常突出的优势。这种模型可以用于研究污染物气体分子与界面发生碰撞的动态学性质，包括能量传递、热力学性质以及发生界面反应的可能性[185]。有机膜可能会影响气溶胶颗粒的化学、物理和光学性质，反过来也会对不同大气过程产生作用[186]。目前，有不少研究关注到了水-气界面上的有机表面活性剂膜的作用以及它们对大气化学的影响。单分子膜的溶解度、表面电势、表面黏度和表面张力可以被表征。比如表面电势，通常用电离电极或振动板测得，可以提供表面静电和结构行为。Hinks等(2016)通过刺流技术测量测得表面黏度，发现气溶胶表面黏度增加可能会阻碍分子在二次有机物质中的运动并减缓光化学反应。原子力显微镜和扫描电子显微镜等手段是观察膜表面分子结构和排布情况的常用分析手段。用原子力显微镜还可以直接测量大气颗粒物的表面张力。

红外反射-吸收光谱(IRRAS)是研究界面分子的化学组成及分布的光谱技术。红外光以一定的入射角度投射到界面，界面上的分子对红外光进行吸收和反射，用高灵敏的检测器可直接测得界面分子的振动光谱。IRRAS 研究界面化学有独特的优势，不仅可以研究界面与气相分子之间的相互作用，而且可以同时监测界面附近的液相反应过程，是一种在大气非均相化学领域有非常多潜在应用的技术手段。Griffith 等利用 Langmuir 槽和 IRRAS 分析了表面黏附了芳香类氧化物的有机气溶胶的复杂形貌，强调了界面分子相互作用的重要意义以及气溶胶形貌和性质的改变会对大气化学和气候产生很大影响[187]。他们还研究了水溶性的氨基酸酯通过铜离子的配位反应，用 IRRAS 在空气-水界面上观察到了肽键的形成[188]。由于肽键的形成需要消除一分子的水，所以从热动力学的角度看，在体相水中不利于这个反应的发生，而一个相对疏水的环境——空气-水界面却有利于肽键的形成，实验突出了在有机物丰富的界面上的化学反应和均匀的体相相比有很大的不同。Vaida 等还将该模型作为生命起源化学反应器，用于探索海洋与大气界面的有机分子膜逐渐生成高分子有机物的过程[189]。IRRAS 技术运用于大气气溶胶的界面研究，实现原位在线监测气相-界面-液相的非均相反应，可以更完善和系统地研究界面反应。了解有机气溶胶的组成、氧化状态、光化学性质以及气溶胶组分与大气污染物之间的复合作用对研究有机气溶胶的大气演化至关重要。

2.4.3　界面光谱的研究方法

2.4.3.1　Langmuir 膜的制作

构成 Langmuir 膜的表面活性分子具有两亲性，通常由亲水头基和疏水尾链组成。Langmuir 单分子膜的制作是将表面活性剂溶于极易挥发的有机溶液中，逐滴滴加到 Langmuir 槽的水面上。待溶剂的挥发之后，表面活性分子会在亚相溶液上扩散开，使它较为均匀地平铺在液面上，可对其进行压缩。

如图 2-15 所示，由于疏水基团和亲水基团的相互作用，随着每分子面积的减小，有机单分子膜会先后经历“气态”“液态（倾斜凝聚态）”“固态（非倾斜凝聚态）”，最终使表面活性分子整齐地“站立”在水表面上，再加上成膜分子本身还具有自组织能力，就可以得到紧密排列并且高度有序的单分子层。成膜过程中也可进行随时间或面积变化的表面压及 IRRAS 的测量。

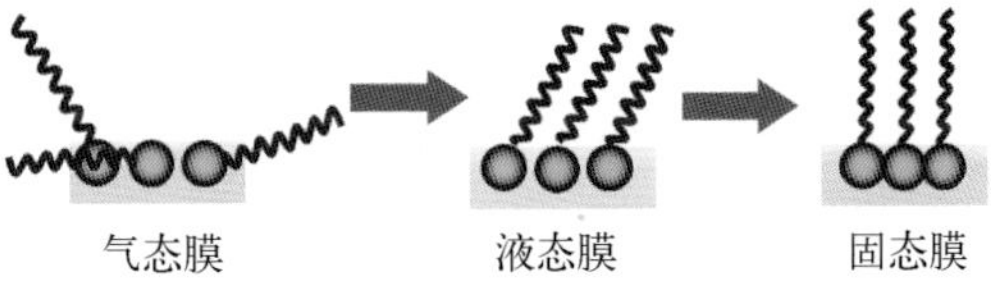

图 2-15　挤压过程中单分子膜的形态

2.4.3.2　红外反射-吸收光谱的原理和特点

红外反射-吸收光谱（IRRAS）（图 2-16）是研究界面分子的化学组成及分布取向的光谱技术，能实现对有机气溶胶界面的模拟与表征。红外光以一定的入射角度投射到表面上，界面上具有一定取向的分子对红外光进行吸收和反射，用高灵敏检测器对反射光进行探测从而获得界面分子的振动光谱(图 2-17)。

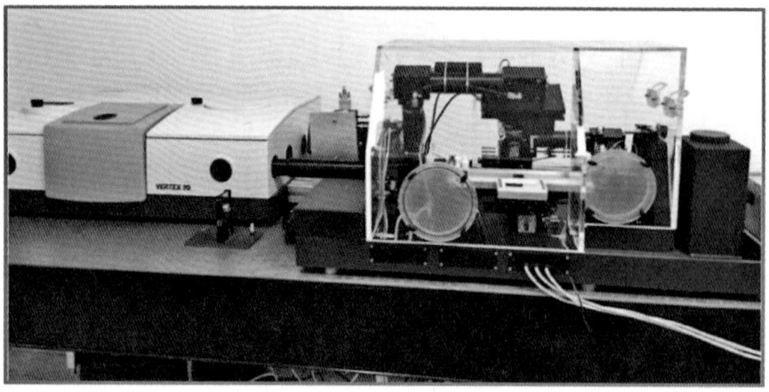

图 2-16　IRRAS 实物图

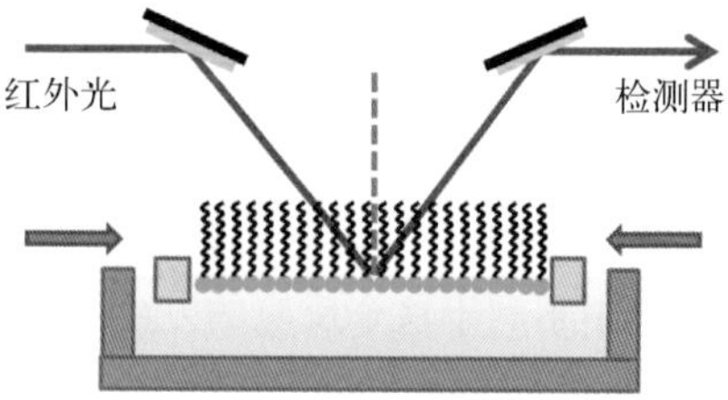

图 2-17　IRRAS 装置图

反射吸收光谱信号可以表示为

$$RA = -\lg(R/R_0) \tag{2-1}$$

式中，R 是单分子层表面的红外反射；R_0是纯水层的红外反射。

此外，通过增加偏振调制模块(PEM)，入射光被高频地调制为 s(垂直)和 p(平行)偏振态，仪器可以同时测量两种偏振态下的光谱。p 偏振态的光会在界面上被吸收而 s 偏振态的光则不被吸收，并且各向同性的介质(空气及其中的 CO_2 和 H_2O)的吸收与偏振态无关，因此 s 和 p 偏振态信号的差别即为界面分子的特征吸收。

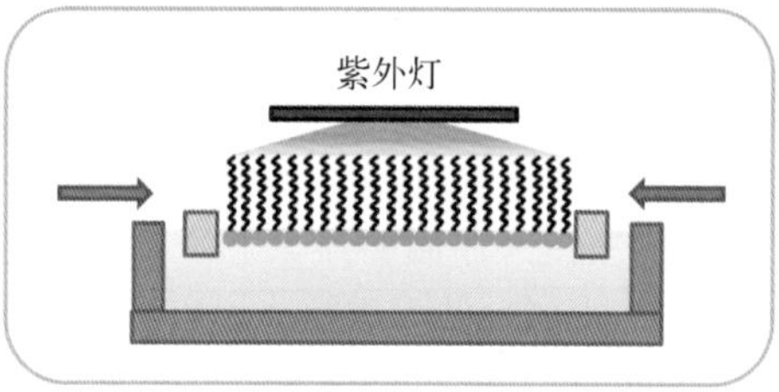

图 2-18　IRRAS 光照装置的示意图

改进该装置还可以用于模拟液相有机气溶胶的界面非均相反应。纯水通常被认为在近红外和近紫外波段是相对透光的。海水中的溶解盐在可见光波段没有吸收，但在紫外光波段略有吸收。Langmuir 槽外部的有机玻璃罩可以保证实验在一个相对封闭的环境条件下进行。图 2-18 是 IRRAS 光照装置的示意图。

界面分子的排列角度也会影响分子对红外光的吸收。如图 2-19 所示，当分子与红外光传播方向呈 90°时，分子对红外光的吸收最大；而两者呈其他角度时仅部分吸收；分子与红外光传播方向平行时，不产生吸收。

相比于其他红外光谱方法，IRRAS 具有以下技术优势：

(1) 高灵敏度。大多数有机样品要获得高质量的红外透射光谱，通常需要样品层的厚度在 10～20 μm 内。IRRAS 能测定厚度在 1 μm 以下的样品，甚至对单分子的纳米级薄膜也能获得较好的检测效果。IRRAS 技术是真正的表面分析技术，可测量 5～10 nm 厚度的单层分子，并可以用于定量测定。

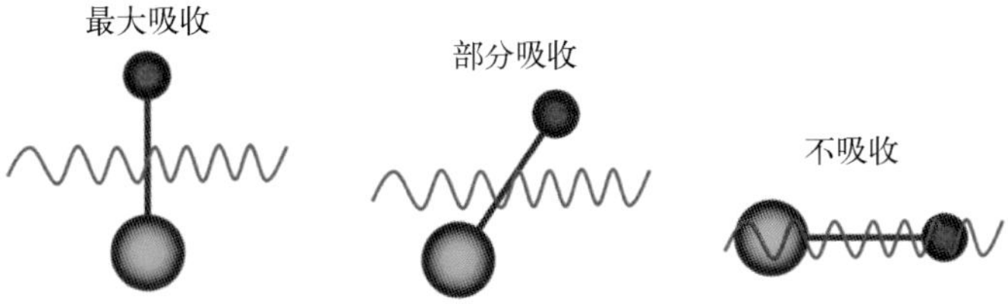

图 2-19　不同排列角度下的分子对 IRRAS 的吸收情况

(2) 表面选择性。只有在垂直于表面方向上有振动跃迁分量的振动模式才能产生红外吸收，这一特性在研究分子或官能团的取向时有重要应用。增加偏振调制模块后，几乎可以消除各向同性吸收造成的干扰，如空气中 CO_2 和 H_2O 对红外光谱的干扰。

(3) 原位-在线测量。一般的透射红外测量需要先对样品进行分离和处理，而 IRRAS 不需要将样品膜取下来测量。这样就不会破坏样品，还能实时在线观测有机膜的变化。它不仅能获取有机膜的表面信息，还能观测到液面以下 1～2 μm 的亚相。

利用 Langmuir 单分子层模拟大气有机气溶胶的界面具有以下优势：(1) 单分子膜的制备完全可控；(2) 结合红外光谱探测技术可以实现界面的原位表征；(3) 可以聚焦界面上的某个特定官能团的反应；(4) 可通过改变界面分子的官能团研究不同的界面反应机理。

IRRAS 技术应用到环境界面研究中，特别是气溶胶的界面，它的优势还在于可以实现有机污染物分子、液相中无机离子和水溶性有机物与界面分子的相互作用以及光化学反应等多种环境因素的耦合。研究大气界面反应的机理，探索灰霾污染的界面形成，从而为外场观测结果提供合理解释，也为改善大气模式模拟，控制大气污染等提供基础理论依据。

2.4.4　界面光谱的应用

2.4.4.1　无机离子与有机膜的相互作用

在海洋边界层的云滴和降水中发现了海水的主要离子成分 Na^+、K^+、Mg^{2+}、SO_4^{2-} 和 Cl^- 等[190-192]。此外，海洋微表层也含有多种水溶性的重金属离子，例如 Zn^{2+}、Cd^{2+}、Cu^{2+}、Ni^{2+}、Pb^{2+}、Co^{2+}、Fe^{3+} 和 Cr^{3+}，它们的浓度约是海水中浓度的 100 倍[193]。这些重金属也在 $PM_{2.5}$ 样品中被检测到，不同区域的浓度也不同。鉴于海水中有机物与无机盐的相对浓度非常低，比如有机物的浓度为 60～90 mmol/L，而 Na^+ 浓度约为 460 000 mmol/L，而海洋飞沫气溶胶中有机物的相对含量较高，这表明有机物从海洋到海洋飞沫气溶胶的转移是通过选择性过程进行的[194]。大多数亚微米海洋飞沫气溶胶颗粒主要含有海盐，如 NaCl、

KCl、$MgCl_2$和$CaCl_2$等，这些离子的富集可能也与有机物的相互作用有关。

气溶胶中无机离子的存在会影响表面有机膜的许多化学性质，例如表面活性、溶解性和界面分子结构等，这些性质对于气溶胶成核具有重要作用。根据表面压-面积（$\pi-A$）曲线发现金属离子的存在能使表面脂肪酸（硬脂酸、花生酸）面积发生不同程度的收缩或扩张（图2－20）[195]。Al^{3+}的存在会显著增大气溶胶表面有机膜的面积。表面膜的稳定性减弱可能会进一步增强气溶胶对水的渗透性[187]。Al^{3+}在大气中无处不在，在一些城市地区达到730～1 750 ng/m^{3}的浓度范围[196,197]，这个效应会随着Al^{3+}浓度的升高而加强。和硬脂酸膜相比，花生酸膜的$\pi-A$曲线往面积缩小的方向移动是因为分子间的相互吸引力随着分子链的增长而增加，使分子排列得更加紧凑。根据公式$-A(\partial\pi/\partial A)_T$可以计算表面压缩模量（$C_S^{-1}$）[198]，也叫表面弹性，其中$A$和$\pi$分别为25℃时的分子面积和表面压。当表面压达到23 mN/m时，纯水上硬脂酸膜的表面压缩模量有一个急速上升，这意味着发生了倾斜凝聚态向非倾斜凝聚态的转变。纯水上硬脂酸膜的最大表面弹性值为100 mN/m（图2－21）。

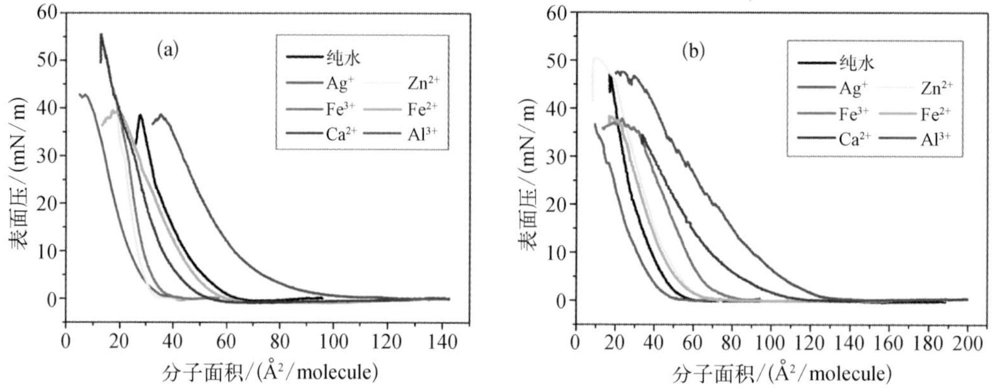

图2－20　硬脂酸膜（a）和花生酸膜（b）的表面压-面积（$\pi-A$）曲线，亚相分别为纯水和浓度为1 mmol/L的离子溶液（Ag^+，Zn^{2+}，Fe^{3+}，Fe^{2+}，Ca^{2+}，Al^{3+}）

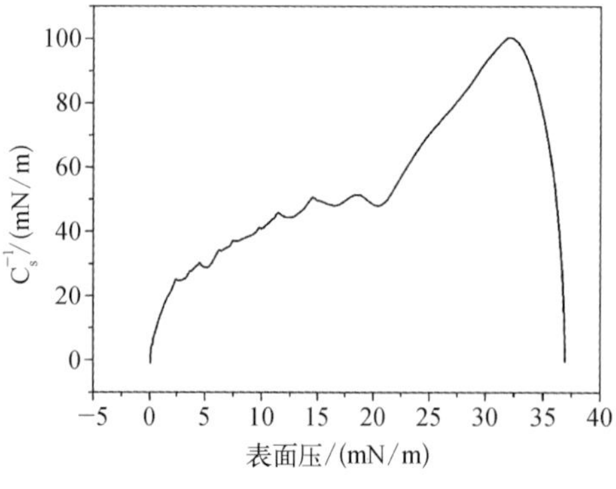

图2－21　硬脂酸膜在纯水上的表面压缩模量

在IRRAS图中，2 916 cm^{-1}和2 850 cm^{-1}位置的谱峰分别对应于烷基链上CH_2基团的不对称和对称伸缩振动[$\nu_{as}(CH_2)$和$\nu_s(CH_2)$]（图2－22）。CH_2基团的不对称和对称伸缩振动谱峰的强度比值（I_{as}/I_s）是衡量脂质膜有序性和无序性的重要参数[199]。这个参数可以用来评估无机离子对脂肪酸分子有序性的影响。由于质子化或者质子迁移平衡，液相溶液中的羧酸盐或羧酸分子总是会存在它们相应的酸或碱。通常情况下，可以通过计算羧酸根离子不对称和对称伸缩振动红外谱峰波数之差，即 $\Delta = \nu_{as}(COO) - \nu_{s}(COO)$，来指认配合物的类型[200]。当亚相中存在 Ca^{2+} 时，$\nu_{as}(COO)$ 和 $\nu_{s}(COO)$ 振动谱峰的频率差值指向单齿结构。当亚相中存在 Zn^{2+} 时，1 539 cm^{-1} 处的 $\nu_{as}(COO)$ 谱峰和 1 397 cm^{-1} 处的 $\nu_{s}(COO)$ 谱峰会产生 142 cm^{-1} 的差值，说明羧酸锌盐具有双齿结构。羧酸金属配合物的主要结构类型见图 2 - 23。

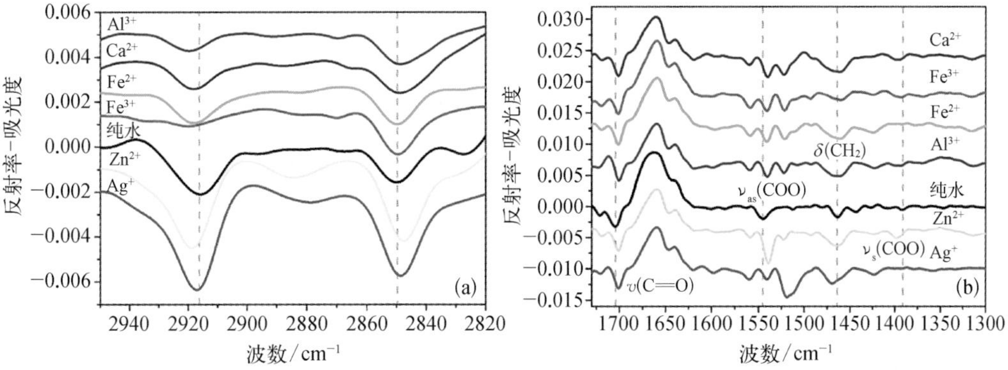

图 2 - 22　硬脂酸膜在 2 820～2 950 cm^{-1}（a）和 1 300～1 760 cm^{-1}（b）波段的 IRRAS 图

重金属离子（如 Zn^{2+} 和 Fe^{3+}）和磷脂［二棕榈酰磷脂酰胆碱（DPPC）］单分子膜的相互作用会产生阳离子- DPPC 复合物[201]。高浓度下的 Zn^{2+} 溶液能使 DPPC 分子排列更加紧密，形成高度有序排列的单分子膜。IRRAS 的测量结果表明高表面压下的 DPPC 单分子膜能和 Fe^{3+} 结合，并发生脱水，形成被 DPPC 分子包裹的铁纳米离子。Prudent 等用双通道双相电喷雾电离质谱可以观察到单个金属离子和磷脂的复合物[202]。研究表明痕量重金属与有机物的强烈作用为污染物从海洋表面的富集到气溶胶的转移提供了一条可能的通道。

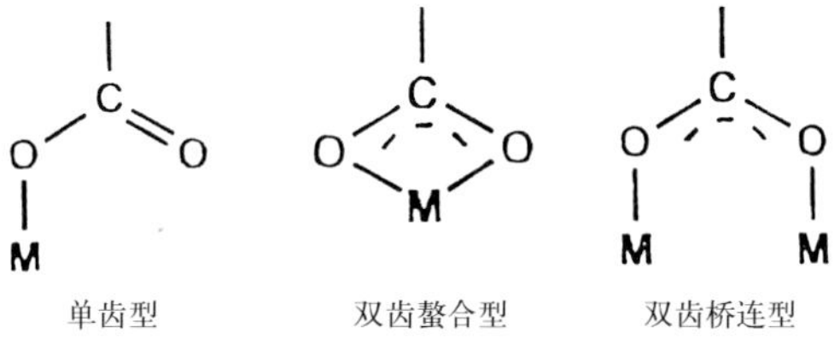

图 2 - 23　羧酸金属配合物的类型

除阳离子外，阴离子在海洋气溶胶中具有较高浓度，如 Br^-、Cl^-、NO_3^- 和 SO_4^{2-} 也会对有机单分子膜结构以及形成海洋气溶胶产生影响。和其他阴离子相比，SO_4^{2-} 被认为是一种较强的结构构造型阴离子[203]。基于 $\pi - A$ 曲线，根据 DPPC 单分子膜面积由小到大排列，可以依次得到以下序列：SO_4^{2-}、Cl^-、Br^-、NO_3^-，且该顺序和 Hofmeister 序列一致[204]。和钠盐一样，铵盐也是对流层气溶胶中的主要成分，也经常在大气气溶胶成核中被广泛研究。硫酸铵是典型的结构构造型盐，能使每个特定分子面积下的 DPPC 单分子膜的表面压增加（图 2 - 24）[205]。

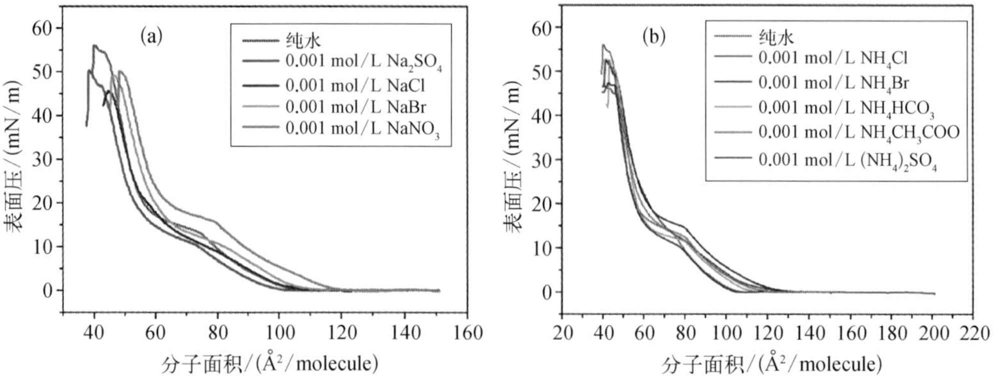

图 2-24　DPPC 膜在钠盐溶液（a）和铵盐溶液（b）上的表面压-面积（π-A）曲线

烷基链的构型会影响 CH_2 和 CH_3 振动谱峰位置。IRRAS 偏振对末端的甲基取向比较敏感，因此 IRRAS 能够反映分子链的 *trans* 和 *gauche* 构型。波数的减小说明 *trans* 构型数量和膜的有序性增加[206]。CH_2 的不对称伸缩振动谱峰位置小于 2 920 cm^{-1} 是 *all-trans* 构型的特征位置[207]。当亚相中存在 SO_4^{2-} 时，CH_2 和 CH_3 振动谱峰都往低的波数方向移动，DPPC 膜的烷基链更加有序。SO_4^{2-} 对 DPPC 单分子膜的选择性吸附也解释了这些离子在海洋气溶胶的富集。结构破坏型阴离子如 Br^- 能够破坏烷基区域。亚相中的 Br^- 能够使 DPPC 烷基链的 *gauche* 构型增加，导致 DPPC 单分子膜出现“缺陷区域”。研究发现疏水表面的水摄取多发生在表面膜的缺陷区域[208]。少量的水可以通过有机覆盖层的“缺陷区域”扩散并活化无机内核。

2.4.4.2　界面有机分子之间的相互作用

海洋微表层通常富集多种低挥发性的脂质和一些有机聚合物，如邻苯二甲酸酯和长链的脂肪酸。邻苯二甲酸酯类多用于塑料聚合物的工业制造，是大气和水体环境中分布广泛的持有性有机污染物，也是一类常见的环境内分泌干扰素[209]。从日常消费品中分解或挥发出来的邻苯二甲酸酯类也属于半挥发性有机物（SVOCs），是一些水体及其微表层中浓度最高的 SVOCs[210]，Zhang 等发现长江口及其邻近地区的 81 个监测点测到的邻苯二甲酸酯类中，邻苯二甲酸二(2-乙基己基)酯（DEHP）占总量的 25.1%，浓度最高[211]。邻苯二甲酸酯可以在大气粉尘颗粒中被检测到，也能在东海海域的海洋气溶胶中检测到，它是总悬浮颗粒物中的主要成分[173]，白天的浓度为(707 ± 401)ng/m^3，夜间的浓度为(313 ± 155) ng/m^3。

通常情况下，大气气溶胶液滴表面包裹的有机膜成分是多种有机物的混合物，这些有机物的相对比例也会影响表面有机膜的性质。然而，多种离子如海水对复合膜的作用缺少研究，目前也缺少海洋飞沫气溶胶表面有机复合膜的界面性质研究。虽然在海洋气溶胶中已经检测到了邻苯二甲酸酯，但它们在大气中的一次来源很少有研究报道。邻苯二甲酸酯的 $\pi-A$ 曲线证实单一成分的邻苯二甲酸酯分子很难形成稳定的单分子膜，因此考虑和其他分子、离子混合的情况。

基于单一成分膜和复合成分膜的 $\pi-A$ 曲线，通过比较实验结果和理论计算理想状态下的复合膜，可以得到复合膜成分之间的互混度，用过剩表面积（ΔA_{ex}）表示[212]。以脂肪酸（FA）和邻苯二甲酸二（2-乙基己基）酯（DEHP）复合膜为例，过剩表面积（ΔA_{ex}）可以用下面的公式定义：

$$\Delta A_{ex} = A_{FA/DEHP} - A_{FA/DEHP}^{id} = A_{FA/DEHP} - (A_{FA}X_{FA} + A_{DEHP}X_{DEHP}) \tag{2-2}$$

其中 $A_{FA/DEHP}$ 是复合膜的表面积，A_{FA} 和 A_{DEHP} 分别是在同一表面压下单一成分的脂肪酸和邻苯二甲酸二（2-乙基己基）酯的每分子面积。$A_{FA/DEHP}^{id}$ 对应的是理想状态下复合膜的每分子面积。理想状态认为两种混合物之间没有相互作用力，因此就没有产生过剩表面积，即 ΔA_{ex} 为零。X_{FA} 和 X_{DEHP} 分别是脂肪酸和邻苯二甲酸二（2-乙基己基）酯在复合膜中的摩尔分数。

复合膜的稳定性可以用过剩吉布斯自由能（ΔG_{ex}）来估计[213]。过剩吉布斯自由能（ΔG_{ex}）用下面的公式计算得到：

$$\Delta G_{ex} = \int_0^{\pi} [A_{FA/DEHP} - (X_{FA}A_{FA} + X_{DEHP}A_{DEHP})]d\pi \tag{2-3}$$

式中，π 是有机膜的表面压。理想情况下的 ΔG_{ex} 值为0。低的 ΔG_{ex} 值说明复合膜的稳定性较好，复合膜分子之间相互吸引；高的 ΔG_{ex} 值说明复合膜的稳定性较差，分子之间相互排斥。

从图2-25看，人工海水上的脂肪酸和邻苯二甲酸酯复合膜的过剩吉布斯自由能较低，这说明邻苯二甲酸酯可以通过和脂肪酸混合从海洋表面转移到大气中[214]。和棕榈酸复合膜相比，在硬脂酸和邻苯二甲酸酯混合物中测到的过剩吉布斯自由能更低，这说明链更长的脂肪酸对复合膜的稳定作用更强。在未来研究有机污染物的转移时，应当考虑多种有机物的混合。

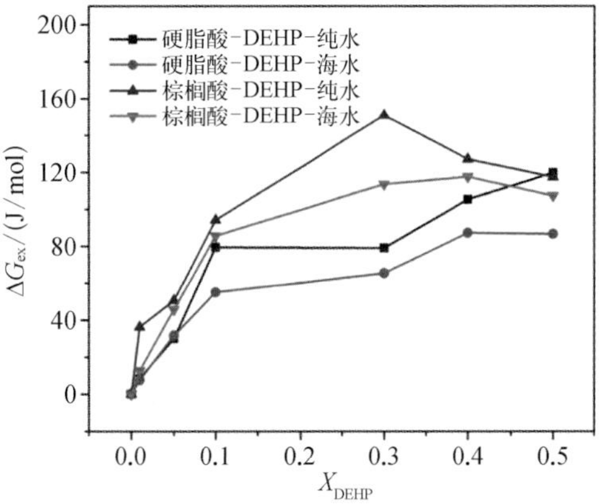

图2-25 脂肪酸和邻苯二甲酸酯复合膜在纯水和海水上的过剩吉布斯自由能（ΔG_{ex}）（X_{DEHP} 是 DEHP 在复合物中的摩尔分数）

在油酸和脂肪醇（十八醇）复合膜体系中，负的过剩表面积说明油酸和十八醇分子之间相互吸引[215]。相同摩尔浓度的油酸和十八醇一比一混合得到的复合膜的过剩吉布斯自由能最低，即形成最稳定的复合膜（图2-26）。研究结果还突出了亚相中的人工海盐离子的作用，它能促使一些表面单分子膜显著收缩，有效降低有机复合膜的过剩

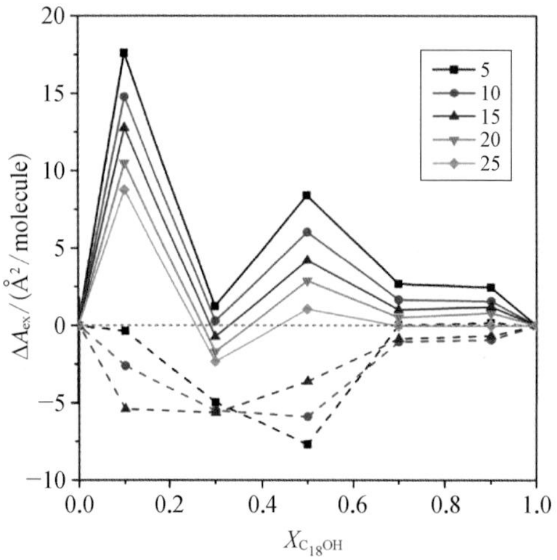

图 2-26　**油酸和十八醇复合膜的过剩分子面积（ΔA_{ex}），亚相为纯水（实线）和人工海水（虚线），表面压分别为 5 mN/m、10 mN/m、15 mN/m 和 20 mN/m（$X_{C_{18}OH}$是十八醇在复合物中的摩尔分数）**

吉布斯自由能，使分子构型更加稳定。

气溶胶上的表面活性化合物会通过降低液滴的表面张力从而增强云凝结核的活化效率[216]。而在成核-增长模式的计算中，复合膜面积通常被简化成单一成分膜的面积加和。由于不同成膜分子之间的相互作用，复合膜面积的变化远比模式中估计的复杂。分子间斥力或吸引力会引起有机膜表面积的扩张或压缩。复合膜的过剩表面积和吉布斯自由能反映了多种有机分子之间的相互作用以及液相气溶胶表面有机膜面积的变化，因此这些参数在液滴成核-增长模式计算中不能忽视。

液相气溶胶表面的表面活性分子自发形成有机膜的过程会使表面压不断升高，直到有机膜的表面压达到平衡扩散压力(ESP)[217]。有机膜的自发形成可能近似于大气环境中真实气溶胶表面形成有机膜的过程[218]。图 2-27 总结了之前实验和模式研究中硬脂酸、棕榈酸、油酸和十八醇单分子膜的 $\pi-A$ 曲线和相应的 ESP 值，其中小插图展示了这些有机分子膜在平衡扩散压力下的排列密度和形态。

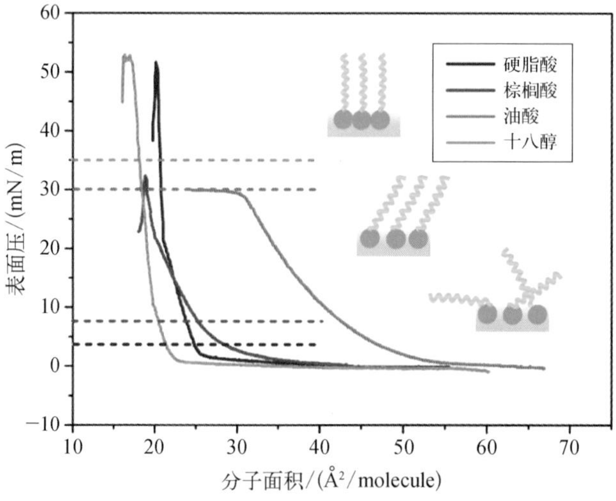

图 2-27　**硬脂酸、棕榈酸、油酸和十八醇单分子膜在纯水上的表面压-面积（$\pi-A$）曲线及其相应的平衡扩散压力（ESP）（图中以虚线给出）（曲线右侧插图反映了随着表面压的升高，单分子膜的相态变化）**

十八醇单分子膜的平衡扩散压力值(π_e)在温度为 25℃、23℃ 和 20℃ 时分别为 35 mN/m、33 mN/m 和 30 mN/m[219]。处于平衡扩散压力下的十八醇单分子膜呈现出紧密排列的状态,十八醇分子的烷基链几乎不倾斜。当温度为 25℃ 时,硬脂酸和油酸膜的 π_e 值分别为 3.7 mN/m 和 30.4 mN/m[220,221]。当油酸单分子膜达到 EPS 时处于倾斜凝聚态,有机膜的排列密度低,且很难继续压缩超过 ESP。硬脂酸单分子膜的 ESP 仅比气态膜的表面压略大,这表明硬脂酸分子不垂直于水表面,单分子膜处于亚稳态中。同样,由于 ESP 值为 7.6 mN/m,棕榈酸单分子膜也没有达到相对稳定的状态。碳链长度为 C_{12}~C_{18} 的脂肪酸最有可能在气溶胶表面形成有机膜,碳链长度短于 C_{12} 的脂肪酸的挥发性很强,因此大多存在于气相中。碳链长度大于 C_{18} 的脂肪酸由于它们的 ESP 较低,因此很难在气温低于 20℃ 时在气溶胶表面自发形成有机膜[220]。

形成非倾斜凝聚态的有机膜能减缓水分蒸发并且阻碍水分子的界面传输。由长链脂肪醇组成的凝聚态有机膜能显著降低蒸发系数[180],随着碳链长度从 C_{12} 增长到 C_{17},蒸发系数从 2.4×10^{-3} 下降到 1.7×10^{-5}。当分子面积小于 24 $\mathrm{\AA}^2$/molecule 时,有序紧密排列的十八醇单分子膜会对水分蒸发产生最大的阻碍[180],十八醇单分子膜包裹的液相气溶胶的蒸发系数为 8.5×10^{-6}。被棕榈酸或硬脂酸包裹的颗粒物的液滴直径太小,通常等于或低于颗粒物粒径测量的检出限[222],表明长链脂肪酸形成的有机覆盖层会阻碍水蒸气凝聚增长形成液滴。被油酸膜包裹的颗粒物没有观察到水蒸气凝结的动力学限制[222],可能是油酸的构型会阻碍油酸分子的紧密排列[222],使有机膜表面有能进行水分子交换的“缺陷区域”。

2.4.4.3 有机单分子膜的界面光化学老化过程

利用添加光照的界面光谱装置,还可以研究大气棕碳类物质参与气溶胶表面有机膜的界面光化学氧化的过程。大气气溶胶的水相内核也可能含有能吸光的棕碳。棕碳物质通常含有光敏化分子,可以被太阳光的紫外-可见光波段激发,促使自由基反应,再将能量传递给液相气溶胶表面低挥发性的有机物,参与有机气溶胶的光化学老化。DSPC 和 DOPC 有相同的碳链长和不同的饱和度,DOPC 膜因含有双键而排列较松散为光敏剂分子参与反应创造了更多的空间。为了更好地理解水-气界面上脂质膜的稳定性和松弛机理,可将单分子膜的表面压设为固定值,观察二硬脂酰磷脂酰胆碱(DSPC)和二油脂酰磷脂酰胆碱(DOPC)膜的相对面积(A/A_0)随时间的变化。黑暗条件下,DOPC 分子不会和光敏剂发生反应;而在光照条件下,无论是化学光敏剂——咪唑-2-甲醛(IC)和腐殖酸(HA),还是实验室模拟烟雾箱产生的二次有机气溶胶(SOA)和外场采集的真实 $PM_{2.5}$ 样品,都使 DOPC 膜的降解速率有了很显著变化,这说明发生了反应,可能有新的物质生成(图 2-28)[223]。而无论是否含有光敏剂,光照条件下的 DSPC 膜的相对分子面积变化都和不光照的情况相似,表明 DOPC 和 DSPC 在光敏剂作用下的反应机理不同。

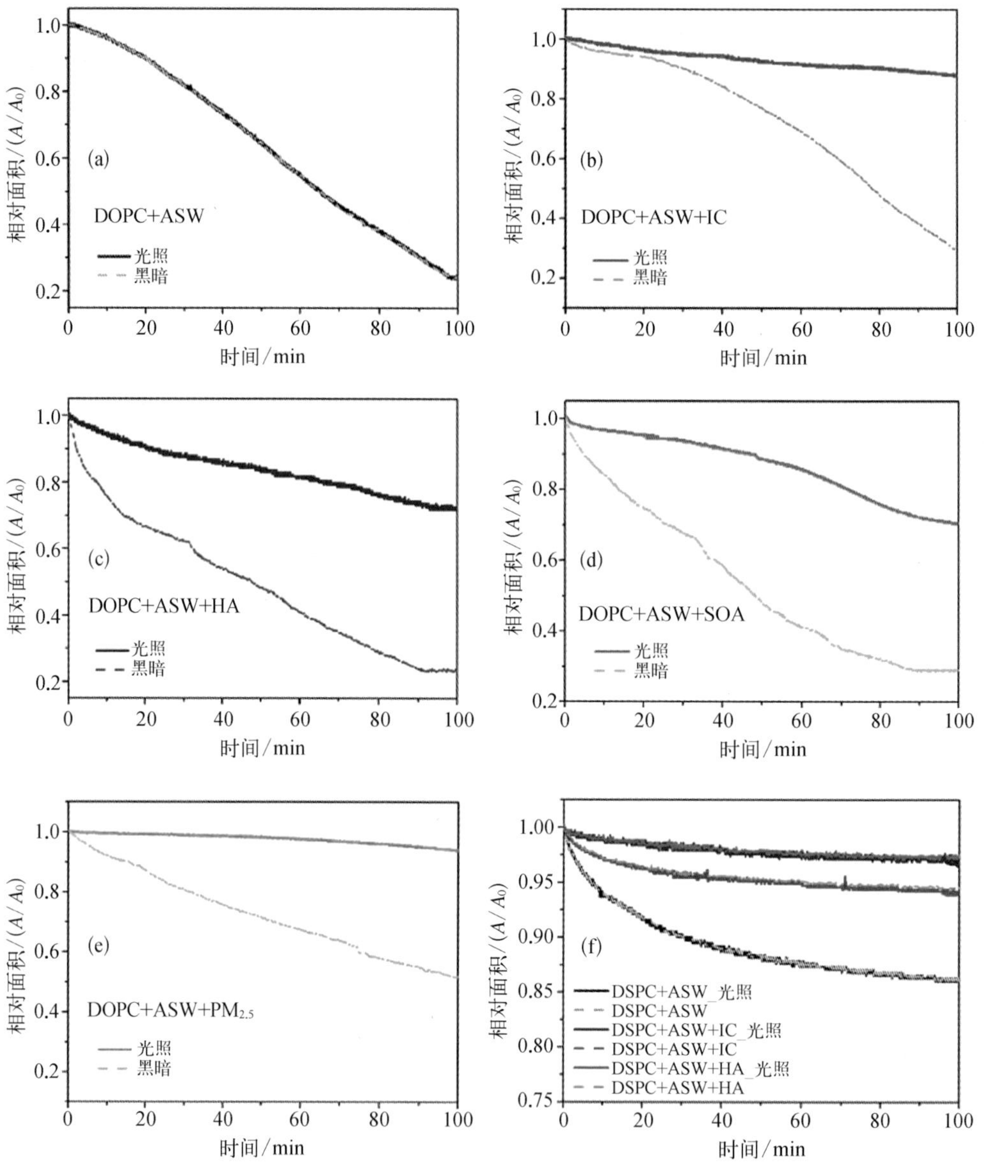

图 2-28 （a）~（e）光照和黑暗条件下 DOPC 单分子膜的相对分子面积随时间的变化，亚相分别为人工海水（ASW）、含 IC 的人工海水、含 HA 的人工海水、含 SOA 样品的人工海水、含 $PM_{2.5}$ 样品的人工海水；（f）光照和黑暗条件下 DSPC 单分子膜的相对分子面积随时间的变化（A_0 是表面压为 25 mN/m 时有机膜开始光照前的分子面积）[223]

用 IRRAS 可以观察光照条件下气溶胶表面有机膜的变化。以光照 DOPC 膜混合 IC 的情况为例[图 2-29(a)]，在 3 023 cm^{-1} 位置的 HC═CH 基团的 CH 伸缩振动谱峰有轻微移动，说明脂肪链上初始位置的双键没有断裂(图 2-29)。在 3 001 cm^{-1} 位置出现的新的峰也是属于 HC═CH 基团的 CH 伸缩振动，这个峰的出现意味着光敏化反应生成了新的不饱和产物。CH_2 和 CH_3 基团向波数小的方向移动说明光照之后 DOPC 脂肪链的有序性增加。比较光照和黑暗条件下的 IRRAS 图可以认为 DSPC 膜在紫外光照下没有观察到产物。饱和的 DSPC 膜比不饱和的 DOPC 膜的光化学稳定性更强。

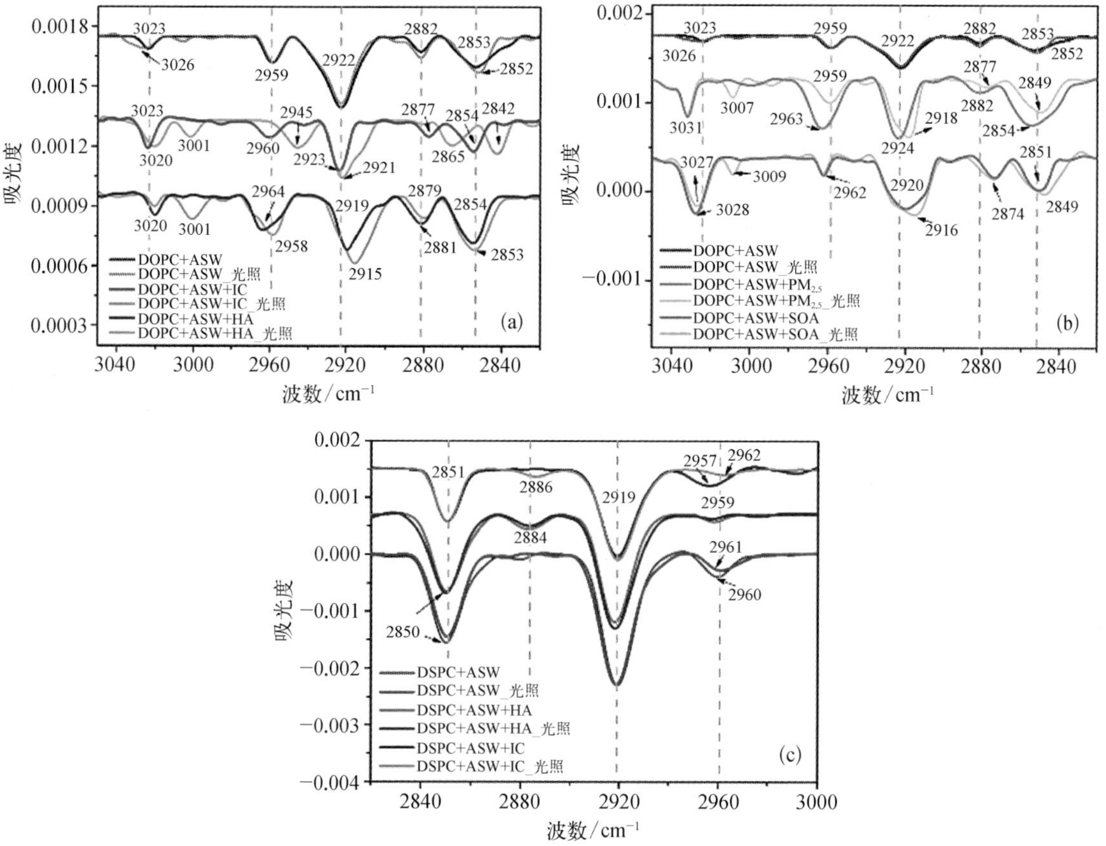

图 2-29　(a)(b) 光照和黑暗条件下 DOPC 膜的 IRRAS 图，亚相分别为含 IC 和 HA 样品、含 $PM_{2.5}$ 和 SOA 样品；(c) 光照和黑暗条件下 DSPC 膜在含 IC 或 HA 的人工海水上的 IRRAS 图

在光激发的条件下，光敏剂的激发三重态可以产生类型Ⅰ(电子转移)和(或)类型Ⅱ(能量转移)反应，产生大量的高活性氧物质(ROS)[224]。类型Ⅰ反应可以减少分子氧(O_2)去产生氧化自由基和负离子自由基物质(如 O_2^- ·、HO·)。类型Ⅱ反应可以转移能量到 O_2，从而生成单线态氧($^1O_2$)。三重激发态的 IC($^3IC^*$)、HA($^3HA^*$)和 HULIS($^3HULIS^*$)也可以直接氧化其他有机物[225]。

这些 ROS 和三重激发态的光敏剂都能和水-气界面上的脂质反应，从而使液相有机气溶胶表面的有机膜发生老化。不饱和磷脂更容易受 $^1O_2$ 和自由基的攻击。$^1O_2$ 和磷脂链上的不饱和双键发生反应生成过氧化氢基团(OOH)，由于脂肪链的亲水-疏水平衡，进而使脂肪酸膜的分子面积增大。Riske 等研究发现在光照下，由大量不饱和磷脂组成的大脂双层囊泡表现出快速的面积增长，使得形貌发生改变[226]。Wong－Ekkabut 等通过分子动力学模拟也表明磷脂上的过氧化氢基团有在表面停留的倾向，这使相应的分子表面积增大[227]。IRRAS 对 OOH 基团没有响应，因此 IRRAS 不能直接检测到 DOPC 的过氧化氢分子。但在 3 001 cm^{-1}、3 007 cm^{-1} 和 3 009 cm^{-1} 处观察到的 HC═CH 基团伸缩振动也同样证明了在气液界面上生成了新的不饱和产物。且其他基团的谱峰变化很小，可以推测实验测到的光化学氧化产物的结构和 DOPC 分子相似。根据已知的脂质光敏化反应机理，IRRAS 测量得到的不饱和产物很可能是 DOPC 光敏化反应的初级氧化产物——DOPC 过氧化氢物质。由于 DOPC 上的过氧化氢基团比 DOPC 的脂肪链的水溶性更好，可以溶解进入水相，使得 DOPC 膜在气液界面上的面积增大，这也很好地解释了光照之后 DOPC 相对面积的变化。图 2－30 总结了 DOPC 膜与激发态的光敏化分子发生的光化学反应的机理。脂质

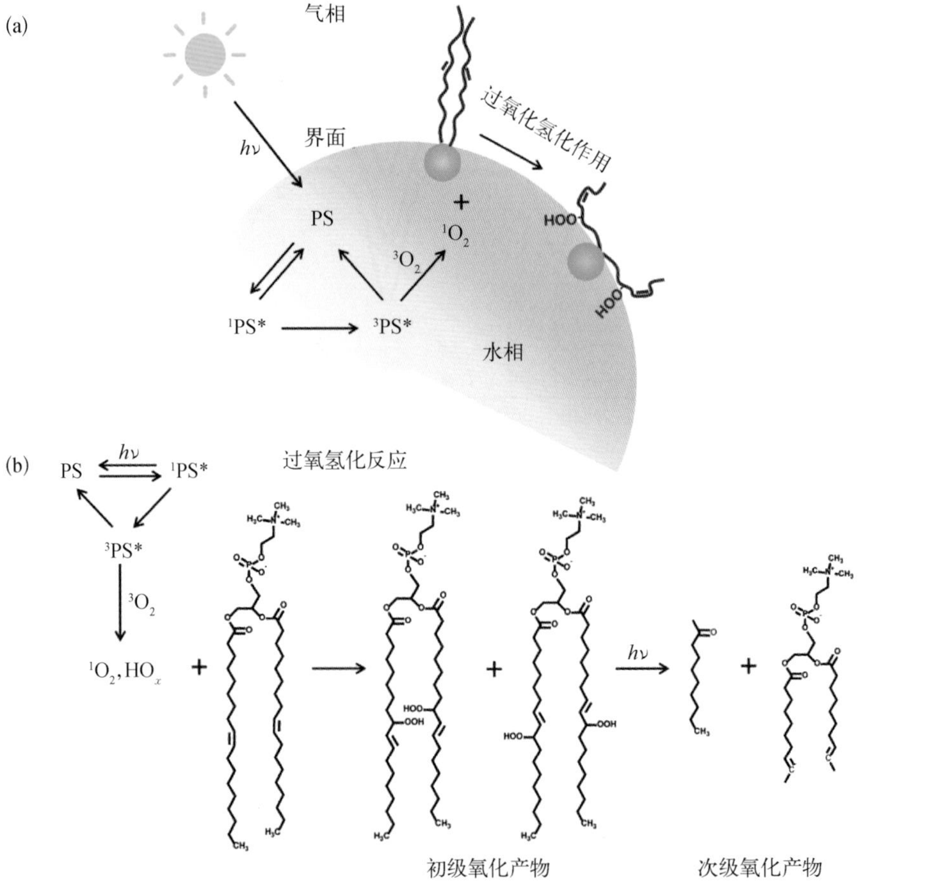

图 2－30　（a）DOPC 和光敏剂（PS）在气液界面上相互作用的模型；
（b）光敏剂（PS）存在下，光引发 DOPC 氧化的可能机理

的过氧化氢化合物是初级氧化产物并且在室温下是相对稳定的。在初始的过氧化氢物形成之后，脂质的过氧化氢物质可能会进一步分解成自由基，形成酮、醛、酸、醇、酯类和短链碳氢化合物[228]。自由基链式反应也加速了二次氧化产物的形成。不饱和脂肪酸在光敏化氧化过程中也遵循这一机理。

疏水性有机物质经过光敏化反应转化成亲水性有机物，会改变有机气溶胶的吸湿性。水溶性更好的产物例如 DOPC 的过氧化氢物质会分配进入液相有机气溶胶的亲水内核，随之影响气溶胶的吸湿增长和云凝结核的活化。光照的作用下，气溶胶表面有机膜处于亚稳定状态，气溶胶会变得更加容易渗透水，使得气溶胶的吸湿性增大。通常情况下，由于有机膜的表面浓度低，排列松散或者多种成分之间的相互作用，气溶胶表面覆盖层会出现相当多数量的小的“孔洞”，因此痕量气体在界面的传输也不会被完全阻碍[229]。由于光化学反应的发生，气溶胶表面不饱和物质的大气寿命会缩短。在棕碳参与下的气液界面的光化学反应是去除液相气溶胶表面低挥发性有机物的有效的和常见的过程。并且鉴于饱和磷脂和不饱和磷脂不同的反应性，液相有机气溶胶的光敏化反应可能也依赖于表面成膜物质的种类。SOA 样品和 $PM_{2.5}$ 样品的实验现象与 IC 和 HA 的实验现象相似，说明该反应在真实的大气环境中也可能发生。

2.5　挥发性有机物（VOCs）的环境催化

2.5.1　VOCs 的定义和分类

挥发性有机化合物(VOCs)是大气中普遍存在的一类组成复杂的大气污染物。VOCs 在室温和大气压下具有高挥发性的特点。美国环境保护机构(EPA)将 VOCs 定义为除 CO、CO_2、H_2CO_3、金属碳化物、金属碳酸盐和碳酸铵之外，参与大气光化学反应的所有含碳化合物；2004 年，欧盟(EU)将 VOCs 定义为在标准大气压 (101.3 kPa) 下，沸点小于或等于 250℃ 的有机化合物。VOCs 种类繁多，包括烷烃类、烯烃类、芳香烃类、醇类、醛类、酮类、醚类、酯类、卤代烃类和硫化物等种类。大气中 VOCs 具有来源广泛的特点，其主要来自制鞋业、纺织业和化工行业等工业过程、机动车尾气以及人类日常活动等。VOCs 在排放过程或大气环境中可能会发生一系列复杂的化学反应，产生含氧、含氯、含硫的 VOCs 衍生物，进而增大其治理难度。

2.5.2　VOCs 的危害

VOCs 对人体健康和环境具有严重的危害。部分 VOCs 具有高毒性，部分没有已知的健康影响，还有一些 VOCs 具有致癌性和基因毒性。据报道，VOCs 一般会引起眼睛、鼻子和喉咙的刺激、头痛、丧失协调能力，严重可导致肝脏、肾脏和中枢神经系统的损害。如甲醛作为一种典型的 VOCs，其于 2004 年被世界卫生组织（WHO）归类为Ⅰ类致癌物，欧洲联合会于 2014 年将甲醛归类为 1B 类致癌物和诱变剂。根据报道，长期暴露在被甲醛污染的室内环境可导致严重的健康问题，包括眼和喉咙有灼热感、恶心、呼吸困难，甚至可诱发鼻咽癌或鼻癌等致命疾病。苯是芳香烃类化合物中一种典型的 VOCs，国际癌症研究机构（IARC）将苯归类为Ⅰ类致癌物。此外，由于苯具有高挥发性，人体容易通过吸入或皮肤接触而发生苯中毒。

除了毒性、刺激性、致突变作用和致癌作用，VOCs 还具有极高的化学活性，是臭氧、灰霾和二次有机气溶胶的重要前驱体。此外，大多数 VOCs 不仅可造成臭氧层破坏，其还可通过与其他空气污染物如 NO_x 和 SO_x 反应而形成光化学烟雾。大部分 VOCs 属于温室效应气体，部分 VOCs 可作为次级温室气体，其通过发生复杂的化学反应产生 O_3 并且增加或减少·OH 的分布，进而影响温室气体 CH_4 的分布。综上，加强大气污染治理和开发高效治理 VOCs 方法刻不容缓。

2.5.3　VOCs 治理研究方法

除从源头上控制 VOCs 排放外，对于当前 VOCs 污染的有效消除也刻不容缓。目前，关于 VOCs 的治理方法主要有吸附法、吸收法、焚烧法、生物法、光催化法和催化氧化法等。其中吸附法和吸收法主要针对高浓度 VOCs 进行回收且加以利用。吸附法为利用多孔及大比表面积的材料对 VOCs 进行吸附、分离与析出。该方法有适用范围广、能耗低、效率高和可以进行资源回收利用等优点，但存在吸附饱和、二次污染及吸附材料再生困难等缺陷。吸收法是利用 VOCs 可溶解于液体吸附剂这一特性对其进行分离消除，此方法可能达到“变废为宝”的效果，但可使用此方法的 VOCs 种类有限且对吸附的温度和压力要求较高，成本较高。

大气中的 VOCs 浓度一般较低，不适宜对其回收，故将其销毁、降解是较好的治理方法。焚烧法是高温下直接将污染物转化为二氧化碳和水，该方法最为普遍、操作简单，但含 Cl、S 等元素的有机污染物焚烧后可产生二次污染物。生物法是利用生物膜中的好氧菌可降解 VOCs 的特点对其进行彻底消除，该方法因环保、无二次污染而广受青睐，但其成本太高且对操作条件要求严苛。光催化法是利用光诱导催化剂产生活性自由基，进而催化氧化 VOCs 的方法，虽然该方法活性高、反应条件温和，但依然存在能耗高、反应速率慢和易产生副产物等诸多问题。

催化氧化法是目前公认的最有效的彻底降解 VOCs 的方法。催化剂的催化作用能够在较低的温度下将有机污染物转化为二氧化碳和水，其原理为催化剂能够使反应物分子富集在催化剂表面，降低反应活化能，提升反应速率，在远低于污染物起始燃烧温度时即可将其完全氧化。该方法因其效率高、无二次污染、成本低和适用性广等优点而成为研究热点。

2.5.4　VOCs 催化氧化

催化氧化的核心是催化剂，催化剂主要由活性组分、助催化剂和载体三部分组成，其中，活性组分直接影响催化剂整体性能，故其在催化剂中起最为关键的作用。按照活性组分进行分类，催化剂可分为负载型贵金属氧化物催化剂和金属氧化物催化剂。

2.5.4.1　负载型贵金属氧化物催化剂

负载型贵金属氧化物催化剂是指贵金属（Pt、Pd、Au、Ag、Ru 等）作为活性组分负载到具有较大比表面积或特殊结构的载体上的催化剂。由于贵金属的加入，催化剂表面的物理化学性质得以改善，催化性能能够得到明显提升，故在 VOCs 催化氧化方面贵金属氧化物催化剂相对于金属氧化物催化剂有较大的优势。对于负载型贵金属氧化物催化剂，由于贵金属价格较贵，故当前研究热点主要有控制贵金属负载量、合适的载体、金属载体活性界面的构建和金属-载体间强相互作用等几方面。

通常，催化剂的催化活性会随贵金属负载量的增大而提升，但高的负载量也决定了需要较高的成本，这会较大程度地限制催化剂的实际应用，所以开发低负载量的高效贵金属催化剂意义重大。Hang 等通过硼氢化钠还原制备了负载量低至 0.1%（质量分数）的 Pt/TiO_2 催化剂，并实现室温下完全降解 10 ppm 甲醛，究其原因为该方法使得催化剂表面的 Pt 纳米颗粒呈负电性，促进了活性氧物种的形成从而为甲醛的催化氧化提供较多的活性位点[230]。贵金属负载量很低的前提下，对贵金属颗粒的尺寸控制极为重要，近几年，对于超小尺寸甚至是单原子分散的贵金属负载型催化剂的研究逐步成为热点。Ma 等设计合成了层状 Au 团簇-碳化钼负载型催化剂用于低温水煤气变换反应，该催化剂中层状 Au 团簇尺寸约为 1.5 nm、厚度为 2～4 层，层状 Au 团簇与碳化钼载体的界面提供了水煤气变换反应的高效活性位，为吸附在 Au 表面上的 CO 与碳化钼表面上的羟基的重整反应提供了有利条件，从而有效解决了该反应中高转化率与高反应速率不能兼得的历史性难题[231]。Zhang 等探究了单原子 Au 和 Pt 与纳米粒子分别负载在 CeO_2 载体上对苯甲醇选择性氧化的影响。研究表明，单原子负载催化剂具有更高的催化活性和选择性，主要原因为单原子催化剂中金属原子与载体能达到最大接触，使金属-载体的界面效应最大化，能够更大比例地活化载体中的晶格氧参与反应。除此之外，与负载纳米粒子相比单原子催化剂不仅有最大的金属原子利用率，因其每个原子与载体接触，活性位点环境更单一，故有更高的选择性[232]。

载体能够对活性组分起到支撑的作用，多孔或大比表面积的载体能够使负载的贵金属有很好的分散度，载体还可能与负载的金属粒子产生强相互作用起到协同催化的效果，而载体的结构、形貌和尺寸等也会对催化剂的催化性能造成一定的影响。目前所使用的载体材料主要有金属氧化物、分子筛和碳材料等。金属氧化物如 TiO_2、SiO_2、Al_2O_3、Co_3O_4、CeO_2、Mn_3O_4、ZrO_2等作为负载型贵金属催化剂的载体得到了广泛的研究。SiO_2、Al_2O_3、ZrO_2等作为非还原性载体主要依附于其较大的比表面积、多孔结构和特殊的晶型等，而 Co_3O_4、Mn_3O_4和 CeO_2等还原性载体可以与贵金属粒子产生强相互作用，其自身的氧化还原特性亦可提升催化剂的整体性能。Chen 等制备了 Pd@ZrO_2核壳组分负载在 Si 修饰的氧化铝上的催化剂用于甲烷氧化，与催化剂 Pd@CeO_2相比，该复合催化剂有类似的反应速率和热稳定性，但其在高水含量的条件下仍有很好的稳定性[233]。Yang 等探究了混晶相 ZrO_2负载 Pt 纳米粒子催化剂在甲醛催化氧化中的影响。研究证明，四方/单斜混晶相 ZrO_2结构的形成对催化氧化甲醛的反应活性有明显提升，结合各表征分析可知混晶相中相界面的存在是提升活性的主要因素[234]。Fei 等探究了 Au 负载到不同形貌的 Mn_3O_4上对于苯催化氧化的影响。不同形貌的 Mn_3O_4有不同的暴露晶面，Au 负载到不同的晶面上可显著影响催化剂的催化活性，Au 与不同形貌中 Mn_3O_4的特定晶面可形成金属-载体强相互作用，导致产生的独特的界面协同效应能够有效地提升催化剂的催化性能[235]。分子筛有很大的比表面积和一定的疏水性，极大地有利于贵金属的分散，对于制备高分散催化剂意义重大。Kawi 等制备了一系列 Pt 负载的疏水催化剂并用于甲苯的催化氧化，研究发现，相比 ZMS－5 来讲，MCM－41 有更大的比表面积、孔道结构和更好的疏水性，对甲苯的催化氧化反应有更高的效率，即使在较高的含水量的条件下活性仍能保持[236]。

众多研究表明关于 VOCs 的催化反应是在负载金属颗粒与载体的界面处发生的，所以构建金属-载体活性界面逐渐成为 VOCs 催化氧化研究领域的重要部分。Shen 等发现负载在 CeO_2纳米棒上 Au 纳米粒子分为四个区域：表面 Au 原子层、支撑区域、锚定原子层和掩埋界面原子，结合表征结果证明界面处的 Au 原子为主要活性位[237]。Lin 等通过浸渍法制备了具有活性界面的 Pt－Fe/Ni 催化剂用于甲醛的催化氧化，研究证明该活性界面能够加速 O_2的吸附和解离，从而使该材料有更多的表面活性氧物种。原位红外研究证明在界面处甲醛先被氧化成甲酸盐等中间体，此后界面处的活性氧会将中间体再次氧化，同时空气中的氧气能够对界面处形成的氧空位进行快速地补充，从而提升反应速率和催化活性[238]。Lu 等利用原子沉积技术将 FeO_x 沉积到催化剂 Pt/SiO_2上的 Pt 纳米颗粒上，成功构建了 $Fe(OH)_x$ 原子级分散的单位点金属-氧化物界面催化剂，该方法将界面效应最大化，能够极大地提升催化剂的活性和选择性[239]。界面效应除了界面处的原子作为活性位点参与反应外，越来越多的研究也证明在界面处负载金属与载体间能够产生相互作用，贵金属纳米颗粒与载体之间的强相互作用（strong metal-support interaction，SMSI）更是受到研究者的广泛关注，该相互作用能够显著影响催化剂的物理化学性质，当前对于 SMSI 效应解释主要有以下三个方面：形成金属-金属键、载体与负载金属有电子转移和载体对于贵金属颗粒的形成包覆。文献表明金属-金属成键主要有轨道重叠和共用电子对两种方式。而负载金属颗粒与载体形成电子转移是发生 SMSI 效应的重要条件，一般认为高温氧化或还原的条件下能够使载流子在负载金属颗粒和载体之间迁移。Tang 等制备出了具有 Au 抗烧结性且高活性的 Au/FeO_x 催化剂，研究表明单原子分散的 Au 占据载体 FeO_x 中 Fe 的空位并与其有电子转移使 Au 带正电，从而导致单原子 Au 与载体形成金属-载体强相互作用，故对 CO 的氧化反应表现出卓越的催化活性和稳定性[240]。贵金属用于 VOCs 催化氧化中对于活性提升有较大潜力，但仍然存在贵金属颗粒在高温反应过程中易烧结的问题，针对其高温稳定性的缺陷，研究者提出对负载的贵金属颗粒进行包覆的策略。Tang 等设计了半包裹结构的 Au/HAP－TiO_2 催化剂，该催化剂中负载的 Au 纳米颗粒一部分被羟基磷灰石（HAP）密封以保持其超高的稳定性，与 TiO_2 接触的另一部分暴露出来以提供活性位点，该催化剂完美地解决了因包覆而导致的活性位点被覆盖的问题，并且在 800℃ 高温下仍有良好的 CO 催化活性，在模拟汽车尾气中 CO 的降解实验中也有很好的反应稳定性[241]。

2.5.4.2　非贵金属催化剂

在 VOCs 的催化氧化研究中，非贵金属催化剂以其结构多样、成本低廉、稳定性高等优势而逐渐引起人们的重视。目前，非贵金属催化剂体系按照组分可分为单组分金属氧化物催化剂和复合金属氧化物催化剂两大类。

用于 VOCs 催化氧化的单组分过渡金属氧化物种类繁多，包括锰氧化物、钴氧化物、氧化镍、氧化铈、铬氧化物、铜氧化物和铁氧化物等。其中，MnO_x、Co_3O_4 和 CeO_2 被较为广泛研究。MnO_x 和 Co_3O_4 因多价态的金属离子、优异的氧化还原性、丰富的形貌、低廉的成本和良好的稳定性等优点而备受人们青睐。Bian 等分别利用水热法和 CCl_4 溶液法合成棒状、线状和管状的 α－MnO_2 以及花状的 Mn_2O_3 用于催化氧化甲苯。研究发现，棒状 α－MnO_2 的催化活性最好，其在质量空速为 20 000 mL/(g・h)下的 T_{50} 和 T_{90} 分别达 210℃ 和 225℃，该催化剂优异的催化性能与高浓度的表面吸附氧物种和良好的低温还原性有关[242]。Hou 等利用简便的水热氧化还原法合成不同浓度的 K^+ 掺杂的锰钾矿型八面体分子筛（OMS－2）纳米棒用于催化氧化苯。研究发现，增大 K^+ 浓度可以提高 OMS－2 纳米棒晶格氧的活性，进而提高苯氧化活性[243]。Bai 等将水热法合成的 1D－MnO_2 以及硬模板法合成的 2D－MnO_2 和 3D－MnO_2 催化剂用于乙醇的低温氧化研究。研究发现，3D－MnO_2 由于优异的低温还原性和丰富的表面吸附氧物种和 Mn^{4+} 而具有最佳的乙醇氧化活性，其乙醇完全氧化为 CO_2 的温度为 150℃[244]。Gonzalez－Prior 等合成了一系列具有不同微观结构（纳米立方块、纳米片和纳米棒）的 Co_3O_4 催化剂，考察其对 1,2－二氯乙烷的氧化性能。研究表明，Co_3O_4 纳米立方块催化氧化活性最好，这得益于该催化剂的大比表面积、小的晶体尺寸、丰富的缺陷结构以及良好的氧物种移动性[245]。Ma 等首次合成了双面纳米

梳结构的 Co_3O_4 催化剂，该形貌赋予催化剂更多的缺陷结构、丰富的表面 Co^{3+} 和晶格氧物种，因而具有较好的苯氧化活性和稳定性[246]。

近年来，由于金属有机骨架化合物（MOFs）具有可调控的形貌、较大的比表面积和丰富的孔道结构而逐渐被用作模板制备金属氧化物。如 Zhao 等以不同尺寸的 ZIF－67 为模板通过空气热解合成多孔中空 Co_3O_4 纳米笼，考察催化剂的尺寸效应对甲苯催化氧化性能的影响。结果表明，中空 Co_3O_4 纳米笼颗粒的尺寸可显著影响其表面 Co^{3+}/Co^{2+} 的原子比，进而影响其催化性能[247]。

CeO_2 具有结构稳定性、低毒性、丰富的氧空位缺陷和优异的氧气储存和释放能力，且 Ce^{3+} 与 Ce^{4+} 之间易于转化，这使得 CeO_2 被应用于各类 VOCs 的降解反应中。Laura Torrente－Murciano 等合成了 CeO_2 纳米颗粒、纳米棒和纳米立方块，考察其对典型的多环芳香烃-萘的完全氧化，研究发现 CeO_2 纳米块活性最好，主要原因为其具有最大的比表面积、最小的晶粒尺寸以及较多的表面氧空位[248]。Chen 等以 Ce－MOF 为前驱体经热解合成介孔 CeO_2 催化剂，该催化剂由于三维介孔通道、较大的比表面积、更高的储氧能力和氧空位浓度而表现出优于商业 CeO_2 催化剂的甲苯催化性能[249]。

在 VOCs 的催化氧化中，单一组分的过渡金属氧化物催化剂往往具有活性较低和稳定性较差的问题，而通过两种或多种金属氧化物的复合可以利用金属氧化物间的协同作用而显著提高催化性能。常见的复合金属氧化物催化剂包括固溶体型催化剂、钙钛矿型催化剂和尖晶石型催化剂等。

对于固溶体型催化剂，一般杂原子的引入可对原氧化物改性，使得其催化活性优于单一组分氧化物或者物理混合的二元氧化物的活性。例如，Li 等研究了 $Mn_{0.6}Ce_{0.4}O_2$ 固溶体催化剂对乙醇的氧化，研究发现活性氧物种由氧气分子通过固溶体中的 CeO_2 转移至 MnO_2 的活性位点以实现有效活化，这一过程对催化活性起关键性作用。该固溶体对乙醇的氧化速率和 CO_2 选择性要优于负载型 Pt/Al_2O_3 催化剂[250]。Chen 等通过水解驱动的氧化还原法合成了 $3MnO_{x-1}CeO_y$ 催化剂，该催化剂具有高浓度的活性晶格氧、较好的低温还原性和均一的原子分布，其在甲苯的去除中表现出优于传统共沉淀法和简单物理混合制备的 $3MnO_{x-1}CeO_y$ 催化剂的活性[251]。Yang 等利用低价态的 Mn^{2+} 掺杂 ZrO_2 合成 $Mn_xZr_{1-x}O_2$ 固溶体催化剂并调控其表面缺陷浓度，从半定量的角度证明了氧空位是催化氧化甲苯性能提高的关键性因素[252]。

钙钛矿型催化剂化学通式为 ABO_3，其中 A 为半径较大的稀土、碱土或碱金属阳离子，B 为半径较小的过渡金属阳离子。钙钛矿型催化剂往往具有良好的电子迁移率、优异的氧化还原性能和热稳定性而成为一类重要的 VOCs 降解材料。Levasseur 等研究了 Ce 与 Fe 对 $La_{1-y}Ce_yCo_{1-x}Fe_xO_3$ 型钙钛矿催化剂对 CH_3OH 的催化氧化，发现 Ce 的加入可提高 B 位点阳离子的还原性以及氧的脱附能力，进而利于催化活性的提高；而 Fe 的引入则降低了

B位点的还原性及氧的移动性，进而削弱了催化剂的活性[253]。

尖晶石型催化剂化学通式为AB_2O_4，其中A离子是四面体配位的二价阳离子（如Mn^{2+}、Co^{2+}、Fe^{2+}、Ni^{2+}、Cr^{2+}等），B离子为八面体配位的三价阳离子（如Cr^{3+}、Co^{3+}等）。该类型催化剂具有原料丰富、成本低、稳定性好、物理化学性质可调控等特点，被广泛用于VOCs的降解中。Dong等比较了纳米花尖晶石$CoMn_2O_4$、Co_3O_4、MnO_x和混合金属氧化物Co_3O_4/MnO_x催化剂对甲苯的催化活性，发现尖晶石$CoMn_2O_4$具有更大的比表面积和丰富的阳离子空位以及氧物种移动性而具有最好的甲苯氧化活性[254]。Hosseini等以溶胶-凝胶法合成MCr_2O_4（M = Co、Cu、Zn）纳米尖晶石，考察结构与2-丙醇氧化活性关系，发现在三种尖晶石中，$ZnCr_2O_4$最好的活性和稳定性源于过量表面氧、活性$Cr^{3+}-Cr^{6+}$位点以及稳定的Cr^{6+}的存在[255]。

2.5.5 展望

尽管当前对于VOCs的催化氧化取得了一定的突破性进展，但仍存在一些关键性的问题需要解决。负载型贵金属氧化物催化剂对于提升催化剂活性不可或缺，但对于降低其成本和增强稳定性需要进一步研究和探索。单原子分散的贵金属负载型催化剂不仅能够极大地降低催化剂的造价，而且对于提升催化剂的催化活性也有重要意义，然而关于制备简单、稳定性良好的单原子负载的贵金属氧化物催化剂的研究需要更加深入的研究。过渡金属氧化物催化剂原料易得且制备简单，但其对于VOCs的催化性能还有很大的提升空间，对于特殊结构的能暴露更多活性位点和氧空位的催化剂的探索有待进行。当前对于一些复杂的如含氯和硫等的挥发性有机化合物的催化反应机理尚未十分清楚，所以关于构建清晰的VOCs催化氧化体系的反应机理需要进一步探索。

参考文献

[1] Levy H Ⅱ. Normal atmosphere: Large radical and formaldehyde concentrations predicted[J]. Science, 1971, 173(3992): 141 - 143.

[2] Burkholder J B, Abbatt J P D, Barnes I, et al. The essential role for laboratory studies in atmospheric chemistry[J]. Environmental Science & Technology, 2017, 51(5): 2519 - 2528.

[3] Gligorovski S, Strekowski R, Barbati S, et al. Environmental implications of hydroxyl radicals (•)OH)[J]. Chemical Reviews, 2015, 115(24): 13051 - 13092.

[4] Hard T M, O'Brien R J, Chan C Y, et al. Tropospheric free radical determination by fluorescence assay with gas expansion[J]. Environmental Science & Technology, 1984, 18(10): 768 - 777.

[5] Fuchs H, Dorn H P, Bachner M, et al. Comparison of OH concentration measurements by DOAS and LIF during SAPHIR chamber experiments at high OH reactivity and low NO concentration[J]. Atmospheric Measurement Techniques, 2012, 5(7): 1611 - 1626.

[6] Heard D E, Carpenter L J, Creasey D J, et al. High levels of the hydroxyl radical in the winter urban troposphere[J]. Geophysical Research Letters, 2004, 31(18): L18112.

[7] Ramasamy S, Nagai Y, Takeuchi N, et al. Comprehensive measurements of atmospheric OH reactivity and trace species within a suburban forest near Tokyo during AQUAS-TAMA campaign[J]. Atmospheric Environment, 2018, 184: 166 - 176.
[8] Lu K D, Rohrer F, Holland F, et al. Observation and modelling of OH and HO_2 concentrations in the Pearl River Delta 2006: A missing OH source in a VOC rich atmosphere[J]. Atmospheric Chemistry and Physics, 2012, 12(3): 1541 - 1569.
[9] Tan Z F, Rohrer F, Lu K D, et al. Wintertime photochemistry in Beijing: Observations of RO_x radical concentrations in the North China Plain during the BEST-ONE campaign [J]. Atmospheric Chemistry and Physics, 2018, 18(16): 12391 - 12411.
[10] Tan Z F, Fuchs H, Lu K D, et al. Radical chemistry at a rural site (Wangdu) in the North China Plain: Observation and model calculations of OH, HO_2 and RO_2 radicals[J]. Atmospheric Chemistry and Physics, 2017, 17(1): 663 - 690.
[11] Fuchs H, Tan Z F, Lu K D, et al. OH reactivity at a rural site (Wangdu) in the North China Plain: Contributions from OH reactants and experimental OH budget[J]. Atmospheric Chemistry and Physics, 2017, 17(1): 645 - 661.
[12] Li X Y, Kuang X M, Yan C Q, et al. Oxidative potential by $PM_{2.5}$ in the North China plain: Generation of hydroxyl radical[J]. Environmental Science & Technology, 2019, 53(1): 512 - 520.
[13] Fuchs H, Albrecht S, Acir I H, et al. Investigation of the oxidation of methyl vinyl ketone (MVK) by OH radicals in the atmospheric simulation chamber SAPHIR[J]. Atmospheric Chemistry and Physics, 2018, 18(11): 8001 - 8016.
[14] Novelli A, Kaminski M, Rolletter M, et al. Evaluation of OH and HO_2 concentrations and their budgets during photooxidation of 2-methyl-3-butene-2-ol (MBO) in the atmospheric simulation chamber SAPHIR[J]. Atmospheric Chemistry and Physics, 2018, 18(15): 11409 - 11422.
[15] Wayne R P, Barnes I, Biggs P, et al. The nitrate radical: Physics, chemistry, and the atmosphere [J]. Atmospheric Environment Part A: General Topics, 1991, 25(1): 1 - 203.
[16] Geyer A, Ackermann R, Dubois R, et al. Long-term observation of nitrate radicals in the continental boundary layer near Berlin[J]. Atmospheric Environment, 2001, 35(21): 3619 - 3631.
[17] Ouyang B, McLeod M W, Jones R L, et al. NO_3 radical production from the reaction between the Criegee intermediate CH_2OO and NO_2 [J]. Physical Chemistry Chemical Physics, 2013, 15(40): 17070 - 17075.
[18] Geyer A, Alicke B, Konrad S, et al. Chemistry and oxidation capacity of the nitrate radical in the continental boundary layer near Berlin[J]. Journal of Geophysical Research: Atmospheres, 2001, 106(D8): 8013 - 8025.
[19] Brown S S, Stutz J. Nighttime radical observations and chemistry[J]. Chemical Society Reviews, 2012, 41(19): 6405 - 6447.
[20] Brown S S, Dubé W P, Osthoff H D, et al. High resolution vertical distributions of NO_3 and N_2O_5 through the nocturnal boundary layer[J]. Atmospheric Chemistry and Physics, 2007, 7(1): 139 - 149.
[21] Platt U, Perner D, Pätz H W. Simultaneous measurement of atmospheric CH_2O, O_3, and NO_2 by differential optical absorption[J]. Journal of Geophysical Research: Oceans, 1979, 84(C10): 6329 - 6335.
[22] Venables D S, Gherman T, Orphal J, et al. High sensitivity *in situ* monitoring of NO_3 in an atmospheric simulation chamber using incoherent broadband cavity-enhanced absorption spectroscopy [J]. Environmental Science & Technology, 2006, 40(21): 6758 - 6763.
[23] Matsumoto J, Kosugi N, Imai H, et al. Development of a measurement system for nitrate radical and

dinitrogen pentoxide using a thermal conversion/laser-induced fluorescence technique[J]. Review of Scientific Instruments, 2005, 76(6): 064101.

[24] Asaf D, Pedersen D, Matveev V, et al. Long-term measurements of NO_3 radical at a semiarid urban site: 1. extreme concentration events and their oxidation capacity[J]. Environmental Science & Technology, 2009, 43(24): 9117 - 9123.

[25] Wagner N L, Riedel T P, Young C J, et al. N_2O_5 uptake coefficients and nocturnal NO_2 removal rates determined from ambient wintertime measurements[J]. Journal of Geophysical Research: Atmospheres, 2013, 118(16): 9331 - 9350.

[26] Li S W, Liu W Q, Xie P H, et al. Observation of nitrate radical in the nocturnal boundary layer during a summer field campaign in Pearl River Delta, China[J]. Terrestrial, Atmospheric and Oceanic Sciences, 2012, 23(1): 39 - 48.

[27] Lobert J M, Keene W C, Logan J A, et al. Global chlorine emissions from biomass burning: Reactive Chlorine Emissions Inventory[J]. Journal of Geophysical Research: Atmospheres, 1999, 104(D7): 8373 - 8389.

[28] Parrella J P, Jacob D J, Liang Q, et al. Tropospheric bromine chemistry: Implications for present and pre-industrial ozone and mercury[J]. Atmospheric Chemistry and Physics, 2012, 12(15): 6723 - 6740.

[29] Wennberg P. Bromine explosion[J]. Nature, 1999, 397(6717): 299 - 301.

[30] Hebestreit K. Halogen oxides in the mid-latitudinal planetary boundary layer[D]. Heidelberg: Ruperto Carola University of Heidelberg, 2001.

[31] 唐孝炎.大气环境化学[M].北京:高等教育出版社,1990.

[32] Wang T, Tham Y J, Xue L K, et al. Observations of nitryl chloride and modeling its source and effect on ozone in the planetary boundary layer of Southern China[J]. Journal of Geophysical Research: Atmospheres, 2016, 121(5): 2476 - 2489.

[33] Tham Y J, Wang Z, Li Q Y, et al. Significant concentrations of nitryl chloride sustained in the morning: Investigations of the causes and impacts on ozone production in a polluted region of Northern China[J]. Atmospheric Chemistry and Physics, 2016, 16(23): 14959 - 14977.

[34] 葛茂发,马春平.活性卤素化学[J].化学进展,2009,21(0203):307 - 334.

[35] Atkinson R, Baulch D L, Cox R A, et al. Evaluated kinetic and photochemical data for atmospheric chemistry: Volume Ⅱ — gas phase reactions of organic species[J]. Atmospheric Chemistry and Physics, 2006, 6(11): 3625 - 4055.

[36] Atkinson R, Arey J. Atmospheric degradation of volatile organic compounds[J]. Chemical Reviews, 2003, 103(12): 4605 - 4638.

[37] Bierbach A, Barnes I, Becker K H. Rate coefficients for the gas-phase reactions of bromine radicals with a series of alkenes, dienes, and aromatic hydrocarbons at 298 ± 2 K[J]. International Journal of Chemical Kinetics, 1996, 28(8): 565 - 577.

[38] Cai X Y, Ziemba L D, Griffin R J. Secondary aerosol formation from the oxidation of toluene by chlorine atoms[J]. Atmospheric Environment, 2008, 42(32): 7348 - 7359.

[39] Cai X Y, Griffin R J. Secondary aerosol formation from the oxidation of biogenic hydrocarbons by chlorine atoms[J]. Journal of Geophysical Research: Atmospheres, 2006, 111(D14): D14206.

[40] Riva M, Healy R M, Flaud P M, et al. Gas- and particle-phase products from the chlorine-initiated oxidation of polycyclic aromatic hydrocarbons[J]. The Journal of Physical Chemistry A, 2015, 119(45): 11170 - 11181.

[41] Wang D S, Ruiz L H. Chlorine-initiated oxidation of *n*-alkanes under high-NO_x conditions: Insights into secondary organic aerosol composition and volatility using a FIGAERO-CIMS[J].

Atmospheric Chemistry and Physics, 2018, 18(21): 15535 - 15553.

[42] Criegee R, Wenner G. Die ozonisierung des 9, 10 - oktalins[J]. Justus Liebigs Annalen der Chemie, 1949, 564(1): 9 - 15.

[43] Kumar M, Busch D H, Subramaniam B, et al. Criegee intermediate reaction with CO: Mechanism, barriers, conformer-dependence, and implications for ozonolysis chemistry[J]. The Journal of Physical Chemistry A, 2014, 118(10): 1887 - 1894.

[44] Fajgar R, Vítek J, Haas Y, et al. Formation of secondary ozonides in the gas phase low-temperature ozonation of primary and secondary alkenes[J]. Journal of the Chemical Society, Perkin Transactions 2, 1999(2): 239 - 248.

[45] Hoops M D, Ault B S. Matrix isolation study of the early intermediates in the ozonolysis of cyclopentene and cyclopentadiene: Observation of two Criegee intermediates[J]. Journal of the American Chemical Society, 2009, 131(8): 2853 - 2863.

[46] Kuwata K T, Valin L C, Converse A D. Quantum chemical and master equation studies of the methyl vinyl carbonyl oxides formed in isoprene ozonolysis[J]. The Journal of Physical Chemistry A, 2005, 109(47): 10710 - 10725.

[47] Welz O, Savee J D, Osborn D L, et al. Direct kinetic measurements of Criegee intermediate (CH_2OO) formed by reaction of CH_2I with O_2[J]. Science, 2012, 335(6065): 204 - 207.

[48] Lee E P F, Mok D K W, Shallcross D E, et al. Spectroscopy of the simplest Criegee intermediate CH_2OO: Simulation of the first bands in its electronic and photoelectron spectra[J]. Chemistry — A European Journal, 2012, 18(39): 12411 - 12423.

[49] Taatjes C A, Welz O, Eskola A J, et al. Direct measurements of conformer-dependent reactivity of the Criegee intermediate CH_3CHOO[J]. Science, 2013, 340(6129): 177 - 180.

[50] Barber V P, Pandit S, Green A M, et al. Four-carbon Criegee intermediate from isoprene ozonolysis: Methyl vinyl ketone oxide synthesis, infrared spectrum, and OH production[J]. Journal of the American Chemical Society, 2018, 140(34): 10866 - 10880.

[51] Ge S S, Xu Y F, Jia L. Secondary organic aerosol formation from ethylene ozonolysis in the presence of sodium chloride[J]. Journal of Aerosol Science, 2017, 106: 120 - 131.

[52] Kalinowski J, Heinonen P, Kilpeläinen I, et al. Stability of Criegee intermediates formed by ozonolysis of different double bonds[J]. The Journal of Physical Chemistry A, 2015, 119(11): 2318 -2325.

[53] Deng P, Wang L Y, Wang L M. Mechanism of gas-phase ozonolysis of β - myrcene in the atmosphere[J]. The Journal of Physical Chemistry A, 2018, 122(11): 3013 - 3020.

[54] Lv C, Du L, Tang S S, et al. Matrix isolation study of the early intermediates in the ozonolysis of selected vinyl ethers[J]. RSC Advances, 2017, 7(31): 19162 - 19168.

[55] Wang N, Sun X M, Chen J M, et al. Heterogeneous nucleation of trichloroethylene ozonation products in the formation of new fine particles[J]. Scientific Reports, 2017, 7: 42600.

[56] Chang Y P, Merer A J, Chang H H, et al. High resolution quantum cascade laser spectroscopy of the simplest Criegee intermediate, CH_2OO, between 1273 cm^{-1} and 1290 cm^{-1}[J]. The Journal of Chemical Physics, 2017, 146(24): 244302.

[57] Zhang R Y, Khalizov A, Wang L, et al. Nucleation and growth of nanoparticles in the atmosphere [J]. Chemical Reviews, 2012, 112(3): 1957 - 2011.

[58] Kulmala M, Kontkanen J, Junninen H, et al. Direct observations of atmospheric aerosol nucleation [J]. Science, 2013, 339(6122): 943 - 946.

[59] Sipilä M, Berndt T, Petäjä T, et al. The role of sulfuric acid in atmospheric nucleation[J]. Science, 2010, 327(5970): 1243 - 1246.

[60] Kulmala M, Riipinen I, Sipilä M, et al. Toward direct measurement of atmospheric nucleation[J]. Science, 2007, 318(5847): 89 - 92.

[61] Doyle G J. Self-nucleation in the sulfuric acid-water system[J]. The Journal of Chemical Physics, 1961, 35(3): 795 - 799.

[62] Ball S M, Hanson D R, Eisele F L, et al. Laboratory studies of particle nucleation: Initial results for H_2SO_4, H_2O, and NH_3 vapors[J]. Journal of Geophysical Research: Atmospheres, 1999, 104 (D19): 23709 - 23718.

[63] Benson D R, Young L H, Kameel F R, et al. Laboratory-measured nucleation rates of sulfuric acid and water binary homogeneous nucleation from the SO_2 + OH reaction[J]. Geophysical Research Letters, 2008, 35(11): L11801.

[64] Kurtén T, Torpo L, Ding C G, et al. A density functional study on water-sulfuric acid-ammonia clusters and implications for atmospheric cluster formation[J]. Journal of Geophysical Research: Atmospheres, 2007, 112(D4): D04210.

[65] Li H, Zhong J, Vehkamäki H, et al. Self-catalytic reaction of SO_3 and NH_3 to produce sulfamic acid and its implication to atmospheric particle formation[J]. Journal of the American Chemical Society, 2018, 140(35): 11020 - 11028.

[66] Almeida J, Schobesberger S, Kürten A, et al. Molecular understanding of sulphuric acid-amine particle nucleation in the atmosphere[J]. Nature, 2013, 502(7471): 359 - 363.

[67] Olenius T, Kupiainen-Määttä O, Ortega I K, et al. Free energy barrier in the growth of sulfuric acid-ammonia and sulfuric acid-dimethylamine clusters[J]. The Journal of Chemical Physics, 2013, 139 (8): 084312.

[68] Zhao J, Smith J N, Eisele F L, et al. Observation of neutral sulfuric acid-amine containing clusters in laboratory and ambient measurements[J]. Atmospheric Chemistry and Physics, 2011, 11(21): 10823 -10836.

[69] Yao L, Garmash O, Bianchi F, et al. Atmospheric new particle formation from sulfuric acid and amines in a Chinese megacity[J]. Science, 2018, 361(6399): 278 - 281.

[70] DePalma J W, Doren D J, Johnston M V. Formation and growth of molecular clusters containing sulfuric acid, water, ammonia, and dimethylamine[J]. The Journal of Physical Chemistry A, 2014, 118(29): 5464 - 5473.

[71] Bork N, Elm J, Olenius T, et al. Methane sulfonic acid-enhanced formation of molecular clusters of sulfuric acid and dimethyl amine[J]. Atmospheric Chemistry and Physics, 2014, 14(22): 12023 - 12030.

[72] Jen C N, Bachman R, Zhao J, et al. Diamine-sulfuric acid reactions are a potent source of new particle formation[J]. Geophysical Research Letters, 2016, 43(2): 867 - 873.

[73] Elm J, Jen C N, Kurtén T, et al. Strong hydrogen bonded molecular interactions between atmospheric diamines and sulfuric acid[J]. The Journal of Physical Chemistry A, 2016, 120(20): 3693 - 3700.

[74] Zhang R Y, Suh I, Zhao J, et al. Atmospheric new particle formation enhanced by organic acids[J]. Science, 2004, 304(5676): 1487 - 1490.

[75] Xu Y S, Nadykto A B, Yu F Q, et al. Formation and properties of hydrogen-bonded complexes of common organic oxalic acid with atmospheric nucleation precursors[J]. Journal of Molecular Structure: THEOCHEM, 2010, 951(1/2/3): 28 - 33.

[76] Zhang R, Jiang S, Liu Y R, et al. An investigation about the structures, thermodynamics and kinetics of the formic acid involved molecular clusters[J]. Chemical Physics, 2018, 507: 44 - 50.

[77] Zhang H J, Kupiainen-Määttä O, Zhang X H, et al. The enhancement mechanism of glycolic acid

on the formation of atmospheric sulfuric acid-ammonia molecular clusters[J]. The Journal of Chemical Physics, 2017, 146(18): 184308.

[78] Li H, Kupiainen-Määttä O, Zhang H J, et al. A molecular-scale study on the role of lactic acid in new particle formation: Influence of relative humidity and temperature [J]. Atmospheric Environment, 2017, 166: 479-487.

[79] Liu L, Zhang X H, Li Z S, et al. Gas-phase hydration of glyoxylic acid: Kinetics and atmospheric implications[J]. Chemosphere, 2017, 186: 430-437.

[80] Liu L, Kupiainen-Määttä O, Zhang H J, et al. Clustering mechanism of oxocarboxylic acids involving hydration reaction: Implications for the atmospheric models[J]. The Journal of Chemical Physics, 2018, 148(21): 214303.

[81] Zhu Y P, Liu Y R, Huang T, et al. Theoretical study of the hydration of atmospheric nucleation precursors with acetic acid[J]. The Journal of Physical Chemistry A, 2014, 118(36): 7959-7974.

[82] Zhang H J, Li H, Liu L, et al. The potential role of malonic acid in the atmospheric sulfuric acid - ammonia clusters formation[J]. Chemosphere, 2018, 203: 26-33.

[83] Elm J, Myllys N, Kurtén T. What is required for highly oxidized molecules to form clusters with sulfuric acid? [J]. The Journal of Physical Chemistry A, 2017, 121(23): 4578-4587.

[84] Zhang H J, Wang W, Pi S Q, et al. Gas phase transformation from organic acid to organic sulfuric anhydride: Possibility and atmospheric fate in the initial new particle formation [J]. Chemosphere, 2018, 212: 504-512.

[85] Zhong J, Li H, Kumar M, et al. Mechanistic insight into the reaction of organic acids with SO_3 at the air-water interface[J]. Angewandte Chemie International Edition, 2019, 58(25): 8351-8355.

[86] Dawson M L, Varner M E, Perraud V, et al. Simplified mechanism for new particle formation from methanesulfonic acid, amines, and water via experiments and *ab initio* calculations [J]. Proceedings of the National Academy of Sciences of the United States of America, 2012, 109(46): 18719-18724.

[87] Elm J, Fard M, Bilde M, et al. Interaction of glycine with common atmospheric nucleation precursors[J]. The Journal of Physical Chemistry A, 2013, 117(48): 12990-12997.

[88] Schobesberger S, Junninen H, Bianchi F, et al. Molecular understanding of atmospheric particle formation from sulfuric acid and large oxidized organic molecules[J]. Proceedings of the National Academy of Sciences of the United States of America, 2013, 110(43): 17223-17228.

[89] Kürten A, Bergen A, Heinritzi M, et al. Observation of new particle formation and measurement of sulfuric acid, ammonia, amines and highly oxidized organic molecules at a rural site in central Germany[J]. Atmospheric Chemistry and Physics, 2016, 16(19): 12793-12813.

[90] Lehtipalo K, Yan C, Dada L, et al. Multicomponent new particle formation from sulfuric acid, ammonia, and biogenic vapors[J]. Science Advances, 2018, 4(12): eaau5363.

[91] Kim T O, Adachi M, Okuyama K, et al. Experimental measurement of competitive ion-induced and binary homogeneous nucleation in $SO_2/H_2O/N_2$ mixtures[J]. Aerosol Science and Technology, 1997, 26(6): 527-543.

[92] Lovejoy E R, Curtius J, Froyd K D. Atmospheric ion-induced nucleation of sulfuric acid and water [J]. Journal of Geophysical Research: Atmospheres, 2004, 109(D8): D08204.

[93] Wilhelm S, Eichkorn S, Wiedner D, et al. Ion-induced aerosol formation: New insights from laboratory measurements of mixed cluster ions $HSO_4^-(H_2SO_4)_a(H_2O)_w$ and $H^+(H_2SO_4)_a(H_2O)_w$ [J]. Atmospheric Environment, 2004, 38(12): 1735-1744.

[94] Kirkby J, Duplissy J, Sengupta K, et al. Ion-induced nucleation of pure biogenic particles[J]. Nature, 2016, 533(7604): 521-526.

[95] Rose C, Zha Q Z, Dada L, et al. Observations of biogenic ion-induced cluster formation in the atmosphere[J]. Science Advances, 2018, 4(4): eaar5218.

[96] Jokinen T, Sipilä M, Kontkanen J, et al. Ion-induced sulfuric acid-ammonia nucleation drives particle formation in coastal Antarctica[J]. Science Advances, 2018, 4(11): eaat9744.

[97] Sipilä M, Sarnela N, Jokinen T, et al. Molecular-scale evidence of aerosol particle formation via sequential addition of HIO_3[J]. Nature, 2016, 537(7621): 532-534.

[98] Khanniche S, Louis F, Cantrel L, et al. Computational study of the $I_2O_5 + H_2O \rightleftharpoons 2HOIO_2$ gas-phase reaction[J]. Chemical Physics Letters, 2016, 662: 114-119.

[99] Yu H, Ren L L, Huang X P, et al. Iodine speciation and size distribution in ambient aerosols at a coastal new particle formation hotspot in China[J]. Atmospheric Chemistry and Physics, 2019, 19(6): 4025-4039.

[100] Underwood G M, Miller T M, Grassian V H. Transmission FT-IR and Knudsen cell study of the heterogeneous reactivity of gaseous nitrogen dioxide on mineral oxide particles[J]. The Journal of Physical Chemistry A, 1999, 103(31): 6184-6190.

[101] Li H J, Zhu T, Zhao D F, et al. Kinetics and mechanisms of heterogeneous reaction of NO_2 on $CaCO_3$ surfaces under dry and wet conditions[J]. Atmospheric Chemistry and Physics, 2010, 10(2): 463-474.

[102] Hadjiivanov K, Bushev V, Kantcheva M, et al. Infrared spectroscopy study of the species arising during nitrogen dioxide adsorption on titania (anatase)[J]. Langmuir, 1994, 10(2): 464-471.

[103] Wu L Y, Tong S R, Ge M F. Heterogeneous reaction of NO_2 on Al_2O_3: The effect of temperature on the nitrite and nitrate formation[J]. The Journal of Physical Chemistry A, 2013, 117(23): 4937-4944.

[104] Scharko N K, Martin E T, Losovyj Y, et al. Evidence for quinone redox chemistry mediating daytime and nighttime NO_2-to-HONO conversion on soil surfaces[J]. Environmental Science & Technology, 2017, 51(17): 9633-9643.

[105] Kebede M A, Bish D L, Losovyj Y, et al. The role of iron-bearing minerals in NO_2 to HONO conversion on soil surfaces[J]. Environmental Science & Technology, 2016, 50(16): 8649-8660.

[106] Han C, Yang W J, Wu Q Q, et al. Heterogeneous photochemical conversion of NO_2 to HONO on the humic acid surface under simulated sunlight[J]. Environmental Science & Technology, 2016, 50(10): 5017-5023.

[107] Rosseler O, Sleiman M, Montesinos V N, et al. Chemistry of NO_x on TiO_2 surfaces studied by ambient pressure XPS: Products, effect of UV irradiation, water, and coadsorbed K^+ [J]. The Journal of Physical Chemistry Letters, 2013, 4(3): 536-541.

[108] Monge M E, George C, D'Anna B, et al. Ozone formation from illuminated titanium dioxide surfaces[J]. Journal of the American Chemical Society, 2010, 132(24): 8234-8235.

[109] Nanayakkara C E, Larish W A, Grassian V H. Titanium dioxide nanoparticle surface reactivity with atmospheric gases, CO_2, SO_2, and NO_2: Roles of surface hydroxyl groups and adsorbed water in the formation and stability of adsorbed products[J]. The Journal of Physical Chemistry C, 2014, 118(40): 23011-23021.

[110] Sivachandiran L, Thevenet F, Rousseau A, et al. NO_2 adsorption mechanism on TiO_2: An *in-situ* transmission infrared spectroscopy study[J]. Applied Catalysis B: Environmental, 2016, 198: 411-419.

[111] Tan F, Tong S R, Jing B, et al. Heterogeneous reactions of NO_2 with $CaCO_3$-$(NH_4)_2SO_4$ mixtures at different relative humidities[J]. Atmospheric Chemistry and Physics, 2016, 16(13): 8081-8093.

[112] Tan F, Jing B, Tong S R, et al. The effects of coexisting Na_2SO_4 on heterogeneous uptake of NO_2

on $CaCO_3$ particles at various RHs[J]. Science of the Total Environment, 2017, 586: 930 - 938.

[113] Sun Z Y, Kong L D, Zhao X, et al. Effect of formaldehyde on the heterogeneous reaction of nitrogen dioxide on γ - alumina[J]. The Journal of Physical Chemistry A, 2015, 119(35): 9317 - 9324.

[114] Sun Z Y, Kong L D, Ding X X, et al. The effects of acetaldehyde, glyoxal and acetic acid on the heterogeneous reaction of nitrogen dioxide on gamma-alumina[J]. Physical Chemistry Chemical Physics, 2016, 18(14): 9367 - 9376.

[115] Han C, Yang W J, Yang H, et al. Enhanced photochemical conversion of NO_2 to HONO on humic acids in the presence of benzophenone[J]. Environmental Pollution, 2017, 231(Pt. 1): 979 - 986.

[116] Ullerstam M, Johnson M S, Vogt R, et al. DRIFTS and Knudsen cell study of the heterogeneous reactivity of SO_2 and NO_2 on mineral dust[J]. Atmospheric Chemistry and Physics, 2003, 3(6): 2043 - 2051.

[117] Zhang Y, Tong S R, Ge M F, et al. The influence of relative humidity on the heterogeneous oxidation of sulfur dioxide by ozone on calcium carbonate particles[J]. Science of the Total Environment, 2018, 633: 1253 - 1262.

[118] Zhang Y, Tong S R, Ge M F, et al. The formation and growth of calcium sulfate crystals through oxidation of SO_2 by O_3 on size-resolved calcium carbonate[J]. RSC Advances, 2018, 8(29): 16285 - 16293.

[119] Wu L Y, Tong S R, Wang W G, et al. Effects of temperature on the heterogeneous oxidation of sulfur dioxide by ozone on calcium carbonate[J]. Atmospheric Chemistry and Physics, 2011, 11(13): 6593 - 6605.

[120] Wang T, Liu Y Y, Deng Y, et al. The influence of temperature on the heterogeneous uptake of SO_2 on hematite particles[J]. Science of the Total Environment, 2018, 644: 1493 - 1502.

[121] Yang W W, Zhang J H, Ma Q X, et al. Heterogeneous reaction of SO_2 on manganese oxides: The effect of crystal structure and relative humidity[J]. Scientific Reports, 2017, 7: 4550.

[122] Li K J, Kong L D, Zhanzakova A, et al. Heterogeneous conversion of SO_2 on nano α - Fe_2O_3: The effects of morphology, light illumination and relative humidity[J]. Environmental Science: Nano, 2019, 6(6): 1838 - 1851.

[123] Park J, Jang M, Yu Z C. Heterogeneous photo-oxidation of SO_2 in the presence of two different mineral dust particles: Gobi and Arizona dust[J]. Environmental Science & Technology, 2017, 51(17): 9605 - 9613.

[124] Huang L B, Zhao Y, Li H, et al. Kinetics of heterogeneous reaction of sulfur dioxide on authentic mineral dust: Effects of relative humidity and hydrogen peroxide[J]. Environmental Science & Technology, 2015, 49(18): 10797 - 10805.

[125] Yu Z C, Jang M, Park J. Modeling atmospheric mineral aerosol chemistry to predict heterogeneous photooxidation of SO_2[J]. Atmospheric Chemistry and Physics, 2017, 17(16): 10001 - 10017.

[126] Zhao D F, Song X J, Zhu T, et al. Multiphase oxidation of SO_2 by NO_2 on $CaCO_3$ particles[J]. Atmospheric Chemistry and Physics, 2018, 18(4): 2481 - 2493.

[127] Yu T, Zhao D F, Song X J, et al. NO_2-initiated multiphase oxidation of SO_2 by O_2 on $CaCO_3$ particles[J]. Atmospheric Chemistry and Physics, 2018, 18(9): 6679 - 6689.

[128] Ma Q X, Liu Y C, He H. Synergistic effect between NO_2 and SO_2 in their adsorption and reaction on γ - alumina[J]. The Journal of Physical Chemistry A, 2008, 112(29): 6630 - 6635.

[129] Liu C, Ma Q X, Liu Y C, et al. Synergistic reaction between SO_2 and NO_2 on mineral oxides: A potential formation pathway of sulfate aerosol[J]. Physical Chemistry Chemical Physics, 2012, 14

(5): 1668 - 1676.

[130] Yu Z C, Jang M. Simulation of heterogeneous photooxidation of SO_2 and NO_x in the presence of Gobi Desert dust particles under ambient sunlight[J]. Atmospheric Chemistry and Physics, 2018, 18 (19): 14609 - 14622.

[131] Huang Z L, Zhang Z H, Kong W H, et al. Synergistic effect among Cl_2, SO_2 and NO_2 in their heterogeneous reactions on gamma-alumina[J]. Atmospheric Environment, 2017, 166: 403 - 411.

[132] Wu L Y, Tong S R, Zhou L, et al. Synergistic effects between SO_2 and HCOOH on $\alpha - Fe_2O_3$ [J]. The Journal of Physical Chemistry A, 2013, 117(19): 3972 - 3979.

[133] Yang W W, Ma Q X, Liu Y C, et al. Role of NH_3 in the heterogeneous formation of secondary inorganic aerosols on mineral oxides[J]. The Journal of Physical Chemistry A, 2018, 122(30): 6311 -6320.

[134] Zhang S P, Xing J, Sarwar G, et al. Parameterization of heterogeneous reaction of SO_2 to sulfate on dust with coexistence of NH_3 and NO_2 under different humidity conditions[J]. Atmospheric Environment, 2019, 208: 133 - 140.

[135] Huang L B, Zhao Y, Li H, et al. Hydrogen peroxide maintains the heterogeneous reaction of sulfur dioxide on mineral dust proxy particles[J]. Atmospheric Environment, 2016, 141: 552 - 559.

[136] Kong L D, Zhao X, Sun Z Y, et al. The effects of nitrate on the heterogeneous uptake of sulfur dioxide on hematite[J]. Atmospheric Chemistry and Physics, 2014, 14(17): 9451 - 9467.

[137] Du C T, Kong L D, Zhanzakova A, et al. Impact of adsorbed nitrate on the heterogeneous conversion of SO_2 on $\alpha - Fe_2O_3$ in the absence and presence of simulated solar irradiation[J]. Science of the Total Environment, 2019, 649: 1393 - 1402.

[138] Tang M J, Huang X, Lu K D, et al. Heterogeneous reactions of mineral dust aerosol: Implications for tropospheric oxidation capacity[J]. Atmospheric Chemistry and Physics, 2017, 17(19): 11727 - 11777.

[139] Tong S R, Wu L Y, Ge M F, et al. Heterogeneous chemistry of monocarboxylic acids on $\alpha - Al_2O_3$ at different relative humidities[J]. Atmospheric Chemistry and Physics, 2010, 10(16): 7561 - 7574.

[140] Xia K H, Tong S R, Zhang Y, et al. Heterogeneous reaction of HCOOH on NaCl particles at different relative humidities[J]. The Journal of Physical Chemistry A, 2018, 122(36): 7218 - 7226.

[141] Hou S Q, Tong S R, Zhang Y, et al. Heterogeneous uptake of gas-phase acetic acid on the surface of $\alpha - Al_2O_3$ particles: Temperature effects[J]. Chemistry — An Asian Journal, 2016, 11(19): 2749 -2755.

[142] Wu L Y, Tong S R, Hou S Q, et al. Influence of temperature on the heterogeneous reaction of formic acid on $\alpha - Al_2O_3$[J]. The Journal of Physical Chemistry A, 2012, 116(42): 10390 - 10396.

[143] Lv S Y, Liu Q Y, Zhao Y X, et al. Formaldehyde generation in photooxidation of isoprene on iron oxide nanoclusters[J]. The Journal of Physical Chemistry C, 2019, 123(8): 5120 - 5127.

[144] Chen Y, Tong S R, Wang J, et al. Effect of titanium dioxide on secondary organic aerosol formation[J]. Environmental Science & Technology, 2018, 52(20): 11612 - 11620.

[145] Zhao X M, Gao T Y, Zhang J B. Heterogeneous reaction of peroxyacetyl nitrate (PAN) on soot [J]. Chemosphere, 2017, 177: 339 - 346.

[146] Du C T, Kong L D, Zhanzakova A, et al. Impact of heterogeneous uptake of nitrogen dioxide on the conversion of acetaldehyde on gamma-alumina in the absence and presence of simulated solar irradiation[J]. Atmospheric Environment, 2018, 187: 282 - 291.

[147] Kameda T, Azumi E, Fukushima A, et al. Mineral dust aerosols promote the formation of toxic nitropolycyclic aromatic compounds[J]. Scientific Reports, 2016, 6: 24427.

[148] Ponczek M, George C. Kinetics and product formation during the photooxidation of butanol on

atmospheric mineral dust[J]. Environmental Science & Technology, 2018, 52(9): 5191 - 5198.
[149] Zhang J K, Sun Y, Liu Z R, et al. Characterization of submicron aerosols during a month of serious pollution in Beijing, 2013[J]. Atmospheric Chemistry and Physics, 2014, 14(6): 2887 - 2903.
[150] Wang G H, Zhang R Y, Gomez M E, et al. Persistent sulfate formation from London Fog to Chinese haze[J]. Proceedings of the National Academy of Sciences of the United States of America, 2016, 113(48): 13630 - 13635.
[151] Cheng Y F, Zheng G J, Wei C, et al. Reactive nitrogen chemistry in aerosol water as a source of sulfate during haze events in China[J]. Science Advances, 2016, 2(12): e1601530.
[152] Guo H Y, Weber R J, Nenes A. High levels of ammonia do not raise fine particle pH sufficiently to yield nitrogen oxide-dominated sulfate production[J]. Scientific Reports, 2017, 7: 12109.
[153] Liu M X, Song Y, Zhou T, et al. Fine particle pH during severe haze episodes in Northern China [J]. Geophysical Research Letters, 2017, 44(10): 5213 - 5221.
[154] Song S J, Gao M, Xu W Q, et al. Fine-particle pH for Beijing winter haze as inferred from different thermodynamic equilibrium models[J]. Atmospheric Chemistry and Physics, 2018, 18 (10): 7423 - 7438.
[155] Ye C, Liu P F, Ma Z B, et al. High H_2O_2 concentrations observed during haze periods during the winter in Beijing: Importance of H_2O_2 oxidation in sulfate formation[J]. Environmental Science & Technology Letters, 2018, 5(12): 757 - 763.
[156] Hung H M, Hsu M N, Hoffmann M R. Quantification of SO_2 oxidation on interfacial surfaces of acidic micro-droplets: Implication for ambient sulfate formation[J]. Environmental Science & Technology, 2018, 52(16): 9079 - 9086.
[157] Song S J, Gao M, Xu W Q, et al. Possible heterogeneous chemistry of hydroxymethanesulfonate (HMS) in Northern China winter haze[J]. Atmospheric Chemistry and Physics, 2019, 19(2): 1357 -1371.
[158] Gen M S, Zhang R F, Huang D D, et al. Heterogeneous oxidation of SO_2 in sulfate production during nitrate photolysis at 300 nm: Effect of pH, relative humidity, irradiation intensity, and the presence of organic compounds[J]. Environmental Science & Technology, 2019, 53(15): 8757 - 8766.
[159] Sun P, Nie W, Chi X G, et al. Two years of online measurement of fine particulate nitrate in the western Yangtze River Delta: Influences of thermodynamics and N_2O_5 hydrolysis [J]. Atmospheric Chemistry and Physics, 2018, 18(23): 17177 - 17190.
[160] Wang H C, Lu K D, Chen X R, et al. Fast particulate nitrate formation via N_2O_5 uptake aloft in winter in Beijing[J]. Atmospheric Chemistry and Physics, 2018, 18(14): 10483 - 10495.
[161] Wang H C, Lu K D, Chen X R, et al. High N_2O_5 concentrations observed in urban Beijing: Implications of a large nitrate formation pathway[J]. Environmental Science & Technology Letters, 2017, 4(10): 416 - 420.
[162] Tham Y J, Wang Z, Li Q Y, et al. Heterogeneous N_2O_5 uptake coefficient and production yield of $ClNO_2$ in polluted Northern China: Roles of aerosol water content and chemical composition[J]. Atmospheric Chemistry and Physics, 2018, 18(17): 13155 - 13171.
[163] Monge M E, D'Anna B, Mazri L, et al. Light changes the atmospheric reactivity of soot[J]. Proceedings of the National Academy of Sciences of the United States of America, 2010, 107(15): 6605 - 6609.
[164] Li G, Lei W, Zavala M, et al. Impacts of HONO sources on the photochemistry in Mexico City during the MCMA - 2006/MILAGO Campaign[J]. Atmospheric Chemistry and Physics, 2010, 10 (14): 6551 - 6567.

[165] Blanchard D C. Sea-to-air transport of surface active material[J]. Science, 1964, 146(3642): 396-397.
[166] Gill P S, Graedel T E, Weschler C J. Organic films on atmospheric aerosol particles, fog droplets, cloud droplets, raindrops, and snowflakes[J]. Reviews of Geophysics, 1983, 21(4): 903-920.
[167] Ellison G B, Tuck A F, Vaida V. Atmospheric processing of organic aerosols[J]. Journal of Geophysical Research: Atmospheres, 1999, 104(D9): 11633-11641.
[168] Cochran R E, Laskina O, Trueblood J V, et al. Molecular diversity of sea spray aerosol particles: Impact of ocean biology on particle composition and hygroscopicity[J]. Chem, 2017, 2(5): 655-667.
[169] Prather K A, Bertram T H, Grassian V H, et al. Bringing the ocean into the laboratory to probe the chemical complexity of sea spray aerosol[J]. Proceedings of the National Academy of Sciences of the United States of America, 2013, 110(19): 7550-7555.
[170] Mochida M, Umemoto N, Kawamura K, et al. Bimodal size distributions of various organic acids and fatty acids in the marine atmosphere: Influence of anthropogenic aerosols, Asian dusts, and sea spray off the coast of East Asia[J]. Journal of Geophysical Research: Atmospheres, 2007, 112 (D15): D15209.
[171] Gantt B, Meskhidze N. The physical and chemical characteristics of marine primary organic aerosol: A review[J]. Atmospheric Chemistry and Physics, 2013, 13(8): 3979-3996.
[172] Wang G H, Kawamura K, Lee S C, et al. Molecular, seasonal, and spatial distributions of organic aerosols from fourteen Chinese cities[J]. Environmental Science & Technology, 2006, 40 (15): 4619-4625.
[173] Kang M J, Yang F, Ren H, et al. Influence of continental organic aerosols to the marine atmosphere over the East China Sea: Insights from lipids, PAHs and phthalates[J]. Science of the Total Environment, 2017, 607/608: 339-350.
[174] Osterroht C. Extraction of dissolved fatty acids from sea water[J]. Fresenius' Journal of Analytical Chemistry, 1993, 345(12): 773-779.
[175] Ots R, Vieno M, Allan J D, et al. Model simulations of cooking organic aerosol (COA) over the UK using estimates of emissions based on measurements at two sites in London[J]. Atmospheric Chemistry and Physics, 2016, 16(21): 13773-13789.
[176] Ren L J, Fu P Q, He Y, et al. Molecular distributions and compound-specific stable carbon isotopic compositions of lipids in wintertime aerosols from Beijing[J]. Scientific Reports, 2016, 6: 27481.
[177] Oliveira C, Pio C, Alves C, et al. Seasonal distribution of polar organic compounds in the urban atmosphere of two large cities from the North and South of Europe[J]. Atmospheric Environment, 2007, 41(27): 5555-5570.
[178] Kučerka N, Dushanov E, Kholmurodov K T, et al. Calcium and zinc differentially affect the structure of lipid membranes[J]. Langmuir, 2017, 33(12): 3134-3141.
[179] Leontidis E. Investigations of the Hofmeister series and other specific ion effects using lipid model systems[J]. Advances in Colloid and Interface Science, 2017, 243: 8-22.
[180] Davies J F, Miles R E H, Haddrell A E, et al. Influence of organic films on the evaporation and condensation of water in aerosol[J]. Proceedings of the National Academy of Sciences of the United States of America, 2013, 110(22): 8807-8812.
[181] Chen W Y, Zhu T. Formation of nitroanthracene and anthraquinone from the heterogeneous reaction between NO_2 and anthracene adsorbed on NaCl particles[J]. Environmental Science & Technology, 2014, 48(15): 8671-8678.

[182] Fu H B, Ciuraru R, Dupart Y, et al. Photosensitized production of atmospherically reactive organic compounds at the air/aqueous interface[J]. Journal of the American Chemical Society, 2015, 137(26): 8348-8351.

[183] Liu Y C, Liu C, Ma J Z, et al. Structural and hygroscopic changes of soot during heterogeneous reaction with O_3[J]. Physical Chemistry Chemical Physics, 2010, 12(36): 10896-10903.

[184] Wang M Y, Yao L, Zheng J, et al. Reactions of atmospheric particulate stabilized Criegee intermediates lead to high-molecular-weight aerosol components[J]. Environmental Science & Technology, 2016, 50(11): 5702-5710.

[185] Chapleski R C, Zhang Y F, Troya D, et al. Heterogeneous chemistry and reaction dynamics of the atmospheric oxidants, O_3, NO_3, and OH, on organic surfaces[J]. Chemical Society Reviews, 2016, 45(13): 3731-3746.

[186] Rossignol S, Tinel L, Bianco A, et al. Atmospheric photochemistry at a fatty acid-coated air-water interface[J]. Science, 2016, 353(6300): 699-702.

[187] Griffith E C, Guizado T R C, Pimentel A S, et al. Oxidized aromatic-aliphatic mixed films at the air-aqueous solution interface[J]. The Journal of Physical Chemistry C, 2013, 117(43): 22341-22350.

[188] Griffith E C, Vaida V. *In situ* observation of peptide bond formation at the water-air interface[J]. Proceedings of the National Academy of Sciences of the United States of America, 2012, 109(39): 15697-15701.

[189] Griffith E C, Tuck A F, Vaida V. Ocean-atmosphere interactions in the emergence of complexity in simple chemical systems[J]. Accounts of Chemical Research, 2012, 45(12): 2106-2113.

[190] Woodcock A H. Atmospheric salt particles and raindrops[J]. Journal of Meteorology, 1952, 9(3): 200-212.

[191] Straub D J, Lee T, Collett J L, Jr. Chemical composition of marine stratocumulus clouds over the eastern Pacific Ocean[J]. Journal of Geophysical Research: Atmospheres, 2007, 112(D4): D04307.

[192] Twohy C H, Anderson J R. Droplet nuclei in non-precipitating clouds: Composition and size matter [J]. Environmental Research Letters, 2008, 3(4): 045002.

[193] Zhang Z B, Liu L S, Liu C Y, et al. Studies on the sea surface microlayer[J]. Journal of Colloid and Interface Science, 2003, 264(1): 148-159.

[194] Quinn P K, Collins D B, Grassian V H, et al. Chemistry and related properties of freshly emitted sea spray aerosol[J]. Chemical Reviews, 2015, 115(10): 4383-4399.

[195] Li S Y, Du L, Wei Z M, et al. Aqueous-phase aerosols on the air-water interface: Response of fatty acid Langmuir monolayers to atmospheric inorganic ions[J]. Science of the Total Environment, 2017, 580: 1155-1161.

[196] Lu S L, Liu D Y, Zhang W C, et al. Physico-chemical characterization of $PM_{2.5}$ in the microenvironment of Shanghai subway[J]. Atmospheric Research, 2015, 153: 543-552.

[197] Sun Y L, Zhuang G S, Tang A H, et al. Chemical characteristics of $PM_{2.5}$ and PM_{10} in haze-fog episodes in Beijing[J]. Environmental Science & Technology, 2006, 40(10): 3148-3155.

[198] Dynarowicz-Łątka P, Dhanabalan A, Oliveira O N, Jr. Modern physicochemical research on Langmuir monolayers[J]. Advances in Colloid and Interface Science, 2001, 91(2): 221-293.

[199] Huang C H, Lapides J R, Levin I W. Phase-transition behavior of saturated, symmetric chain phospholipid bilayer dispersions determined by Raman spectroscopy: Correlation between spectral and thermodynamic parameters[J]. Journal of the American Chemical Society, 1982, 104(22): 5926-5930.

[200] Wang Y C, Du X Z, Guo L, et al. Chain orientation and headgroup structure in Langmuir

monolayers of stearic acid and metal stearate (Ag, Co, Zn, and Pb) studied by infrared reflection-absorption spectroscopy[J]. The Journal of Chemical Physics, 2006, 124(13): 134706.

[201] Li S Y, Du L, Tsona N T, et al. The interaction of trace heavy metal with lipid monolayer in the sea surface microlayer[J]. Chemosphere, 2018, 196: 323 - 330.

[202] Prudent M, Méndez M A, Jana D F, et al. Formation and study of single metal ion-phospholipid complexes in biphasic electrospray ionization mass spectrometry[J]. Metallomics, 2010, 2(6): 400 - 406.

[203] Parsons D F, Boström M, Lo Nostro P, et al. Hofmeister effects: Interplay of hydration, nonelectrostatic potentials, and ion size[J]. Physical Chemistry Chemical Physics, 2011, 13(27): 12352 - 12367.

[204] Aroti A, Leontidis E, Dubois M, et al. Effects of monovalent anions of the hofmeister series on DPPC lipid bilayers part Ⅰ: Swelling and in-plane equations of state[J]. Biophysical Journal, 2007, 93(5): 1580 - 1590.

[205] Li S Y, Du L, Wang W X. Impact of anions on the surface organisation of lipid monolayers at the air-water interface[J]. Environmental Chemistry, 2017, 14(7): 407 - 416.

[206] Aroti A, Leontidis E, Maltseva E, et al. Effects of hofmeister anions on DPPC Langmuir monolayers at the air-water interface[J]. The Journal of Physical Chemistry B, 2004, 108(39): 15238 - 15245.

[207] Christoforou M, Leontidis E, Brezesinski G. Effects of sodium salts of lyotropic anions on low-temperature, ordered lipid monolayers[J]. The Journal of Physical Chemistry B, 2012, 116(50): 14602 - 14612.

[208] Thomas E, Rudich Y, Trakhtenberg S, et al. Water adsorption by hydrophobic organic surfaces: Experimental evidence and implications to the atmospheric properties of organic aerosols[J]. Journal of Geophysical Research: Atmospheres, 1999, 104(D13): 16053 - 16059.

[209] Jobling S, Reynolds T, White R, et al. A variety of environmentally persistent chemicals, including some phthalate plasticizers, are weakly estrogenic[J]. Environmental Health Perspectives, 1995, 103(6): 582 - 587.

[210] Wu M H, Yang X X, Xu G, et al. Semivolatile organic compounds in surface microlayer and subsurface water of Dianshan Lake, Shanghai, China: Implications for accumulation and interrelationship[J]. Environmental Science and Pollution Research, 2017, 24(7): 6572 - 6580.

[211] Zhang Z M, Zhang H H, Zhang J, et al. Occurrence, distribution, and ecological risks of phthalate esters in the seawater and sediment of Changjiang River Estuary and its adjacent area[J]. Science of the Total Environment, 2018, 619/620: 93 - 102.

[212] Dynarowicz-Łątka P, Kita K. Molecular interaction in mixed monolayers at the air/water interface [J]. Advances in Colloid and Interface Science, 1999, 79(1): 1 - 17.

[213] Kodama M, Shibata O, Nakamura S, et al. A monolayer study on three binary mixed systems of dipalmitoyl phosphatidyl choline with cholesterol, cholestanol and stigmasterol[J]. Colloids and Surfaces B: Biointerfaces, 2004, 33(3/4): 211 - 226.

[214] Li S Y, Du L, Zhang Q Z, et al. Stabilizing mixed fatty acid and phthalate ester monolayer on artificial seawater[J]. Environmental Pollution, 2018, 242(Pt. A): 626 - 633.

[215] Li S Y, Cheng S M, Du L, et al. Establishing a model organic film of low volatile compound mixture on aqueous aerosol surface[J]. Atmospheric Environment, 2019, 200: 15 - 23.

[216] Facchini M C, Mircea M, Fuzzi S, et al. Cloud albedo enhancement by surface-active organic solutes in growing droplets[J]. Nature, 1999, 401(6750): 257 - 259.

[217] Adams E M, Wellen B A, Thiraux R, et al. Sodium-carboxylate contact ion pair formation induces

stabilization of palmitic acid monolayers at high pH[J]. Physical Chemistry Chemical Physics, 2017, 19(16): 10481 - 10490.
[218] Wellen Rudd B A, Vidalis A S, Allen H C. Thermodynamic versus non-equilibrium stability of palmitic acid monolayers in calcium-enriched sea spray aerosol proxy systems[J]. Physical Chemistry Chemical Physics, 2018, 20(24): 16320 - 16332.
[219] Deo A V, Kulkarni S B, Gharpurey M K, et al. Rate of spreading and equilibrium spreading pressure of the monolayers of n-fatty alcohols and n-alkoxy ethanols[J]. The Journal of Physical Chemistry, 1962, 66(7): 1361 - 1362.
[220] Seidl W. Model for a surface film of fatty acids on rain water and aerosol particles[J]. Atmospheric Environment, 2000, 34(28): 4917 - 4932.
[221] Yamamoto S, Matsuda H, Kasahara Y, et al. Dynamic molecular behavior of semi-fluorinated oleic, elaidic and stearic acids in the liquid state[J]. Journal of Oleo Science, 2012, 61(11): 649 - 657.
[222] Ruehl C R, Wilson K R. Surface organic monolayers control the hygroscopic growth of submicrometer particles at high relative humidity[J]. The Journal of Physical Chemistry A, 2014, 118(22): 3952 - 3966.
[223] Li S Y, Jiang X T, Roveretto M, et al. Photochemical aging of atmospherically reactive organic compounds involving brown carbon at the air-aqueous interface[J]. Atmospheric Chemistry and Physics, 2019, 19(15): 9887 - 9902.
[224] Aguer J P, Richard C, Andreux F. Effect of light on humic substances: Production of reactive species[J]. Analusis, 1999, 27(5): 387 - 389.
[225] Tsui W G, McNeill V F. Modeling secondary organic aerosol production from photosensitized humic-like substances (HULIS)[J]. Environmental Science & Technology Letters, 2018, 5(5): 255 - 259.
[226] Riske K A, Sudbrack T P, Archilha N L, et al. Giant vesicles under oxidative stress induced by a membrane-anchored photosensitizer[J]. Biophysical Journal, 2009, 97(5): 1362 - 1370.
[227] Wong-ekkabut J, Xu Z T, Triampo W, et al. Effect of lipid peroxidation on the properties of lipid bilayers: A molecular dynamics study[J]. Biophysical Journal, 2007, 93(12): 4225 - 4236.
[228] Ghnimi S, Budilarto E, Kamal-Eldin A. The new paradigm for lipid oxidation and insights to microencapsulation of omega-3 fatty acids[J]. Comprehensive Reviews in Food Science and Food Safety, 2017, 16(6): 1206 - 1218.
[229] McNeill V F, Patterson J, Wolfe G M, et al. The effect of varying levels of surfactant on the reactive uptake of N_2O_5 to aqueous aerosol[J]. Atmospheric Chemistry and Physics, 2006, 6(6): 1635 - 1644.
[230] Huang H B, Leung D Y C. Complete elimination of indoor formaldehyde over supported Pt catalysts with extremely low Pt content at ambient temperature[J]. Journal of Catalysis, 2011, 280(1): 60 - 67.
[231] Yao S Y, Zhang X, Zhou W, et al. Atomic-layered Au clusters on α - MoC as catalysts for the low-temperature water-gas shift reaction[J]. Science, 2017, 357(6349): 389 - 393.
[232] Li T B, Liu F, Tang Y, et al. Maximizing the number of interfacial sites in single-atom catalysts for the highly selective, solvent-free oxidation of primary alcohols[J]. Angewandte Chemie International Edition, 2018, 57(26): 7795 - 7799.
[233] Chen C, Yeh Y H, Cargnello M, et al. Methane oxidation on Pd@ZrO_2/Si - Al_2O_3 is enhanced by surface reduction of ZrO_2[J]. ACS Catalysis, 2014, 4(11): 3902 - 3909.
[234] Yang X Q, Yu X L, Lin M Y, et al. Interface effect of mixed phase Pt/ZrO_2 catalysts for HCHO

oxidation at ambient temperature[J]. Journal of Materials Chemistry A, 2017, 5(26): 13799-13806.

[235] Fei Z Y, Sun B, Zhao L, et al. Strong morphological effect of Mn_3O_4 nanocrystallites on the catalytic activity of Mn_3O_4 and Au/Mn_3O_4 in benzene combustion[J]. Chemistry — A European Journal, 2013, 19(20): 6480-6487.

[236] Xia Q H, Hidajat K, Kawi S. Adsorption and catalytic combustion of aromatics on platinum-supported MCM-41 materials[J]. Catalysis Today, 2001, 68(1/2/3): 255-262.

[237] Ta N, Liu J J, Chenna S, et al. Stabilized gold nanoparticles on ceria nanorods by strong interfacial anchoring[J]. Journal of the American Chemical Society, 2012, 134(51): 20585-20588.

[238] Lin M Y, Yu X L, Yang X Q, et al. Highly active and stable interface derived from Pt supported on Ni/Fe layered double oxides for HCHO oxidation[J]. Catalysis Science & Technology, 2017, 7(7): 1573-1580.

[239] Cao L N, Liu W, Luo Q Q, et al. Atomically dispersed iron hydroxide anchored on Pt for preferential oxidation of CO in H_2[J]. Nature, 2019, 565(7741): 631-635.

[240] Tang H L, Wei J K, Liu F, et al. Strong metal-support interactions between gold nanoparticles and nonoxides[J]. Journal of the American Chemical Society, 2016, 138(1): 56-59.

[241] Tang H L, Liu F, Wei J K, et al. Ultrastable hydroxyapatite/titanium-dioxide-supported gold nanocatalyst with strong metal-support interaction for carbon monoxide oxidation[J]. Angewandte Chemie International Edition, 2016, 55(36): 10606-10611.

[242] Bian Z F, Zhu J, Wang J G, et al. Multitemplates for the hierarchical synthesis of diverse inorganic materials[J]. Journal of the American Chemical Society, 2012, 134(4): 2325-2331.

[243] Hou J T, Liu L L, Li Y Z, et al. Tuning the K^+ concentration in the tunnel of OMS-2 nanorods leads to a significant enhancement of the catalytic activity for benzene oxidation[J]. Environmental Science & Technology, 2013, 47(23): 13730-13736.

[244] Bai B Y, Li J H, Hao J M. 1D-MnO_2, 2D-MnO_2 and 3D-MnO_2 for low-temperature oxidation of ethanol[J]. Applied Catalysis B: Environmental, 2015, 164: 241-250.

[245] González-Prior J, López-Fonseca R, Gutiérrez-Ortiz J I, et al. Oxidation of 1, 2-dichloroethane over nanocube-shaped Co_3O_4 catalysts[J]. Applied Catalysis B: Environmental, 2016, 199: 384-393.

[246] Ma X Y, Yu X L, Yang X Q, et al. Hydrothermal synthesis of a novel double-sided nanobrush Co_3O_4 catalyst and its catalytic performance for benzene oxidation[J]. ChemCatChem, 2019, 11(4): 1214-1221.

[247] Zhao J H, Tang Z C, Dong F, et al. Controlled porous hollow Co_3O_4 polyhedral nanocages derived from metal-organic frameworks (MOFs) for toluene catalytic oxidation[J]. Molecular Catalysis, 2019, 463: 77-86.

[248] Torrente-Murciano L, Gilbank A, Puertolas B, et al. Shape-dependency activity of nanostructured CeO_2 in the total oxidation of polycyclic aromatic hydrocarbons[J]. Applied Catalysis B: Environmental, 2013, 132/133: 116-122.

[249] Chen X, Chen X, Yu E Q, et al. *In situ* pyrolysis of Ce-MOF to prepare CeO_2 catalyst with obviously improved catalytic performance for toluene combustion[J]. Chemical Engineering Journal, 2018, 344: 469-479.

[250] Li H J, Qi G, Tana, et al. Low-temperature oxidation of ethanol over a $Mn_{0.6}Ce_{0.4}O_2$ mixed oxide [J]. Applied Catalysis B: Environmental, 2011, 103(1/2): 54-61.

[251] Chen J, Chen X, Chen X, et al. Homogeneous introduction of CeO_y into MnO_x-based catalyst for oxidation of aromatic VOCs[J]. Applied Catalysis B: Environmental, 2018, 224: 825-835.

[252] Yang X Q，Yu X L，Jing M Z，et al. Defective $Mn_xZr_{1-x}O_2$ solid solution for the catalytic oxidation of toluene：Insights into the oxygen vacancy contribution[J]. ACS Applied Materials & Interfaces，2019，11(1)：730 - 739.

[253] Levasseur B，Kaliaguine S. Effects of iron and cerium in $La_{1-y}Ce_yCo_{1-x}Fe_xO_3$ perovskites as catalysts for VOC oxidation[J]. Applied Catalysis B：Environmental，2009，88(3/4)：305 - 314.

[254] Dong C，Qu Z P，Qin Y，et al. Revealing the highly catalytic performance of spinel $CoMn_2O_4$ for toluene oxidation：Involvement and replenishment of oxygen species using *in situ* designed-TP techniques[J]. ACS Catalysis，2019，9(8)：6698 - 6710.

[255] Hosseini S A，Alvarez-Galvan M C，Fierro J L G，et al. MCr_2O_4 (M = Co，Cu，and Zn) nanospinels for 2-propanol combustion：Correlation of structural properties with catalytic performance and stability[J]. Ceramics International，2013，39(8)：9253 - 9261.

Chapter 3

第 3 章

金属掺杂硅团簇的结构与性质研究

许洪光 郑卫军

3.1 简介

硅是最重要的半导体材料，在电子工业、半导体工业、新能源产业及其他先进产业有着广泛的应用。随着现代工业的迅速发展，硅材料的大规模集成电路特征工艺线宽已经达到纳米级。理论预测硅纳米线/管具有很好的半导体稳定性和电子传输特性以及较低的场发射开启电压，经过适当处理后的硅纳米线/管的电学性能更优越，在纳米电子器件、传感器、纳米磁性器件及光电子器件领域将会有广泛的应用前景[1-26]。

硅团簇主要通过 sp^3 杂化成键，成键方式与纯碳团簇差异较大，很难形成类似于碳的管状或笼状结构，其结构多是无规则的立体密堆构型[27,28]。另外，硅团簇表面存在悬键，具有较高的化学活性，因此要实现它们在微电子器件中的应用仍需克服一系列困难。为了保证硅团簇管状或笼状结构的稳定性，一种方法是依靠氢原子与硅团簇表面的不饱和悬键（dangling bond）结合，使之不能结合新的硅原子，从而保持其薄壁空心结构；另一种办法是对硅团簇进行掺杂，通过加入金属原子，利用金属原子与硅的作用来维持管状和笼状结构的稳定。这不仅有助于稳定其管状和笼状结构，更重要的是，金属掺杂后能改变团簇的物理性质和化学性质，获得某些具有独特结构和性质的材料。

金属掺杂硅团簇的几何结构、稳定性及其他性质与掺杂元素的类型、原子半径、成键特性密切相关。元素周期表中的不同种类的元素，特别是碱金属、过渡金属、稀土金属及镧系元素，这些类型的掺杂元素更适合应用于对称性高的自组装材料[29,30]。20 世纪 80 年代后期，Beck 等通过激光溅射方法产生金属掺杂的硅团簇，并且在质谱上观察到具有“幻数”的金属掺杂硅团簇[31,32]，这一实验结果引起了众多科研工作者的极大兴趣。之后，Hiura 小组[33]、Nakajima 小组[34-36]、Lievens 小组[37-39]、Bowen 小组[40-42]等通过负离子光电子能谱和红外光解离等技术对一系列金属掺杂的硅团簇进行了研究。我们小组[43-63]利用负离子光电子能谱技术对多种过渡金属和非金属掺杂的硅团簇进行了一系列研究，在团簇的稳定性、几何结构及物理性质和化学性质等方面进行了深入的探索。

与此同时，理论工作者也对金属掺杂的硅团簇展开了广泛的研究。理论研究主要是通过密度泛函理论（density functional theory，DFT）结合构型搜索方法，例如分子动力学方法、遗传算法、粒子群优化算法、蒙特卡罗方法、模拟退火法、拓扑学原理等，去研究团簇的基态几何结构、构型演化及其他物理性质和化学性质[64-92]。金属掺杂的硅团簇是研究硅纳米材料的重要模型体系，对其进行系统研究将有助于人们设计、发现和构建硅纳米材料。

到目前为止，人们已经将一部分元素掺杂到硅团簇中，这些掺杂硅团簇的结构和性质仍值得人们进一步深入研究。另外，由于半导体在工业上的广泛应用，也需要深入探索过去仍未尝试的掺杂元素，从而为半导体材料的设计合成、条件控制和技术方法的适用性提供指导。对金属掺杂的硅团簇的结构和性质进行更系统和深入的研究，可以帮助我们认识其中的科学规律，并发现更多具有特殊结构和性质的团簇，从而为半导体纳米材料的制备和组装提供重要的参考信息。本章将对文献中有关金属掺杂硅团簇的研究进行综述，也会适当提及一些非金属掺杂的硅团簇，希望可以为新型半导体团簇的研究和应用提供一些参考。

3.2 金属掺杂的硅团簇

3.2.1 碱金属掺杂的硅团簇

碱金属掺杂的硅团簇在电子工业、半导体工业，尤其是催化领域有着重要的应用前景。Sporea 和 Rabilloud 等报道了碱金属掺杂的硅团簇 ASi_n，发现团簇可以分为碱金属原子吸附和内嵌两类结构，其稳定性取决于硅-硅、硅-金属之间的共价和静电相互作用，团簇形成内嵌结构的尺寸与掺杂金属原子种类有关。例如，$Li@Si_n$ 团簇开始从 $n=10$ 形成稳定的笼状结构，尺寸增大到 $Li@Si_{14}$ 时，团簇形成笼状结构。对于 $NaSi_n$ 团簇，在 $n>14$ 时才开始形成笼状结构[93]。Karamanis 等利用密度泛函理论方法对 $Si_{10}Li$、$Si_{10}Na$、$Si_{10}K$、$Si_{10}Li_2$、$Si_{10}Na_2$ 和 $Si_{10}K_2$ 等一系列金属掺杂 Si_{10} 团簇的超极化率性质进行研究，发现超极化率取决于碱金属和硅团簇之间的电荷转移以及团簇的结构对称性[94]。

(1) Li(锂)

Li 是一种银白色的金属元素，质软，是密度最小的金属。Sporea 等[95]利用密度泛函理论报道金属锂掺杂的中性/正离子硅团簇 Li_mSi_n（$m=1$，2，$n=1\sim6$）的结构和电子态性质。研究预测，Li 原子倾向于占据桥键位置，而 Li^+ 易于占据团簇中硅原子的位置。相对于其他碱金属，锂原子的原子半径较小，具有不同的性质，这使得锂原子更易于和硅原子相互掺杂[96,97]。人们通过密度泛函理论对碱金属/碱土金属掺杂的硅团簇（$X@Si_{20}H_{20}$，$X=Li^{+/0}$，$Na^{+/0}$，$K^{+/0}$，$Be^{2+/0}$，$Mg^{2+/0}$，$Ca^{2+/0}$）计算过程中，发现中性和正离子 $Li@Si_{20}H_{20}$ 团簇的最稳定结构具有 C_{5v} 对称性，$Na@Si_{20}H_{20}$ 和 $K@Si_{20}H_{20}$ 团簇则具有更高的 I_h 对称性[98]。

另外，研究者通过壳层模型（PSM）阐述 Si_4Li_n（$n=1\sim7$）团簇的稳定性和生长模式，发现具有闭壳层对称性的四面体 Si_4Li_4 团簇是最稳定的[99]。PSM 理论常常被用来预测具有特定结构团簇的电子态能级。de Haeck 等利用光电离谱和密度泛函理论研究了 Si_nLi（$n=5\sim11$）和 Si_mLi（$m=1\sim6$）团簇的电离势与几何构型，计算得到团簇的理论电离势和实验测量值非常吻合。在 Si_nLi_3（$n=5\sim11$）团簇中，Li 原子带正电荷，硅团簇带负电荷。在 Si_8Li_m（$m=1\sim6$）团簇中，锂原子掺杂之后，硅团簇的结构由棱柱状结构转变为反对称的四角棱柱。由于锂原子是电子给体，导致掺杂之后团簇的电离势变低，这表明具有偶数个电子的团簇具有较高的稳定性[100]。

关于单个和两个锂原子掺杂的硅团簇 Si_nLi_m（$n=2\sim11$，$m=1\sim2$），日本 Nakajima 课题组利用光电子能谱结合密度泛函理论研究了团簇的电子结构和性质，发现团簇的结构演化具有明显的规律：对于中性团簇来说，掺杂的锂原子更容易占据硅团簇的边和面位置；对于两个锂原子掺杂的硅团簇来说，Li 原子更易与 Si_{n+1} 团簇表面的边或面成键[101]。

（2）Na（钠）

金属 Na 是元素周期表中的一种典型的电子给体元素，人们对金属钠掺杂的硅团簇做了研究。Reiko Kishi 等[102]通过激光溅射方法产生了气相团簇 Si_nNa_m（$n=1\sim14$，$m=1\sim5$）。实验发现，在硅团簇吸附钠原子之后，团簇的电离势降低，导致团簇与 NO 分子的化学反应活性增强，计算得到的 Si_nNa（$n=1\sim7$）最稳定结构的电离能和实验值一致。Kaya 等利用激光溅射制备了一系列 Si_nNa_m（$n=3\sim11$，$m=1\sim4$）团簇，实验发现团簇的电离势随着 Na 原子数量增加而降低，并且呈现奇偶效应，即奇数个 Na 原子掺杂后明显降低了团簇的电离势，而偶数个 Na 原子对团簇的电离势影响较小[103]。

Zubarev 等通过负离子光电子能谱技术测量了 $NaSi_6^-$ 团簇，结合理论计算发现 $NaSi_6^-$ 团簇具有 C_{2v} 对称性，团簇电子结合能小于团簇 Si_6，光电子能谱和团簇 Si_6 较为相似[104]。钠离子具有较小的原子半径，属于电子给体，钠原子更容易吸附在硅团簇表面，这种吸附方式对硅团簇的电离势、构型和性质都有较大影响。

为了寻找更加适宜的团簇体系，人们对元素周期表中其他碱金属元素（K、Rb、Cs 等）掺杂的硅团簇进行了研究。碱金属由于成键方式易于吸附在半导体团簇的表面，这种团簇更适合作为催化前驱体。Li 和 Na 作为碱金属中研究最多的两种掺杂元素，尽管它们掺杂的硅团簇具有相似的电子能级结构，但两种金属原子掺杂导致团簇的多种性质有明显差异。例如，Li 和 Na 掺杂硅团簇的光学转动光谱具有显著差异。Li 原子半径较小，更容易与表面的硅原子吸附和反应[95]。由于同一主族的碱金属在电子亲和能、电离势和原子半径等具有不同的性质，因此研究碱金属掺杂的硅团簇有利于探索这类团簇具有的潜在性质。

3.2.2　碱土金属掺杂的硅团簇

碱土金属掺杂的硅团簇在航空航天及涂层材料领域有着重要应用。碱土金属，特别是 Be、Mg 和 Ba 元素掺杂的硅团簇，人们对这类团簇有广泛的研究。

（1）Be（铍）

将 Be 原子掺杂到硅团簇中后，团簇的电子态结构和磁性有了明显改变，掺杂的金属原子和硅笼之间的成键提高了团簇的稳定性。Fan 等利用 G3 方法研究了中性和负离子

$BeSi_n$（$n=2\sim10$）团簇的几何结构与电子态性质[105]。采用 G3 计算方法，研究者对团簇进行了结构优化，能量计算和振动能量的矫正[106]。当 $n>8$ 时，团簇开始形成金属 Be 掺杂硅团簇的笼状结构。随着 n（$n<7$）增大，相对于 Si_n 团簇，$BeSi_n$ 团簇的稳定性与其正好相反。$n>8$ 时 $BeSi_n$ 团簇和 Si_n 团簇的稳定性随 n 变化是一致的，同时发现 Be 原子的掺杂使得 Si_n 团簇稳定性提高[105]。

壳层模型(PSM)是一种研究双金属和幻数金属团簇[107-109]有效的理论处理方法。Ngan 等利用 PSM 理论模型研究了立方体硅团簇，他们认为满足以下三种条件可以形成立方体硅团簇：① 充满的壳层轨道；② 中心点带正电荷；③ 最大的球形芳香性。以 $BeSi_8$ 为例，Be 原子占据了 8 个硅原子组成的立方体团簇中心，其中 Be—Si 键长是 2.169 Å，Si—Si 键长是 2.505 Å。通过态密度模拟图所示，$BeSi_8$ 团簇的闭壳层结构是 $1S^2 1P^6 1D^6 2S^2 1D^4 1F^2 2P^6 1F^6$。在 $BeSi_8$ 团簇中，可以看出掺杂原子的半径、电荷和化学性质决定占据分子轨道中的能级分裂。Si—Si 键依赖壳层的主量子数 N，而 Si—M 键（M 为掺杂金属）则是由次壳层轨道决定的[110]。据文献报道，$BeSi_{10}$ 是较为稳定的团簇，团簇的 HOMO - LUMO 能隙高达 1.68 eV。研究发现，掺杂能取决于金属的原子半径，对于 Be 原子来说，掺杂能是最高的[111]。另外，研究发现 $Be@Si_{12}$ 团簇具有新颖的椅状结构[112]。

Singh 等的理论研究发现硅团簇无法构建半导体纳米管和纳米线，当掺杂 Be 原子之后，团簇的稳定性增加，某些特殊的团簇（例如 $BeSi_{12}$）可以构建稳定、对称性高的半导体硅纳米线，如图 3 - 1 所示。纳米管中的电荷传输可以沿着中心轴线，也可以沿着管壁表面，这种性质可以作为研究掺杂不同金属从而调节半导体性质的模型参考。另外，在管状半导体硅团簇中掺杂金属线，或许能够构筑纳米技术中的新的结构单元[113]。

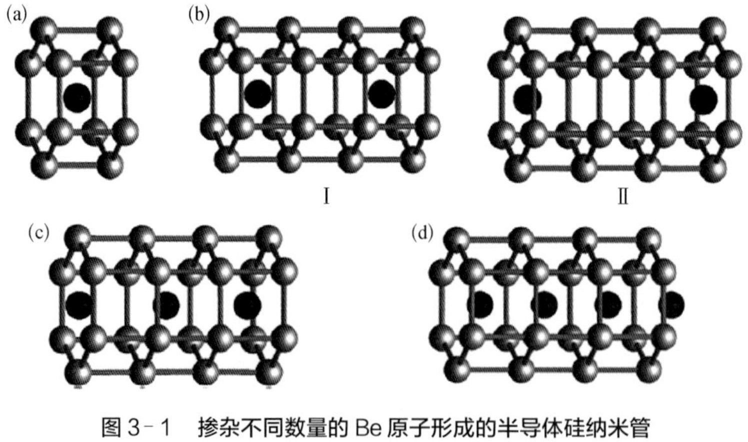

图 3 - 1　掺杂不同数量的 Be 原子形成的半导体硅纳米管

（2）Mg(镁)

在过去的二十多年，镁掺杂的硅团簇受到了广泛的关注。Zhang 等利用 DFT 理论方法下的 B3LPY/6－311G(d)泛函和基组研究了两个 Mg 原子掺杂硅团簇 Mg_2Si_n（$n=1\sim11$）的构型、稳定性和电子态结构[114]。通过比较 Mg 掺杂硅团簇的 HOMO－LUMO 能隙、碎片能和结合能等性质，发现最稳定的两种团簇是 Mg_2Si_4 和 Mg_2Si_6。在 Mg_2Si_n 团簇中，Mg 原子是作为团簇的电子给体。

据文献报道，在半导体纳米线的组装中，Mg 是一种常用的掺杂金属材料。在单个和两个 Mg 原子掺杂的硅团簇 Mg_mSi_n（$m=1\sim2$，$n=1\sim10$）中，研究发现 Mg 作为阳离子，与硅团簇之间通过静电相互作用连接着 $Si_k^{\delta-}$ 和 $Mg^{\delta+}$ 单元[115]。另外，关于 Ca 掺杂的硅团簇，有文献通过理论研究方法报道了小尺寸的团簇，结果表明，对于 $n=1\sim2$，最稳定的团簇是线状结构，对于 $n=3\sim8$，团簇构型为 3D 结构。在这一系列团簇中，研究发现 Ca_2Si_5、Ca_2Si_7 和 $Ca_2Si_7^+$ 是最稳定的团簇。Ca 原子是电子给体，Si 原子则是电子受体[116]。大量研究表明，Be、Mg、Ca 掺杂硅团簇的几何结构具有显著的结构类型差异。例如，$CaSi_n$ 和 $MgSi_n$ 团簇具有取代构型，而 $BeSi_n$ 团簇和其对应的负离子团簇则是出金属被包笼的结构。另外，相对于 $BeSi_n$ 和 $CaSi_n$ 团簇，$MgSi_n$ 团簇具有最低的解离能[117,118]。

(3) Ba(钡)

Ba 是另一种非常有趣的掺杂硅团簇的元素。Nagano 等利用局域密度近似（local density approximation，LDA）和广义梯度近似（generalized gradient approximation，GGA）理论方法比较了纯 Si_{20} 和 Ba@Si_{20} 团簇的电子态结构，结果表明 Si_{20} 的对称结构在优化过程中不稳定，而 Ba@Si_{20} 团簇则比较稳定，具有稍低于 I_h 对称性的笼状结构[66]。另外，人们利用密度泛函理论研究 $BaSi_n$（$n=1\sim12$）团簇，发现最稳定的团簇分别是 $BaSi_n$（$n=2, 5, 8, 10$）。Ba 原子取代了 Si 原子导致团簇 HOMO－LUMO 能隙降低，密立根电荷分布表明电荷转移是由 Ba 原子转向 Si 原子[119]。

除此以外，Majumder 和 Kulshreshtha 等通过分子动力学(molecular dynamic method，MD)方法和密度泛函理论(DFT)研究了金属 Li、Be、B、C、Na、Mg、Al、Si 掺杂的 MSi_{10} 团簇的稳定性。这些团簇的相对稳定性顺序分别是 $CSi_{10}>BSi_{10}>BeSi_{10}>Si_{11}>AlSi_{10}>LiSi_{10}>NaSi_{10}>MgSi_{10}$。这意味着碱金属原子 Li 和 Na、碱土金属 Mg 的掺杂降低了纯硅团簇的稳定性，而 Be 原子的掺杂则提高了硅团簇的稳定性[120]。Sun 等报道了利用 Ba、Sr、Ca、Zr、Pb 等多种掺杂的金属原子稳定十二面体的 Si_{20} 团簇，结果表明由于碱土金属(Ba、Ca 和 Sr)具有较强的给电子能力，能够贡献给硅笼 2 个电子使得团簇更加稳定[121]。到目前为止，仅有少量文献报道金属 Ca、Sr 和 Ra 掺杂的硅团簇，进一步研究这些金属掺杂的硅团簇或许能够提高它们在不同领域的应用。

通过比较多种碱土金属掺杂的硅团簇，研究人员发现团簇的对称性、尺寸和种类会受到掺杂的碱土金属的影响。例如，Be 和 Mg 作为电子给体能够稳定硅纳米线或纳米管结构。同样,同一元素周期主族的 Ca 和 Ba,当它们被掺杂到小尺寸硅团簇后,能够使团簇形成线性构型。

3.2.3　过渡金属掺杂的硅团簇

为了能够稳定硅团簇笼状结构,一种有效的方法是在硅团簇中掺杂过渡金属元素。过渡金属的掺杂不仅能提高团簇的稳定性,而且能够使团簇具有新颖的物理性质和化学性质。

(1) Ti(钛)

Ti 掺杂的硅团簇,尤其是关于 Ti@Si_{16}的研究备受关注,这主要是之前的研究发现这类团簇在蓝光区域有荧光效应,这使得它在光电子领域有较大的应用价值。理论研究发现 Ti@Si_n($n=8$～16)团簇在 $n<12$ 时形成金属内嵌的半包围结构,在 $n>12$ 时,形成类似于 Ti@Si_{16}的对称笼状结构,研究人员发现 Ti@Si_{16}团簇的理论计算 EA 值(2.05 eV)和实验值(1.8 eV)吻合得较好[34,122]。人们对 $TiSi_n$($n=2$～15)团簇的生长方式、几何和电子态进行了理论研究,结果显示 Ti 原子从团簇的凸面、表面逐渐进入团簇的凹面,其中在 Ti@Si_{12} 团簇中,Ti 原子是被硅团簇包裹在内部并遵循 16 电子规则[83]。团簇的 HOMO - LUMO 能隙宽度与团簇硅原子数量成反比,即尺寸越大的团簇,其 HOMO - LUMO 能隙越窄[123]。

人们利用第一性原理计算得到 Ti@Si_{16}团簇具有两个能量简并的 Frank - Kasper 多面型异构体。Tsunoyama 等发展了大尺寸纳米团簇的实验制备技术,通过干式物理和湿法化学获得了 Ti@Si_{16}和 Ta@Si_{16},拉曼光谱和核磁共振光谱分析表明这些具有 Frank - Kasper 多面体结构的团簇非常适宜制备半导体器件材料[124,125]。

Ti、V、Cr 是元素周期表中三个不同族的过渡金属,具有不同的原子半径,但都能形成稳定的笼状 M@Si_{12}团簇,从中或许能够揭示掺杂金属的原子半径、成键性质和杂化方式对团簇形成具有何种影响[126]。将具有 Frank - Kasper 多面体结构的团簇进行组装,如图 3 - 2 所示,可以得到稳定的(Ti@Si_{16})$_n$($n>6$)的纳米线或纳米管结构。

Ji 和 Luo 等报道了双金属掺杂硅团簇的稳定性、几何结构和磁性,例如研究人员发现 Ti_2@Si_8是磁矩为 0 的六棱柱结构,其中磁矩的淬灭与几何结构、电荷转移和轨道杂化等多种因素有关[127]。Barman 等通过理论计算构建了 Ti 原子盖帽在富勒烯型结构的 $Si_{60}H_{60}$团簇上,表面上的 Ti 原子可以结合 4 个 H 原子从而可以实现团簇储氢功能[26]。研究人员通过第一性理论研究发现利用 P 原子取代 $Si_{60}H_{60}$团簇中的 10 个 Si 原子可以提高团簇的储氢功能,这主要是由于 P 原子能有效地阻止表面的 Ti 原子形成二聚体。如图 3 - 3 所示,在 $P_{10}Si_{50}H_{50}$的六边形面上的 Ti 原子可以结合四个 H_2 分子,从而有效提高团簇的储氢性能。

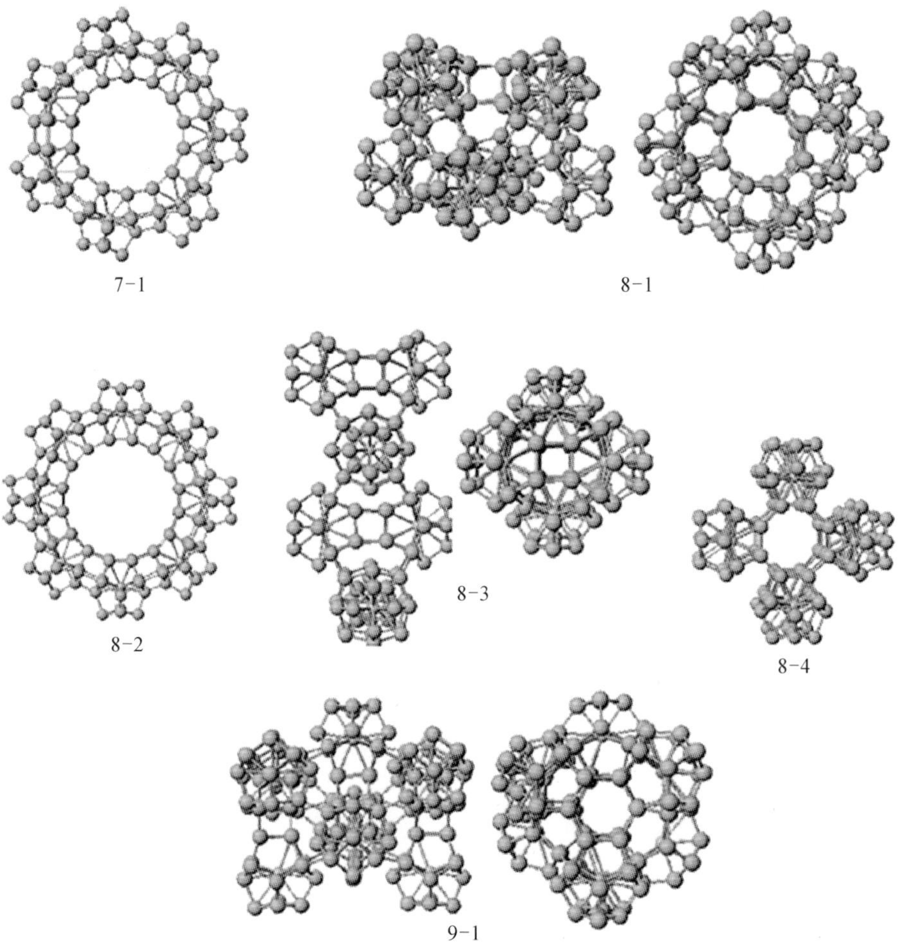

图 3-2　具有 D_{4d} 对称性结构的（Ti@Si_{16}）$_n$（n=7~9）团簇组装体

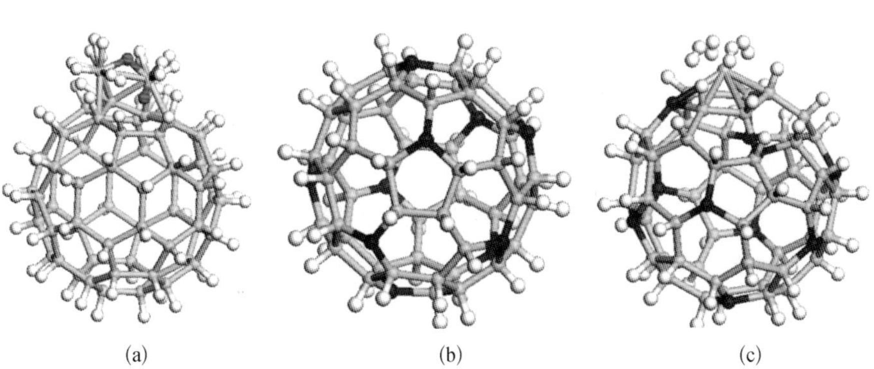

图 3-3　（a）在 $Si_{60}H_{60}$ 团簇上的 Ti-Ti 二聚体之间吸附 H_2 分子；（b）$P_{10}Si_{50}H_{50}$ 团簇的几何结构；（c）在 $P_{10}Si_{50}H_{50}$ 团簇上的吸附四个 H_2 分子

Enyashin 等报道了 $TiSi_2$ 纳米管比单层的 $TiSi_2$ 稳定，并且金属性更强[128]。人们通过 ABCluster 构型搜索程序结合密度泛函理论对中性和负离子 $TiSi_n$（$n=6\sim16$）团簇进行研究，揭示了 $TiSi_n$（$n=10\sim12$）和 $TiSi_n$（$n=13\sim16$）两类团簇之间的关系：当 $n=6$ 时，负离子团簇形成盖帽的五角双锥构型；当团簇尺寸增大到 $n=12$ 时，Ti 原子完全被硅团簇包裹[129]。

（2）Zr（锆）

多个研究小组对 Zr 掺杂硅团簇的稳定性、几何结构和电子态进行了研究。Jackson 和 Nellermoe 利用局域密度近似方法研究内嵌型 $Zr@Si_{20}$ 团簇的结合能和十二面体结构[65]。Debashish 和 Kumar 报道了金属 Zr、Hf、Ti 掺杂的硅团簇 $TM@Si_n$（$n=14\sim20$）的键能、结构和电离势，研究发现富勒烯型结构的 $TM@Si_{16}$ 团簇具有最大键能，并且 $Ti@Si_{14}$、$Zr@Si_{16}$、$Hf@Si_{20}$ 团簇具有稳定的笼状结构[130]。Reis 和 Pacheco 利用第一性原理模拟了三种单体 $Ti@Si_{16}$、$Zr@Si_{16}$、$Hf@Si_{16}$ 构建半导体纳米材料。这些纳米材料中含有高对称性的 Frank－Kasper 多面体结构，如图 3－4 所示。研究表明，$Zr@Si_{16}$、$Hf@Si_{16}$ 团簇有 1.6 eV 能隙，$Ti@Si_{16}$ 团簇有 1.3 eV 能隙，这对于调节半导体的能带结构具有重要的意义[131]。

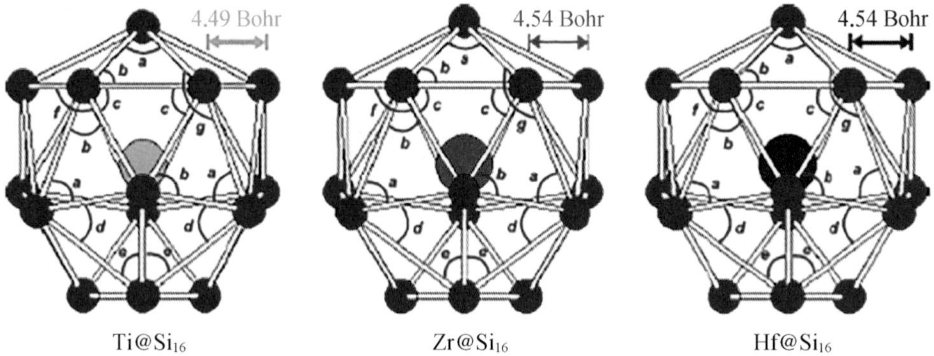

图 3－4 具有 Frank－Kasper 多面体结构的 $TM@Si_{16}$（TM= Ti, Zr, Hf）团簇

为了进一步揭示团簇成键的性质，Kumar 等对 $Ti@Si_{16}$、$Zr@Si_{16}$ 和 $Hf@Si_{20}$ 团簇进行了深入研究，并特别关注了富勒烯型结构和 Frank－Kasper 多面体结构。研究发现，富勒烯型结构的成键特点与 C_{60} 有相似的地方，均有 sp^2 和 sp^3 杂化。Frank－Kasper 多面体结构的成键特点和富勒烯型结构有较大差异，是通过金属向硅原子转移 3 个电子实现的[132,133]。如图 3－5 所示，研究人员还发现，团簇尺寸的大小取决于掺杂在硅笼内的金属原子的半径，将两个富勒烯型的团簇通过面-面两两键连起来，其单元结构依旧可以保持完整的笼状结构。

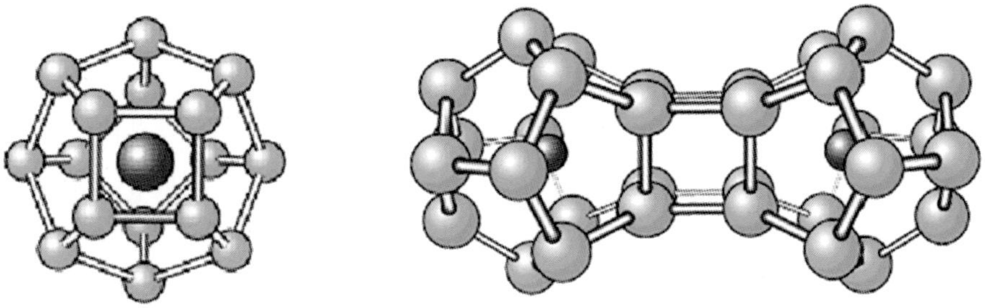

(a) $Zr@Si_{16}$ (b) $Zr@Si_{16}$二聚体

图 3-5 具有富勒烯构型的 $Zr@Si_{16}$团簇及其组装的二聚体

另外，Sun 等报道了 $Zr@Si_{20}$团簇的振动光谱、电子态和动力学稳定性。他们指出，金属的掺杂使 Si_{20}团簇的笼状结构变得更加稳定[121]。Wang 和 Han 等利用 B3LYP 泛函理论对一系列 $ZrSi_n$（$n=1\sim16$）团簇的稳定性、几何结构和电子态性质进行了研究[134]，发现小尺寸的 $ZrSi_n$（$n=1\sim8$）团簇能维持 Si_{n+1}团簇的构型，大尺寸的 $ZrSi_n$（$n=8\sim16$）团簇极大地改变了硅团簇的构型，Zr 原子从团簇表面逐渐凹进团簇内部，最终被硅团簇完全包裹。理论发现，最稳定的团簇是富勒烯型的 $Zr@Si_{16}$团簇，而幻数团簇则是 $Zr@Si_n$（$n=6$，8，10，14，16）[135]。之后，Wang 等通过理论计算对更大尺寸的 Zr_2Si_n（$n=16\sim24$）团簇进行了报道，随着团簇尺寸的增大，Zr_2二聚体逐渐被包裹形成了更为稳定和更大尺寸的半导体团簇。对于两个 Zr 原子掺杂的硅团簇，其幻数团簇是 $Zr@Si_n$（$n=18$，20，22）。最近，研究人员利用 B3LYP 泛函对双金属 Zr 掺杂的 Zr_2Si_n（$n=1\sim11$）团簇进行了报道，发现除团簇中的 Zr 原子数量发生改变之外，团簇的化学稳定性也随之降低。电荷布局分析和电子态指数分析显示，在小尺寸的 Zr_2Si_n（$n=1\sim6$）团簇中，电荷转移是由 Zr 原子转向 Si 原子，对于中等尺寸的 Zr_2Si_n（$n=7\sim11$）团簇，电荷转移正好相反。研究还发现，Zr_2Si_4、Zr_2Si_7不仅是幻数团簇，也是化学活性较低的团簇[136]。为了寻找 Zr_2Si_n（$n=6\sim16$）团簇的最稳定构型，研究者采用 ABCluter 全局搜索方法结合 mPW2PLYP 泛函方法对团簇结构进行搜索和优化，发现中性团簇从吸附型（$n=6\sim9$）转为半笼状型（$n=10\sim13$）到最后的 Zr 原子完全内嵌的笼状结构（$n=14\sim16$）。同样地，类似这种结构的演化方式在单个 Zr 和两个 Zr 掺杂的二价硅团簇 $ZrSi_n^{2-}$ 中也能发现[129]。

(3) V(钒)

关于 V 掺杂的硅团簇，研究者对掺杂之后团簇结构的变化及团簇磁矩的影响做了大量研究。例如，人们通过光电子能谱和密度泛函理论研究不同数量的 V 原子掺杂的硅团簇 V_mSi_n。研究发现，VSi_{12}团簇具有 V 原子完全内嵌的六棱柱结构，V_2Si_{12}团簇呈盖帽的反对称六棱柱结构，V_3Si_{12}团簇则具有双盖帽的反对称六棱柱结构，其磁矩为 4 μ_B，具有明显的铁磁性[57]，如图 3-6 所示。

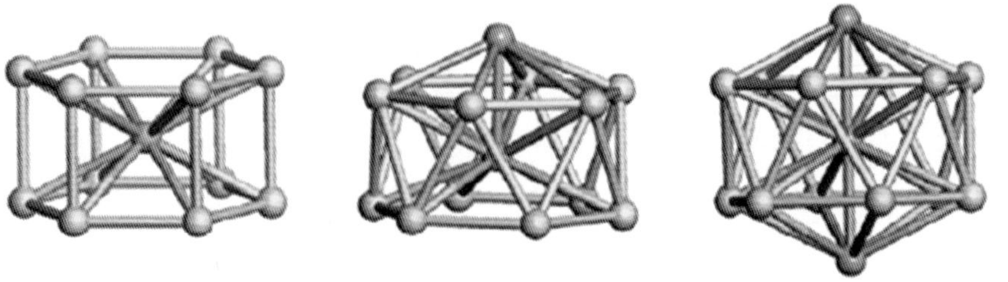

$V_1Si_{12}(D_{6h})$　　$V_2Si_{12}(C_{2v})$　　$V_3Si_{12}(D_{6d})$

图 3－6　不同数量的 V 原子掺杂的硅团簇的结构

Xu 等报道了 V_2 二聚体可以稳定富勒烯型硅笼 $V_2@Si_{20}$ 团簇的结构，理论预测 $V_2@Si_{20}$ 可以作为构筑稳定的半导体纳米珍珠链[56]。其中，两个 V—V 单键连接了两个富勒烯型 $V_2@Si_{20}$ 团簇，结构如图 3－7 所示。

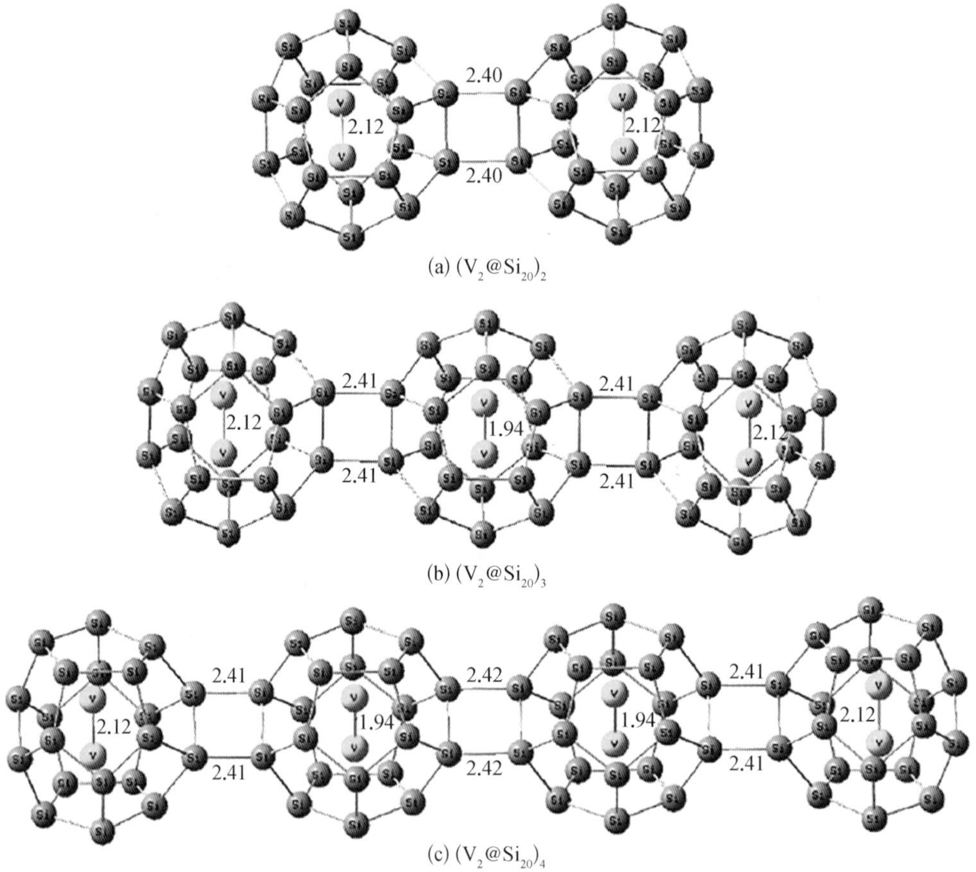

(a) $(V_2@Si_{20})_2$

(b) $(V_2@Si_{20})_3$

(c) $(V_2@Si_{20})_4$

图 3－7　优化结构得到的稳定的珍珠链状的（$V_2@Si_{20}$）$_n$（n= 2～4）纳米线

Peterjan 等通过红外多光子解离技术报道了 V 和 Mn 掺杂的硅团簇。从研究结果可以看出，中性和正离子团簇的结构区别是金属盖帽的位置不同，同时发现额外的电子总是占据团簇的最低未占据轨道。Mn 掺杂的硅团簇的磁性不同于 V 掺杂的硅团簇。与其他过渡金属掺杂的硅团簇的磁性不同的是，在金属内嵌的硅团簇中，Mn 原子的磁矩没有被完全淬灭[137]。

（4）Nb（铌）

Nb 原子具有[Kr]$4d^4 5s^1$ 电子壳层结构，金属 Nb 掺杂对硅团簇的结构和性质有较明显的影响。研究人员通过光电子能谱和理论发现 Nb_2Si_3 团簇具有 D_{3h} 对称性的三角双锥结构，Nb_2Si_6 和 Nb_2Si_{12} 团簇分别具有 C_{2h} 和 D_{3h} 对称性[49]。Li 等利用红外多光子解离光谱和密度泛函理论对 $NbSi_n$（$n = 4 \sim 12$）团簇的结构与性质进行了研究，发现小尺寸的 $NbSi_n$（$n = 4 \sim 9$）团簇中 Nb 原子位于团簇的顶部位置，当尺寸增大到 $NbSi_{12}$ 时，则出现了金属内嵌的笼状结构[38]。Lu 等利用光电子能谱结合密度泛函理论进行了研究，发现在 $NbSi_n$（$n = 3 \sim 7$）团簇中，Nb 原子位于团簇的表面是主要的构型方式，随着团簇尺寸的增大，$NbSi_8$ 团簇的结构演变为船式结构，到了 $NbSi_{12}$ 团簇，则变为 Nb 原子完全内嵌在硅团簇中。$NbSi_{12}$ 团簇的电子态结构非常稳定，满足 18 电子规则。$NbSi_{12}$ 团簇具有闭壳层电子结构，其 HOMO - LUMO 能隙高达 2.7 eV。如图 3 - 8 所示，人们还发现在 $NbSi_{12}^-$ 负离子团簇中，Nb 原子 4d 轨道和 Si 原子 3s、3p 轨道有较强的相互作用[51]。

另外，Xia 等利用粒子群优化算法程序搜索了 Nb 原子掺杂硅团簇的结构[69]，并研究了团簇的稳定性、结构和电子态性质。Nb 原子随着团簇结构的演化逐渐从凸面到凹面，最后形成金属内嵌的笼状结构。在 $NbSi_{12}$ 团簇中，Nb 原子位于六棱柱 Si_{12} 团簇的中心位置。

（5）Cr（铬）

Beck 利用激光溅射和脉冲分子束载带技术制备了过渡金属（Cu、Cr、Mo 和 W）掺杂硅团簇[31,32]。Han 和 Frank 利用密度泛函理论在 B3LYP/LanL2DZ 水平下研究了 $CrSi_n$（$n = 1 \sim 6$）团簇的结构和性质，发现电荷是从 Si 原子向 Cr 原子的 3d 轨道进行转移的[138]。Khanna 等[139]报道了 $Cr@Si_{12}$ 是最稳定的中性团簇，满足 18 电子规则。$Cr@Si_{12}$ 团簇具有高度对称的六棱柱结构，其电子亲和能也高于 $Cr@Si_{11}$ 和 $Cr@Si_{13}$ 团簇。研究表明，在 $Cr@Si_{12}$ 团簇中，Cr 原子的磁矩被完全淬灭。$Cr@Si_{12}$ 团簇满足的 18 电子规则也被用来解释其他团簇壳层的电子填充和稳定性[140]。

后来，Yang 等确认了 $Cr@Si_{14}$ 团簇具有 1 μ_B 磁矩，而 $Cr@Si_{13}$ 和 $Cr@Si_{12}$ 团簇分别具有 2 μ_B 和 3 μ_B 磁矩，磁矩主要来自 Cr 原子的 d 轨道的贡献。$Cr@Si_{14}$ 团簇具有 C_{2v} 对称性，Cr 原子被硅笼完全包笼[141]。$Cr_2@Si_{13}$ 和 $Cr_3@Si_{12}$ 团簇分别具有 C_s 和 D_{6d} 对称性，它们的结构如图 3 - 9 所示。

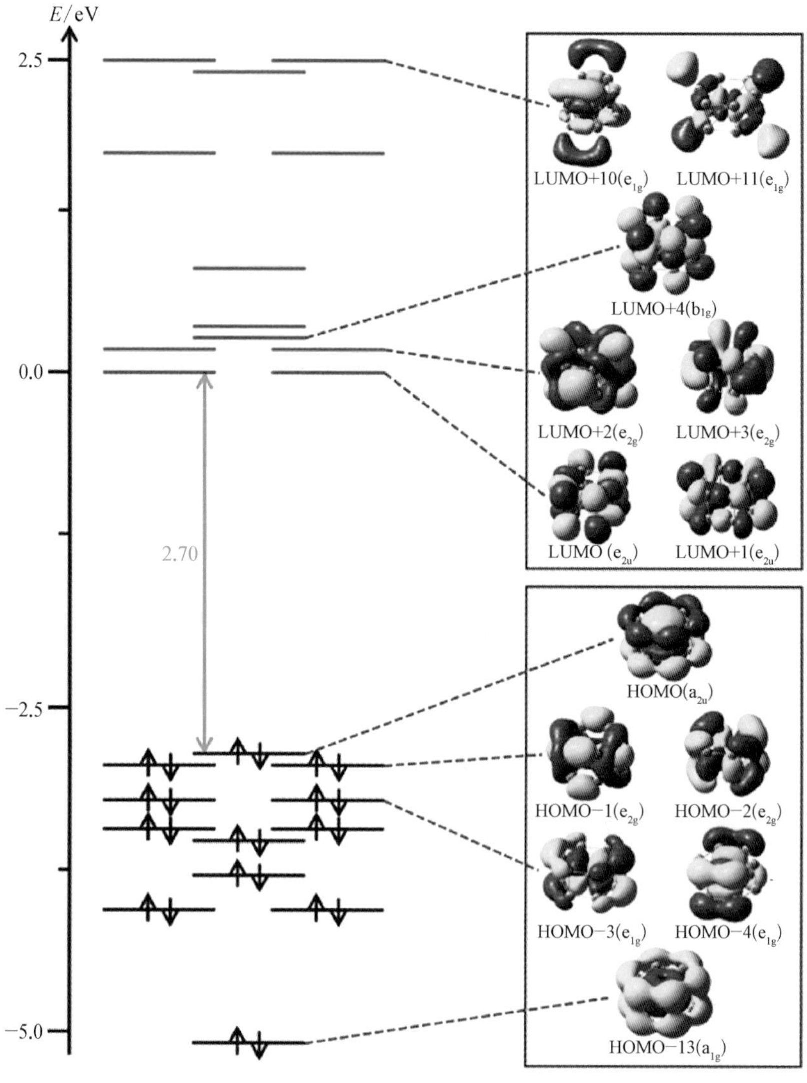

图 3-8　具有 D_{6h} 对称性 $NbSi_{12}$ 团簇的分子轨道图

最近，关于 18 电子规则解释 $CrSi_{12}$ 团簇的稳定性再次引起研究人员的关注。理论研究表明，$CrSi_{12}$ 团簇并不遵循 18 电子规则，但是具备热力学上的稳定性。$CrSi_{14}$ 团簇不仅遵循 18 电子规则，同时也满足热力学稳定性[142]。人们通过双脉冲激光溅射和质谱分析指出 $CrSi_{15}$ 和 $CrSi_{16}$ 质谱丰度最高[143]，而光电子能谱实验表明 $CrSi_{12}$ 是最稳定的笼状结构团簇。另外，光解离实验也是一种有效地判断团簇是否稳定的实验技术。例如，Jaeger 等通过光解离实验报道了在 $CuSi_n$ 和 $AgSi_n$（$n = 7, 10$）团簇中，Cu—Si 键能和 Ag—Si 键能弱于 Si—Si 键能[144]。

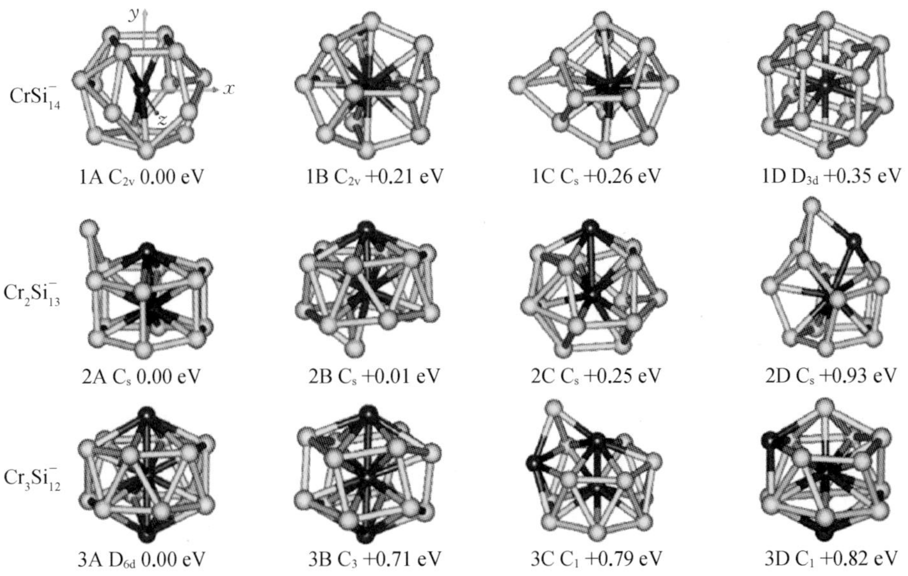

图 3-9　CrSi$_{14}$、Cr$_2$Si$_{13}$和 Cr$_3$Si$_{12}$三种团簇的稳定几何结构

另外，Kong 等利用负离子光电子能谱结合密度泛函理论研究了小尺寸的 CrSi$_n^-$（n = 3～9)团簇,发现这些团簇都是 Cr 原子位于团簇的表面,从 CrSi$_{10}^-$团簇开始出现内嵌型结构。实验发现,CrSi$_n^-$（n = 10～12)团簇具有相似的光电子能谱结构和相同的磁矩（1 μ_B)。研究结果表明,团簇的几何结构对磁矩有较大的影响。例如,外嵌型的 CrSi$_n^-$（n = 4,6)团簇具有 3 μ_B 磁矩,CrSi$_n^-$（n = 3,5,7～9)团簇具有 5 μ_B 磁矩,其他内嵌型的 CrSi$_n^-$（n = 10～12)团簇则只具有 1 μ_B 磁矩,这说明内嵌型团簇的磁矩被淬灭[60]。

（6）Mo(钼)

元素 Mo 与 W 在元素周期表中属于同一族,研究发现 MoSi$_{12}$具有与 WSi$_{12}$类似的结构,均具有 D_{6h}对称性的六棱柱结构。研究者将 MoSi$_{12}$团簇的电子结构和几何结构与 Si$_{12}$团簇进行对比,发现 Mo 原子的掺杂使 MoSi$_{12}$团簇形成了类似于 WSi$_{12}$的 D_{6h}六棱柱结构。纯硅团簇如果没有过渡金属的掺杂,Si$_{12}$团簇的对称性会降低到 C_{2h}结构[145]。含有 3d、4d 和 5d 电子的过渡金属掺杂更容易使 Si$_{12}$团簇形成以金属为中心的六棱柱结构。Han 等通过 B3LYP 计算方法研究了 Mo$_2$Si$_n$（n = 9～16)团簇的几何结构和电子结构性质,发现 Mo$_2$Si$_{10}$和 Mo$_2$Si$_{12}$团簇是稳定的双金属笼状结构团簇,它们的结构依赖 Mo 与 Mo 和 Mo 与 Si 之间的键长。对于更大尺寸的 Mo$_2$Si$_n$（n>14)团簇,两个 Mo 原子都被硅团簇包裹在内部,对于小尺寸的团簇,仅有一个 Mo 原子被包裹在硅团簇内部,而另一个 Mo 原子则在硅团簇的表面[80]。

理论研究发现,两个金属掺杂的硅团簇 M$_2$Si$_{12}$（M = Nb,Mo,Ta,W)存在两种结构模型,分别是 C_{2v}棱柱结构和 C_{6v}反对称棱柱结构。例如,Mo$_2$Si$_{12}^{2+}$团簇有 58 个价电子,具有热

动力学稳定性的 C_{2v} 六棱柱结构，而 Mo_2Si_{12} 有 60 个价电子，更容易形成 C_{6v} 反对称六棱柱结构[146]。

（7）W(钨)

Beck 通过激光溅射和脉冲分子束载带技术对过渡金属 Co、Mo、W 掺杂的硅团簇进行了实验研究。人们通过对 W@Si_n（n = 12～14）团簇和较大尺寸的 W@Si_n 团簇进行了研究，发现 W@Si_{12} 团簇具有 W 原子被 12 个硅原子包裹的笼状结构，W@Si_{12} 和 W@Si_{14} 团簇均具有稳定的类富勒烯结构，但 W@Si_{16} 团簇并不稳定，其结构弛豫到类似于 W@Si_n（n = 12～14）的结构。更大尺寸 W@Si_n 团簇的结构基本都是通过多个硅原子盖帽到小尺寸的 W@Si_m 团簇之上形成的[147]。Hiura 等[33,148]将 W 原子置于纯硅团簇的顶点、边、面的不同位置来优化 W@Si_{12} 团簇的结构，最终发现 W 原子置于硅笼内可以得到稳定的金属内嵌结构。研究发现 W@Si_{12} 团簇的稳定结构，其波函数起着关键作用。Miyazaki 等报道了 W@Si_{12} 团簇具有六棱柱结构，团簇的对称性和 d 轨道对称性相关，如图 3－10 所示。

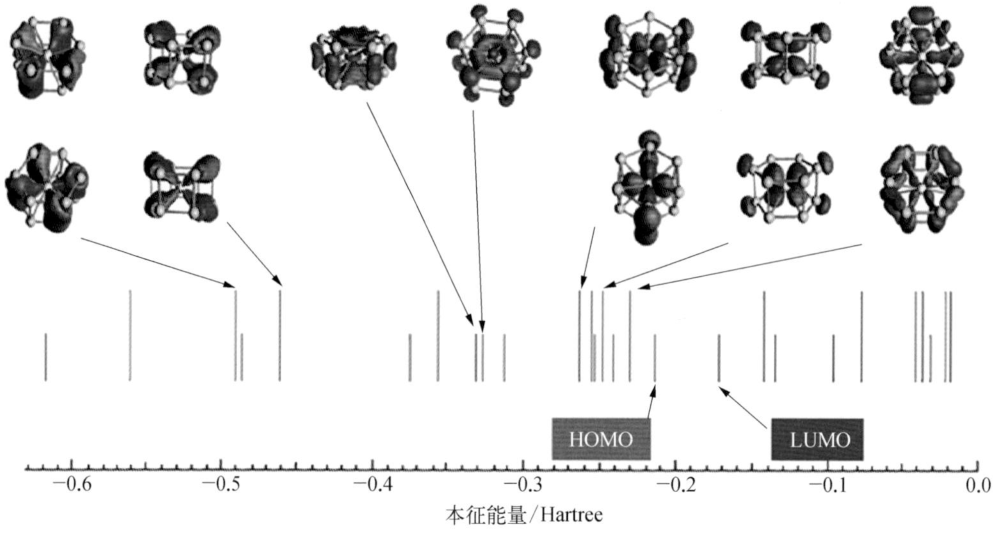

图 3－10 具有笼状结构的 WSi_{12} 团簇中波函数对 W—Si 键的贡献示意图

除 W 原子外，Uchida 等还报道了 MSi_{12}（M = Ta，Re，Os 等）团簇的结构，结果发现这些团簇都倾向于形成六棱柱结构，团簇价电子总数是 54 个，电子结构满足 18 电子或 20 电子规则[145,149]。Abreu 等通过理论计算报道了 WSi_n（n = 6～16）团簇的电子结构、HOMO－LUMO 能隙、键能等性质，发现幻数结构依赖团簇的生长方式。研究人员还发现，虽然 WSi_{15} 满足某些幻数尺寸规则，但不满足 18 电子规则；相反，WSi_n^+ 不仅满足幻数尺寸，同时还满足 18 电子规则。W 原子位于表面的最大尺寸团簇是 WSi_{11}，尺寸增大到 WSi_{12} 时能够形成金属内嵌的硅笼状团簇[77]。

（8）Fe（铁）

理论研究报道了 Fe 掺杂的硅半导体团簇 $FeSi_n$（n = 2～14）的结构演化，研究发现随着硅原子数目的增多，Fe 原子逐渐从团簇的凸面到表面，最后进入硅团簇的内部。Fe@Si_{12} 团簇是这一系列中最稳定的，对于 Fe@Si_9 和 Fe@Si_{10} 团簇，Fe 原子的磁矩被团簇完全淬灭，磁矩淬灭的主要原因是电荷转移以及 Fe 的 s、d 轨道和 Si 的 s、p 轨道杂化[150]。

Fe 原子内嵌的最小尺寸团簇是 Fe@Si_{10}，其基态的几何结构是具有 D_{5h} 对称性的金属内嵌的五棱柱结构[126,151,152]。Wang 等采用两种密度泛函（B3LYP 和 B3PW91）研究了团簇的几何结构、电子态性质和稳定性，指出在两种不同的泛函计算中，得到的 Fe@Si_{15} 基态结构不同，对于 Fe@Si_{16} 团簇两种泛函则给出了同一种基态构型。Ma 等较为全面地报道了 $FeSi_n$（n = 1～14）团簇的极化率、几何结构和稳定性[153]。他们发现团簇的极化率与 Fe 原子在团簇中的位置密切相关，当 Fe 原子从团簇的表面进入内部时，其极化率降低。Fe 掺杂的硅团簇与纯硅团簇相比较，可以看出 Fe 的掺杂提高了团簇的稳定性，但降低了团簇的极化率。理论计算得到 $FeSi_n$ 团簇的基态几何结构见图 3－11。

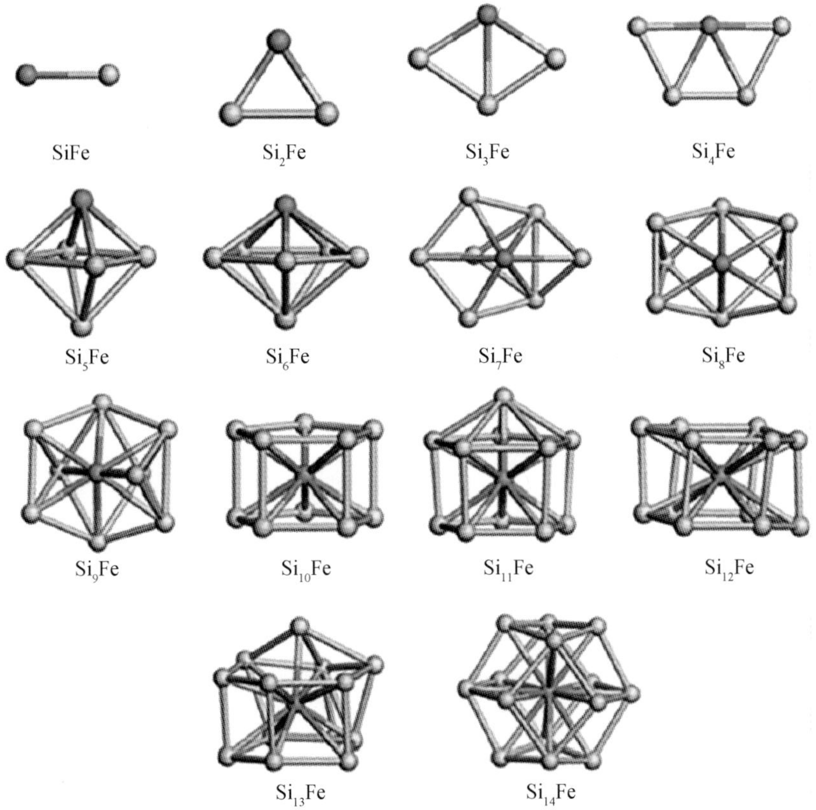

图 3－11　PBE 泛函理论计算获得的 $FeSi_n$ 团簇的基态几何结构

之后，Chauhan 等报道了 $FeSi_9$、$FeSi_{11}$ 和 $FeSi_{14}$ 团簇具有密堆型结构，研究者利用 Fe 嵌入能、Si 结合能及 HOMO－LUMO 能隙解释团簇的稳定性，不过 18 电子规则并不适用于此类团簇[154]。另外，Robles 和 Khanna 等还报道了两个铁原子掺杂的硅团簇 Fe_2Si_n（n = 1～8），结果发现这些团簇具有很高的铁磁性[155]。

（9）Co（钴）

Yang 等通过负离子光电子能谱结合密度泛函理论研究了 Co 掺杂的硅团簇，发现中性和负离子 $CoSi_9$、$CoSi_{10}$ 是团簇的关键尺寸。通过自然电荷分析（natural population analysis，NPA）得到 Co 原子是电子给体，Si 原子是电子受体。通过磁矩计算发现，对于 $CoSi_n$（n＞5）的团簇，其磁矩均为零，最稳定的 $CoSi_{10}$ 团簇具有 C_{3v} 对称性[156]。如图 3－12 所示，$CoSi_{10}$ 电子态性质和分子轨道分析发现团簇的 50 个价电子布居在 25 个轨道上。最低的占据轨道－24 具有球形对称，在这之上的三个占据轨道能级简并，具有相似的 2p 原子轨道形状，利用电子结构的 Jellium 模型可以解释 $CoSi_{10}$ 团簇的稳定性。内嵌的 Co 掺杂硅团簇 $CoSi_n$（n = 10～12）存在 Co—Si 离子键，并且电荷是从 Si 原子向 Co 原子转移的。虽然 $CoSi_{12}$ 具有六棱柱晶状结构，但是它的相似体 Co@Pb_{12} 团簇却是二十面体笼状结构[157]。

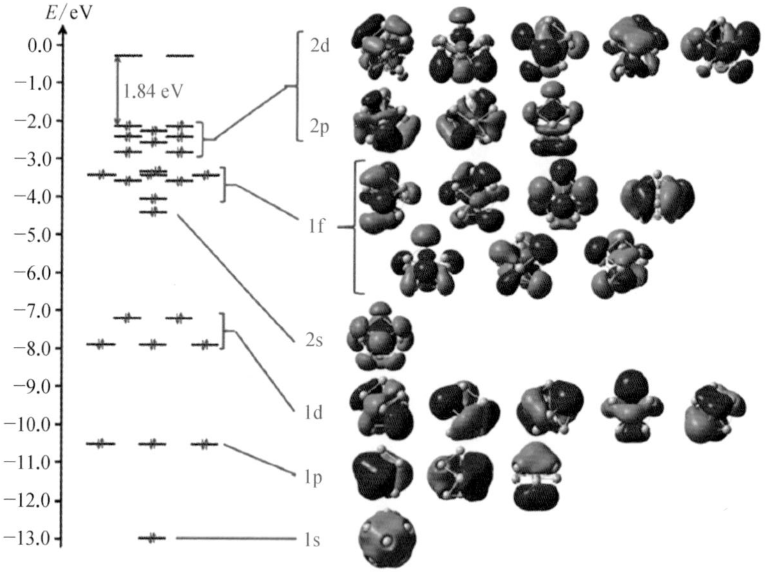

图 3－12　笼状结构团簇 Co@Si_{10}^- 的分子轨道和能级结构图

另外，红外多光子解离实验（IR－MPD）发现 $CoSi_n^+$ 团簇是通过 Co 原子在 Si_{n+1} 团簇上取代 Si 原子形成的，而 $Co_2Si_n^+$ 团簇则是通过在 $CoSi_n^+$ 团簇上吸附 Co 原子形成。中性 $CoSi_n$（n = 10～12）团簇是通过 Co 和 Si 之间的离子键作用形成了稳定的内嵌笼状结构，电荷转移是由 Si 原子转向 Co 原子 3d 轨道。由于 Co 和 Si 原子之间相互杂化，Co 原子的磁矩被完全淬灭[158]。

（10）Ni（镍）

镍硅合金在高温材料等工业领域中有着广泛应用，是研究过渡金属在合金表面扩散和异相催化的典型模型体系，因此也吸引着众多科研工作者对此进行探索[159]。Menon 等通过从头算和动力学模拟理论方法报道了金属 Ni 掺杂的硅纳米管的稳定性[160]。Andriotis 等报道了镍掺杂硅笼状团簇 Ni_mSi_{5m+7}，发现最稳定的团簇具有 C_{5v} 对称性，每个 Ni 原子被（11 + 1）或者（10 + 2）个硅原子包笼，Ni—Si 键长（2.60 Å）稍长于 Si—Si 键长（2.55Å），研究中没有发现电荷转移[67]。中性和负离子的 $NiSi_{12}$ 团簇存在两个能量简并的异构体，分别是盖帽五棱柱结构和六棱柱晶状结构。图 3－13 给出了这些稳定团簇的几何构型和能量差值。对于 d 电子层充满的过渡金属原子，其掺杂的硅团簇易于形成密堆型对称结构；对于 d 电子层未充满的过渡金属原子，其掺杂的硅团簇受到 Jahn－Teller 效应影响，团簇稳定结构的对称性降低。

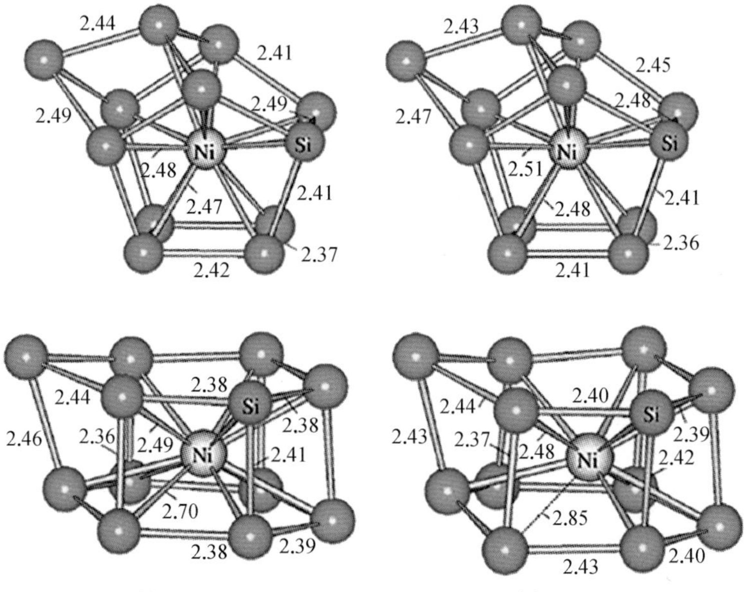

图 3－13　镍掺杂的硅团簇 $NiSi_{12}$ 的中性和负离子的稳定几何结构

团簇 $NiSi_{12}$ 最稳定的两个异构体，分别具有 C_s 和 D_{2d} 对称性。Frank－Kasper 多面体结构的异构体的动力学稳定性较差，相对于前两个异构体，总能量高出 2 eV。$Ni@Si_{12}$ 团簇中 Ni 的半充满壳层参与成键，使得团簇更容易形成立体构型。最稳定的两个异构体存在竞争关系[161]，这主要取决于参与成键的 d 壳层组分，如图 3－14 所示。

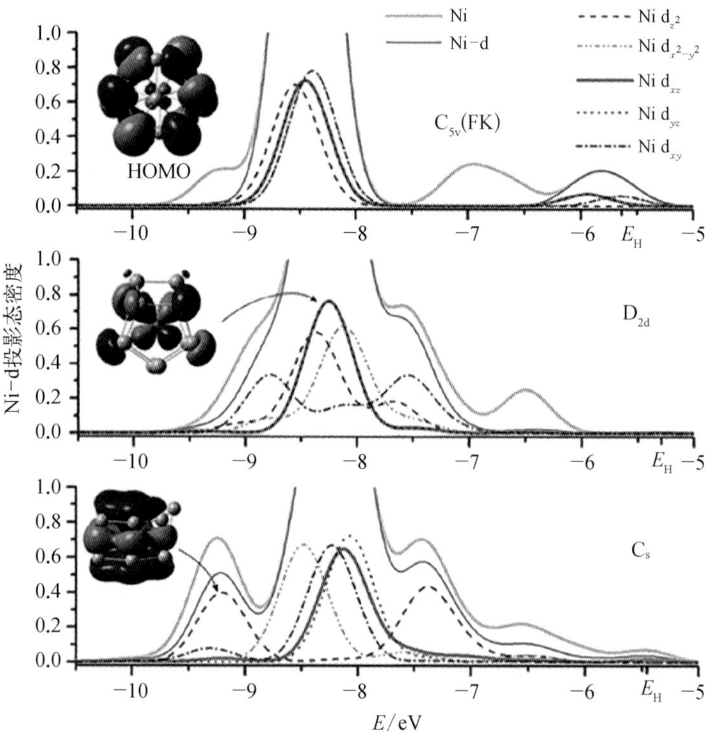

图 3-14 具有 C_s、D_{2d}和 Frank-Kasper 多面体结构的 Ni@Si_{12}笼状异构体的态密度模拟图

Wang 等通过 GGA-DFT 理论计算研究了 $NiSi_n$($n=1\sim14$)团簇的结构和性质,他们发现对于 $NiSi_n$($n=1\sim9$)团簇,Ni 原子占据团簇表面位置,对于 $NiSi_n$($n=10\sim14$)团簇,Ni 原子居于团簇的内部[162]。同样,Roble 和 Khanna 等报道了两个 Ni 原子掺杂的硅团簇,研究发现对于 Ni@Si_{16}笼状结构团簇,团簇不具有磁性,Ni 原子磁矩完全被笼状的 Si_{16}团簇淬灭[155,163]。

(11) Cu(铜)

作为另一种电子给体的掺杂过渡金属 Cu 元素也受到了人们的广泛关注。Xiao 和 Frank 通过密度泛函理论研究了 $CuSi_n$($n=4,6,8,10,12$)团簇的结构和电子态性质,研究结果表明最稳定的团簇结构类型是吸附和取代型结构。$CuSi_{10}$团簇是 Cu 原子位于对称中心的六棱柱双椅型结构。电荷是从 Cu 原子向 Si 原子进行转移的,Cu 原子类似于碱金属,电荷转移过程中其 3d 轨道发生了一些变化[68,164,165]。之后,他们又将 $CuSi_n$ 与 $ScSi_n$($n=1\sim6$)体系进行了对比研究,由于 Sc 与 Si 之间有较大的电荷转移和轨道杂化,Sc 与 Si 之间的相互作用明显强于 Cu 与 Si 之间的相互作用[166]。Gueorguiev 等利用 GGA-DFT 理论方法对多种金属掺杂硅团簇 $TMSi_n$

（n = 1～14）的电子态和几何结构进行研究。他们获得了 MSi_{10} 和 MSi_{12} 团簇的结构分别是盖帽的反对称四棱柱（D_{4d}）和六棱柱结构（D_{6h}），这类高对称的金属内嵌笼状结构，其对称性降低是由 Jahn - Teller 效应引起的，是构建和组装纳米材料的理想单体[167,168]。

Lin 等结合高精度的理论计算方法 CCSD(T)/aug - cc - pVTZ - DK//MP2/6 - 31G(2df,p)，G4//MP2/6 - 31G(2df,p) 和 B3LYP/6 - 311 + G* 对 $CuSi_n$（n = 4～10）一系列团簇进行研究，发现中性 $CuSi_{10}$ 团簇具有金属内嵌的笼状结构，而负离子 $CuSi_{10}$ 是外嵌型结构[169]。Xu 等利用负离子光电子能谱结合理论计算发现最小的内嵌型笼状结构是 $CuSi_{12}^-$，团簇具有较高对称性，其中 Cu 原子完全被内嵌在硅笼内部[59]。Cu 掺杂硅团簇的结构演化方式与 Cu 掺杂锡团簇有些相似，$Cu@Sn_{12}^-$ 笼状团簇比其他对称性的二十面结构更加稳定[170]。实验测量得到 $CuSi_{12}^-$ 的垂直脱附能是 3.42 eV，理论计算得到垂直脱附能是 3.34 eV，实验和理论结果一致。理论计算还获得其他 $CuSi_{12}$ 异构体，如图 3 - 15 所示，可以看出外嵌型异构体 12B、12C、12D 比笼状型异构体 12A 稳定性要差。

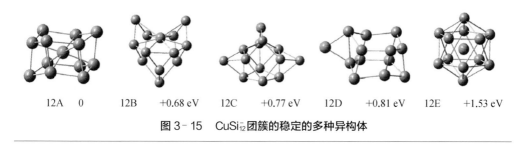

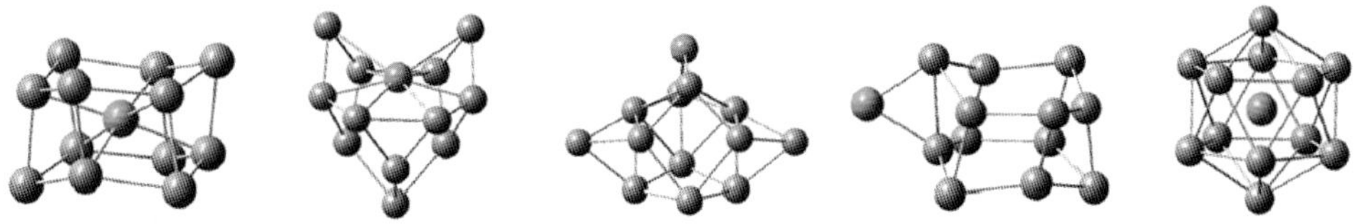

图 3 - 15　$CuSi_{12}^-$ 团簇的稳定的多种异构体

Hossain 等报道了内嵌型的 $Cu@Si_n$（n = 9～15）团簇的几何构型，如图 3 - 16 所示。他们认为最小的内嵌型笼状结构是 $CuSi_9$ 团簇，$CuSi_{10}$ 团簇具有 D_{5h} 对称性的金属内嵌的五棱柱结构，$CuSi_{11}$ 团簇结构类似于 $CuSi_9$，$CuSi_{12}$ 团簇是双椅状构型，$CuSi_{13}$ 团簇是额外两个 Si 原子键连接到双椅状的 $CuSi_{12}$ 结构上。$CuSi_{14}$ 和 $CuSi_{15}$ 团簇是金属 Cu 原子内嵌构型[171]。

过渡金属掺杂硅团簇的几何结构主要分为三种类型：富勒烯构型、立方体构型和六棱柱构型。这三种构型在 $TMSi_{12}$ 团簇中的结构竞争较为明显。过渡金属原子的充满和未充满的 d 电子决定了团簇的结构和成键性质。过渡金属原子（d 电子充满）掺杂硅团簇的结构和成键性质通常由金属的价电子决定。相反，d 电子未充满的过渡金属原子掺杂的硅团簇，其成键性质依赖 d 电子和 Si 笼原子 3s、3p 的杂化成键。Aristides 等报告了具有 O_h、I_h 和 D_{6h} 高对称性的 $CuSi_{12}$ 团簇，这些高对称结构并不稳定，这主要是由 Jahn - Teller 效应[75,126]所导致的。

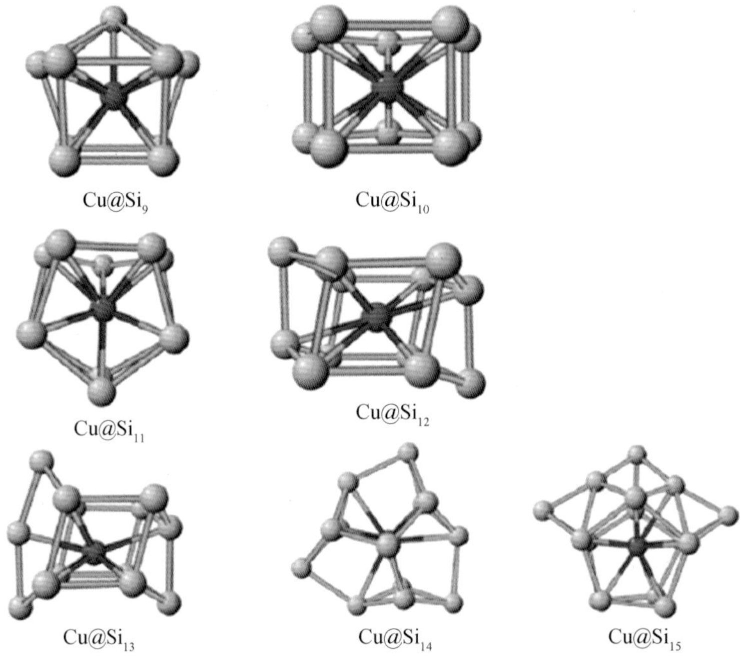

图 3-16 $CuSi_n$（n=9~15）团簇的几种低能量异构体

(12) Ag(银)

Ag 和 Cu、Au 在元素周期表上属于同一副族，关于 Ag 掺杂的硅团簇的研究较少。人们通过第一性原理揭示了在 $AgSi_n$ 团簇中，Ag 原子更易于盖帽在硅团簇中[172]，计算发现最稳定的团簇是 $AgSi_7$ 和 $AgSi_{10}$。Kong 等利用负离子光电子能谱和密度泛函理论对 $AgSi_n^-$（n=3～12）团簇进行了研究，发现最稳定的团簇结构均是 Ag 原子位于团簇的表面，内嵌型的异构体能量均相对较高[58]。与 Si—Si 键长相比，Ag—Si 键长较长，其 Ag 与 Si 之间的相互作用较弱，这可能是 $AgSi_n$ 团簇无法形成内嵌型笼状结构团簇的原因之一，如图 3-17 所示。

另外，对于两个 Ag 原子掺杂的硅团簇也有理论对此进行研究。人们利用从头算结合密度泛函理论，通过几何结构、尺寸演化和电子态性质研究发现 Ag_2Si_n（n=1～11）中最稳定的团簇是 Ag_2Si_2 和 Ag_2Si_5，其较高的化学稳定性主要是因为 Ag_2Si_2 和 Ag_2Si_5 团簇具有较宽的 HOMO-LUMO 能隙[173]。

(13) Au(金)

人们利用 DFT 理论对中性 $AuSi_n$（n=1～16）团簇进行研究，发现小尺寸团簇中 Au 原子占据表面位置，随着团簇尺寸增大，Au 原子逐渐内嵌到团簇中心位置。Au 的这种性质与 Fe 和其他过渡金属相似。在中性 $AuSi_{12}$ 团簇中，理论研究发现 Au 原子完全内嵌在 Si_{12}

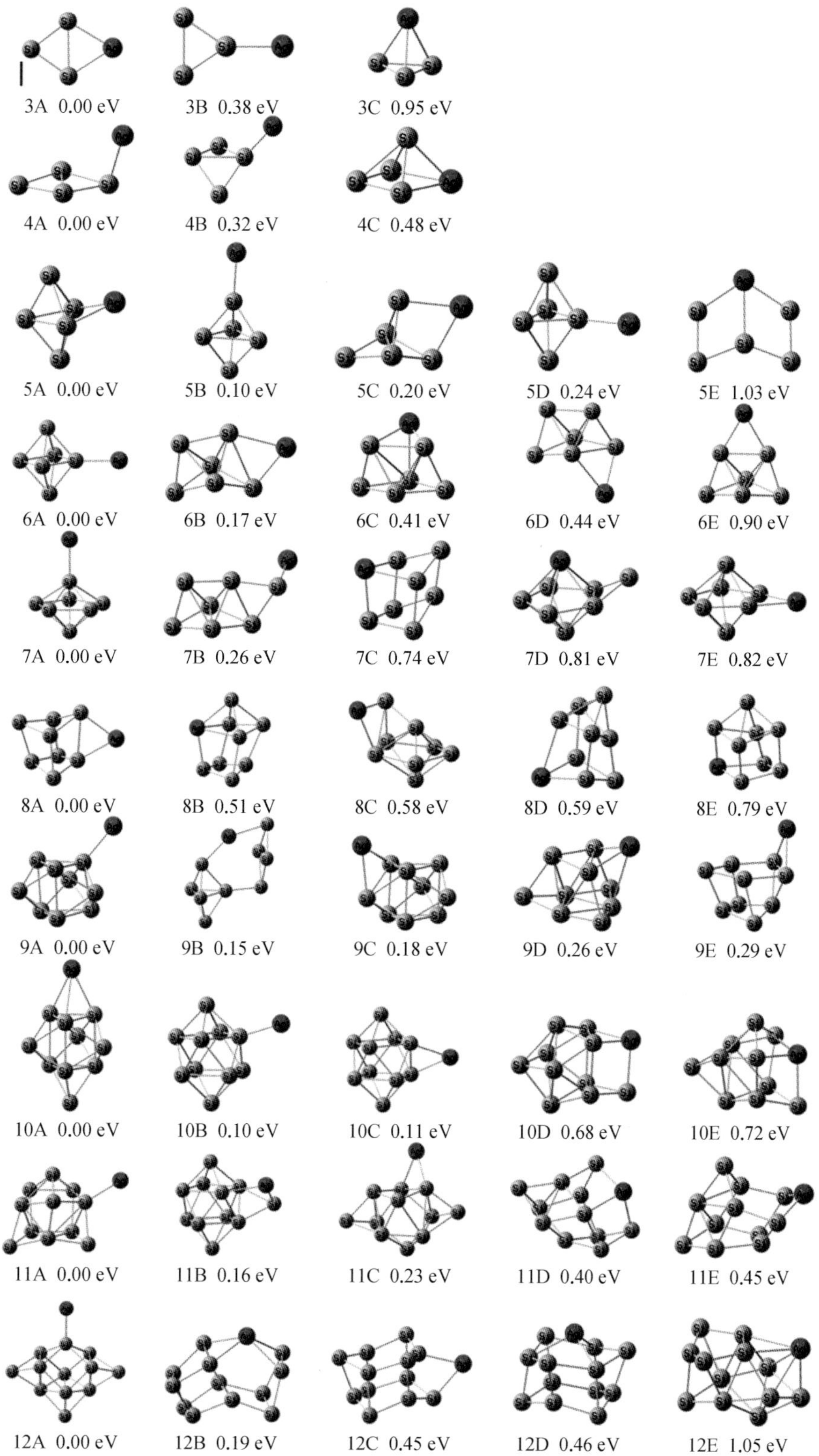

图 3-17 优化计算得到 $AgSi_n$ 团簇的低能量稳定结构

笼中[174]。利用高精度的CCSD(T)计算方法比较外接和内嵌型结构的 $AuSi_{11}$ 和 $AuSi_{12}$ 团簇，如图3-18所示，研究发现这两类构型的能量差分别是0.02 eV和0.72 eV。另外，研究发现增加或减少一个电子对团簇的结构有明显影响[50]。

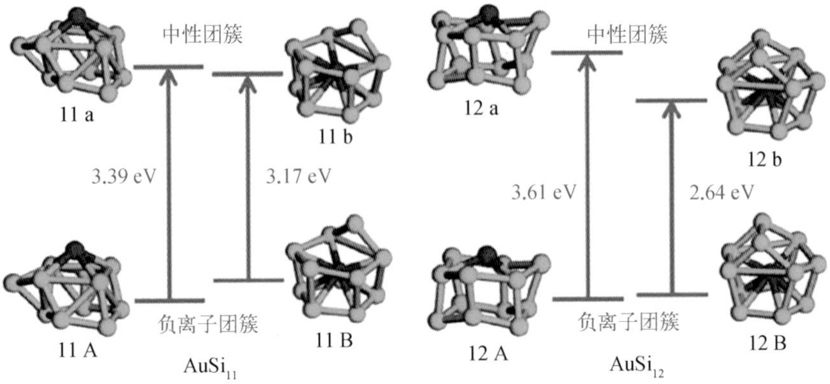

图3-18　负离子团簇和中性团簇 $AuSi_{11}$、$AuSi_{12}$ 的结构与跃迁

另一项研究是利用从头算对两个Au原子掺杂硅团簇的结构进行计算，理论预测小尺寸团簇构型是2D构型，大尺寸团簇是3D构型。计算指出最稳定的团簇是 Au_2Si_5 和 Au_2Si_8，Au_2Si_{10} 则是由两个Au原子盖帽 Si_{10} 团簇形成的[175]。Tran和Zheng等利用光电子能谱结合从头算对 $AuSi^{-/0}$ 的结构和电子态进行了研究[46]。另外，实验和理论研究发现 Au_2Si_n 团簇更倾向于形成Au的低配位结构。Au_2Si_n（$n=4\sim7$）团簇具有3D芳香性，Au_2Si_6 团簇具有棱柱状结构[176]。在Au掺杂的铅团簇中，发现Au更容易位于笼状结构的中心位置，并且Au与Pb的相互作用很弱[177]。

研究人员还对一系列过渡金属(Sc、Ti、V、Cr、Mn、Fe、Co、Ni、Cu、Zn)掺杂硅团簇的笼状结构展开了研究，这些团簇的共同点都是金属位于笼状团簇的中心位置[126]。研究发现团簇的稳定性不仅可以通过18或20电子规则解释，同时也与掺杂金属的原子半径、成键性质及轨道杂化相关(图3-19)。电荷转移分析表明在笼状团簇中，电荷是从Si原子向过渡金属原子转移的，某些团簇诸如 $CrSi_{12}$、$NiSi_{10}$、$ZnSi_{14}$ 的磁矩被完全淬灭。Liu等通过理论研究报道了Sc掺杂的硅团簇，发现 $ScSi_{16}$ 团簇具有很好的热动力学和化学稳定性[178]。

从文献报道来看，过渡金属掺杂硅团簇的结构、尺寸、磁性和电子态性质与掺杂金属紧密相关。某些掺杂金属易位于团簇的表面，其他金属则倾向于位于笼状团簇的内部。例如，Cr、Co、Zr、Ni掺杂金属更倾向于内嵌在笼状团簇内部。同样，这些团簇的电子态性质、磁性等可以通过18或20电子规则进行解释，过渡金属d电子参与成键能明显地影响团簇的光电等某些性质。例如，研究者利用红外多光子解离结合密度泛函理论对过渡金属Cu、V掺杂硅团簇进行研究，发现V原子倾向于高配位与Si结合，而Cu原子则以低位配位数吸附在硅团簇表面。

Cu 原子的掺杂使得 $CuSi_{10}$ 团簇由五角双锥结构转变为三棱柱结构，但 V 掺杂硅团簇的笼状结构则出现在 VSi_{10}。这些完全不同的结构归结为 V 和 Cu 原子分别具有不同的 3d 空轨道[39]。

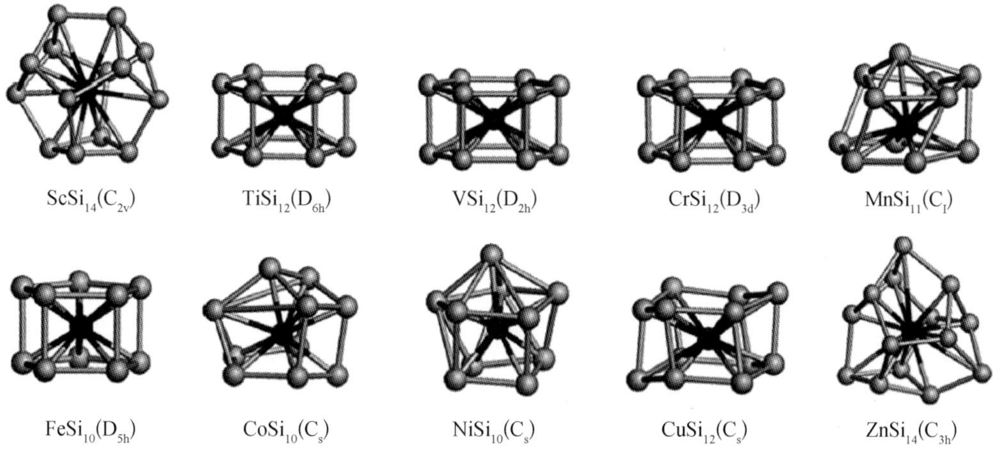

图 3 - 19　3d 过渡金属掺杂硅团簇的笼状结构

3.2.4　镧系金属掺杂的硅团簇

由于含有 f 壳层的镧系金属在团簇里能够保持一定的磁矩，因此镧系金属掺杂的硅团簇受到了研究者们的广泛关注。例如，Xu 等通过理论研究报道了多种镧系金属（La、Pr、Eu、Gd、Tb、Yb）掺杂的硅团簇。研究发现中性 $LaSi_6$ 团簇具有 C_{2v} 对称性，而负离子 $LaSi_6$ 团簇具有 C_{5v} 对称性。这些团簇的稳定性依赖镧系金属原子的 5d 电子和 Si 原子的相互作用[179]。

关于 Yb 掺杂的硅团簇，通过密度泛函理论研究，人们发现 $YbSi_2$ 和 $YbSi_5$ 是最稳定的团簇。由于 Yb 原子是电子给体，因此电荷是从 Yb 原子向 Si 原子转移的。关于 $YbSi_2$ 和 $YbSi_4^+$ 团簇的化学稳定性，也有部分文献报道过[91]。另外，在 $YbSi_n$（$n = 7 \sim 13$）团簇的研究中，发现 $YbSi_8$、$YbSi_{10}$ 和 $YbSi_{13}$ 团簇是最稳定的，并且都是非磁性[180,181]。

Li 等通过 DFT 理论研究了 Sm 原子掺杂的硅团簇 $SmSi_n$（$n = 1 \sim 9$）的稳定性、几何构型和电子态性质，通过结合能、碎片能分析发现 $SmSi_4$ 和 $SmSi_2$ 是最稳定的团簇，并且 SmSi、$SmSi_4$ 和 $SmSi_9$ 团簇均具有较宽的 HOMO - LUMO 能隙[182]。对于 Lu 原子掺杂的硅团簇 $LuSi_n$，研究发现 Lu 原子的掺杂提高了团簇的金属性，其幻数团簇出现在 $n = 5$ 和 $n = 8$[183]。Ho 是另一种常见的镧系金属原子，其掺杂的硅团簇也被广泛地研究。例如，Liu 等通过理论方法研究了 Ho 原子掺杂的硅团簇 $HoSi_n$（$n = 1 \sim 12, 20$），结果发现当 $n = 2, 5, 8, 11$ 时，这些团簇是最稳定的。Ho 原子的 4f 电子贡献了这些稳定团簇的磁矩[184]。之后，他们发现 $HoSi_n$（$n = 12 \sim 15$）团簇是金属原子位于团簇的表面，随着团簇尺寸增大，$HoSi_n$

（n = 16～20）团簇则演变为金属内嵌的笼状结构。其中，$HoSi_{16}$团簇是报道中金属内嵌最稳定的团簇，有可能作为构建团簇纳米材料的组装单元体。同时，他们发现在金属原子位于团簇表面的构型中，Ho 的 4f 电子并没有参与成键，对于金属内嵌结构的团簇，Ho 原子的 4f 电子参与了团簇的成键中[29]。

理论工作者通过广义梯度近似方法研究了 $LaSi_n$（n = 1～21）团簇的结构演化，发现团簇的结构演化可以分为三个不同的过程，幻数团簇分别是 $LaSi_n$（n = 2，4，6，8，10，14，18，20），其中 La@Si_{16}具有类富勒烯结构，La@Si_{20}则是最大的笼状团簇[185]。图 3－20 给出了各个团簇对应尺寸的稳定构型。

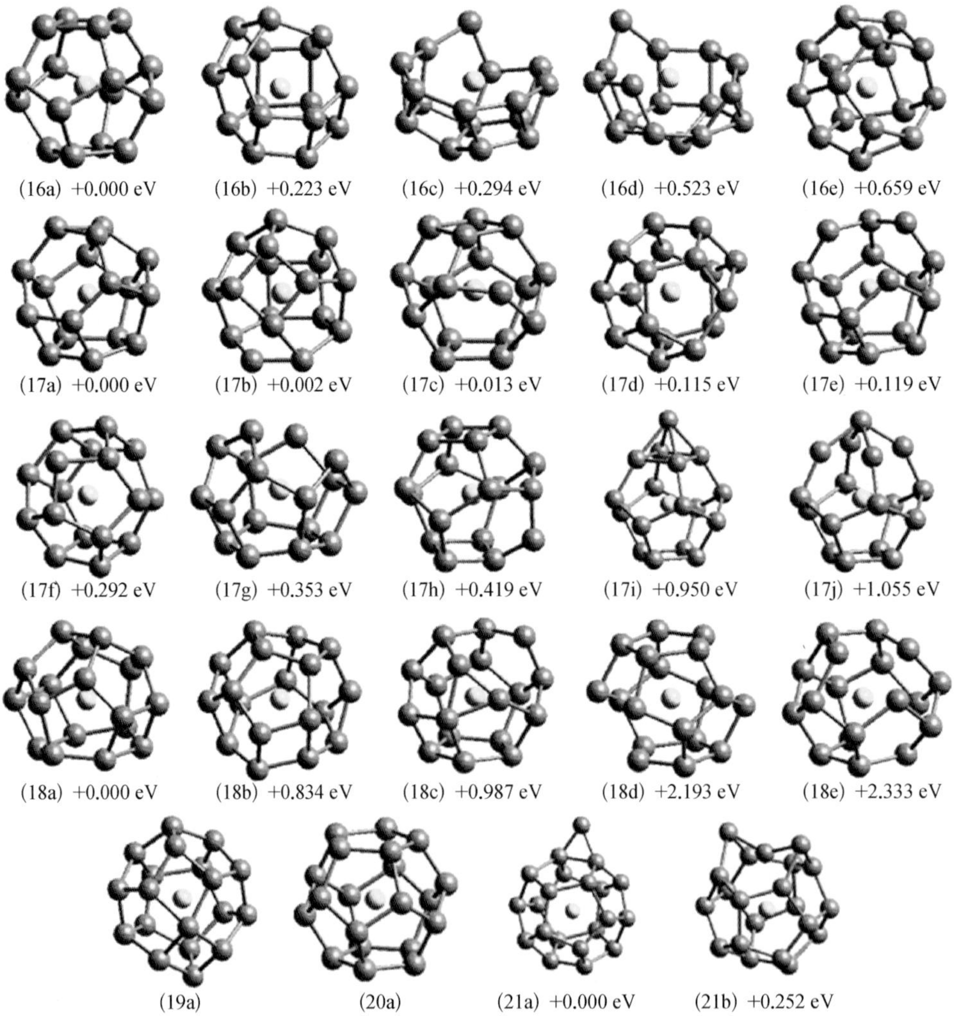

图 3－20　$LaSi_n$（n= 1～21）团簇的稳定几何结构

利用 ABCluster 搜索方法结合 mPW2PLYP 密度泛函理论，人们研究了中性和负离子 $LaSi_n$（$n=6\sim20$）团簇的电子态性质和生长方式，结果发现对于 $LaSi_n$（$n=10\sim20$）负离子团簇，La 原子倾向于链接着两个硅团簇或内嵌在团簇内部。$LaSi_{20}^-$ 团簇具有 I_h 高对称性，并且具有很好的热力学和化学稳定性，是构建纳米材料的理想单元体[186]。

Yang 等通过理论对 Eu 掺杂硅团簇 $EuSi_n$（$n=3\sim11$）的结构、电子亲和能和解离能等性质进行了研究，并与硅团簇进行了比较，发现 $EuSi_n$ 团簇的电子亲和能小于硅团簇 Si_n 的电子亲和能。Eu 原子与 Si 原子形成了离子键，Eu 原子作为电子给体对团簇的磁矩有较大贡献[187]。

Eu 掺杂的硅团簇在电子自旋和磁电耦合器件装置有潜在的应用，是构建纳米线材料的重要的单元体。密度泛函理论研究表明 C_{2h} 对称性的 $Eu@Si_{20}$ 团簇是稳定的类富勒烯结构。Eu 原子位于笼状团簇的中心位置，具有 7 μ_B 的磁矩。理论预测这些富勒烯结构可以通过两种方式（对称和反对称）构建成类似于珍珠链结构的纳米线（图 3-21）[76]。

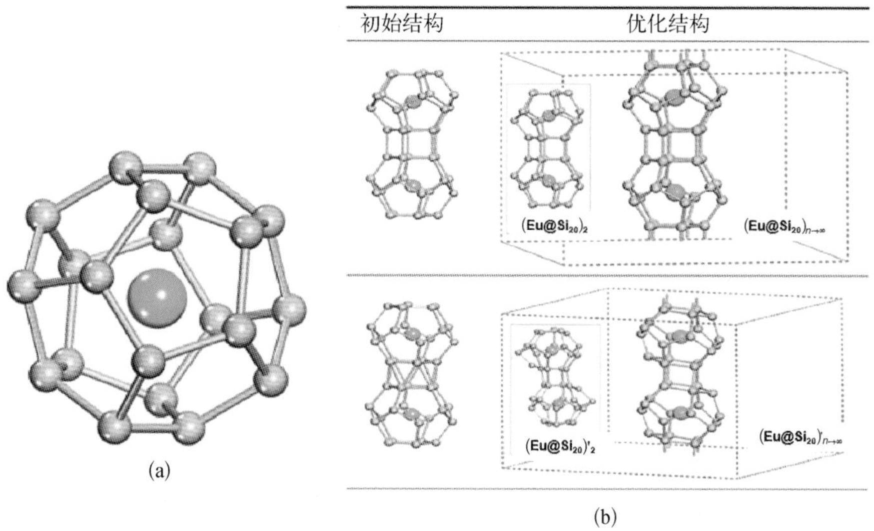

图 3-21　（a）$Eu@Si_{20}$ 团簇的富勒烯构型；（b）优化的（$Eu@Si_{20}$）$_2$ 二聚体团簇

多种镧系金属掺杂硅团簇 $Ln@Si_{16}$ 的理论研究表明，这些团簇更容易形成类富勒烯结构，其稳定性高于 Frank-Kasper 结构，这与其他过渡金属掺杂的硅团簇的构造方式正好相反。理论计算获得了 $Eu@Si_{16}$ 和 $Gd@Si_{16}$ 团簇的磁矩分别是 5.85 μ_B 和 6.81 μ_B。对于 f 壳层超过半充满的镧系金属，其掺杂的硅团簇的轨道和自旋磁矩取向相同，而对于 f 壳层半充满的镧系金属，其掺杂的硅团簇的轨道和自旋磁矩取向相反[188]。为了研究 Gd 掺杂的硅团簇 $GdSi_n$（$n=2\sim9$），研究人员利用两种密度泛函（mPW2LYP[189] 和 B2PLYP[190]）对团簇的结构、稳定性和电子态性质等进行了探索，发现除了 $GdSi_7$，其他团簇的基态结构都是通过 Gd 原子取代 Si_{n+1} 中的 Si 原子形成的。通过光化学敏感性分析，可知 $Gd@Si_8$ 团簇

光化学敏感性优于 $EuSi_8$ 和 $SmSi_8$ 团簇[191]。另外,研究者还对其他稀土金属,例如 Tb、Pr、Er 等掺杂的硅团簇进行了一系列研究[42,89,192]。

在半导体团簇中掺杂 Pr 金属,能够增加其光化学敏感度,研究人员利用 ABCluster 构型搜索程序结合密度泛函理论发现掺杂的 Pr 原子对团簇的磁矩贡献的比例最大。在 Er 掺杂的硅团簇中也能发现类似的情况。另外,自然电荷分析显示在 $ErSi_4$ 和 $ErSi_n$（$n=7$～10)团簇中涉及了 Er 原子的 4f 电子[193]。

Grubisic 等利用负离子光电子能谱研究了 Eu 掺杂的硅团簇 $EuSi_n$（$n=3$～17),发现 $EuSi_{12}$ 团簇是最小的金属内嵌的笼状结构。比较 $TbSi_n$ 和 $EuSi_n$ 团簇的光电子能谱,研究发现由于两种金属的氧化态不同导致其光电子能谱有明显差异[41]。另外,Grubisic 等又报道了多种镧系金属(Ho、Gd、Pr、Sm、Eu、Yb)掺杂的硅团簇,根据镧系金属的氧化态可以将它们的价电子态分为两种类型：① Yb 和 Eu 显 +2 价;② Ho、Gd、Pr 显 +3 价[42]。通过光电子能谱和密度泛函理论对 Sm 掺杂的硅团簇中进行研究,发现小尺寸的 Sm_mSi_n（$m=1$～4,$n=1$～2)团簇结构易于形成准平面构型[55]。$SmSi_n$（$n=3$～10)团簇的理论研究表明,Sm 原子和 Si 原子之间形成离子键,Sm 是电子给体。同时发现,在团簇掺杂 Sm 原子之后,其化学敏感度提高。另外,团簇的总磁矩是由金属 Sm 原子贡献的[194]。

理论工作者对金属 Yb 掺杂的硅团簇 $YbSi_n$（$n=4$～10)进行了研究,通过密度泛函理论计算发现 $YbSi_n$ 与 $SmSi_n$ 团簇有相似之处,两种团簇都存在着离子键,两种金属都是电子给体。理论分析发现掺杂 Yb 之后,团簇的光化学敏感度得到较大提高[195]。关于 $YbSi_n$（$n=6$～20)团簇的研究提出,$YbSi_{20}$ 具有 I_h 高对称性笼状结构和较高的热动力学稳定性,它在构建新颖光学、光敏等器件材料及纳米催化材料上具有潜在的用途[196]。

关于 Lu 掺杂硅团簇的理论研究表明[197],$LuSi_n$（$n=3$～10)团簇的离解能远高于 $YbSi_n$、$SmSi_n$ 和 $EuSi_n$。与其他稀土金属类似,掺杂 Ho 之后的硅团簇 $HoSi_n$（$n=3$～9)光化学敏感度得到了较大提高,整体磁矩也是由 Ho 原子贡献的。六重态和五重态的中性/负离子是 $HoSi_n$ 团簇的基态结构[198]。

实验研究者通过双激光溅射方法制备 $Tb@Si_{10}$ 团簇,发现它是尺寸最小的笼状团簇。通过电子亲和能将团簇分为三类,研究发现 Tb 原子和硅笼之间的库仑相互作用导致 $Tb@Si_{10}$、$Tb@Si_{11}$ 团簇具有较高的电子亲和能[89]。

根据稀土金属原子中 4f 电子参与成键的作用可以将稀土金属掺杂的硅团簇分为两类。第一类是 4f 电子基本没有参与成键,第二类是 4f 电子参与成键。人们通过 ABCluster 全局搜索方法结合 TPSSH 密度泛函对 Pm 掺杂的硅团簇进行电荷布局分析,发现这类团簇属于第一类情况。计算 $PmSi_n$ 团簇得到的解离能与 $SmSi_n$、$EuSi_n$ 团簇相同[199]。另一份关于 $PmSi_n$（$n=12$～21)团簇的研究,揭示了 Pm 原子的掺杂使得 $PmSi_n$ 团簇,尤其是 $PmSi_{20}$ 团簇的光化学敏感度有很大程度的提升。在 $PmSi_n$（$n=12$～19)团簇中,电荷是从 Pm 原子向 Si 原子转移的，而在 $PmSi_n$（$n>20$）团簇中电荷转移情况正好相反，是从 Si 原子向 Pm 原子转移的。通过对 Dy 掺杂的硅团簇的研究，发现它们介于第一类和第二类之间，这主要是由于 Dy 原子的 4f 电子部分参与了成键。通过比较多种稀土金属掺杂硅团簇的解离能，可得到解离能的排序为 $GdSi_n > PrSi_n \approx SmSi_n \approx EuSi_n \approx DySi_n \approx HoSi_n$。另外，Tm 原子掺杂硅团簇 $TmSi_n$（$n=3\sim10$）由于 Tm 的 4f 电子并未参与成键，因此属于第一类团簇[200]。

3.2.5　其他元素掺杂的硅团簇

除了以上提到的碱金属、碱土金属和稀土金属掺杂元素外，还有元素周期表中的其他元素掺杂硅的团簇也被理论广泛研究，这些掺杂的元素包括金属元素锗（Ge）、锡（Sn）、铝（Al）、镓（Ga）、锌（Zn）、铋（Bi）和非金属元素硼（B）、碳（C）、氮（N）等[73,84,104,111,143,201-203]。

在硼掺杂硅团簇 B_2Si_6 的研究中，研究人员发现阳离子、中性、负离子团簇结构变化较大[52]，这主要归结于 Jahn－Teller 效应。波函数理论计算获得了 B_2Si_6 团簇的结构是碗状几何结构，如图 3－22 所示。

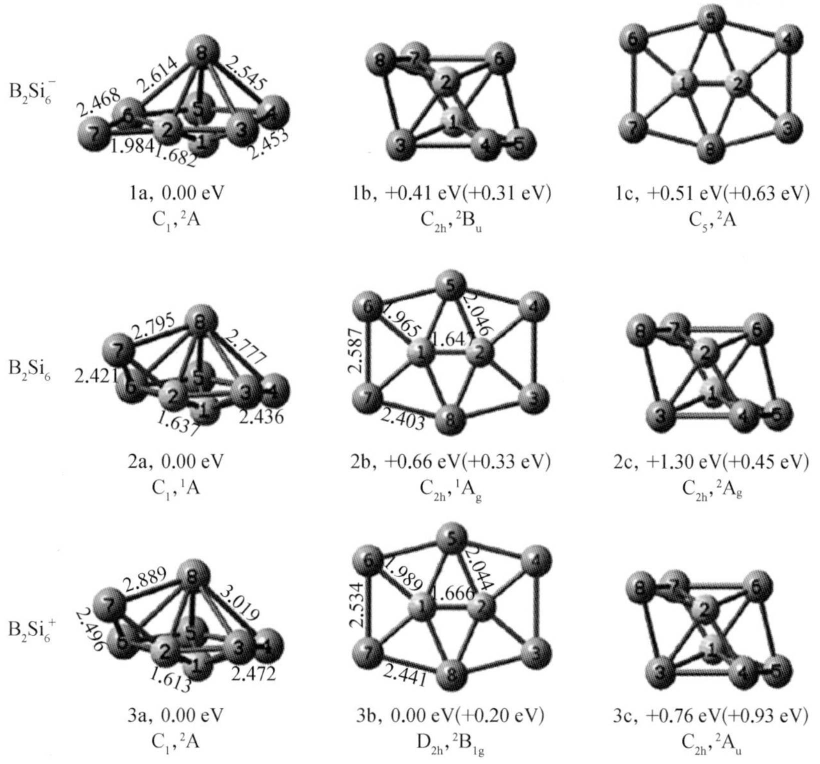

图 3－22　B_2Si_6 团簇负离子、中性、正离子的几何结构和相对能量

Lu 等报道了 $BSi_{4\sim7}$ 团簇具有碗状结构，更大尺寸的 $BSi_{8\sim12}$ 团簇则具有棱柱状结构。

对于 BSi_n 团簇负离子，在 $n=11$ 形成内嵌结构，而对于 BSi_n 中性团簇，则在 $n=9$ 就形成内嵌结构。研究中发现了具有高对称性（D_{3h}）的三盖帽的反对称四棱柱结构 BSi_{11}。对于两个 B 原子掺杂的硅团簇，同样也发现了碗状结构的团簇，对于更大尺寸的团簇则具有晶状结构并且具有 3D 芳香性。有趣的是[47]，研究者发现 B_2Si_{10} 具有 B 原子内嵌的五棱柱结构，负离子和中性异构体的具有离域的 $\sigma+\pi$ 键（图 3－23）。在三个 B 原子掺杂的硅团簇中，B_3Si_6 和 B_3Si_9 团簇显示出化学惰性[48]。

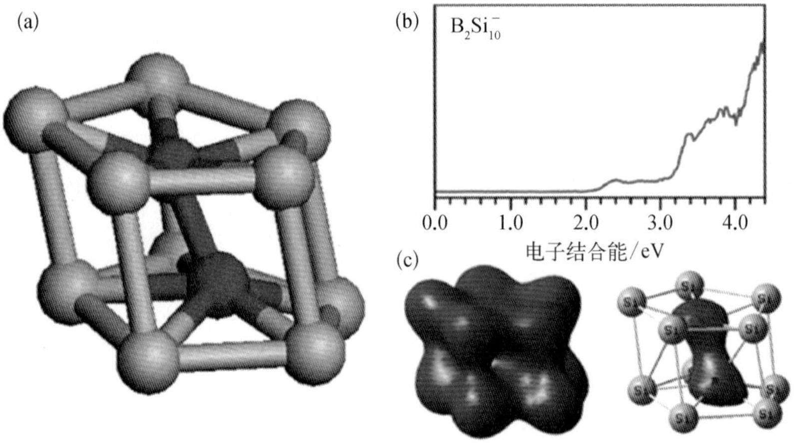

图 3－23　B_2Si_{10} 团簇的特征性质：（a）构型；（b）光电子能谱；（c）电荷密度

Zintl 相化合物是由碱金属或碱土金属和 p 区的金属或准金属、小能带半导体组成的，由于负离子具有极其复杂的结构，因而广受化学家关注。E_9M_4（E＝Si，Ge，Sn，Pb，M 为碱金属元素）代表了最有前景的一类 Zintl 相团簇，含有九原子锗团簇，同时吸附多种不同的有机分子，这类化合物引起了人们的极大关注。例如，Feng 等合成了 $[(Me_3Si)Si]_3EtGe_9Pd(PPh_3)$，他们通过将 $Pd(PPh_3)$ 插入 $[(Me_3Si)Si]_3EtGe_9$ 化合物中形成 Zintl 相化合物，X 射线衍射实验证实了化合物具有双盖帽反对称四棱柱结构[204]。Miriam 等报道了一种制备的新方法，利用 Sb 和 Bi 逐步取代 Zintl 相负离子 Ge_9^{4-} 中的 Ge 原子[205]。此前，大量的研究表明 Zintl 金属阴离子 Ge_9^{4-} 具有重要的应用和反应活性，过去人们认为 Zintl 金属阴离子 Ge_9^{4-} 最多只能键连两种取代基团。后来 Li 等通过有机合成方法获得了三取代的 $[Ge_9(Si(SiMe_3)_3)_3]^-$ 和四取代 $[Ge_9(Si(SiMe_3)_3)_3][SnPh_3]$ 的 Zintl 相负离子。有关其他配合物分子稳定 Zintl 相负离子（13、14 族元素）的应用、性质和对称性也有相关的报道[206,207]。

3.3　总结与展望

掺杂的硅团簇相对于硅团簇更容易获得笼状或管状结构，其性质也受掺杂元素尺寸、性质、种类的影响。团簇的结构和性质依赖团簇表面吸附的掺杂元素，或者内嵌在团簇内部的掺杂元素。

（1）碱金属掺杂的硅团簇　碱金属原子可以内嵌在硅笼，也可以吸附在团簇表面。MSi_n 团簇的稳定性依赖 Si 原子与碱金属之间形成的共价和静电相互作用。文献报道 $LiSi_{10}$ 和 $NaSi_n$（$n>14$）团簇都是稳定的团簇，Li、Na、K 作为硅团簇的掺杂元素已经通过理论和实验方法进行广泛的研究。

（2）碱土金属掺杂的硅团簇　碱土金属 Be、Mg、Ba、Ca 掺杂的硅团簇具有稳定的性质和几何结构。$Be@Si_{10}$、Mg_2Si_4、Mg_2Si_6、$Ba@Si_{20}$ 等几种团簇是最易形成和最稳定的团簇。Be 和 Mg 易形成笼状结构，并且作为电子给体能够形成硅纳米管和纳米线。Ca 和 Ba 掺杂的阳离子团稳定性要高于中性团簇。$CaSi_n$ 团簇较高的解离能归因于 Ca 原子的 3d 轨道。

（3）过渡金属掺杂的硅团簇　由于潜在的应用价值，过渡金属作为掺杂元素在半导体团簇研究中受到极大的关注。$CrSi_{12}$、$CrSi_{14}$、$TiSi_6$、$CuSi_{12}$、$ZrSi_{16}$、$W@Si_{12}$、Mo_2Si_{12}、$CoSi_{10}$、$AuSi_{12}$ 等团簇都是较为稳定的团簇。d 壳层电子的参与能够显著影响团簇的电子态性质和磁性。例如，$CrSi_{12}$ 团簇具有热动力化学稳定性，而 $CrSi_{14}$ 团簇不仅具有热动力学化学稳定，还满足 18 电子规则。Zr 和 Ni 的掺杂更容易形成金属内嵌的笼状结构，而 Ag 则倾向于形成金属原子吸附在团簇表面的结构。

（4）镧系金属掺杂的硅团簇　镧系金属作为掺杂元素在硅团簇内部依然能够保持磁矩。镧系金属掺杂的硅团簇的多种性质被广泛研究。$YbSi_5$、$YbSi_{13}$、$SmSi_4$、$SmSi_9$、$HoSi_{11}$、$LaSi_{16}$、$Eu@Si_{20}$ 等团簇是较为稳定的镧系金属掺杂的半导体团簇。由于特定情况下镧系金属 f 电子有可能参与成键，因此镧系金属掺杂的硅团簇与其他过渡金属掺杂的硅团簇的对称性和性质有明显区别。

本章综述了文献中有关掺杂硅团簇的研究，其中一些半导体团簇具有新颖的结构以及稳定的物理和化学性质，从这些特殊结构的团簇出发，有可能设计和制备新型纳米材料。这一方面的研究仍然面临很多挑战，在实验方面，如何制备大尺寸团簇，如何对团簇的电子能级、振动能级进行精确的测量，这需要进一步改进实验技术和发展新的实验技术；在理论方面，如何对大尺寸团簇的几何结构进行全局搜索，确定其最稳定结构，如何精确计算其电子能级和振动能级，仍需要发展高效的理论方法和计算程序。研究元素周期表中不同的掺杂元素有助于科研工作者总结其中的规律，利用特定掺杂元素来调控硅团簇的结构和性质，制备具有特殊结构和性质的半导体团簇，最终实现它们在微电子、传感器、能源、催化等领域的应用。

参考文献

[1] Su S, Wei X P, Zhong Y L, et al. Silicon nanowire-based molecular beacons for high-sensitivity and

sequence-specific DNA multiplexed analysis[J]. ACS Nano, 2012, 6(3): 2582 - 2590.

[2] Atkins T M, Thibert A, Larsen D S, et al. Femtosecond ligand/core dynamics of microwave-assisted synthesized silicon quantum dots in aqueous solution[J]. Journal of the American Chemical Society, 2011, 133(51): 20664 - 20667.

[3] He Y, Fan C H, Lee S T. Silicon nanostructures for bioapplications[J]. Nano Today, 2010, 5(4): 282 - 295.

[4] Shao M W, Cheng L, Zhang X H, et al. Excellent photocatalysis of HF-treated silicon nanowires[J]. Journal of the American Chemical Society, 2009, 131(49): 17738 - 17739.

[5] He Y, Kang Z H, Li Q S, et al. Ultrastable, highly fluorescent, and water-dispersed silicon-based nanospheres as cellular probes[J]. Angewandte Chemie International Edition, 2009, 48(1): 128 - 132.

[6] Allen J E, Hemesath E R, Perea D E, et al. High-resolution detection of Au catalyst atoms in Si nanowires[J]. Nature Nanotechnology, 2008, 3(3): 168 - 173.

[7] Kim S H, Lee S Y, Yi G R, et al. Microwave-assisted self-organization of colloidal particles in confining aqueous droplets[J]. Journal of the American Chemical Society, 2006, 128(33): 10897 - 10904.

[8] Bansal V, Ahmad A, Sastry M. Fungus-mediated biotransformation of amorphous silica in rice husk to nanocrystalline silica[J]. Journal of the American Chemical Society, 2006, 128(43): 14059 - 14066.

[9] Warner J H, Hoshino A, Yamamoto K, et al. Water-soluble photoluminescent silicon quantum dots [J]. Angewandte Chemie, 2005, 117(29): 4626 - 4630.

[10] Ma D D D, Lee C S, Au F C K, et al. Small-diameter silicon nanowire surfaces[J]. Science, 2003, 299(5614): 1874 - 1877.

[11] Ding Z F, Quinn B M, Haram S K, et al. Electrochemistry and electrogenerated chemiluminescence from silicon nanocrystal quantum dots[J]. Science, 2002, 296(5571): 1293 - 1297.

[12] Zhong Y L, Peng F, Bao F, et al. Large-scale aqueous synthesis of fluorescent and biocompatible silicon nanoparticles and their use as highly photostable biological probes[J]. Journal of the American Chemical Society, 2013, 135(22): 8350 - 8356.

[13] Morales A M, Lieber C M. A laser ablation method for the synthesis of crystalline semiconductor nanowires[J]. Science, 1998, 279(5348): 208 - 211.

[14] Holmes J D, Johnston K P, Doty R C, et al. Control of thickness and orientation of solution-grown silicon nanowires[J]. Science, 2000, 287(5457): 1471 - 1473.

[15] Tang Y H, Pei L Z, Chen Y W, et al. Self-assembled silicon nanotubes under supercritically hydrothermal conditions[J]. Physical Review Letters, 2005, 95(11): 116102.

[16] Chen Y W, Tang Y H, Pei L Z, et al. Self-assembled silicon nanotubes grown from silicon monoxide [J]. Advanced Materials, 2005, 17(5): 564 - 567.

[17] Zhang M, Su Z M, Chen G H. Structure-dependent optical properties of single-walled silicon nanotubes[J]. Physical Chemistry Chemical Physics, 2012, 14(14): 4695 - 4702.

[18] Pei L Z, Cai Z Y. A review on germanium nanowires[J]. Recent Patents on Nanotechnology, 2012, 6(1): 44 - 59.

[19] Kara A, Enriquez H, Seitsonen A P, et al. A review on silicone — new candidate for electronics[J]. Surface Science Reports, 2012, 67(1): 1 - 18.

[20] Castrucci P, Diociaiuti M, Tank C M, et al. Si nanotubes and nanospheres with two-dimensional polycrystalline walls[J]. Nanoscale, 2012, 4(16): 5195 - 5201.

[21] Mbenkum B N, Schneider A S, Schütz G, et al. Low-temperature growth of silicon nanotubes and

nanowires on amorphous substrates[J]. ACS Nano, 2010, 4(4): 1805 - 1812.

[22] Bandaru P R, Pichanusakorn P. An outline of the synthesis and properties of silicon nanowires[J]. Semiconductor Science and Technology, 2010, 25(2): 024003.

[23] Zhang C H, Shen J. A novel endohedral silicon nanotube[J]. Chemical Physics Letters, 2009, 478 (1/2/3): 61 - 65.

[24] Tang Y H, Pei L Z, Lin L W, et al. Preparation of silicon nanowires by hydrothermal deposition on silicon substrates[J]. Journal of Applied Physics, 2009, 105(4): 044301.

[25] Verma V, Dharamvir K, Jindal V K. Structure and elastic modulii of silicon nanotubes[J]. Journal of Nano Research, 2008, 2: 85 - 90.

[26] Barman S, Sen P, Das G P. Ti-decorated doped silicon fullerene: A possible hydrogen-storage material[J]. The Journal of Physical Chemistry C, 2008, 112(50): 19963 - 19968.

[27] Ho K M, Shvartsburg A A, Pan B C, et al. Structures of medium-sized silicon clusters[J]. Nature, 1998, 392(6676): 582 - 585.

[28] Kasigkeit C, Hirsch K, Langenberg A, et al. Higher ionization energies from sequential vacuum-ultraviolet multiphoton ionization of size-selected silicon cluster cations[J]. The Journal of Physical Chemistry C, 2015, 119(20): 11148 - 11152.

[29] Hou L Y, Yang J C, Liu Y M. Reexamination of structures, stabilities, and electronic properties of holmium-doped silicon clusters $HoSi_n$ (n = 12 - 20)[J]. Journal of Molecular Modeling, 2016, 22 (8): 193.

[30] Sporea C, Rabilloud F. Stability of alkali-encapsulating silicon cage clusters[J]. The Journal of Chemical Physics, 2007, 127(16): 164306.

[31] Beck S M. Studies of silicon cluster-metal atom compound formation in a supersonic molecular beam[J]. The Journal of Chemical Physics, 1987, 87(7): 4233 - 4234.

[32] Beck S M. Mixed metal-silicon clusters formed by chemical reaction in a supersonic molecular beam: Implications for reactions at the metal/silicon interface[J]. The Journal of Chemical Physics, 1989, 90(11): 6306 - 6312.

[33] Hiura H, Miyazaki T, Kanayama T. Formation of metal-encapsulating Si cage clusters[J]. Physical Review Letters, 2001, 86(9): 1733 - 1736.

[34] Koyasu K, Akutsu M, Mitsui M, et al. Selective formation of MSi_{16} (M = Sc, Ti, and V)[J]. Journal of the American Chemical Society, 2005, 127(14): 4998 - 4999.

[35] Furuse S, Koyasu K, Atobe J, et al. Experimental and theoretical characterization of MSi_{16}^-, MGe_{16}^-, MSn_{16}^-, and MPb_{16}^- (M = Ti, Zr, and Hf): The role of cage aromaticity[J]. The Journal of Chemical Physics, 2008, 129(6): 064311.

[36] Koyasu K, Atobe J, Furuse S, et al. Anion photoelectron spectroscopy of transition metal- and lanthanide metal-silicon clusters: MSi_n^- (n = 6 - 20)[J]. The Journal of Chemical Physics, 2008, 129 (21): 214301.

[37] Janssens E, Gruene P, Meijer G, et al. Argon physisorption as structural probe for endohedrally doped silicon clusters[J]. Physical Review Letters, 2007, 99(6): 063401.

[38] Li X J, Claes P, Haertelt M, et al. Structural determination of niobium-doped silicon clusters by far-infrared spectroscopy and theory[J]. Physical Chemistry Chemical Physics, 2016, 18(8): 6291 - 6300.

[39] Ngan V T, Gruene P, Claes P, et al. Disparate effects of Cu and V on structures of exohedral transition metal-doped silicon clusters: A combined far-infrared spectroscopic and computational study[J]. Journal of the American Chemical Society, 2010, 132(44): 15589 - 15602.

[40] Zheng W J, Nilles J M, Radisic D, et al. Photoelectron spectroscopy of chromium-doped silicon

cluster anions[J]. The Journal of Chemical Physics, 2005, 122(7): 071101.

[41] Grubisic A, Wang H P, Ko Y J, et al. Photoelectron spectroscopy of europium-silicon cluster anions, $EuSi_n^-$ ($3 \leqslant n \leqslant 17$)[J]. The Journal of Chemical Physics, 2008, 129(5): 054302.

[42] Grubisic A, Ko Y J, Wang H P, et al. Photoelectron spectroscopy of lanthanide-silicon cluster anions $LnSi_n^-$ ($3 \leqslant n \leqslant 13$; Ln = Ho, Gd, Pr, Sm, Eu, Yb): Prospect for magnetic silicon-based clusters[J]. Journal of the American Chemical Society, 2009, 131(30): 10783 - 10790.

[43] Zhang L J, Yang B, Li D Z, et al. Appearance of V-encapsulated tetragonal prism motifs in VSi_{10}^- and VSi_{11}^- clusters[J]. Physical Chemistry Chemical Physics, 2020, 22(40): 22989 - 22996.

[44] Lu S J, Xu H G, Xu X L, et al. Structural evolution and electronic properties of $TaSi_n^{-/0}$ ($n = 2 - 15$) clusters: Size-selected anion photoelectron spectroscopy and theoretical calculations[J]. The Journal of Physical Chemistry A, 2020, 124(47): 9818 - 9831.

[45] Farooq U, Naz S, Xu H G, et al. Recent progress in theoretical and experimental studies of metal-doped silicon clusters: Trend among elements of periodic table[J]. Coordination Chemistry Reviews, 2020, 403: 213095.

[46] Tran Q T, Lu S J, Zhao L J, et al. Spin-orbit splittings and low-lying electronic states of AuSi and AuGe: Anion photoelectron spectroscopy and *ab initio* calculations[J]. The Journal of Physical Chemistry A, 2018, 122(13): 3374 - 3382.

[47] Lu S J, Xu X L, Cao G J, et al. Structural evolution of $B_2Si_n^{-/0}$ ($n = 3 - 12$) clusters: Size-selected anion photoelectron spectroscopy and theoretical calculations[J]. The Journal of Physical Chemistry C, 2018, 122(4): 2391 - 2401.

[48] Wu X, Lu S J, Liang X Q, et al. Structures and electronic properties of $B_3Si_n^-$ ($n = 4 - 10$) clusters: A combined *ab initio* and experimental study[J]. The Journal of Chemical Physics, 2017, 146(4): 044306.

[49] Lu S J, Xu H G, Xu X L, et al. Anion photoelectron spectroscopy and theoretical investigation on $Nb_2Si_n^{-/0}$ ($n = 2 - 12$) clusters[J]. The Journal of Physical Chemistry C, 2017, 121(21): 11851 - 11861.

[50] Lu S J, Xu X L, Feng G, et al. Structural and electronic properties of $AuSi_n^-$ ($n = 4 - 12$) clusters: Photoelectron spectroscopy and *ab initio* calculations[J]. The Journal of Physical Chemistry C, 2016, 120(44): 25628 - 25637.

[51] Lu S J, Cao G J, Xu X L, et al. The structural and electronic properties of $NbSi_n^{-/0}$ ($n = 3 - 12$) clusters: Anion photoelectron spectroscopy and *ab initio* calculations[J]. Nanoscale, 2016, 8(47): 19769 - 19778.

[52] Cao G J, Lu S J, Xu H G, et al. Structures and electronic properties of $B_2Si_6^{-/0/+}$: Anion photoelectron spectroscopy and theoretical calculations[J]. RSC Advances, 2016, 6(67): 62165 - 62171.

[53] Huang X M, Lu S J, Liang X Q, et al. Structures and electronic properties of $V_3Si_n^-$ ($n = 3 - 14$) clusters: A combined *ab initio* and experimental study[J]. The Journal of Physical Chemistry C, 2015, 119(20): 10987 - 10994.

[54] Deng X J, Kong X Y, Xu H G, et al. Photoelectron spectroscopy and density functional calculations of VGe_n^- ($n = 3 - 12$) clusters[J]. The Journal of Physical Chemistry C, 2015, 119(20): 11048 - 11055.

[55] Xu X L, Deng X J, Xu H G, et al. Photoelectron spectroscopy and *ab initio* calculations of small $Si_nS_m^-$ ($n = 1, 2$; $m = 1 - 4$) clusters[J]. The Journal of Chemical Physics, 2014, 141(12): 124310.

[56] Xu H G, Kong X Y, Deng X J, et al. Smallest fullerene-like silicon cage stabilized by a V_2 unit[J]. The Journal of Chemical Physics, 2014, 140(2): 024308.

[57] Huang X M, Xu H G, Lu S J, et al. Discovery of a silicon-based ferrimagnetic wheel structure in $V_xSi_{12}^-$ ($x = 1 - 3$) clusters: Photoelectron spectroscopy and density functional theory investigation [J]. Nanoscale, 2014, 6(24): 14617 - 14621.
[58] Kong X Y, Deng X J, Xu H G, et al. Photoelectron spectroscopy and density functional calculations of $AgSi_n^-$ ($n = 3 - 12$) clusters[J]. The Journal of Chemical Physics, 2013, 138(24): 244312.
[59] Xu H G, Wu M M, Zhang Z G, et al. Photoelectron spectroscopy and density functional calculations of $CuSi_n^-$ ($n = 4 - 18$) clusters[J]. The Journal of Chemical Physics, 2012, 136(10): 104308.
[60] Kong X Y, Xu H G, Zheng W J. Structures and magnetic properties of $CrSi_n^-$ ($n = 3 - 12$) clusters: Photoelectron spectroscopy and density functional calculations[J]. The Journal of Chemical Physics, 2012, 137(6): 064307.
[61] Xu H G, Wu M M, Zhang Z G, et al. Structural and bonding properties of $ScSi_n^-$ ($n = 2 \sim 6$) clusters: Photoelectron spectroscopy and density functional calculations[J]. Chinese Physics B, 2011, 20(4): 043102.
[62] Xu H G, Zhang Z G, Feng Y, et al. Vanadium-doped small silicon clusters: Photoelectron spectroscopy and density-functional calculations[J]. Chemical Physics Letters, 2010, 487(4/5/6): 204 - 208.
[63] Dai W S, Yang B, Yan S T, et al. Structural and electronic properties of $LaSi_n^{-/0}$ ($n = 2 - 6$) clusters: Anion photoelectron spectroscopy and density functional calculations[J]. The Journal of Physical Chemistry A, 2021, 125(49): 10557 - 10567.
[64] Zhao J J, Du Q Y, Zhou S, et al. Endohedrally doped cage clusters[J]. Chemical Reviews, 2020, 120(17): 9021 - 9163.
[65] Jackson K, Nellermoe B. $Zr@Si_{20}$: A strongly bound Si endohedral system[J]. Chemical Physics Letters, 1996, 254(3/4): 249 - 256.
[66] Nagano T, Tsumuraya K, Eguchi H, et al. Electronic structure, bonding nature, and charge transfer in $Ba@Si_{20}$ and Si_{20} clusters: An *ab initio* study[J]. Physical Review B, 2001, 64(15): 155403.
[67] Andriotis A N, Mpourmpakis G, Froudakis G E, et al. Stabilization of Si-based cage clusters and nanotubes by encapsulation of transition metal atoms[J]. New Journal of Physics, 2002, 4: 78.
[68] Xiao C Y, Hagelberg F, Lester W A. Geometric, energetic, and bonding properties of neutral and charged copper-doped silicon clusters[J]. Physical Review B, 2002, 66(7): 075425.
[69] Xia X X, Hermann A, Kuang X Y, et al. Study of the structural and electronic properties of neutral and charged niobium-doped silicon clusters: Niobium encapsulated in silicon cages[J]. The Journal of Physical Chemistry C, 2016, 120(1): 677 - 684.
[70] Kumar V, Kawazoe Y. Hydrogenated silicon fullerenes: Effects of H on the stability of metal-encapsulated silicon clusters[J]. Physical Review Letters, 2003, 90(5): 055502.
[71] Sen P, Mitas L. Electronic structure and ground states of transition metals encapsulated in a Si_{12} hexagonal prism cage[J]. Physical Review B, 2003, 68(15): 155404.
[72] Majumder C, Kulshreshtha S K. Isomeric structures and electronic properties of A_4B_4 (A, B = Na, Mg, Al, and Si) binary clusters[J]. Physical Review B, 2004, 69(7): 075419.
[73] Gao Y, Zeng X C. $M_4@Si_{28}$ (M = Al, Ga): Metal-encapsulated tetrahedral silicon fullerene[J]. The Journal of Chemical Physics, 2005, 123(20): 204325.
[74] Ma L, Zhao J J, Wang J G, et al. Structure and electronic properties of cobalt atoms encapsulated in Si_n ($n = 1 - 13$) clusters[J]. Chemical Physics Letters, 2005, 411(4/5/6): 279 - 284.
[75] Zdetsis A D. Bonding and structural characteristics of Zn -, Cu -, and Ni - encapsulated Si clusters: Density-functional theory calculations[J]. Physical Review B, 2007, 75(8): 085409.
[76] Wang J, Liu Y, Li Y C. Magnetic silicon fullerene[J]. Physical Chemistry Chemical Physics, 2010,

12(37): 11428－11431.
[77] Abreu M B, Reber A C, Khanna S N. Making sense of the conflicting magic numbers in WSi_n clusters[J]. The Journal of Chemical Physics, 2015, 143(7): 074310.
[78] Wang J, Liu J H. Investigation of size-selective $Zr_2@Si_n$ ($n = 16－24$) caged clusters[J]. The Journal of Physical Chemistry A, 2008, 112(20): 4562－4567.
[79] Torres M B, Fernández E M, Balbás L C. Theoretical study of isoelectronic Si_nM clusters ($M = Sc^-$, Ti, V^+; $n = 14－18$)[J]. Physical Review B, 2007, 75(20): 205425.
[80] Han J G, Zhao R N, Duan Y H. Geometries, stabilities, and growth patterns of the bimetal Mo_2-doped Si_n ($n = 9－16$) clusters: A density functional investigation[J]. The Journal of Physical Chemistry A, 2007, 111(11): 2148－2155.
[81] Wu Z J, Su Z M. Electronic structures and chemical bonding in transition metal monosilicides MSi (M = 3d, 4d, 5d elements)[J]. The Journal of Chemical Physics, 2006, 124(18): 184306.
[82] Kumar V. Recent theoretical progress on electronic and structural properties of clusters: Permanent electric dipoles, magnetism, novel caged structures, and their assemblies[J]. Computational Materials Science, 2006, 35(3): 375－381.
[83] Kawamura H, Kumar V, Kawazoe Y. Growth behavior of metal-doped silicon clusters Si_nM (M = Ti, Zr, Hf; $n = 8－16$)[J]. Physical Review B, 2005, 71(7): 075423.
[84] Kumar V, Singh A K, Kawazoe Y. Smallest magic caged clusters of Si, Ge, Sn, and Pb by encapsulation of transition metal atom[J]. Nano Letters, 2004, 4(4): 677－681.
[85] Han J G, Ren Z Y, Lu B Z. Geometries and stabilities of re-doped Si_n ($n = 1－12$) clusters: A density functional investigation[J]. The Journal of Physical Chemistry A, 2004, 108(23): 5100－5110.
[86] Lu J, Nagase S. Metal-doped germanium clusters MGe_ns at the sizes of $n = 12$ and 10: Divergence of growth patterns from the MSi_n clusters[J]. Chemical Physics Letters, 2003, 372(3/4): 394－398.
[87] Han J G, Ren Z Y, Sheng L S, et al. The formation of new silicon cages: A semiempirical theoretical investigation[J]. Journal of Molecular Structure: THEOCHEM, 2003, 625(1/2/3): 47－58.
[88] Hagelberg F, Xiao C. Computational study of endohedral $IrSi_9^+$ isomers[J]. Structural Chemistry, 2003, 14(5): 487－496.
[89] Ohara M, Miyajima K, Pramann A, et al. Geometric and electronic structures of terbium-silicon mixed clusters ($TbSi_n$; $6 \leqslant n \leqslant 16$)[J]. The Journal of Physical Chemistry A, 2007, 111(42): 10884.
[90] Han J G, Xiao C Y, Hagelberg F. Geometric and electronic structure of WSi_N ($N = 1－6$, 12) clusters[J]. Structural Chemistry, 2002, 13(2): 173－191.
[91] Zhao R N, Ren Z Y, Guo P, et al. Geometries and electronic properties of the neutral and charged rare earth Yb-doped Si_n ($n = 1－6$) clusters: A relativistic density functional investigation[J]. The Journal of Physical Chemistry A, 2006, 110(11): 4071－4079.
[92] Singh A K, Briere T M, Kumar V, et al. Magnetism in transition-metal-doped silicon nanotubes[J]. Physical Review Letters, 2003, 91(14): 146802.
[93] Sporea C, Rabilloud F, Allouche A R, et al. *Ab initio* study of neutral and charged $Si_nNa_p^{(+)}$ ($n \leqslant 6$, $p \leqslant 2$) clusters[J]. The Journal of Physical Chemistry A, 2006, 110(3): 1046－1051.
[94] Karamanis P, Marchal R, Carbonniére P, et al. Doping-enhanced hyperpolarizabilities of silicon clusters: A global *ab initio* and density functional theory study of $Si_{10}(Li, Na, K)_n$ ($n = 1$, 2) clusters[J]. The Journal of Chemical Physics, 2011, 135(4): 044511.
[95] Sporea C, Rabilloud F, Cosson X, et al. Theoretical study of mixed silicon-lithium clusters $Si_nLi_p^{(+)}$ ($n = 1－6$, $p = 1－2$)[J]. The Journal of Physical Chemistry A, 2006, 110(18): 6032－6038.

[96] Johansson L S O, Reihl B. Alkali metals on Si(100)2×1: Comparative study of the surface electronic structures for Li, Na and K adsorption[J]. Surface Science, 1993, 287/288: 524-528.

[97] Grehk T M, Johansson L S O, Gray S M, et al. Absorption of Li on the Si(100)2×1 surface studied with high-resolution core-level spectroscopy[J]. Physical Review B, 1995, 52(23): 16593-16601.

[98] Zhang C Y, Wu H S, Jiao H J. Structure and stability of endohedral $X@Si_{20}H_{20}$ complexes ($X = Li^{0/+}$, $Na^{0/+}$, $K^{0/+}$, $Be^{0/2+}$, $Mg^{0/2+}$, $Ca^{0/2+}$)[J]. Chemical Physics Letters, 2005, 410(4/5/6): 457-461.

[99] Osorio E, Villalobos V, Santos J C, et al. Structure and stability of the Si_4Li_n ($n = 1-7$) binary clusters[J]. Chemical Physics Letters, 2012, 522: 67-71.

[100] de Haeck J, Bhattacharyya S, Le H T, et al. Ionization energies and structures of lithium doped silicon clusters[J]. Physical Chemistry Chemical Physics, 2012, 14(24): 8542-8550.

[101] Tam N M, Ngan V T, de Haeck J, et al. Singly and doubly lithium doped silicon clusters: Geometrical and electronic structures and ionization energies[J]. The Journal of Chemical Physics, 2012, 136(2): 024301.

[102] Kishi R, Iwata S, Nakajima A, et al. Geometric and electronic structures of silicon-sodium binary clusters. Ⅰ. Ionization energy of Si_nNa_m[J]. The Journal of Chemical Physics, 1997, 107(8): 3056-3070.

[103] Kaya K, Sugioka T, Taguwa T, et al. Sodium doped binary clusters Ⅰ: Ionization potentials of Si_nNa_m clusters[J]. Zeitschrift Für Physik D: Atoms, Molecules and Clusters, 1993, 26(1): 201-203.

[104] Zubarev D Y, Alexandrova A N, Boldyrev A I, et al. On the structure and chemical bonding of Si_6^{2-} and Si_6^{2-} in $NaSi_6^-$ upon Na^+ coordination[J]. The Journal of Chemical Physics, 2006, 124(12): 124305.

[105] Fan H W, Yang J C, Lu W, et al. Structures and electronic properties of beryllium atom encapsulated in $Si_n^{(0,-1)}$ ($n = 2-10$) clusters[J]. The Journal of Physical Chemistry A, 2010, 114(2): 1218-1223.

[106] Curtiss L A, Raghavachari K, Redfern P C, et al. Gaussian-3 (G3) theory for molecules containing first and second-row atoms[J]. The Journal of Chemical Physics, 1998, 109(18): 7764-7776.

[107] Neukermans S, Janssens E, Chen Z F, et al. Extremely stable metal-encapsulated $AlPb_{10}^+$ and $AlPb_{12}^+$ clusters: Mass-spectrometric discovery and density functional theory study[J]. Physical Review Letters, 2004, 92(16): 163401.

[108] Janssens E, Neukermans S, Lievens P. Shells of electrons in metal doped simple metal clusters[J]. Current Opinion in Solid State and Materials Science, 2004, 8(3/4): 185-193.

[109] Höltzl T, Lievens P, Veszprémi T, et al. Comment on "tuning magnetic moments by 3d transition-metal-doped Au_6 clusters"[J]. The Journal of Physical Chemistry C, 2009, 113(49): 21016-21018.

[110] Ngan V T, Nguyen M T. The aromatic 8-electron cubic silicon clusters $Be@Si_8$, $B@Si_8^+$, and $C@Si_8^{2+}$[J]. The Journal of Physical Chemistry A, 2010, 114(28): 7609-7615.

[111] Kumar V, Kawazoe Y. Metal-doped magic clusters of Si, Ge, and Sn: The finding of a magnetic superatom[J]. Applied Physics Letters, 2003, 83(13): 2677-2679.

[112] Kumar V, Kawazoe Y. Metal-encapsulated icosahedral superatoms of germanium and tin with large gaps: $Zn@Ge_{12}$ and $Cd@Sn_{12}$[J]. Applied Physics Letters, 2002, 80(5): 859-861.

[113] Singh A K, Kumar V, Briere T M, et al. Cluster assembled metal encapsulated thin nanotubes of silicon[J]. Nano Letters, 2002, 2(11): 1243-1248.

[114] Zhang S, Wang Z P, Lu C, et al. Structural, stabilities, and electronic properties of bimetallic Mg_2-doped silicon clusters[J]. Zeitschrift Für Naturforschung A, 2014, 69(8/9): 481-488.

[115] Tam N M, Nguyen M T. Theoretical study of the Si_nMg_m clusters and their cations: Toward silicon nanowires with magnesium linkers[J]. The Journal of Physical Chemistry C, 2016, 120(28): 15514-15526.

[116] Zhang S, He C Z, Zhou P P, et al. Theoretical study of the structures, stabilities, and electronic properties of neutral and anionic $Ca_2Si_n^{\lambda}$ ($n=1-8$, $\lambda=0$, $+1$) clusters[J]. The European Physical Journal D, 2014, 68(4): 105.

[117] Fan H W, Ren Z Q, Yang J C, et al. Study on structures and electronic properties of neutral and charged $MgSi_n^-$ ($n=2-10$) clusters with a Gaussian-3 theory[J]. Journal of Molecular Structure: THEOCHEM, 2010, 958(1/2/3): 26-32.

[118] Liang G, Wu Q, Yang J C. Probing the electronic structure and property of neutral and charged arsenic clusters ($As_n^{(+1,0,-1)}$, $n\leqslant 8$) using Gaussian-3 theory[J]. The Journal of Physical Chemistry A, 2011, 115(29): 8302-8309.

[119] Zhang S, Dai W, Liu H Z, et al. Geometrical and electronic structure of the Ba-doped Si_n ($n=1-12$) cluster: A density functional study[J]. Journal of Molecular Structure, 2014, 1075: 220-226.

[120] Majumder C, Kulshreshtha S. Impurity-doped Si_{10} cluster: Understanding the structural and electronic properties from first-principles calculations[J]. Physical Review B, 2004, 70(24): 245426.

[121] Sun Q, Wang Q, Briere T M, et al. First-principles calculations of metal stabilized Si_{20} cages[J]. Physical Review B, 2002, 65(23): 235417.

[122] Kumar V, Briere T M, Kawazoe Y. *Ab initio* calculations of electronic structures, polarizabilities, Raman and infrared spectra, optical gaps, and absorption spectra of M@Si_{16} (M = Ti and Zr) clusters[J]. Physical Review B, 2003, 68(15): 155412.

[123] Guo L J, Liu X, Zhao G F, et al. Computational investigation of $TiSi_n$ ($n=2-15$) clusters by the density-functional theory[J]. The Journal of Chemical Physics, 2007, 126(23): 234704.

[124] Tsunoyama H, Akatsuka H, Shibuta M, et al. Development of integrated dry-wet synthesis method for metal encapsulating silicon cage superatoms of M@Si_{16} (M = Ti and Ta)[J]. The Journal of Physical Chemistry C, 2017, 121(37): 20507-20516.

[125] Tsunoyama H, Shibuta M, Nakaya M, et al. Synthesis and characterization of metal-encapsulating Si_{16} cage superatoms[J]. Accounts of Chemical Research, 2018, 51(8): 1735-1745.

[126] Guo L J, Zhao G F, Gu Y Z, et al. Density-functional investigation of metal-silicon cage clusters MSi_n (M=Sc, Ti, V, Cr, Mn, Fe, Co, Ni, Cu, Zn; $n=8-16$)[J]. Physical Review B, 2008, 77(19): 195417.

[127] Ji W X, Luo C L. Structures, magnetic properties, and electronic counting rule of metals-encapsulated cage-like M_2Si_{18} (M = Ti - Zn) clusters[J]. International Journal of Quantum Chemistry, 2012, 112(12): 2525-2531.

[128] Enyashin A N, Gemming S. $TiSi_2$ nanostructures — enhanced conductivity at nanoscale? [J]. Physica Status Solidi B, 2007, 244(10): 3593-3600.

[129] Dong C X, Han L M, Yang J C, et al. Study on structural evolution, thermochemistry and electron affinity of neutral, mono- and di-anionic zirconium-doped silicon clusters $ZrSi_n^{0/-/2-}$ ($n=6-16$)[J]. International Journal of Molecular Sciences, 2019, 20(12): 2933.

[130] Bandyopadhyay D, Kumar M. The electronic structures and properties of transition metal-doped silicon nanoclusters: A density functional investigation[J]. Chemical Physics, 2008, 353(1/2/3): 170-176.

[131] Reis P L, Fishman R S. Spin waves in antiferromagnetically coupled bimetallic oxalates[J]. Journal of Physics: Condensed Matter, 2009, 21(1): 016005.

[132] Kumar V, Kawazoe Y. Metal-encapsulated fullerenelike and cubic caged clusters of silicon[J]. Physical Review Letters, 2001, 87(4): 045503.

[133] Kumar V, Majumder C, Kawazoe Y. M@Si_{16}, M = Ti, Zr, Hf: π conjugation, ionization potentials and electron affinities[J]. Chemical Physics Letters, 2002, 363(3/4): 319 - 322.

[134] Becke A D. Density-functional exchange-energy approximation with correct asymptotic behavior[J]. Physical Review A, 1988, 38(6): 3098 - 3100.

[135] Kiran B, Bulusu S, Zhai H J, et al. Planar-to-tubular structural transition in boron clusters: B_{20} as the embryo of single-walled boron nanotubes[J]. Proceedings of the National Academy of Sciences of the United States of America, 2005, 102(4): 961 - 964.

[136] Wu J H, Liu C X, Wang P, et al. Structures, stabilities, and electronic properties of small-sized Zr_2Si_n (n = 1 - 11) clusters: A density functional study[J]. Zeitschrift Für Naturforschung A, 2015, 70(10): 805 - 814.

[137] Ngan V T, Janssens E, Claes P, et al. High magnetic moments in manganese-doped silicon clusters [J]. Chemistry — A European Journal, 2012, 18(49): 15788 - 15793.

[138] Han J G, Hagelberg F. A density functional theory investigation of $CrSi_n$ (n = 1 - 6) clusters[J]. Chemical Physics, 2001, 263(2/3): 255 - 262.

[139] Khanna S N, Rao B K, Jena P. Magic numbers in metallo-inorganic clusters: Chromium encapsulated in silicon cages[J]. Physical Review Letters, 2002, 89(1): 016803.

[140] Ulises Reveles J, Khanna S N. Nearly-free-electron gas in a silicon cage[J]. Physical Review B, 2005, 72(16): 165413.

[141] Yang B, Xu H G, Xu X L, et al. Photoelectron spectroscopy and theoretical study of $Cr_nSi_{15-n}^-$ (n = 1 - 3): Effects of doping Cr atoms on the structural and magnetic properties[J]. The Journal of Physical Chemistry A, 2018, 122(51): 9886 - 9893.

[142] Abreu M B, Reber A C, Khanna S N. Does the 18-electron rule apply to $CrSi_{12}$? [J]. The Journal of Physical Chemistry Letters, 2014, 5(20): 3492 - 3496.

[143] Neukermans S, Wang X, Veldeman N, et al. Mass spectrometric stability study of binary MS_n clusters (S = Si, Ge, Sn, Pb, and M = Cr, Mn, Cu, Zn)[J]. International Journal of Mass Spectrometry, 2006, 252(2): 145 - 150.

[144] Jaeger J B, Jaeger T D, Duncan M A. Photodissociation of metal-silicon clusters: Encapsulated versus surface-bound metal[J]. The Journal of Physical Chemistry A, 2006, 110(30): 9310 - 9314.

[145] Hagelberg F, Xiao C, Lester W A. Cagelike Si_{12} clusters with endohedral Cu, Mo, and W metal atom impurities[J]. Physical Review B, 2003, 67(3): 035426.

[146] Pham H T, Majumdar D, Leszczynski J, et al. 4d and 5d bimetal doped tubular silicon clusters $Si_{12}M_2$ with M = Nb, Ta, Mo and W: A bimetallic configuration model[J]. Physical Chemistry Chemical Physics, 2017, 19(4): 3115 - 3124.

[147] Miyazaki T, Hiura H, Kanayama T. Topology and energetics of metal-encapsulating Si fullerenelike cage clusters[J]. Physical Review B, 2002, 66(12): 121403.

[148] Miyazaki T, Hiura H, Kanayama T. Electronic properties of transition-metal-atom doped Si cage clusters[J]. The European Physical Journal D, 2003, 24(1/2/3): 241 - 244.

[149] Uchida N, Miyazaki T, Kanayama T. Stabilization mechanism of Si_{12} cage clusters by encapsulation of a transition-metal atom: A density-functional theory study[J]. Physical Review B, 2006, 74 (20): 205427.

[150] Ma L, Zhao J J, Wang J G, et al. Growth behavior and magnetic properties of Si_nFe (n = 2 - 14) clusters[J]. Physical Review B, 2006, 73(12): 125439.

[151] Mpourmpakis G, Froudakis G E, Andriotis A N, et al. Understanding the structure of metal

encapsulated Si cages and nanotubes: Role of symmetry and d-band filling[J]. The Journal of Chemical Physics, 2003, 119(14): 7498-7502.

[152] Lu J, Nagase S. Structural and electronic properties of metal-encapsulated silicon clusters in a large size range[J]. Physical Review Letters, 2003, 90(11): 115506.

[153] Ma L, Wang J G, Wang G H. Site-specific analysis of dipole polarizabilities of heterogeneous systems: Iron-doped Si_n ($n = 1 - 14$) clusters[J]. The Journal of Chemical Physics, 2013, 138(9): 094304.

[154] Chauhan V, Abreu M B, Reber A C, et al. Geometry controls the stability of $FeSi_{14}$[J]. Physical Chemistry Chemical Physics, 2015, 17(24): 15718-15724.

[155] Robles R, Khanna S N. Stable T_2Si_n (T = Fe, Co, Ni, $1 \leqslant n \leqslant 8$) cluster motifs[J]. The Journal of Chemical Physics, 2009, 130(16): 164313.

[156] Yang B, Xu X L, Xu H G, et al. Structural evolution and electronic properties of $CoSi_n^-$ ($n = 3 - 12$) clusters: Mass-selected anion photoelectron spectroscopy and quantum chemistry calculations[J]. Physical Chemistry Chemical Physics, 2019, 21(11): 6207-6215.

[157] Zhang X, Li G L, Xing X P, et al. Formation of binary alloy cluster ions from group-14 elements and cobalt and comparison with solid-state alloys[J]. Rapid Communications in Mass Spectrometry, 2001, 15(24): 2399-2403.

[158] Li Y J, Tam N M, Claes P, et al. Structure assignment, electronic properties, and magnetism quenching of endohedrally doped neutral silicon clusters, Si_nCo ($n = 10 - 12$)[J]. The Journal of Physical Chemistry A, 2014, 118(37): 8198-8203.

[159] Tung R T, Gibson J M, Poate J M. Formation of ultrathin single-crystal silicide films on Si: Surface and interfacial stabilization of Si-$NiSi_2$ epitaxial structures[J]. Physical Review Letters, 1983, 50(6): 429-432.

[160] Menon M, Andriotis A N, Froudakis G. Structure and stability of Ni-encapsulated Si nanotube[J]. Nano Letters, 2002, 2(4): 301-304.

[161] Koukaras E N, Garoufalis C S, Zdetsis A D. Structure and properties of the Ni@Si_{12} cluster from all-electron *ab initio* calculations[J]. Physical Review B, 2006, 73(23): 235417.

[162] Wang J, Ma Q M, Xie Z, et al. From Si_nNi to Ni@Si_n: An investigation of configurations and electronic structure[J]. Physical Review B, 2007, 76(3): 035406.

[163] Wang J, Ma Q M, Xu R P, et al. 3d transition metals: Which is the ideal guest for Si_n ($n = 15, 16$) cages? [J]. Physics Letters A, 2009, 373(32): 2869-2875.

[164] Xiao C, Hagelberg F. Charge transfer mechanism in Cu-doped silicon clusters: A density functional study[J]. Journal of Molecular Structure: THEOCHEM, 2000, 529(1/2/3): 241-257.

[165] Ovcharenko I V, Lester W A, Jr, Xiao C, et al. Quantum Monte Carlo characterization of small Cu-doped silicon clusters: $CuSi_4$ and $CuSi_6$[J]. The Journal of Chemical Physics, 2001, 114(20): 9028-9032.

[166] Xiao C Y, Abraham A, Quinn R, et al. Comparative study on the interaction of scandium and copper atoms with small silicon clusters[J]. The Journal of Physical Chemistry A, 2002, 106(46): 11380-11393.

[167] Gueorguiev G K, Pacheco J M, Stafström S, et al. Silicon-metal clusters: Nano-templates for cluster assembled materials[J]. Thin Solid Films, 2006, 515(3): 1192-1196.

[168] Ceulemans A, Fowler P W. Faraday communications. Bonding in Ti_8C_{12} and the substitutional Jahn-Teller effect[J]. Journal of the Chemical Society, Faraday Transactions, 1992, 88(18): 2797-2798.

[169] Lin L, Yang J C. Small copper-doped silicon clusters $CuSi_n$ ($n = 4 - 10$) and their anions: Structures, thermochemistry, and electron affinities[J]. Journal of Molecular Modeling, 2015, 21

(6): 155.

[170] Cui L F, Huang X, Wang L M, et al. Endohedral stannaspherenes $M@Sn_{12}^-$: A rich class of stable molecular cage clusters[J]. Angewandte Chemie International Edition, 2007, 46(5): 742 - 745.

[171] Hossain D, Pittman C U, Jr, Gwaltney S R. Structures and stabilities of copper encapsulated within silicon nano-clusters: $Cu@Si_n$ (n = 9 - 15)[J]. Chemical Physics Letters, 2008, 451(1/2/3): 93 - 97.

[172] Chuang F C, Hsieh Y Y, Hsu C C, et al. Geometries and stabilities of Ag-doped Si_n (n = 1 - 13) clusters: A first-principles study[J]. The Journal of Chemical Physics, 2007, 127(14): 144313.

[173] Zhao Y R, Kuang X Y, Wang S J, et al. Equilibrium geometries, stabilities, and electronic properties of the bimetallic Ag_2-doped Si_n (n = 1 - 11) clusters: A density-functional investigation [J]. Zeitschrift Für Naturforschung A, 2011, 66(5): 353 - 362.

[174] Wang J, Liu Y, Li Y C. $Au@Si_n$: Growth behavior, stability and electronic structure[J]. Physics Letters A, 2010, 374(27): 2736 - 2742.

[175] Dore E M, Lyon J T. The structures of silicon clusters doped with two gold atoms, Si_nAu_2 (n = 1 - 10)[J]. Journal of Cluster Science, 2016, 27(4): 1365 - 1381.

[176] Lu S J, Xu X L, Xu H G, et al. Structural evolution and bonding properties of $Au_2Si_n^{-/0}$ (n = 1 - 7) clusters: Anion photoelectron spectroscopy and theoretical calculations[J]. The Journal of Chemical Physics, 2018, 148(24): 244306.

[177] Li L J, Pan F X, Li F Y, et al. Synthesis, characterization and electronic properties of an endohedral plumbaspherene $[Au@Pb_{12}]^{3-}$ [J]. Inorganic Chemistry Frontiers, 2017, 4(8): 1393 - 1396.

[178] Liu Y M, Yang J C, Cheng L. Structural stability and evolution of scandium-doped silicon clusters: Evolution of linked to encapsulated structures and its influence on the prediction of electron affinities for $ScSi_n$ (n = 4 - 16) clusters[J]. Inorganic Chemistry, 2018, 57(20): 12934 - 12940.

[179] Xu W, Ji W X, Xiao Y, et al. Stable structures of $LnSi_6^-$ and $LnSi_6$ clusters (Ln = Pr, Eu, Gd, Tb, Yb), C_{2v} or C_{5v}? Explanation of photoelectron spectra [J]. Computational and Theoretical Chemistry, 2015, 1070: 1 - 8.

[180] Zhao R N, Han J G, Bai J T, et al. A relativistic density functional study of Si_n (n = 7 - 13) clusters with rare earth ytterbium impurity[J]. Chemical Physics, 2010, 372(1/2/3): 89 - 95.

[181] Zhao R N, Han J G, Bai J T, et al. The medium-sized charged $YbSi_n^{\pm}$ (n = 7 - 13) clusters: A relativistic computational investigation[J]. Chemical Physics, 2010, 378(1/2/3): 82 - 87.

[182] Li C G, Pan L J, Shao P, et al. Structures, stabilities, and electronic properties of the neutral and anionic $Si_nS_m^{\lambda}$ (n = 1 - 9, λ = 0, - 1) clusters: Comparison with pure silicon clusters[J]. Theoretical Chemistry Accounts, 2015, 134(3): 34.

[183] Cao T T, Zhao L X, Feng X J, et al. Structural and electronic properties of $LuSi_n$ (n = 1 - 12) clusters: A density functional theory investigation [J]. Journal of Molecular Structure: THEOCHEM, 2009, 895(1/2/3): 148 - 155.

[184] Liu T G, Zhang W Q, Li Y L. First-principles study on the structure, electronic and magnetic properties of $HoSi_n$ (n = 1 - 12, 20) clusters[J]. Frontiers of Physics, 2014, 9(2): 210 - 218.

[185] Peng Q, Shen J. Growth behavior of $La@Si_n$ (n = 1 - 21) metal-encapsulated clusters[J]. The Journal of Chemical Physics, 2008, 128(8): 084711.

[186] Chen Y Q, Liu Y M, Li S Y, et al. Theoretical study on the growth behavior and photoelectron spectroscopy of lanthanum-doped silicon clusters $LaSi_n^{0/-}$ (n = 6 - 20)[J]. Journal of Cluster Science, 2019, 30(3): 789 - 796.

[187] Yang J C, Wang J, Hao Y R. Europium-doped silicon clusters $EuSi_n$ (n = 3 - 11) and their anions:

Structures, thermochemistry, electron affinities, and magnetic moments[J]. Theoretical Chemistry Accounts, 2015, 134(7): 81.

[188] Guo L J, Zheng X H, Zeng Z, et al. Spin orbital effect in lanthanides doped silicon cage clusters [J]. Chemical Physics Letters, 2012, 550: 134 - 137.

[189] Schwabe T, Grimme S. Towards chemical accuracy for the thermodynamics of large molecules: New hybrid density functionals including non-local correlation effects[J]. Physical Chemistry Chemical Physics, 2006, 8(38): 4398 - 4401.

[190] Grimme S. Semiempirical hybrid density functional with perturbative second-order correlation[J]. The Journal of Chemical Physics, 2006, 124(3): 034108.

[191] Yang J C, Feng Y T, Xie X H, et al. Gadolinium-doped silicon clusters $GdSi_n$ ($n = 2 - 9$) and their anions: Structures, thermochemistry, electron affinities, and magnetic moments[J]. Theoretical Chemistry Accounts, 2016, 135(8): 204.

[192] Wan J, Ling Y, Sun Q, et al. Role of codopant oxygen in erbium-doped silicon[J]. Physical Review B, 1998, 58(16): 10415 - 10420.

[193] Zhang Y P, Yang J C, Cheng L. Probing structure, thermochemistry, electron affinity and magnetic moment of erbium-doped silicon clusters $ErSi_n$ ($n = 3 - 10$) and their anions with density functional theory[J]. Journal of Cluster Science, 2018, 29(2): 301 - 311.

[194] Xie X H, Hao D S, Liu Y M, et al. Samarium doped silicon clusters $SmSi_n$ ($n = 3 - 10$) and their anions: Structures, thermochemistry, electron affinities, and magnetic moments[J]. Computational and Theoretical Chemistry, 2015, 1074: 1 - 8.

[195] Xie X H, Hao D S, Yang J C. Ytterbium doped silicon clusters $YbSi_n$ ($n = 4 - 10$) and their anions: Structures, thermochemistry, and electron affinities[J]. Chemical Physics, 2015, 461: 11 - 19.

[196] Liu Y M, Yang J C, Li S Y, et al. Structural growth pattern of neutral and negatively charged yttrium-doped silicon clusters $YSi_n^{0/-}$ ($n = 6 - 20$): From linked to encapsulated structures[J]. RSC Advances, 2019, 9(5): 2731 - 2739.

[197] He S, Yang J C. Study on structure and property of lutetium introduced silicon clusters $LuSi_n$ ($n = 3 - 10$) and their anions with density functional theory[J]. Journal of Cluster Science, 2017, 28(4): 2309 - 2322.

[198] Hou L Y, Yang J C, Liu Y M. Density-functional study of the structures and properties of holmium-doped silicon clusters $HoSi_n$ ($n = 3 - 9$) and their anions[J]. Journal of Molecular Modeling, 2017, 23(4): 117.

[199] He S, Yang J C. Promethium-doped silicon clusters $PmSi_n$ ($n = 3 - 10$) and their anions: Structures, thermochemistry, electron affinities and magnetic moments[J]. Theoretical Chemistry Accounts, 2017, 136(8): 93.

[200] Feng Y T, Yang J C. Stability and electronic properties of praseodymium-doped silicon clusters $PrSi_n$ ($n = 12 - 21$)[J]. Journal of Molecular Modeling, 2017, 23(6): 180.

[201] Zdetsis A D. Silicon-bismuth and germanium-bismuth clusters of high stability[J]. The Journal of Physical Chemistry A, 2009, 113(44): 12079 - 12087.

[202] Truong N X, Savoca M, Harding D J, et al. Vibrational spectra and structures of neutral Si_6X clusters (X = Be, B, C, N, O)[J]. Physical Chemistry Chemical Physics, 2014, 16(40): 22364 - 22372.

[203] Phi N D, Trung N T, Janssens E, et al. Electron counting rules for transition metal-doped Si_{12} clusters[J]. Chemical Physics Letters, 2016, 643: 103 - 108.

[204] Li F, Muñoz-Castro A, Sevov S C. $[(Me_3Si)Si]_3EtGe_9Pd(PPh_3)$, a pentafunctionalized deltahedral zintl cluster: Synthesis, structure, and solution dynamics[J]. Angewandte Chemie International

Edition, 2016, 55(30): 8630 - 8633.
[205] Gillett-Kunnath M M, Oliver A G, Sevov S C. "n-doping" of deltahedral zintl ions[J]. Journal of the American Chemical Society, 2011, 133(17): 6560 - 6562.
[206] Li F, Sevov S C. Rational synthesis of [$Ge_9\{Si(SiMe_3)_3\}_3$]$^-$ from its parent zintl ion Ge_9^{4-} [J]. Inorganic Chemistry, 2012, 51(4): 2706 - 2708.
[207] Li F, Muñoz-Castro A, Sevov S C. [$Ge_9\{Si(SiMe_3)_3\}_3\{SnPh_3\}$]: A tetrasubstituted and neutral deltahedral nine-atom cluster[J]. Angewandte Chemie International Edition, 2012, 51(34): 8581 - 8584.

MOLECULAR SCIENCES

Chapter 4

第4章

金属团簇的结构与反应动态学

骆智训　贾钰涵　崔超男　吴海铭　耿丽君

4.1 引言

金属单质及化合物在自然界中广泛存在，是日常生活与现代工业中不可或缺的一类物质。多数金属的化学性质比较活泼，因此关于金属防腐、金属冶炼、金属制备等的研究都具有重要的意义。另外，很多金属还是化工生产所使用催化剂的重要组成部分，例如化肥所含的氨，是氮和氢在铁基催化剂表面反应生成的。随着纳米技术的迅速发展，人们对金属相关化学的认知从宏观尺度不断深入纳米尺度，近年来更是兴起了纳米团簇研究的新热潮。金属团簇是空间尺寸介于宏观物质与金属原子之间的多核聚集体，是“自上而下”或“自下而上”构造金属相关新物质的桥梁，是关联物质微观结构与宏观性质的理想模型，对深刻认识与理解物质结构演变和性质转化规律具有极其重大的意义。金属团簇具有确定的原子数目和电子结构以及极大的表体比效应和量子尺寸效应，一些磁性金属团簇还具有高于块体金属的熔点、特殊的催化活性、异常的磁矩或超铁磁行为[1-3]。通过设计与调节金属团簇的原子组成和几何结构，可以获得具有特定反应性或催化活性的单体材料[4,5]，并应用到化学、物理、生命、材料、环境、信息等多学科交叉的相关研究领域中[6-23]。

对于一些具有特殊稳定性的金属团簇，因其原子或电子总数为某些特定数值且价电子排布满足封闭壳层，从而表现出相对较强的稳定性，这些团簇常被称为幻数团簇[24-28]。而对于一些具有开壳层电子结构的金属团簇，因其具有类似于原子的化学性质，故被归纳为超原子团簇[29-32]。超原子团簇的概念不仅可用于解释气相纯金属团簇，而且适用于解释湿法合成的配体保护金属团簇的特殊性质。在这些体系中，用金属内核表面的核子数/价电子数减去配体攫取的电子数，往往对应上述 Clemenger－Nilsson 椭球模型下的幻数。在此基础上，这种特殊稳定的配体保护金属团簇事实上也被称为“超原子配合物”(superatom complex)[33-42]，其超原子轨道与基于自旋轨道耦合的超原子态为全面理解气相和液相金属团簇的稳定性提供了相互贯通的理论框架[43,44]。与此同时，Luo 与 Castleman 提出了“狭义和广义超原子”(special and general superatoms)[30]，对气相和液相金属团簇涉及的这些概念进行了串通与关联，并期望某些特定尺寸的金属团簇为“团簇基因新材料”提供新的研究范畴[45,46]。

4.2 金属团簇结构化学

4.2.1 纯金属团簇的几何结构与电子构型规律

对于具有确定原子数目的金属团簇，其几何结构和电子结构是决定金属团簇稳定性与反应性的重要因素，也是人们在研究金属团簇时关注的重点。20 世纪 80 年代，Knight 及其合作者[47]在解释钠团簇中具有特殊稳定性的幻数团簇序列（有 2、8、18、20、34、40、58 个钠原子的团簇具有特殊稳定性）时，首次提出了团簇的电子结构对其稳定性的影响。Clemenger 等[48]进而提出了利用凝胶模型（jellium model）来解释那些具有幻数特征的团簇所具有的特殊稳定性。在凝胶模型中，假设团簇离子所带正电荷均匀地分布在团簇的球形结构上，团簇价电子受到正电势的作用，其行为类似于近自由电子模型（nearly free electron model）所描述的电子行为[49,50]。在这种正电势作用下，团簇的电子态会形成与原子的分立能级类似的壳层结构，其径向分布和角分布的波函数可以用球谐函数及主量子数来描述。其中，具有闭壳层电子结构的团簇会具有较强的稳定性。

另一种典型的稳定金属团簇 Al_{13}^- 具有二十面体几何结构[51]。凝胶模型预测其电子结构与 Cl^- 的能级分布类似[30]（图 4-1），其电子结构为 $|1s^2|1p^6|1d^{10}2s^2|2p^6 1f^{14}||2d^0 1g^0|$（单竖线代表能级间的界限，双竖线表示占据轨道与未占据轨道之间的能级差）。Al_{13}^- 团簇的闭壳层价电子结构及稳定的二十面体几何结构是其具有较强稳定性的主要因素。几种特殊的金属团簇的价电子数可以用式(4-1)来描述。

$$N = nV - Z \tag{4-1}$$

式中，N 为金属团簇的价电子数；n 为金属团簇包含的原子数；V 为每个金属原子的价电子数（碱金属对应为 1，碱土金属对应为 2，贵金属对应为 3）；Z 为团簇体系的净电荷数。简单主族金属团簇可以用上述模型进行分析，但对于多数过渡金属团簇而言，其价电子绝大多数来自其相对局域的 d 轨道，这种关于近自由电子模型的偏差会影响凝胶模型对于过渡金属团簇的应用[31]。

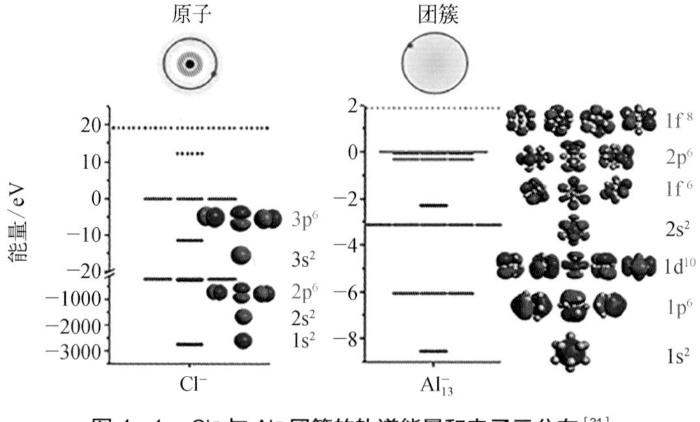

图 4-1　Cl^- 与 Al_{13}^- 团簇的轨道能量和电子云分布[31]

一般认为电子结构是决定金属团簇稳定性与反应性的主要因素，但并非所有金属团簇的性质都取决于其电子结构。研究发现，几何结构对重过渡金属团簇的稳定性与反应性起着至关重要的作用。事实上，惰性气体团簇的性质中也体现出其几何结构的关键作用。例如，Echt 等[52,53]在研究 Ne_n、Ar_n、Kr_n、Xe_n 等惰性气体团簇时发现，当其原子个数 $n=7,13,19,23,55,71,81,87$ 时，对应的团簇往往显示出相对凸起的质谱丰度。为解释惰性气体团簇的这种尺寸依赖现象，Harris 及其合作者[54,55]利用半定量模型阐述了惰性气体团簇的稳定性与相邻两团簇的结合能差值的关系。他们发现，$n=7,13,19,55$ 时的最低能量结构都具有高对称性，如 $n=7$ 时为五角双锥结构，$n=13$ 时为正二十面体结构，$n=19$ 时为双二十面体穿插而成的结构(图 4-2)，$n=55$ 时为具有双层壳层的二十面体结构。这些堆积组成的结构已经得到电子衍射实验的论证。比如，AlMn 合金[56]在急冷条件下可形成有五重对称轴的二十面体准晶，而多数宏观块体材料的二十面体结构会因原子数的增多而演化为面心立方堆积结构。

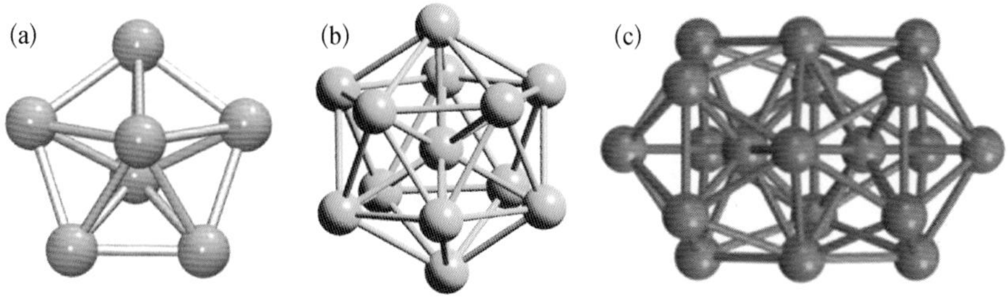

图 4-2 （a）7 原子团簇的五角双锥结构；（b）13 原子团簇的正二十面体结构；（c）19 原子团簇的双二十面体穿插结构

值得一提的是，不同于金属配合物以配位数作为其稳定性的量度，在金属团簇物种中，幻数团簇一般指向两方面的定义。一是从团簇中原子数(或核子数)的角度考虑，一些稳定的金属团簇物种被认为与特定原子数目有关。例如，主族金属和货币金属的幻数团簇倾向于形成 Mackay 二十面体，即 $N=1+\sum_{i=1}^{n}(10i^2+2)$[57]，其中 N 为原子数，n 为壳层数，因此当 $n=1,2,3$ 时，$N=13,55,147$。其中，研究表明特殊稳定的 Au_{55} 团簇在催化等诸多领域展现出重要的应用价值[58]。二是从团簇中价电子数的角度考虑。基于金属的近自由电子模型和凝胶模型[49,59]，结合高对称的 Woods-Saxon 势阱函数，可以近似求解多电子团簇体系的 Schrödinger 方程，从而半定量描述其高度简并的电子能级。基于 Clemenger-Nilsson 椭球模型理论允许椭球畸变或非谐振子畸变，使得更多类球形、椭球形金属团簇的结构稳定性得以合理解析，凝胶模型理论也拓展到从狭长到扁平的近似椭球结构，与实验中观察到在核子数(或价电子数)为 2、8、18、20、34、40、58、70、92 时的突出稳定性一致[49,60]。

除了这些闭合电子壳层的超原子惰性气体，一般地，如果某金属团簇的价电子数比封闭壳层的电子数少 1，那么它有可能具有超卤素的性质。比如中性 Al_{13} 团簇，它具有 3.4 eV 的绝热电子亲和能，表现为类似于卤素原子的行为。类似地，如果某金属团簇的价电子数比封闭壳层的电子数多 1，比如 Cu_8^-/Ag_8^-，那么它在与氯气反应的过程中体现出极大增强的反应截面与类似于“K + Br_2”反应的远程电子转移的鱼叉机制(harpoon mechanism),表现出碱金属原子的特征。此外,研究表明 VNa_8(VNa_7^-)团簇与锰原子、VNa_8^-(VNa_9)团簇与铬原子分别具有非常类似的电子构型和自旋磁矩,使其在自旋电子器件上具有超原子等价物的应用价值[2]。这些非闭合电子壳层的稳定金属团簇新物种的发现,完备了超原子团簇概念的范畴,启发了未来使用超原子团簇构建三维元素周期表的构想。超原子团簇是构筑具有多级结构的新凝聚态物质、实现功能导向的原子精确材料的理想模型和结构基因(图 4-3)[46]。

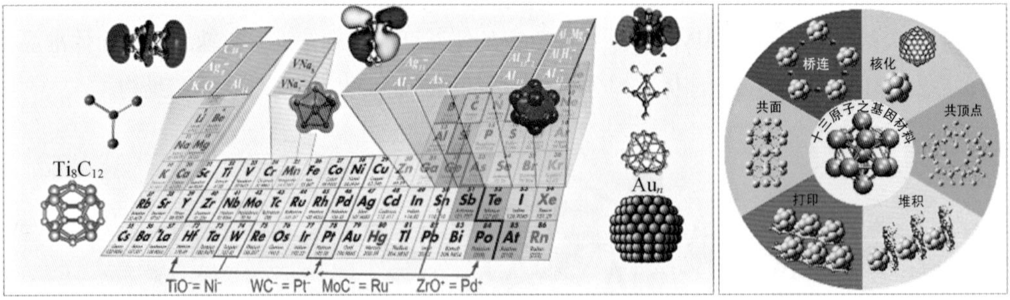

图 4-3　(a)基于团簇的“狭义和广义超原子”;(b)13 原子“团簇基因新材料”

此外,某些具有闭壳层电子结构的团簇,如 Al_{23}^- 团簇、Al_{37}^- 团簇等,在水或甲醇的环境中表现出不稳定的性质,而具有开壳层电子结构的 Al_{11}^- 团簇、Al_{20}^- 团簇却能够抵抗质子环境的刻蚀[61]。因此,仅仅用电子结构解释金属团簇的稳定性与反应性是不够的,几何结构也应被视为金属团簇性质的另一个决定因素。在铝团簇与水的反应中,反应发生的决定因素是有足够的 Lewis 酸碱对互补位点来容纳水分子上氧的孤对电子,而互补的 Lewis 酸碱对(电子的给体与受体)出现依赖于金属团簇的几何结构及其尺寸大小。具有高对称性几何结构的金属团簇上的电荷分布趋于平均化,其上的电子云会较为均匀地分布在整个对称性的表面,而不会形成电荷缺陷位点,不易产生互补的 Lewis 酸碱对[62]。与之相反的是,电子云不均匀地分布在几何结构对称性较低的金属团簇上,使该金属团簇变得易于发生反应。例如,上文中提到的闭壳层 Al_{23}^- 团簇的几何结构的对称性远远低于开壳层 Al_{20}^- 团簇,Al_{23}^- 团簇在与水反应的过程中呈现出较弱的稳定性。

研究人员利用激光溅射团簇源制备了原子数为 10～35 的高分辨银阴离子团簇。通过与氧气的反应进行筛选,发现 Ag_{17}^- 团簇表现出区别于其他团簇的反应惰性。全局结构搜索结果显示,Ag_{17}^- 团簇有着近球形的高对称 D_{4d} 几何结构和基于 18 电子规则的典型超原子轨道($1s^2 1p^6 1d^{10} \parallel 2s^0$),如图 4-4 所示。$Ag_{17}^-$ 团簇的特殊稳定性在能量学上也得到体现,比如高的解离能、二阶稳定化能、垂直电离能,较大的 HOMO-LUMO 间隙,与氧作用时弱的结合能与轨道重叠。基于 Ag_{17}^- 团簇的这些研究结论与基于 Clemenger-Nilsson 椭球模型有关闭合电子壳层的基本理论完美吻合,相互验证并诠释了金属团簇的几何结构、电子结构及结构决定的能量学共同决定其稳定性与反应性的化学本质。通过电子结构分析显示的 Ag_{17}^- 团簇的超原子轨道特征与基于适应性自然密度划分(adaptive natural density partitioning，AdNDP)分析展现的 Ag_{17}^- 团簇中 9 个 17e－2e 多中心键一一对应(图 4－5)，展示了双幻数 Ag_{17}^- 团簇的成键本质。运用能量分解分析，解析了内核 Ag^- 与外笼 Ag_{16} 之间的静电吸引和轨道重叠作用是形成双幻数 Ag_{17}^- 团簇的稳定性的根源。

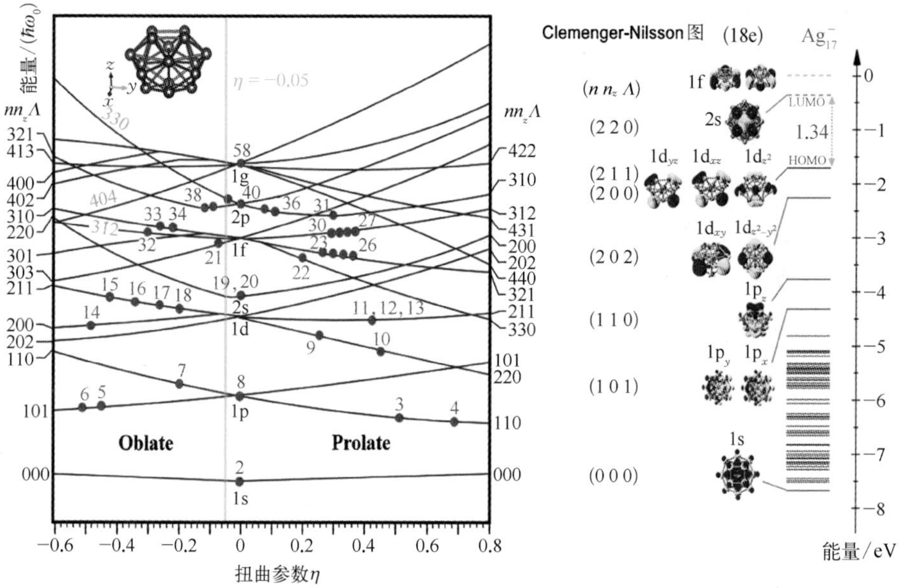

图 4－4　(a) 基于 Clemenger－Nilsson 椭球模型有关闭合电子壳层的基本理论；(b) Ag_{17}^- 团簇的超原子轨道

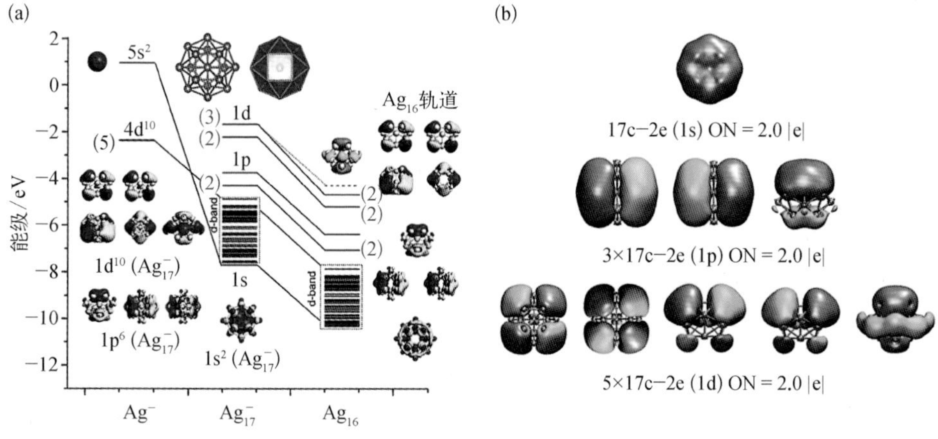

图 4－5　(a) 能量分解分析 Ag_{17}^- 团簇的内核 Ag^- 与外笼 Ag_{16} 之间的静电吸引和轨道重叠作用；(b) 基于 AdNDP 分析的 Ag_{17}^- 团簇中 9 个 17e－2e 多中心键

这种核壳结构的稳定性在铜团簇中也有体现。与银团簇稍有不同的是，在铜团簇与NO的气相反应中，发现开壳层 Cu_{18}^- 团簇虽然不遵守幻数价电子计数规则，但表现出特殊稳定性。经分析，其稳定性源于最高超原子轨道能级的2s电子由中心铜原子贡献，而外笼 Cu_{17} 的电子云通过形成“电磁屏蔽”效应将未配对电子“囚禁”，因此体现出增强的稳定性［图4-6(a)］。

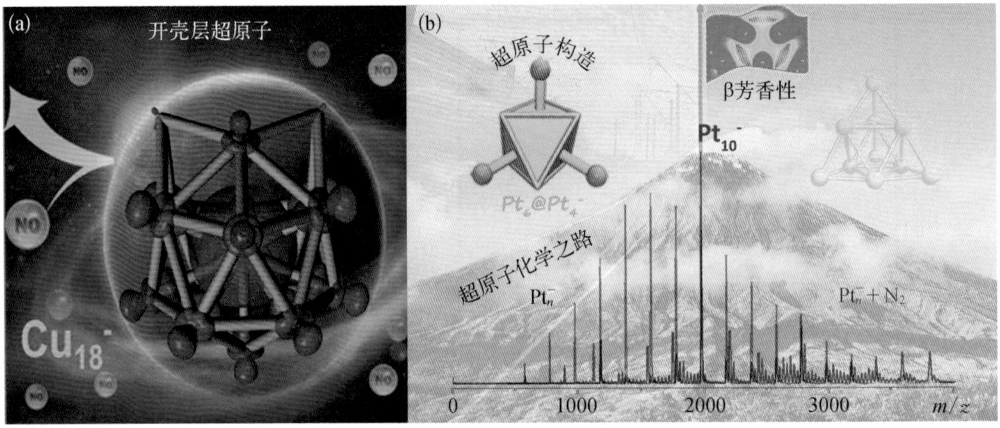

图4-6　(a) 开壳层 Cu_{18}^- 团簇的发现及其结构特征；(b) Pt_{10}^- 团簇的稳定性、正四面体几何结构及其 β 电子芳香性示意图

研究人员除通过考察价电子数以判断团簇体系的性质外，还将芳香性作为评价化学体系中重要电子结构的性质，从而使芳香性的概念从有机化合物中延伸至金属团簇中。2001年，王来生教授及其合作者[63]首次使用芳香性的概念解释了气态双金属团簇 MAl_4^-（M = Li, Na, Cu）的电子结构及稳定性。他们利用光电子能谱及理论计算手段证实了 MAl_4^- 的几何结构为类似于金字塔的四角锥，该结构可看作由 M^+ 和 Al_4^{2-} 两部分组成。其中具有平面结构的 Al_4^{2-} 单元拥有两个离域的Π电子，因此其满足平面芳香性的 $(4n+2)$ 规则。过渡金属团簇的d轨道参与成键，其成键方式相较于主族金属团簇更为复杂，也产生了一些有特殊成键方式和电子排布的芳香性（或反芳香性）特征，如 σ 芳香性[64]、π 芳香性[65]、δ 芳香性[66]等。不过，一般地，金属团簇芳香性的研究主要集中在闭壳层体系或开壳层体系的 α 电子上，鲜有文献提到 β 电子及其具有的芳香性对过渡金属团簇几何结构、成键性质及稳定性的贡献。

近年来，Luo课题组与合作者[67]探索了稳定铂团簇的结构及其稳定性的来源。铂阴离子团簇的气相反应实验表明，Pt_3^- 团簇、Pt_6^- 团簇、Pt_{10}^- 团簇在氮气、二氧化碳或溴甲烷的气氛中都表现出较强的稳定性。利用全局结构搜索的方法，可以确定 Pt_3^-、Pt_6^-、Pt_{10}^- 这三种团簇的几何结构分别为直线形、三角形、扭曲的正四面体，这些结构的发现与此前理论研究的结论是一致的。研究发现,除特殊的几何结构外,电子结构的排布特征也是其具有特殊稳定性的原因之一。对 Pt_3^- 团簇、Pt_6^- 团簇中处于闭壳层轨道的电子进行分析,发现两者分别有 2 个、6 个离域的价电子,两者的离域电子数均满足平面芳香性的($4n+2$)规则。而对于具有正四面体几何结构的 Pt_{10}^- 团簇而言[图 4 - 6(b)],8 个具有 S 性质的电子离域在整个团簇内部,因此其具有与 $Co_{13}O_8$ 类似的立体芳香性[遵守($6n+2$)规则],这就能部分解释两者都具有的相对稳定性。Pt_{10}^- 团簇中有 3 个 β 电子离域在团簇内部的四边形平面上,满足($4n+2$)的平面芳香性规则,因此可认为 Pt_{10}^- 团簇具有的双重芳香性增强了其反应惰性与结构稳定性。

4.2.2　配体保护的金属团簇

由于大多数金属之间互相成键的能力远弱于金属与非金属成键的能力,因而气相条件下精准合成特殊尺寸的金属团簇仍具有相当大的挑战性[21]。但仍有研究人员利用湿法合成的方法合成了大量含有 13 原子核心且被配体保护起来的金属团簇。有趣的是,尽管气相条件下 Au_{13} 团簇更倾向于形成平面结构,但是在被硫醇或膦类化合物保护下的液态 Au_{13} 团簇的核心却以二十面体结构存在[23]。配体诱导的从 Au - Au 到 Au - S(或 Au - P)的电荷转移,使得金团簇的平面结构受应力作用转变为紧凑的二十面体结构。官能团可调控的亲水硫醇配体是合成水溶性配体保护的金属团簇常用的配体基团之一[46]。

1. 配体保护的金团簇

金纳米粒子因具有良好的催化性能及结构性质而被广泛应用于各个领域,但由于其显著的相对论效应及共价键特征,金团簇化学上仍然有许多未能研究清楚的问题。例如,金原子具有类似于碱金属的核外电子结构 $5d^{10}6s^1$,但其却具有较大的电子解离能及电子亲和能,同时中性、阴离子及阳离子的金团簇的最低能量结构有很大的不同。为探究金团簇的特殊物理化学性质,大量含有 13 个金原子的团簇被合成出来以备研究。由于配体效应的影响,其中$[Au_{13}(dppe)_5Cl_2](PF_6)_3$[68]及$[Au_{13}(dppe)_5(CRCPh)_2]^{3+}$[69][dppe:1,2 -双(二苯基膦基)乙烷]的 Au_{13} 核呈现二十面体结构,显著的相对论效应及较高的电负性使配体与金原子间的相互作用非常复杂,进而导致了 Au_{13} 中原子的重组,具体表现为几何结构发生了较大的变化。除 Au_{13} 团簇外,许多较大尺寸配体保护的金团簇同样被发现具有二十面体结构的 Au_{13} 核。图 4 - 7 给出了几个配体保护金团簇的晶体结构,包括$[Au_{25}(SCH_2CH_2Ph)_{18}]^-$[70]、$[Au_{20}(PP_3)_4]^{4+}$[71]、$[Au_{23}(SC_6H_{11})_{16}]$[72]、$Au_{28}(TBBT)_{20}$[73]、$Au_{40}(o-MBT)_{24}$[74]、$Au_{30}S(S-t-Bu)_{18}$[75]、$Au_{38}(SC_2H_4Ph)_{18}$[76]等[77]。

2. 配体保护的银团簇

尽管金元素与银元素皆属于Ⅺ族且具有非常类似的电子结构($d^{10}s^1$),两者所组成的团簇却具有不同的几何结构。多数银团簇的内部也具有 13 原子金属内核,比如

$[Ag_{25}(SPhMe_2)_{18}]^-$ [78]、$Ag_{29}(BDT)_{12}(TPP)_4$ [79]、$[Ag_{34}(BTCA)_3(C{\equiv}CBu^t)_9(tfa)_4(CH_3OH)_3]SbF_6$ [80]、$[Ag_{67}(SPhMe_2)_{32}(PPh_3)_8]^{3+}$ [81]等，如图 4－8 所示。值得注意的是，这些银团簇的稳定性与其所包含的稳定的 13 原子结构有着很强的相关性。比如，$[Ag_{25}(SPhMe_2)_{18}]^-$的单晶结构显示，该银团簇的二十面体 Ag_{13} 核由一个中心银原子及 12 个将其包裹的配位银原子构成，剩下的 12 个银原子位于二十面体结构的 Ag_{13} 核上 12 个三角形中心的正上方。这种结构紧凑的 Ag_{25} 团簇的稳定性可以被质谱实验中的峰强度所证实。除几何结构外，其稳定性也与 8 电子的超原子闭壳层电子构型相关。同时，配体与金属核间的相互作用、配体分子间相互作用(氢键或芳香环堆叠)也对 Ag_{25} 纳米团簇的稳定性有一定程度的贡献。

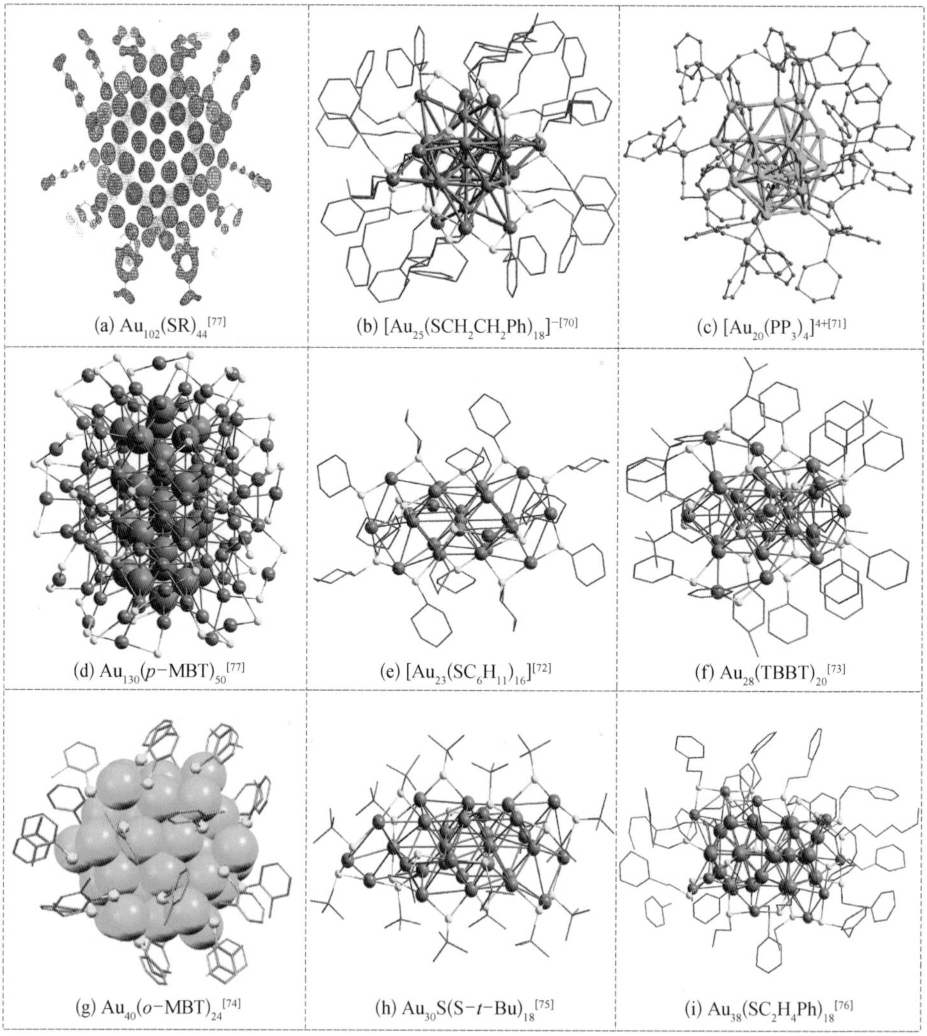

(a) $Au_{102}(SR)_{44}$ [77]　(b) $[Au_{25}(SCH_2CH_2Ph)_{18}]^-$ [70]　(c) $[Au_{20}(PP_3)_4]^{4+}$ [71]

(d) $Au_{130}(p\text{-}MBT)_{50}$ [77]　(e) $[Au_{23}(SC_6H_{11})_{16}]$ [72]　(f) $Au_{28}(TBBT)_{20}$ [73]

(g) $Au_{40}(o\text{-}MBT)_{24}$ [74]　(h) $Au_{30}S(S\text{-}t\text{-}Bu)_{18}$ [75]　(i) $Au_{38}(SC_2H_4Ph)_{18}$ [76]

图 4－7　几个典型的配体保护金团簇的晶体结构图

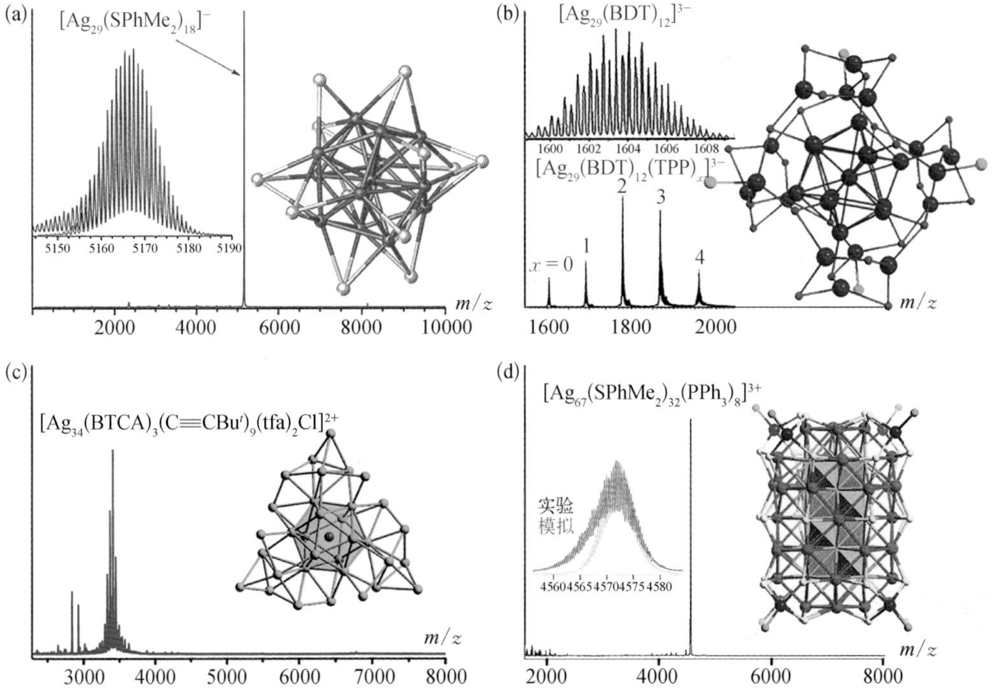

图 4－8　(a) $[Ag_{25}(SPhMe_2)_{18}]^-$ 在负电模式下的电喷雾质谱图[78]，插图为 12 个银原子包裹着一个正二十面体的 Ag_{13} 核；(b) $Ag_{29}(BDT)_{12}(TPP)_4$ 的电喷雾质谱图[79]，插图为 $Ag_{29}(BDT)_{12}(TPP)_4$ 的几何结构图；(c) $[Ag_{34}(BTCA)_3(C{\equiv}CBu^t)_9(tfa)_4(CH_3OH)_3]SbF_6$ 的电喷雾质谱图及其几何结构[82]；(d) $[Ag_{67}(SPhMe_2)_{32}(PPh_3)_8]^{3+}$ 在正电模式下的电喷雾质谱及其核心 $Ag_{67}S_{32}P_8$ 的几何构型[81]

3. 配体保护的其他金属团簇

除了上述提到的配体保护的金、银团簇，还有许多配体保护的金属团簇也具有十分有趣的结构。比如，茂环保护的铝团簇 $Al_{50}Cp^*_{12}$（$Cp^* = C_5Me_5$）[83,84]具有一个 8 个铝原子构成的中心核结构，Al_8 被剩下 30 个铝原子包覆形成 12 个五边形，12 个铝原子构成的五边形与 12 个茂环互相配位，形成稳定的纳米团簇。$Al_{50}Cp^*_{12}$ 中含有 60 个 sp^2 杂化的 C 原子，这些 C 原子构成了类似于富勒烯的 I_h 对称性结构。这种类富勒烯结构的稳定性同样可以用闭合电子壳层的凝胶模型来解释。因此，无论 13 原子结构成为纳米团簇金属核心还是配体，都会对团簇本身的稳定性产生不同程度的影响。

4.2.3　表面负载的金属团簇

负载在表面上的包含少量原子的金属团簇可以表现出独特的催化活性，这是由于金属团簇可以充当单独的催化反应活性中心，并且对于其大小和组成的微小变化（例如添加或去除单个原子)可能会对反应的活性和选择性产生重大影响,因此对表面负载的金属团簇的研究在催化领域以及化工生产领域都具有重要的意义。许多工业催化剂由分散在廉价的高比面积多孔载体上的贵重金属组成。当分散度高时,许多金属原子存在于表面,反应物可与分散的金属原子接触并发生催化反应。分散度较低的载体表面的金属原子可以发生聚合,形成原子团簇聚合物,从而形成表面负载的金属团簇这种新兴的催化剂类别。

对于金属团簇尺寸、组成乃至负载表面晶面的改变都有可能改变催化剂的催化活性。例如负载在 TiO_2 上的钯团簇可以用作 CO 的氧化反应的催化剂(图 4-6)[85],而同样是钯团簇,负载在超纳米晶态金刚石(ultra nanocrystalline diamond, UNCD)上的钯团簇却可以催化水电解反应[86]。这证明了不同载体会与负载的金属原子产生不同的相互作用而导致团簇催化活性的特异性。负载在 MgO(100)晶面上的铂团簇在催化 CO 氧化时表现出了极强的尺寸效应[87],其中 Pt_8 的催化活性较弱,而多了 7 个铂原子的 Pt_{15} 却表现出很强的催化活性,这种尺寸选择性与铂团簇几何结构改变导致的电荷布局变化有关。除此之外,负载在 TiO_2(110)晶面上的小尺寸金团簇可以催化重要化工反应——水煤气反应[88],这一催化反应在化工生产领域具有举足轻重的作用。而负载于 Al_2O_3 表面的 Cu_4 团簇可催化二氧化碳的加氢还原[89],为碳资源的循环利用提供理论基础(图 4-9)。

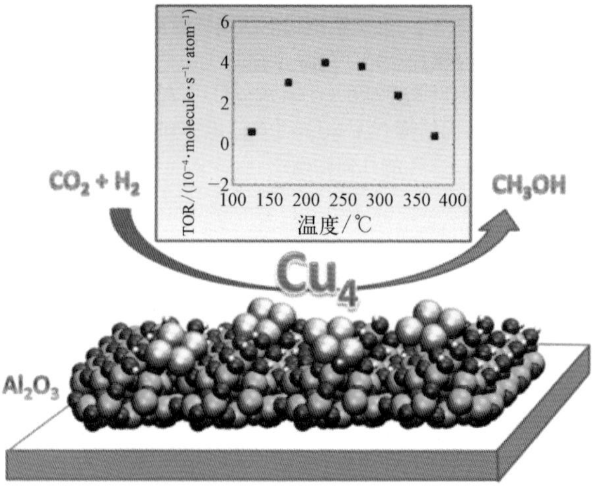

图 4-9 Al_2O_3 表面负载的 Cu_4 团簇催化二氧化碳加氢还原制甲醇[89]

表面负载团簇体系中,界面相互作用往往表现为一种重要的协同效应,对许多催化反应的活性有重要的影响。由于团簇的尺寸较小,通常只有几个至十几个原子组成,在团簇软沉积体系中与载体结合的团簇原子数目比例很高,使得团簇的几何结构和电子构型都有一定的优化,所以其协同效应比纳米催化中的协同效应更明显。除此之外,多种表征技术可以用来检测和观察表面负载的金属团簇,包括 X 射线光电子能谱(X-ray photo-electron spectroscopy，XPS）、扫描隧道显微镜（scanning tunneling microscope，STM）、扫描透射电子显微镜（scanning transmission electron microscope，STEM）、原子力显微镜（atomic force microscope，AFM）和同步加速器等方法，并为它们独特的性能和界面相互作用提供数据支撑。对于具有多种反应物和产物的复杂反应，如费托合成反应、部分氧化反应、聚合反应和脱氢反应等，很难在气相条件进行考察，而通过团簇软沉积体系可以进行此类反应的研究。

4.3　金属团簇气相反应

团簇化学研究的目的之一是寻找与其他化合物反应时相对稳定的团簇，所以探索金属团簇与各类极性/非极性分子的反应是十分有必要的。稳定的金属团簇可以进一步为基于团簇的具有特殊性质的材料提供结构基元[90-92]。近年来，基于质谱技术的气相团簇离子-分子反应研究发展迅速，从微观几何结构和电子结构规律上加深了对化学反应机理、分子动态学的认识。比如，美国的 A. W. Castleman 教授就多种金属团簇的反应活性进行了研究，一方面发现了 Ag_{13}^-、Al_{13}^-等具有特殊稳定性的超原子团簇；另一方面验证了 Al_{17}^-、Al_{18}^-等具有特殊反应活性[62,93]。德国的 H. Schwarz 教授从事了大量有关气相原子、分子与团簇离子的反应性和催化活性研究，尤其对甲烷化学进行了全面深入的研究[94,95]。王来生教授利用光电子能谱技术考察了多种 Au_n^- 团簇的结构及其对 CO 的吸附活性[96,97]。国内一些课题组开展了气相团簇相关结构稳定性与反应活性的研究工作。这些研究加深了对许多基元反应的认识，如 O_2 活化[93]，C—H 键解离[98]，C—C 键断裂[99]和碳氢化合物氧化[100]等。

4.3.1　金属团簇与氧气的反应

金属团簇与氧气的反应特征和金属块体不同，某些特殊尺寸的金属团簇（如 Al_{13}^-、$Al_{11}Mg_3^-$、Ag_{13}^-等）在氧气环境下表现出特殊的稳定性，而其块体材料却易与氧气发生氧化反应。金属团簇与氧气的反应可以分为氧气的刻蚀反应和氧气的加成反应，团簇的奇偶选择性及过/超氧态的参与是影响这两类反应的关键因素[101-103]。

1. 氧气刻蚀反应

氧气的刻蚀反应于 1986 年被首次报道，Jarrold 与 Bower[104]利用激光蒸发超声膨胀的方法制备了一系列铝阳离子团簇，在反应脉冲阀中加入了氧气并用四极杆质谱对得到的团簇复合物进行了检测。质谱检测结果并未看到含氧气的峰出现，取而代之的是一系列经过质量选择的铝团簇强度出现了明显的减弱。当原子数小于或等于 13 时，铝阳离子是铝团簇氧气刻蚀反应的主要产物，当构成团簇的铝原子数大于 13 时，失去两个中性 Al_2O 分子的 Al_{n-4}^+ 团簇是该反应的主要产物。

Castleman 等[90, 105]报道了铝阴离子团簇与氧气的反应特征(图 4-10)，Al_n^- 与 O_2 的反应也出现了类似阳离子的刻蚀现象，但与之不同的是，特殊尺寸的铝阴离子团簇，如 Al_{13}^-、Al_{23}^-、Al_{37}^- 表现出对氧气刻蚀反应的稳定性。根据式(4-1)可以计算出这三种团簇的价电子数分别为 40、70、112，利用凝胶模型的闭合电子壳层理论可以很好地解释这三种团簇的在氧气环境下的稳定性。换言之，电子构型直接决定了金属团簇与氧气的反应性质，而这两者间的关系来源于氧气的基态为自旋三重态。氧分子的活化需要有电子填充在氧分子的反键轨道上使得其自旋从三重态降为单重态，为保证体系的总自旋守恒，这就要求具有闭合壳层构型的单重态团簇经过自旋激发从而转变为三重态，这一自旋激发的过程需要较大的自旋激发能[106]。发生反应所需的自旋激发能与团簇本身最高占据轨道与最低未占据轨道间的势垒(HOMO-LUMO 能隙)相关，实验表明当团簇的 HOMO-LUMO 能隙超出

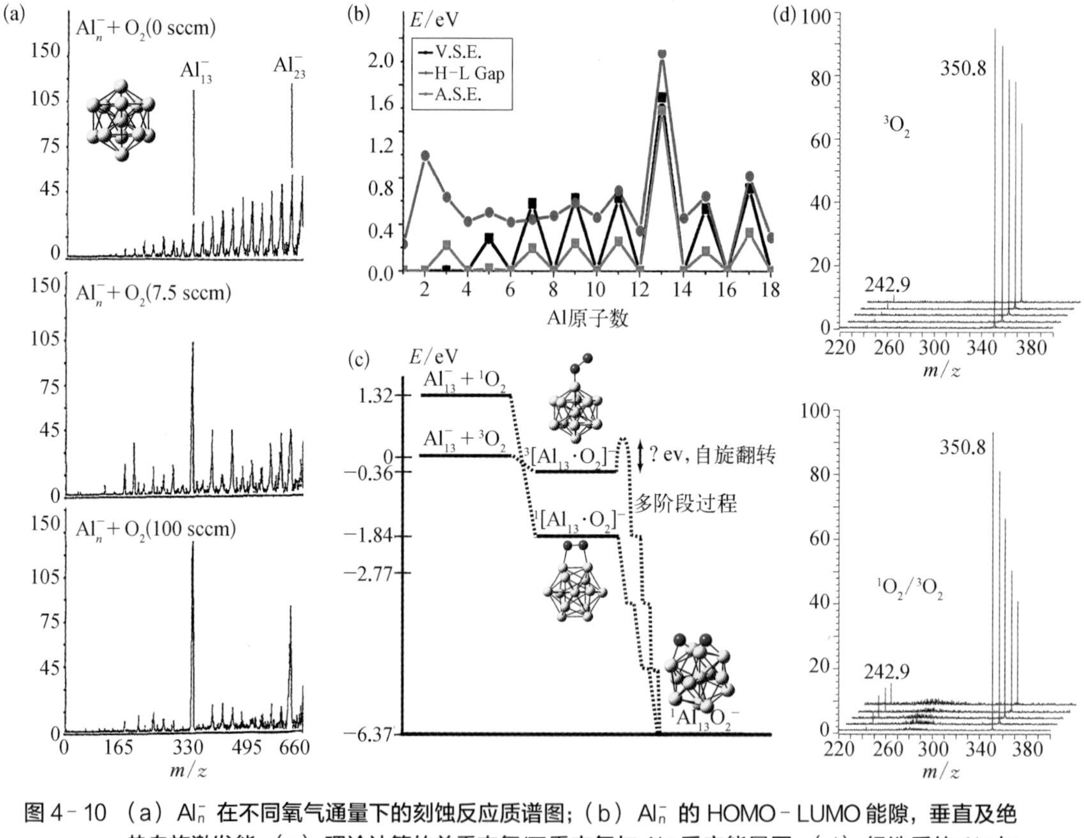

图 4-10　(a) Al_n^- 在不同氧气通量下的刻蚀反应质谱图；(b) Al_n^- 的 HOMO-LUMO 能隙，垂直及绝热自旋激发能；(c) 理论计算的单重态氧/三重态氧与 Al_{13}^- 反应能量图；(d) 经选质的 Al_{13}^- 与 $^3O_2$ 反应的质谱图(上)，经选质的 Al_{13}^- 与 $^1O_2$/$^3O_2$ 的混合气反应的质谱图(下)[107]

1.2 eV 时，团簇就很难与氧气发生反应[107]。而当反应的发生不需要发生自旋翻转时，例如稳定的 Al_{13}^- 等团簇在单重态氧气环境的作用下会发生氧气的刻蚀反应，这一现象进一步验证了自旋激发能是影响金属团簇氧气刻蚀反应的重要因素。

2. 氧气的加成反应

氧气的加成反应伴随着一系列可能的氧化过程，例如电子的转移、电荷分布的重排及轨道的杂化。由于氧原子的电负性较大(3.44)，氧气在与金属团簇的反应过程中会表现出较强的吸电子效应，因此贵金属团簇如 Au_n、Ag_n、Cu_n 等具有一个未成对电子的团簇会更易于发生氧气的加成反应。除去 Au_{2n+1}^-(偶电子数)团簇在氧气环境下会发生显著的氧气加成现象之外，Lee 与 Ervin 等[108]证实大多数的铜阴离子团簇也会发生类似的氧气加成反应：$Cu_n^- + O_2 \longrightarrow Cu_nO_2^-$。过渡金属钴形成的金属阳离子团簇同样会发生类似的氧气加成反应，但是大多数反应的过程并非 O_2 的直接吸附，而是一个钴原子被 O_2 所取代，生成的氧化物还可以进一步被氧化直至生成稳定的 CoO_2^-。

3. 超氧态与过氧态

在金属团簇与氧气的反应中，金属团簇与氧气间的电荷转移以及氧气间 O—O 键的活化是至关重要的。金属团簇可以通过化学吸附或电子转移诱导氧分子产生的超氧态($O^{2-}\cdot$)及过氧态(O_2^{2-})复合物，此举可以将基态三重态氧分子($^3\Sigma_g^-$)激发至活泼的单重态氧($^1\Delta_g$)，从而增加氧气与金属团簇的反应活性。Klacar 等[109]在研究银团簇与分子氧的反应时发现超氧态复合物存在于氧气分子解离吸附反应的初始阶段。过氧态与超氧态可以同时存在于反应体系中，而从超氧态向过氧态的转化是金属团簇-氧分子反应中 O—O 键断裂的关键因素。Wang 和 Zeng 等[110]深入研究了氧气分子在金阴离子团簇上的化学吸附，他们利用光谱及电子谱观测到了氧分子以超氧态及过氧态在 Au_8^- 上发生化学吸附的现象，并且证实在反应过程中发生了从超氧态至过氧态的转变。

4.3.2　金属团簇与卤素的反应

由于卤化物可以作为合成大量功能材料的中间体，所以卤化反应是一类非常重要的化学反应。对金属团簇与卤素反应性的研究可以为理解相关合成过程的基本原理提供理论依据[111]。在铝团簇与碘的反应中，几种金属碘化物 Al_nI^- 的产生是热力学自发进行的。对于反应机理及化学吸附过程的过渡态的研究证实卤素分子与铝是以末端方向成键的，此举可以增大电子云的重叠面积，同时研究人员发现卤素的加入并不影响铝团簇本身的电荷分布。Bergeron 等[4,5]发现溴，氯的反应与碘有类似的性质，$Al_{13}Br$、$Al_{13}Cl$ 的 HOMO 电荷布局取决于卤素本身的性质。

货币金属(Cu、Ag、Au)的 d 轨道属于全满结构，且具有一个 s 单电子，所以货币金属团簇与卤素的反应性可能类似于同样具有一个 s 电子的碱金属团簇。向 Cu_n^- 中加入氯气可以看到除剩有少量的Cu_7^-外，所有的铜团簇都因剧烈的反应而消失。对于产物$Cu_nCl_{n+1}^-$，$n=1$的产物是本反应的主要产物[112]，而$n>1$时，其产物峰强度会呈现指数级的降低，这与$Na_nCl_{n-1}^+$及$Cs_nI_{n-1}^+$的现象是类似的[113]。密度泛函计算发现这类产物都具有立方体的几何结构，这种结构可能代表着离子晶体的初始形态。

为了检验碱金属与卤素反应中的鱼叉机制是否可以解释微观团簇系统的反应，研究人员研究了气相货币金属团簇与氯气的反应性。实验结合理论的研究表明，Cu_8^-/Ag_8^-与氯气的反应体现长程电子转移，通过基于两种方法的理论估计了反应截面的增加，以及从Cu_8^-/Ag_8^-团簇价电子到氯气分子的远程转移，验证了鱼叉机制在超原子碱金属中的适用性。作用机制如图 4-11 所示。气相团簇反应的长程电荷转移和鱼叉机制还有待继续深入拓展。

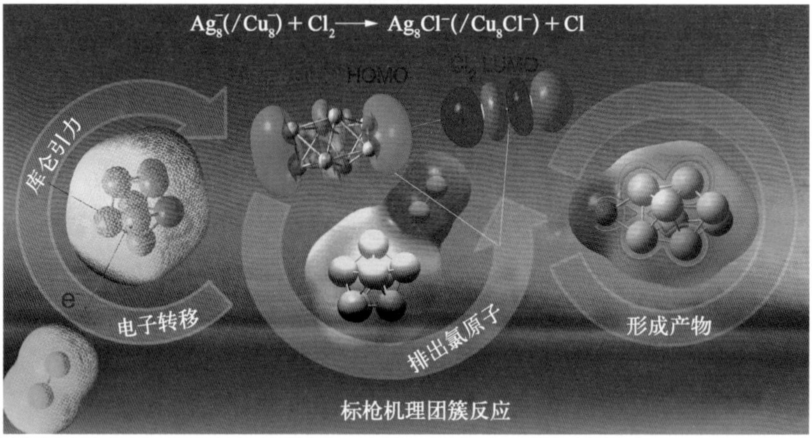

图 4-11　Cu_8^-/Ag_8^-团簇与Cl_2反应体现长程电子转移和鱼叉机制

4.3.3　金属团簇表面析氢反应

对金属团簇与水分子反应的实验及理论研究近年来被研究人员广泛关注，此举凸显了氢转移反应的重要性。Castleman 和 Khanna 及其合作者[62]报道了铝阴离子团簇与水的反应研究进展。他们发现Al_{16}^-、Al_{17}^-、Al_{18}^-可以自发地与水分子反应生成氢气，而Al_{12}^-与水反应生成水分子加合物$Al_{12}H_2O^-$，并无氢气的析出。第一性原理计算显示Al_{11}及Al_{13}因其在与水反应时具有较高的势垒而不易与水分子进行反应，利用上近自由电子模型可以解释Al_{12}^-由于其较低的最低未占据轨道（LUMO）而具有较大的水化能。然而同样具有开壳层电子结构的Al_{14}^-、Al_{16}^-却表现出一定程度的稳定性，因此超原子电子壳层理论不足以解释全部的实验现象。

为了进一步解释实验现象，Castleman 等提出了互补的活性位点机理以解释铝阴离子团簇在与水反应时体现出的尺寸选择性(图 4-12)。路易斯酸碱互补活性位点是指一对团簇上的邻近位点,铝团簇上一个铝原子作为路易斯碱,邻近的铝原子作为路易斯酸。金属团簇与水分子的反应起始于水分子中氧原子的孤对电子亲核进攻金属团簇,水分子提供一对孤对电子到铝团簇的 LUMO 轨道上[114]。此时被进攻的铝原子对应于团簇上的路易斯酸性位点(Lewis acid site,即 LUMO 或 LUMO+1 轨道富集位点),同时其邻近的铝原子可以作为路易斯碱位点接受水上的 H 原子,诱导 O—H 键的断裂,进一步促使水分子完成在铝团簇上的化学吸附。团簇结构的特异性致使 LUMO 轨道或 HOMO 轨道集中在近邻的一对原子上形成互补的活性位点。具有特殊几何结构的团簇可以协助生成两对互补位点,这样解离的氢原子就可以结合生成氢分子,进而发生氢气的析出,这也是 Al_{12}^- 无法产生氢气而 Al_{16}^-、Al_{17}^-、Al_{18}^- 具有脱氢产物的原因。需要注意的是,Eley-Rideal 型机理预测的 H—OH 键的断裂的过渡态无论是否释放氢气都需要一个游离的 H 原子作为路易斯酸,而不是之前提到的铝原子作为路易斯酸。由于每一个自由的 H 原子都可以在金属团簇表面自由移动,直到找到合适的互补活性位点从而析出氢气。

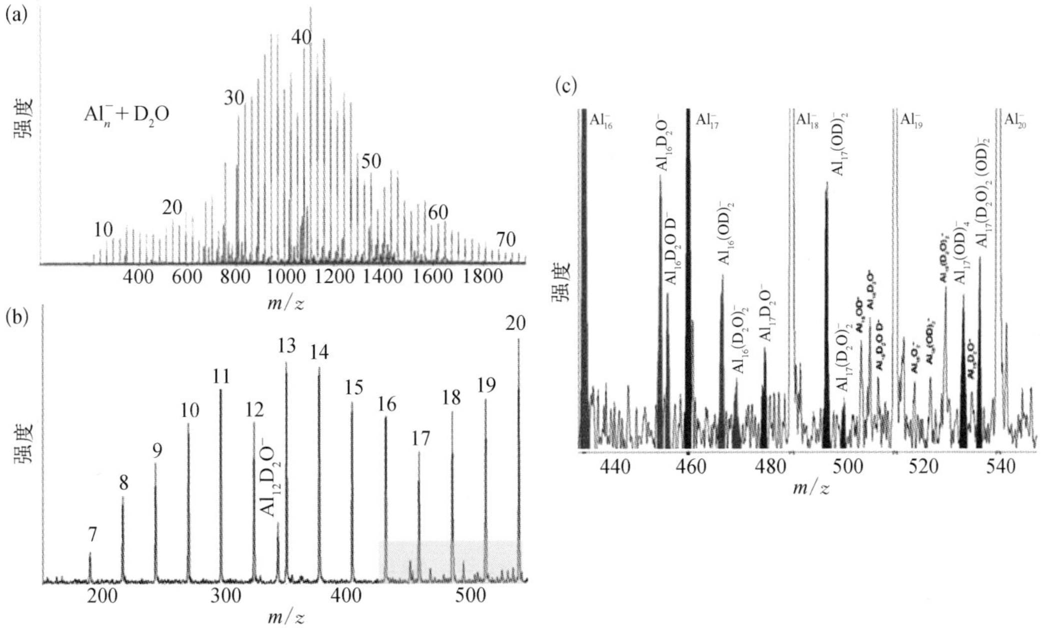

图 4-12　(a) 铝阴离子团簇 Al_n^-($n=7\sim73$)与氘代水的反应质谱图,非铝纯团簇的峰用红线标识;(b) 小质量范围的 Al_n^-($n=7\sim20$)与氘代水的反应质谱图;(c) 蓝色阴影部分的放大图,其中 Al_{16}^- 的衍生物用红线标出,Al_{17}^- 的衍生物用蓝线标出[62]

根据上述互补位点机理的特征,铝阴离子团簇与水的脱氢反应需要两个水分子的参与。近年来,Luo 课题组与合作者[115]观察到钒阳离子团簇可以在室温下与单个水分子发生脱氢反应。如图 4 - 13 所示，质谱实验表明 V_1^+ 与 V_2^+ 在与水在室温下的反应中展现出了相对的惰性。而尺寸大于 2 的钒团簇，例如 V_3^+、V_5^+、V_9^+，却在反应中生成了较为明显的析氢反应的产物钒氧团簇。理论研究表明，钒团簇一水合物阳离子 $V_nH_2O^+$ 的生成是析氢反应的第一步，此后水分子上的氢原子会与氧原子发生断键并转移到钒团簇上生成 HV_n^+OH。其中生成的 V - OH 基团会发生非平面摇摆振动并导致 V - O - V 中间体的产生，而此时水分子上剩余的端基氢原子会继续转移到金属团簇上或直接与吸附氢原子发生反应，这两种可能的路径都会导致析氢过程“$H_{ad} + H_{hydroxyl} \longrightarrow H_2$”的发生。最后，中间体 $H_2V_nO^+$ 中的氧原子会与三个钒原子发生相互作用放出大量的热，从而产生能量较低的稳定产物。在此过程中，钒水团簇阳离子中 O - VV - V 的角度对于析氢反应的发生起着重要的作用并发挥着重要的影响，而反应过程中 V - O - V 桥的生成及第三个钒原子的引入都是影响该反应能垒的重要因素。因此尺寸大于两个原子的钒阳离子团簇才会与单个水分子发生析氢反应，这与前面提到的铝团簇负离子与水分子的反应在实验现象和反应机理上都是不同的。

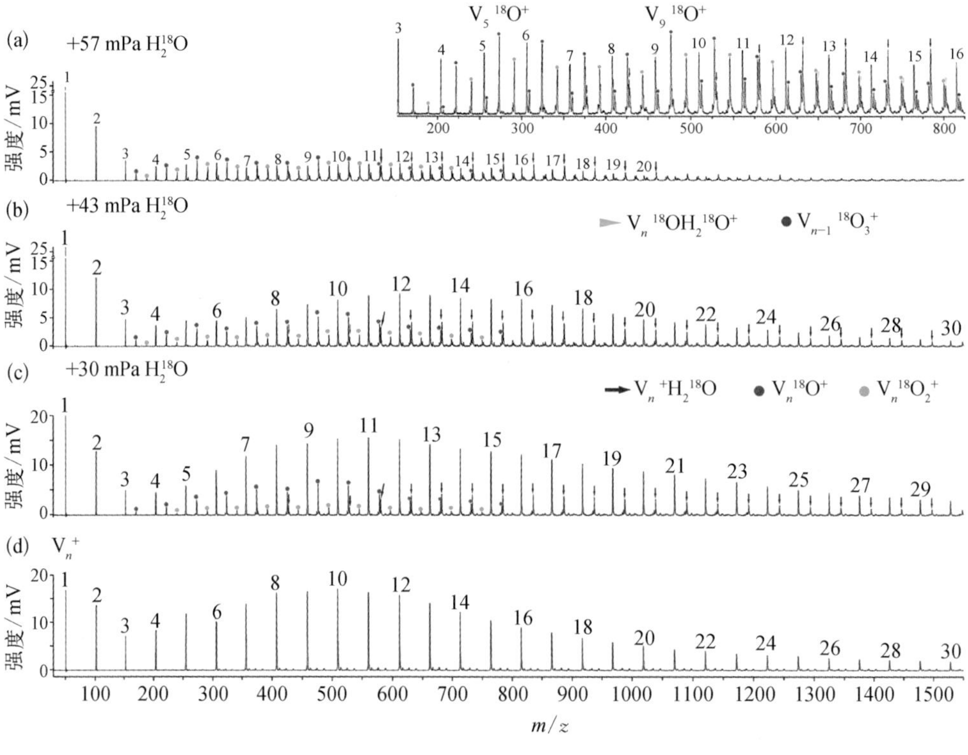

图 4 - 13　阳离子钒团簇及其与不同分子数密度的水分子反应的质谱图

除阳离子外，中性的 V_n（$n>2$）团簇也能够与水反应发生尺寸依赖的析氢反应（图 4 - 14）[116]。其中 V_{13} 在谱学实验中表现出较强的反应速率及突出的与水结合脱氢的反应活性。理论研究表明 V_{13} 与水分子的结合能较大、钒原子与氧原子之间的键长较短并且 V_{13} 与水的电子转移数也比其余团簇的更多。这些信息都可以表明，相比于其他尺寸的钒团簇，V_{13} 与水分子之间拥有更强的相互作用。后续的反应路径计算表明 V_{13} 的结构具有较低的对称性，这种低对称结构会使羟基与吸附氢原子的重组，该过程类似于析氢过程中的钓鱼模式(fishing-mode)，有利于水分子在 V_{13} 团簇上发生析氢反应。

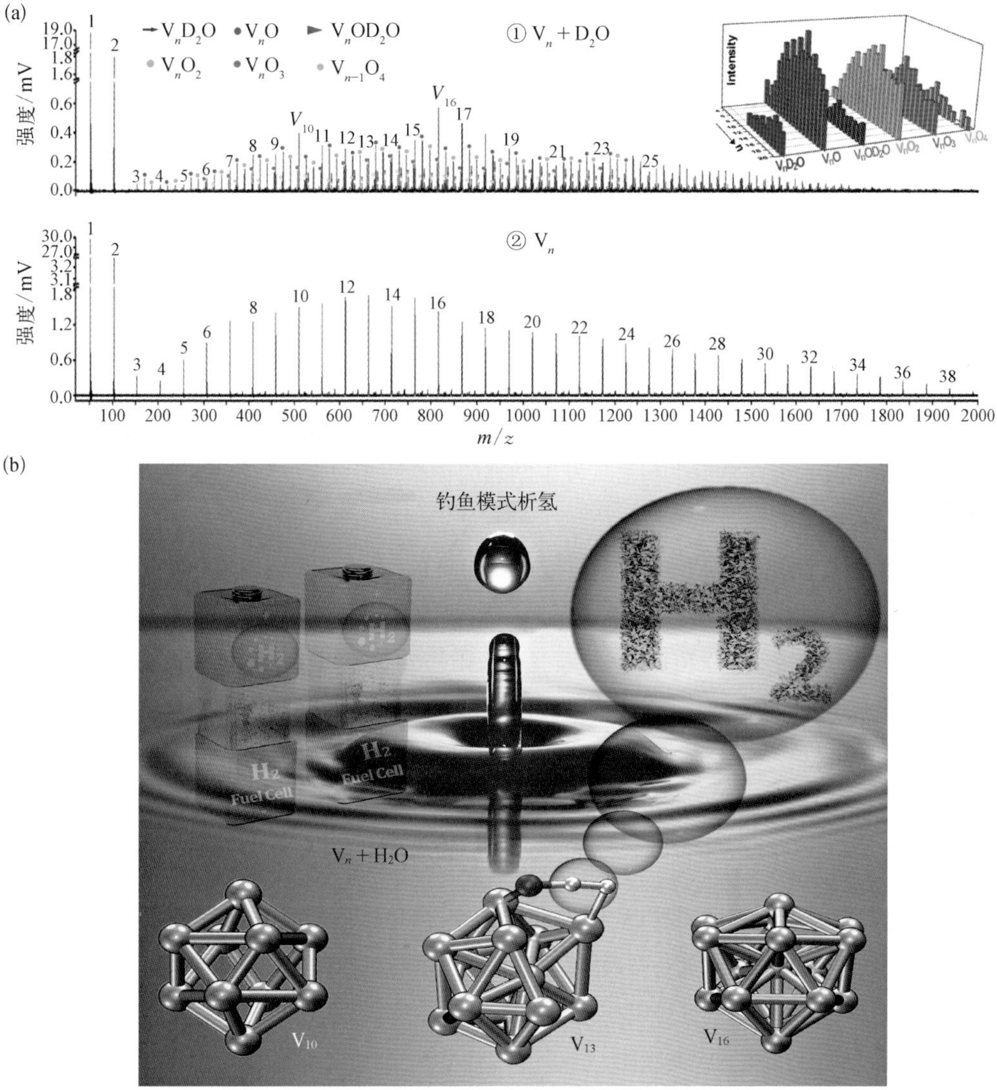

图 4-14　钒团簇与水反应的质谱(a)及 V_{13} 团簇与水分子反应析氢的结构示意图(b)

均相及异相 C—H 键的活化被认为是一个长期的挑战[95,117-119]，同时其也在结构化学研究领域具有重要的意义。金属团簇与碳氢化合物的反应表现了其在 C—H 键活化领域的新颖性。中性纯钯团簇与甲烷的反应趋向于甲烷的物理吸附，而钯氧化物与甲烷的反应生成具有尺寸依赖性的甲烷脱氢产物。Bernhardt 等[120]在研究 Pd_n^+ 与 CH_4 的反应时发现 Pd_2^+ 的反应产物有 CH_4、C_2H_4、C_3H_8。理论计算表明第一个甲烷在 Pd 原子上的相互作用产生 C—H 断键产物 $H-Pd_n-CH_3$ 复合物。这些研究为金属的均相催化反应提供了很多有价值的信息，为理解催化反应的影响因素及反应机理提供了很大的帮助。类似的有机非极性分子与金属团簇的反应也开始被广泛地研究。Kaya 及合作者[121]研究了钴阳离子团簇与甲烷、乙烯、乙炔等有机非极性分子的反应。$Co_{4,5}^+$ 及 $Co_{10\sim15}^+$ 与甲烷、乙烯的反应中体现出了其相较于邻近团簇具有更高的反应活性，然而与乙炔的反应却没有体现出明显的尺寸选择性。这种反应的特异性源于有机物化学吸附的活化能。

4.3.4　金属团簇表面吸附与配位反应

氮元素是最轻的氮族元素，也是空气中丰度最高的单质元素，氮原子最外层具有 5 个价电子。氮气分子的 N ═ N 三键使得氮气在常温常压下很难发生化学反应，然而某些特殊尺寸的金属团簇却可以与氮气发生化学反应。Lang 与 Bernhardt 等[122]研究了小尺寸 Au_3^+ 与氮气在多碰撞条件下的反应，反应产生了一系列的 Au_nN_m 化合物。除此之外，中性及阳离子钴团簇也会在室温下与氮气发生剧烈的化学吸附反应，生成钴氮化合物有利于小尺寸钴团簇的结构判定。

氢气在金属矿物的还原反应中扮演着重要的角色，近 30 年，金属氢化物团簇由于其具有良好的储氢性能而受到了广泛的关注。铁、钴、钒、铌等团簇都可以与氢气发生化学吸附。除化学吸附氢气为主要的反应产物外，氢气共吸附产物也可以很大程度上降低小金属团簇的光电离能量阈值。金属团簇与氢气的化学吸附过程具有较强的尺寸依赖性，具有闭合壳层结构的中性铝团簇与氢气的反应性较差，这跟金属团簇与其他双分子气体反应的性质类似[123]。若考虑氢气浓度在反应过程近似为常数，其反应速率可被定量表示为一级反应速率方程。

$$-\ln(\mathrm{fr}) = k[\mathrm{H_2}]t \tag{4-2}$$

式中，fr 为反应后剩余的纯团簇；k 代表反应速率；$[H_2]$代表氢气浓度；t 代表反应时间。基于该速率方程表达式，测量一系列$[H_2]$的反应质谱图可以确定速率常数 k。氢气除了可以化学吸附在金属团簇上，也可以在金属团簇上发生解离性吸附。钴、镍及钯团簇与氢气的反应表现为尺寸依赖的解离吸附。

与上述所提到的铝、钒金属团簇与水发生的反应不同，铑团簇与水的反应并不发生氢气的析出反应。取而代之的是发生一种尺寸依赖的水分子吸附反应[124]。其中铑阴离子团簇与水分子几乎不反应，在体系中引入水分子反应物后质谱中几乎没有铑阴离子团簇吸附水分子的质谱峰。这也与理论预测的结果大致相同，因为水分子与团簇的反应主要表现在水分子上孤对电子进攻金属团簇，而阴离子团簇本身带一个单位的负电荷，会与水分子上的孤对电子发生排斥，因此阴离子团簇与水分子的反应活性较差是合理的。相反地，铑中性团簇与水分子会发生反应生成铑水合物中性团簇并在质谱中被观察到。然而 Rh_n 与水分子的反应几乎没有尺寸效应，这意味着所有可观察的不同尺寸的团簇都与水分子的反应活性大致相等。实验发现，铑团簇阳离子会与水发生反应生成多水合物团簇 $Rh_n^+(H_2O)_{1\sim5}$，其中团簇结合水分子的个数与团簇的尺寸及水蒸气的分子数密度有很大的关系。反应初始，在水分子数密度较小的情况下，几乎所有铑阳离子团簇都与水分子发生无差别的水分子吸附反应，并且产物的种类及相对强度也大致相当，此时铑团簇的尺寸依赖性并不明显。而随着水分子数密度的增加，在引入足量的反应物水分子的条件下，可以观察到两种铑团簇水合物 $Rh_8^+(H_2O)_4$ 和 $Rh_9^+(H_2O)_3$ 在质谱中展现出突出的强度。

为研究 $Rh_8^+(H_2O)_4$ 和 $Rh_9^+(H_2O)_3$ 稳定性的原因以及可能存在的联系与区别，研究人员借助密度泛函理论预测了铑阳离子团簇 $Rh_{2\sim9}^+$ 及其水合物 $Rh_{2\sim9}^+(H_2O)_{1\sim6}$ 的几何结构及电子结构。其中，Rh_8^+ 和 Rh_9^+ 的最低能量结构均为规整的多面体结构，分别为一种双配位的八面体结构及三配位的三棱柱结构(图 4-15)。而 $Rh_8^+(H_2O)_4$ 和 $Rh_9^+(H_2O)_3$ 中水的配位方式是截然不同的。$Rh_8^+(H_2O)_4$ 中四个水分子吸附在 Rh_8^+ 的四个等价的原子负电荷密度较小的铑原子上，此时四个水分子是完全分立的，它们之间不存在明显的相互作用。而 $Rh_9^+(H_2O)_3$ 中水分子的存在方式却有所不同，它们更倾向于吸附在 Rh_9^+ 三棱柱的一个三

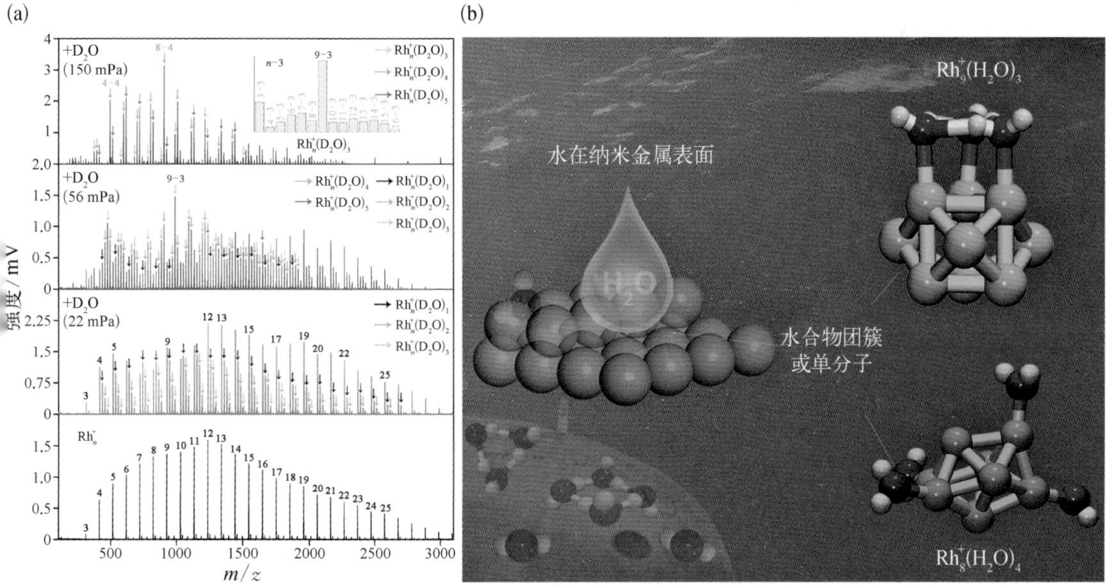

图 4-15　铑团簇与水反应的质谱图(a)以及 $Rh_8^+(H_2O)_4$ 与 $Rh_9^+(H_2O)_3$ 水合物团簇的几何结构示意图(b)

角面上，此时三个水分子以氢键相互作用，形成一个$(H_2O)_3$团簇，而该水团簇的吸附位点并非在Rh_9^+团簇中正电荷集中的铑原子上。因此Rh_9^+团簇有更大的可能性直接与$(H_2O)_3$团簇而非水分子发生了反应。理论计算表明Rh_8^+与水分子的相互作用为Rh与O之间的共价键占主导的共价相互作用，而Rh_9^+与$(H_2O)_3$团簇的反应为一种弱相互作用，这两种相互作用的区别可以很容易地根据金属团簇-水之间的距离进行判断，$Rh_8^+(H_2O)_4$中Rh－O距离为2.24 Å而$Rh_9^+(H_2O)_3$中Rh－O距离为2.38 Å。

4.4 金属团簇的潜在应用

团簇为直径在纳米或亚纳米尺寸的小颗粒，其能级结构和电子结构会发生根本性的变化，其几何构型、自旋状态及原子间作用力都完全不同于体相内的原子，通常具有一些特殊的性能，并随原子个数的增加而改变[125,126]。基于这些特点，团簇在诸多反应体系中表现出不同于传统纳米催化和体相材料的性质，如光学、电子学和磁学性质等，为有针对性提高反应效率、降低反应成本、实现精准化工提供了新的认识[32,127]。金属团簇相对于块体金属材料有诸多优势，其密堆积结构、极大提升的比表面积、精确可调的原子结构和成分、特殊自旋电子性质甚至超铁磁行为，有利于精准化学反应的设计，有利于原子精确的电极修饰，有利于微型储能器件能量密度的提高，从而在新型微材料设计研究方面具有广阔的空间，也为纳米催化剂的微观机制提供重要的理论结合实验的依据。值得一提的是，多数配体保护的金属团簇具有发光性质，波长既可以在紫外可见区，也可以在红外区，而且发光寿命长，有利于新型光学功能材料和化学传感的精准化。

4.4.1 金属团簇催化

团簇催化是探究反应机理、提高反应活性的一种重要手段。金属团簇所具有的巨大表体原子数比、闭壳层电子结构（基于团簇凝胶模型[59,128]）、几何壳层闭合结构[129]、超原子团簇电子共享特性[30]和量子限域效应等特性，使其在催化领域引起了广泛的关注。人们期望通过对团簇尺寸和组成的微小改变提高反应的选择性和催化活性。通过设计不同尺寸甚至不同组分的金属团簇，可以构造其表面Lewis酸碱互补活性位点（complementary active sites），并利用团簇与载体之间的界面相互作用，调节电荷平衡，最大限度地提升反应物在催化剂表面吸附、活化、解离、成键、脱附等的反应过程，有利于进一步提高催化效率。最初对精准团簇的研究主要集中在包含少数几个原子的气相团簇离子上。对于这些气相团簇的研究依赖于可以生成单一团簇及促进团簇生长的质谱分离技术的发展[130-133]。一般地，利用激光蒸发（laser evaporation）形成包含单一金属或合金团簇，在载气（He或Ar）的帮助下将团簇从样品制备区输送到反应管中与反应气进行反应，通过质谱进行产物检测和催化活性分析。由于气相团簇的组成和原子数一定，尺寸较小，是进行化学反应研究的理想模型。

气相团簇催化反应研究也为后续精准尺寸团簇软沉积的催化研究奠定了基础，从而向团簇催化的实际应用更进一步。团簇软沉积是指通过质量选择将一定尺寸和组成的团簇沉积到固体支撑表面上，对特定的反应开展团簇催化研究。该方法不仅架起了气相团簇催化与传统多相催化的桥梁，还为两种领域提供了一系列新功能[89]。例如，团簇中较高的表体原子比可以为催化反应提供新的反应路径，从而降低反应的活化能，并且随着团簇尺寸的减小，不饱和配位原子和活性位点的数量较体相材料有巨大的提升，具有提高反应催化活性的潜力。此外，由于众多活性催化剂为贵金属原料，费用高昂。若使用金属团簇作为主催化剂可以极大地减少贵金属的用量，具有显著的经济效益。

目前，国际上有多个研究组运用激光/磁控溅射的方法制备了质量选择的团簇体系，并通过软沉积将其负载到基底表面，实现了几个至几十个原子范围内的单一尺寸团簇的催化研究。如 S. Vajda 等搭建了一套运用磁控溅射束源进行团簇制备，八极杆串联四极杆进行离子选质，最后将团簇软沉积到一定表面的团簇软沉积系统，如图 4－16 所示[134,135]。由于这种通过气相软沉积制备的团簇催化剂避免了配体的干扰及其可能带来的形貌改变，使更多的活性位点暴露在反应物可接触的范围内，从而有效提高了催化剂的效率和选择性[136,137]。

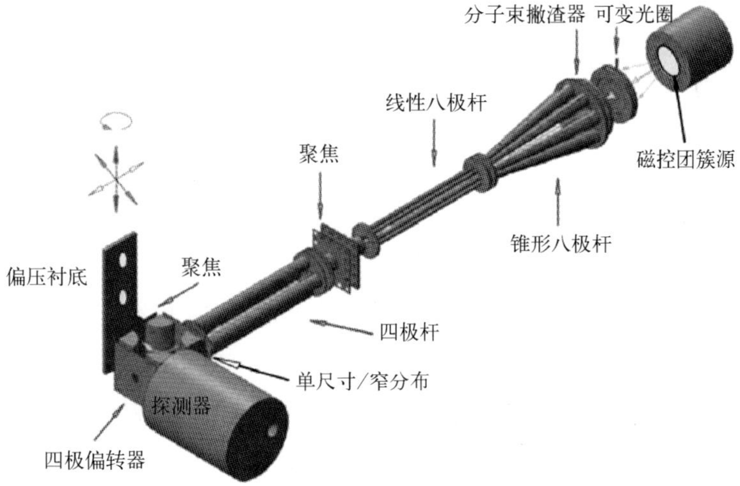

图 4－16　团簇软沉积系统设备示意图[134,135]

4.4.1.1　负载小尺寸金属团簇催化

通过减小金属团簇的尺寸，不仅可以增加表面的活性位点，还可以改善催化剂的选择性，降低反应能垒，最大限度地提高原子经济性，是合理设计催化剂的重要研究方向。金属催化剂的结构敏感性是非均相催化中的关键议题。早在1925年，H. Taylor就发现催化剂的活性中心可能仅由表面极少量的原子构成。过去的几十年中，2～20 nm尺度下金属纳米粒子催化剂的构效关系被广泛研究。近年来，研究人员对精确原子数目的小尺寸金属团簇催化开展了一系列研究，包括双原子团簇和三原子团簇催化（three atoms catalysis），催化效果最显著。

近年来，双原子团簇催化成为研究的热点，不仅因为其具有相较单原子催化剂更高的负载量和稳定性，还因为双原子可以提供更灵活的活性位点。目前双原子团簇催化已经应用在氧还原（oxygen reduction reaction，ORR）、二氧化碳还原（CO_2 RR）、析氢（hydrogen evolution reaction，HER）等多种反应上[138-140]。J. Lu等采用原子层沉积（atomic layer deposition，ALD）技术，以石墨烯为基底，分别制备了负载Pt_1单原子和Pt_2双原子的催化剂，如图4-17所示[141]。在第一次ALD过程中，三甲基（甲基环戊二烯基）铂（Ⅳ）（$MeCpPtMe_3$）倾向于在具有苯酚结构的位点上成核，并通过氧化去除Pt原子上的配体。在第二次ALD过程中，Pt原子倾向于结合在Pt_1位点上形成Pt_2双原子团簇，且由于空间位阻效应，避免了多核团簇的生成。最后通过臭氧O_3氧化将配体去除。通过对比两种催化剂上氨硼烷水解脱氢的反应过程，发现Pt_2比Pt_1的反应效率高17～45倍，说明了双原子催化性能的优越性。

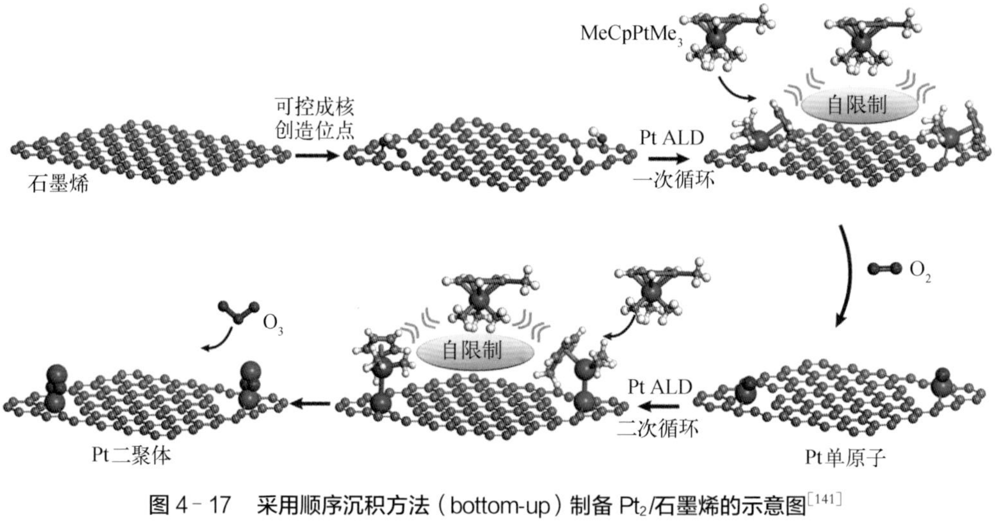

图4-17　采用顺序沉积方法（bottom-up）制备Pt_2/石墨烯的示意图[141]

除了双原子团簇催化，三原子团簇近来也崭露头角，吸引了很多研究学者的关注。相较于双原子团簇，三原子团簇具有更丰富的活性位点，包括顶位（top）、桥位（bridge）和中空位（hollow），可以为更多反应物提供合适的活性位点；通过三原子团簇与载体表面的相互作用，可以构筑互补活性位点，有利于极性分子的活化和转化。由于化学合成三原子团簇比较困难，目前研究主要基于气相团簇和团簇软沉积技术。比如，S. Vajda等运用四极杆质量筛选和分离器将 Ag_3 团簇负载到 Al_2O_3 表面进行丙烯环氧化反应研究，发现相比于 Ag 纳米颗粒和纯 Ag 表面，Ag_3 团簇具有更高的催化活性和选择性。通过理论研究表明，预先吸附在 Ag_3 团簇上的氧气分子会解离成两个氧原子，分别结合在团簇中空位和团簇与载体 Al_2O_3 的界面处，可以为丙烯环氧化提供氧原子，使反应能垒降低，这与其开壳（open-shell）的电子结构密切相关[142]。

Luo 课题组在近期的研究中对三原子团簇的反应性能进行了详细的考察（图 4－18）。他们在不同尺寸金属团簇的气相反应中发现，$V_n{}^+$ 和 $Co_n{}^+$ 团簇与 H_2O 或 NH_3 在常温进行气相反应时，三原子团簇是体现反应活性的最小尺寸团簇。从理论层面对其反应机理进行

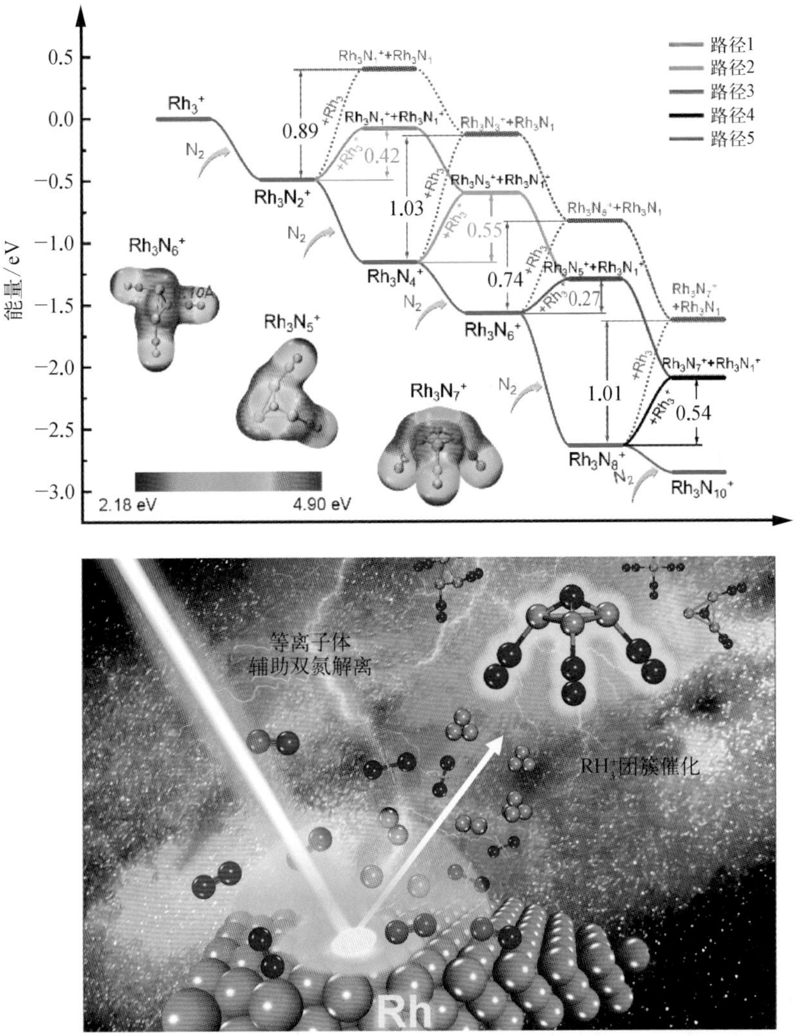

图 4－18　（a）链式反应通道“$Rh_3^+ + x\,N_2$”；（b）等离子体辅助下 Rh_3^+ 活化氮气解离的示意图

解析发现，三原子团簇构成的三角面结构是体现催化活性的关键[115,143]。Luo 等还对 Rh_3^+ 团簇活化氮气进行了研究。氮气活化是化学领域研究的热点和难点，这是由于 N_2 是一种化学性质十分不活泼的分子，其 N ≡ N 三键的键能高达 942 kJ/mol，且 HOMO - LUMO 间隙高达 10.82 eV[144]。他们在 Rh_n^+ 团簇与 N_2 气相反应中发现，在等离子体辅助下，三原子团簇 Rh_3^+ 能有效促进 N_2 的吸附与解离，可以生成含奇数氮 $Rh_3N_7^+$ 等产物，且稳定性较高。基于实验与理论计算结合，考察了可能的热力学路径，提出了双团簇活化氮气解离的机理，并对不同尺寸 Rh_n^+ 团簇参与反应的能量变化进行了对比，考察了"$Rh_3N_7^+ + Rh_2^+$"的动力学路径，阐明了氮气解离的反应机理[145]。

除此之外，理论模型的计算研究也从原子层面诠释了三原子团簇催化的优势。如J. Li 等考察了 Fe_3 团簇负载到 $\theta - Al_2O_3$ 表面进行氮气还原生成氨的反应机理，通过对比不同的反应路径，发现 N_2 更容易通过结合机理(associative mechanism)先加氢生成 NNH，从而进一步促进 N—N 键解离[146]。C. Cui 等以完整石墨烯和缺陷石墨烯负载的 Pt_n 团簇为模型，系统考察了其对氨分解的催化作用，结果表明 Pt_3 团簇在 N—H 键解离过程中能垒最低、反应活性最高。分析表明这得益于三原子团簇在表面吸附后形成的 Lewis 酸碱对可以高效地活化 N—H 键，降低反应能垒[147]。

4.4.1.2 超原子金属团簇催化

许多学者针对不同尺寸的金属团簇的反应性能开展了研究。德国慕尼黑工业大学的 U. Heiz 课题组利用团簇蒸发束源和四极杆质谱仪将质量选择的 Pt 团簇沉积到氧化镁表面，通过原位表征和在线检测的方法考察了不同尺寸 Pt 团簇对乙烯加氢反应的影响，发现 Pt_{13}/MgO 具有很强的催化活性[148]。U. Hezi 和 F. Kackel 等通过质量选择将包含精确原子数目的亚纳米尺寸团簇 Pt_{46} 沉积到载有 CdS 的 ITO 薄膜表面，进行了光催化析氢反应的研究[149]。通过对比不同覆盖度下析氢反应的效率发现，随着 Pt_{46} 覆盖度的增加，产氢的量子效率会逐渐增加，这是由于增加的电子空穴和载流子有助于光电子转移到团簇表面，从而促进反应进行。而进一步增加覆盖度后，达到饱和的阈值，反应效率不再增加。他们还对不同尺寸混合沉积的团簇(Pt_n，$n \geqslant 36$)催化析氢活性进行了对比，发现反应效率明显降低。说明了特殊尺寸团簇对反应具有更加优异的反应活性。美国太平洋西北国家实验室的 J. Laskin 教授[150]以及阿贡实验室的 S. Vajda 教授[151-152]等也对负载的特定尺寸团簇催化进行了大量探究。比如，他们将质量选择的 Pt_{8-10} 团簇负载到高比表面积的载体上，在大于 400℃ 的高温条件下进行了丙烷脱氢的反应研究，发现其反应活性比片状 Pt 高 40 倍，且对目标产物丙烯的选择性有明显提高[153]。Scott L. Anderson 等对不同尺寸 Pd_n(n = 4,7,10,20)团簇上 CO 氧化生成 CO_2 的反应过程进行了考察，如图 4 - 19 所示，不同尺寸 Pd_n 团簇对 CO 氧化反应的催化效率相差明显，其中 Pd_{20} 在不同反应条件下表现出优异的催化性能[154]，再次表明了对不同的反应体系，特殊尺寸的金属团簇可以表现出优越的反应性能，为未来催化剂的筛选和改进提供了可靠指导。

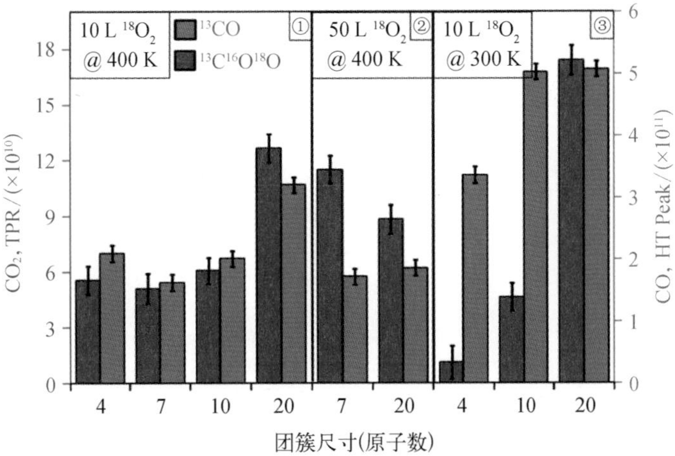

图 4-19　不同尺寸 Pd_n 团簇上 CO 氧化生成 CO_2 的速率对比[154]

4.4.1.3　配体保护金属团簇催化

除了把气相团簇软沉积到衬底上外，研究人员对于配体保护的团簇应用于表面催化的研究也取得了长足进展，有利于揭示金属纳米催化反应的精确机制，也有利于指导新型纳米催化剂的设计(图 4-20)[155]。众多研究实例在近一些综述文章有详细介绍[20,156,157]。比如，甘油反应生成环氧氯丙烷的反应是一个氧化放热的反应过程，其产物环氧氯丙烷可以作为橡胶、黏合剂等化工材料的原料，同时也是一个放能反应，所以该反应在工业生产及能源领域有着重要的应用。研究发现 Au_5 催化剂的加入可以为该反应提供很好的产物选择性。除此之外，在一些小尺寸金团簇的催化下，甘油经历连续的琼斯氧化，经历 C—H 键及 C—O 键的活化可以生成丰富的工业原料产物[158]，如甘油醛、甘油酸、酒石酸、乙醇酸、中草酸等。利用质谱对其产物进行检测，发现在过氧化氢的存在下，甘油脱水后氧化生成甘油醛及羧酸是热力学有利的反应，意味着该反应也是一种潜在的放能反应。小尺寸配体保护金团簇甚至可催化甘油，实现无氧化剂参与的甘油脱氢反应。因为该团簇催化反应没有氧的参与，可以抑制醇过度氧化为羧酸的过程而产生更为丰富的化工原料及储能材料。甘油分子吸附在金团簇上并脱氢生成甘油醛，甘油醛再次脱氢生成羟甲基乙二醛。该反应的催化脱氢反应途径不同于一般的基于羟基的反应机理，而是由甲基的氢原子转移引发的过渡态势垒的降低。此外，利用含二硫基团的高焦油聚合物通过配体交换可以有效地包裹 $Au_{25}(SR)_{18}$ 纳米团簇，且不破坏 $Au_{25}(SR)_{18}$ 团簇的精细结构。该方法制备的 $Au_{25}(SR)_{18}$ 纳米复合材料具有良好的稳定性，可以作为还原对硝基苯酚的高效催化剂，在不损失催化效率的前提下，回收利用方便[159]。金属团簇表面的配体分子也在许多反应体系中体现出较高的催化活性[160]。通过对比 $Au_{34}Ag_{28}(PhC\equiv C)_{34}$ 纳米团簇保留和去除配体之后对有机硅烷的水解氧化制备硅烷醇的催化效率，发现具有配体保护的团簇拥有更高的催化活性。

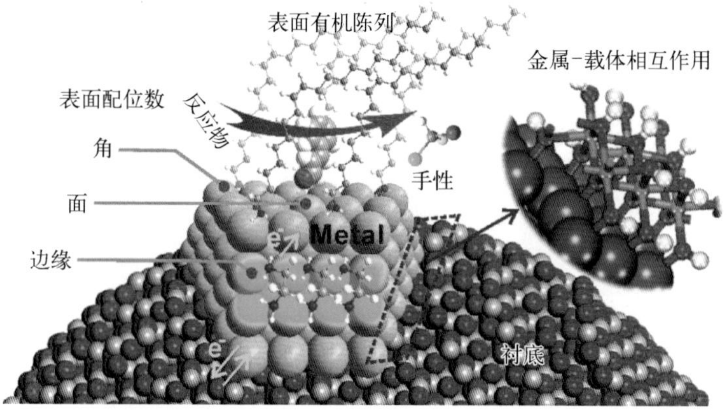

图 4-20　金属纳米材料表界面配位化学在不同方面的影响：表面金属原子的配位数；配体配位数对反应物与金属团簇的相互作用；表面配体诱导效应；团簇-载体界面配位环境[155]

4.4.2　金属团簇发光

光功能材料的合理设计是现代光化学的一个重大课题。由于具有原子分辨的精准结构和特殊的量子尺寸效应，因此与传统的有机发光材料、量子点和稀土材料相比，金属纳米团簇具有较高的光稳定性和生物相容性以及低毒性等优点，有望成为应用在各种照明显示、荧光传感、生物成像、荧光防伪、细胞标记、医学诊疗、太阳能存储等诸多领域的新型光功能纳米材料。为了提升光学功能，研究人员发展了一系列化学修饰的合成方法，如配体工程法、合金化法、聚集诱导发光法、自组装法等(图 4-21)，制备出了强发光、长寿命、高能激发态、可调控的金属纳米团簇[19]；并通过自组装的方法，将团簇转换成多层材料，这些材料由于在原子尺度上可调控而表现出良好的聚集协同的功能。

大量研究表明，金属内核的本质属性是决定纳米团簇激发效率和量子产率最主要的因素(MMCT)，例如大多数金/银纳米团簇的发光都在红外区域。但金属的尺寸、价态，金属键的强弱等也可以引起局域场环境的变化。关于金属纳米团簇发光目前较为公认的有两种机制：一种是量子尺寸效应，即纳米团簇中金属处于离散的电子态，金属表面原子存在无序性和缺陷性，将产生表面等离子体激元及附加能隙，电子的带内(sp-sp)和带间(sp-d)跃迁导致金属纳米团簇的发光；另一种是电荷转移跃迁，包括金属内核向有机配体的电荷转移(MLCT)和有机配体向金属的电荷转移(LMCT)。通常来讲，金属内核与外围配体之间的相互作用是调控发光性质的关键因素；与此同时，由配体振动和转动带来的非辐射跃迁严重制约着纳米团簇的辐射跃迁效率，所以外围有机配体所处的空间环境也会影响纳米团簇的发光性能(LLCT)，包括有机配体的堆积方式、配体之间的相互作用等。图 4－22 简要描述了金属纳米团簇的 Jablonski 能级图。

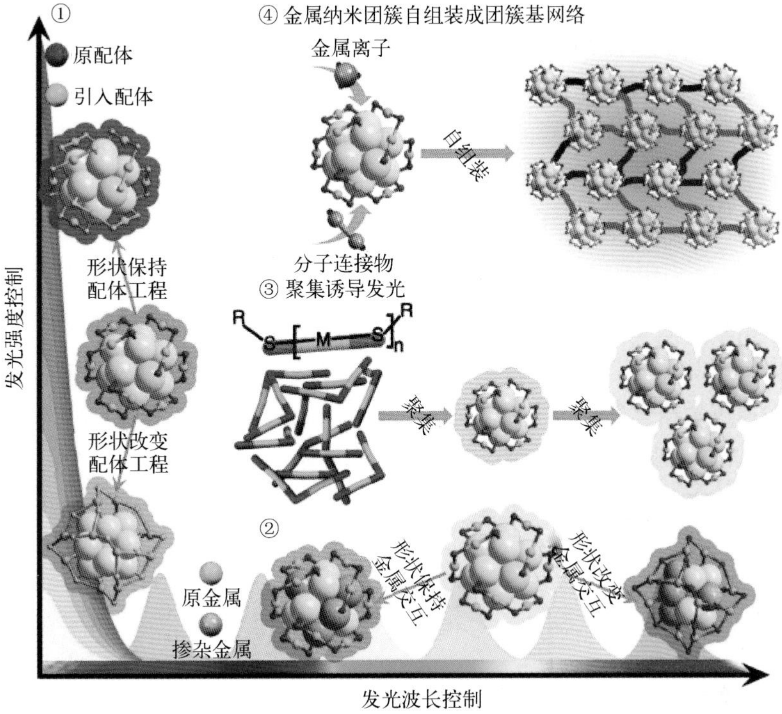

图 4－21　金属团簇发光性质调控方法[19]

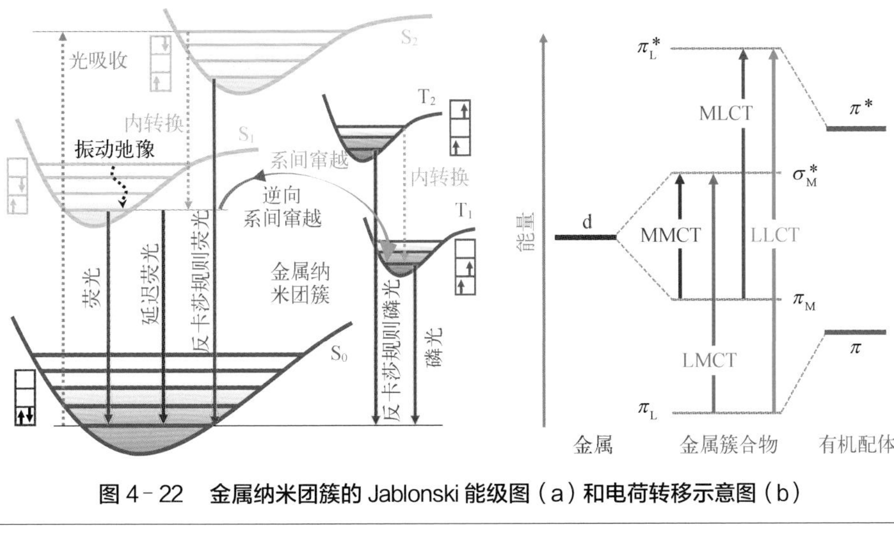

图 4－22　金属纳米团簇的 Jablonski 能级图（a）和电荷转移示意图（b）

Yang课题组分别研究了金属核心和外围配体对团簇发光性质的调控作用，他们在不同配体保护的银纳米团簇中均发现了中心金属核发光和配体中心发光现象，以D-青霉胺保护的银纳米团簇为例，较小的Stokes位移、较窄的半峰宽、较短的荧光寿命和低的荧光光子产率属于中心金属核发光，而较大的Stokes位移、较宽的半峰宽、相对较长的荧光寿命和较高的荧光量子产率属于配体中心发光现象。随着金属纳米团簇发光性质的深入研究，该课题组还提出了一种基于配体中心发光的P带中间态理论[161]，认为团簇周围配体中杂原子（氧、硫、氮、磷原子）的p轨道重叠使高能电子离域化形成新的低能态而增强发光，该理论可以弥补中心金属发光的局限性，解释了金属纳米团簇与尺寸无关的光致发光现象，如团簇表明金属离子的价态对金属纳米团簇发光的影响。

较大尺寸的金属团簇（或纳米团簇聚集成纳米颗粒后）涉及局域表面等离子体共振(localized surface plasmon resonance，LSPR)。LSPR效应可以显著增强金属纳米颗粒周围的电磁场，促使激发强度和效率的提高，以达到发光增强的目的。Luo等研究发现，在特定尺寸（如金属纳米颗粒直径约为10 nm）的条件下，当金属纳米颗粒与发光体之间距离小于5 nm时，荧光猝灭现象占主导地位；当两者之间的距离为6～10 nm时，主要表现为荧光增强现象；而当两者之间的距离大于10 nm时，则认为它们之间不发生相互作用[162]，如图4-23所示。

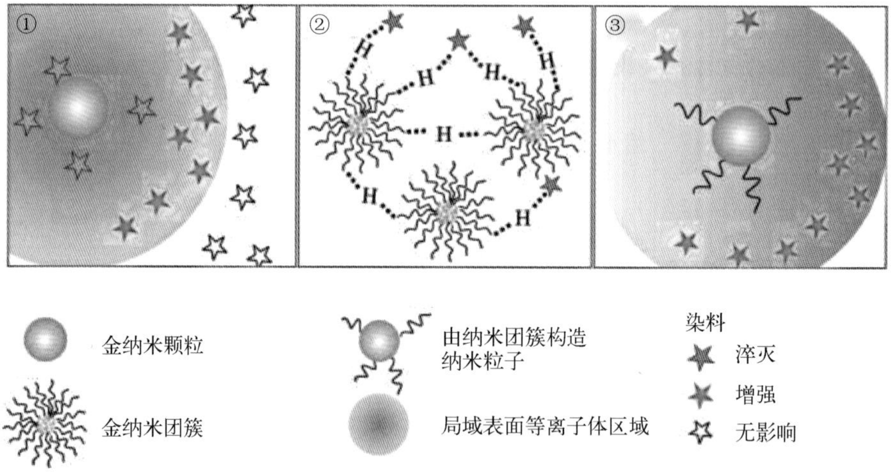

图4-23　金属纳米团簇引起染料分子荧光淬灭和增强的作用过程示意图

1. 金纳米团簇的发光性质

20世纪60年代末首次发现块体金具有荧光性质，但由于量子产率较低(10^{-10})而没有引起足够重视；随着纳米技术的发展，到了20世纪90年代，发光金纳米颗粒与门类齐全的金纳米化学发展迅速。近几十年来，单层保护的金纳米团簇相继被报道，其中多有良好的发光性质，例如 Au_8[163]、Au_{11}[164]、Au_{18}[165]、Au_{23}[77,166]、Au_{24}[167,168]、Au_{25}[169,170]、Au_{28}[171]、Au_{30}[74,172]、Au_{38}[173,174]、Au_{44}[175]、Au_{60}[176]、Au_{102}[177]、Au_{144}[178]等。硫醇保护的金团簇是发现最早的也是目前研究最为广泛的发光性金纳米团簇。目前制备荧光金纳米团簇的方法主要包括化学还原法、光还原法、化学刻蚀法。

（1）化学还原法　通过在还原剂和表面覆盖剂作用下还原 Au^{3+} 至 Au^{+} 再至 Au(0)可得到稳定的金纳米团簇。如在谷胱甘肽的存在下使用硼氢化钠还原而制得的混合的谷胱甘肽保护的金团簇，经过纯化和分离后，可获得不同尺寸的金纳米团簇，其发光波长从可见光区到近红外光区。

（2）光还原法　为了避免使用硼氢化钠，研究人员还使用光还原法制备了荧光金纳米团簇，含有硫醚官能团的聚合物如 PTMP－PMMS、PTMP－PBMA 等被用作表面配体以合成荧光金纳米团簇。

（3）化学刻蚀法　发光金纳米团簇也可通过使用过量的配体诱导刻蚀尺寸较大的金纳米颗粒制得，不同链长的烷基硫醇保护的金纳米团簇展现出不同的发光（图 4－24）。

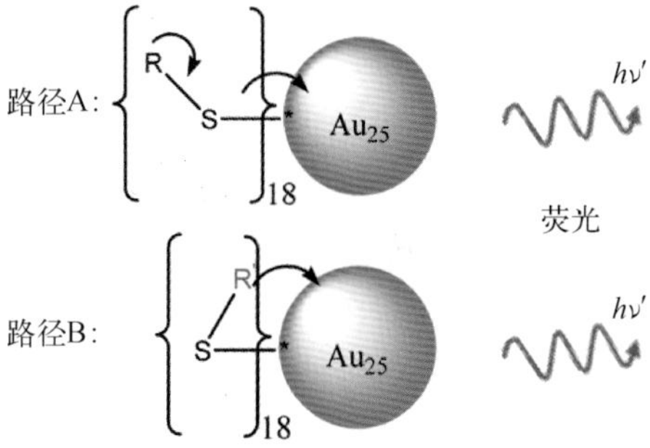

图 4－24　配体保护 Au_{25} 纳米团簇中配体对荧光性能影响的示意图[179]

2. 银纳米团簇的发光性质

与金纳米团簇相比，银纳米团簇具有超亮荧光的优点；同时，银纳米团簇还具有无毒、良好的光稳定性、良好的水溶性、良好的生物兼容性、大的 Stokes 位移和高发射效率，而且其原料价格更低，使得其比金纳米团簇具有更广泛的应用优势。研究人员已经合成大量的配体保护金属银团簇，包括 Ag_6[180]、Ag_9[181]、Ag_{21}[182]、Ag_{25}[78]、Ag_{48}[183]、Ag_{50}[184]、Ag_{70}[185]、Ag_{74}[186]、Ag_{84}[187]、Ag_{88}[188]等。这些银纳米团簇多具有发光性质，鉴于其尺寸小、易降解的优点，有望用于疾病诊断、环境监测、细胞成像等领域。

Sun 等报道了多种配体保护的银纳米团簇的荧光增强性质[180]。该课题组合成了以巯基烟酸保护的 Ag_6 纳米团簇和以巯基苯甲酸保护的 Ag_9 纳米团簇，并用于超分子自组装研究，发现疏水阳离子 1－16 烷基－3－甲基咪唑共组装的 Ag_6 纳米团簇在水/二甲基亚砜二元溶剂中可以聚集成纳米片和纳米棒结构，同时表现出聚集诱导发光的性质，巯基苯甲酸保护的 Ag_9 团簇在含有乙醇、正丙醇或异丙醇的水溶液中会聚集并自主装成为三维网格状结构，并发出较强的荧光，还发现酸性条件下羧酸根质子化会产生很强的氢键作用，使配体的分子内转动和振动受到限制，一定程度上抑制了非辐射跃迁，同时氢键作用会显著增强配体－金属间的电子耦合并促进团簇中心的亲银相互作用，有利于配体与金属核之间的电荷转移，使荧光增强。此外，该课题组还通过将不同浓度的 PEI 诱导 Ag_6 团簇聚集形成不同的有序聚集体，以增强其荧光，在高浓度 PEI 中，Ag_6 团簇与 PEI 之间的多重静电作用驱动团簇自组装成纳米球和纳米囊泡结构，这两种自组装中，PEI 的存在限制了 Ag_6 团簇表面配体的分子内振动，可以有效阻止能量以非辐射跃迁的形式衰减而损失，促使荧光增强（图 4－25）。

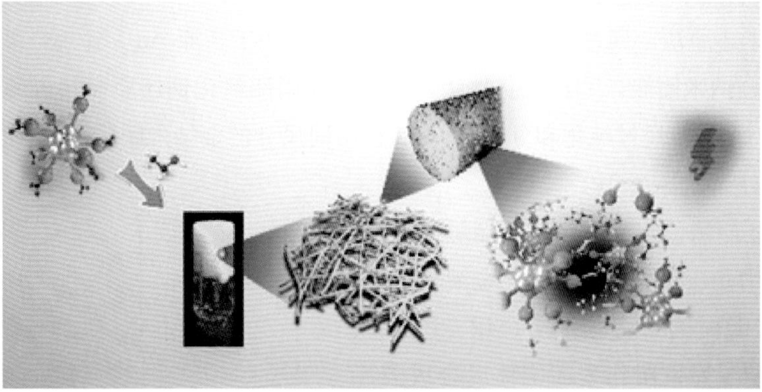

图 4－25　典型 Ag 纳米团簇的聚集诱导发光增强[189]

3. 铜纳米团簇的发光性质

相比于金和银，同为货币金属的铜可谓物美价廉、储量丰富，目前报道的铜纳米团簇有 Cu_6[190]、Cu_8[191]、Cu_{13}[192]、Cu_{14}[193]、Cu_{20}[194]、Cu_{25}[195]、Cu_{29}[196]等，基本上都具有良好的发光性质（图 4－26），甚至多色发光现象。

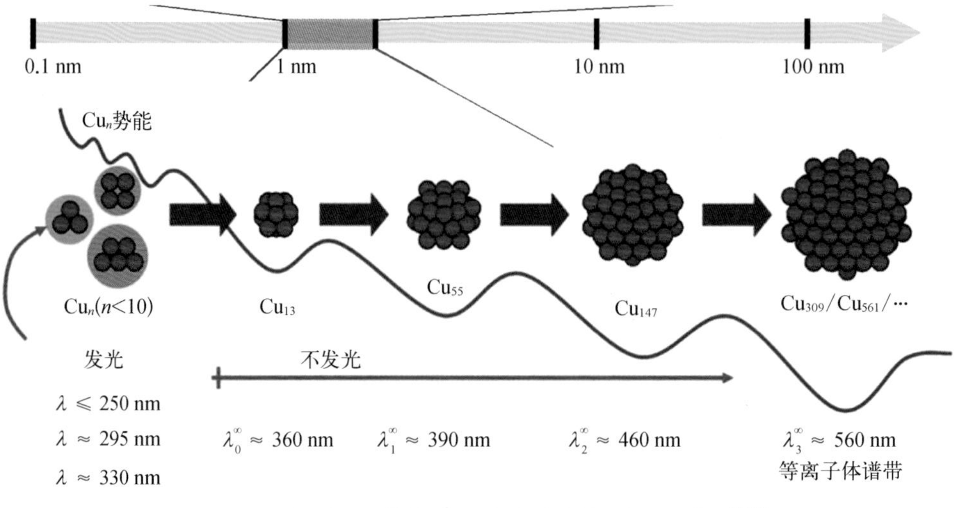

图 4－26　铜纳米团簇的尺寸依赖的发光性质与波长范围[197]

考虑到铜的旋-轨耦合作用（/重原子效应）比金和银要弱，而且铜具有较高的光激发重组能，因此铜常被用作热活化延迟荧光 OLED 材料的掺杂金属。但铜的 4s 能级比金的 6s

能级高，4s－3d 能级间隙比银的 5s－4d 能级间隙大，铜更加活泼，易于形成氢化物，因此湿法制备稳定的铜团簇面临更大挑战。

4. 其他金属纳米团簇发光研究

除了金银铜金属纳米团簇，近年来越来越多的课题组致力于其他金属，包括主族金属（如 Al_{13}[198]、Al_{77}[199]等）、过渡金属团簇、稀土金属乃至金属氧化物的合成[200-202]。基于配体工程与合金技术的越来越成熟，这些团簇的合成及发光应用也必将得到不断深入。

4.4.3　磁性金属团簇

传统磁性材料主要包括纯金属（铁、钴、镍）及其合金磁体或二氧化铬磁粉等。其中，块状磁体内往往形成多畴结构以降低体系的退磁场能，而磁粉是一种硬磁性的单畴颗粒，广泛应用于磁记录材料。当磁性粒子尺寸降低到纳米量级时，就会发生磁性相变，表现出许多不同于宏观材料的独特性质，比如量子尺寸效应、表面效应、小尺寸效应和宏观量子隧道效应等，从而导致其具有不同于常规材料的光、电、声、热、磁等敏感响应。尤其当铁磁材料的粒子尺寸减小到单畴临界尺寸时，矫顽力将呈现极大值，体现为无矫顽力和剩磁的低温超顺磁状态。这些特殊性使磁性纳米粒子的制备及其性质研究受到越来越多的重视。

磁性纳米团簇往往具有一个相对稳定的对磁学性质起关键作用的超原子金属内核。金属之间的独特的交换作用使其能够体现出重要且新奇的磁性质，而且金属-金属键的存在使得磁性纳米团簇的电子构型与物理化学性质具有特殊的尺寸依赖性与结构可调性。通过精确调控金属内核的原子数、电荷和几何结构进而调节其物化性质[203]，研究人员合成了大量的磁性纳米团簇新物种，在复合量子点和上述基础应用方面取得了长足的进展。然而，如何深入理解和精准构造超小尺寸的磁性团簇和超原子，不仅有助于深入理解磁性物质相变规律和超顺磁临界微观机理，也对团簇基磁性材料的设计开发具有重要的指导意义。

位于元素周期表中Ⅷ族的 Fe、Co 和 Ni 是铁磁性元素（也称黑色金属），是目前磁信息存储材料的主要组成，它们形成的团簇在未来磁信息存储材料领域也将有着巨大的潜在应用价值[204-207]。铁磁性金属在晶化时具有固定的磁矩，但在顺磁和铁磁态时其每个原子所具有的磁矩则可以不同。比如，Fe 原子的顺磁矩为 6 μ_B；但其 bcc 晶型材料在 1 043 K 以下是铁磁性的，平均原子磁矩约为 2.22 μ_B。一般地，由于退定域态的 3d 电子交换作用，铁磁性过渡金属往往出现磁矩减小（和分数磁矩）的现象。值得注意的是，Stern－Gerlach 实验测得气态过渡金属 Fe_n 小团簇的原子平均磁矩分布在 2.5～5.4 μ_B 内，这一数值远远大于体相铁的原子平均磁矩（2.07 μ_B）。

与此同时，国内外科研人员在理论分析和设计方面开展了大量有关磁性团簇超原子的研究。比如，Kumar 和 Kawazoe 考察了 Mn 掺杂半导体团簇 Mn@X_N（X = Ge，Sn），发现二十面体的超原子团簇 Mn@Ge_{12} 和 Mn@Sn_{12} 具有高达 5μ_B 的磁矩[208]。Khanna 教授等深入研究了 VCs_8 和 VNa_8 磁性超原子[209]，以及 $FeMg_8$ 等磁性超原子，验证了洪特规则（Hund's rule）在过渡金属掺杂超原子的适用性[210]；此外，在 Ag_nV^+ 团簇的研究中揭示了其磁矩和 V 原子的价态对团簇尺寸的依赖性，阐述了超原子团簇稳定性与其几何、电子结构密切相关[211]。Jiang 和 Whetten 教授理论研究了铬、锰、铁掺杂的配体保护 Au_{25} 纳米团簇，M@$Au_{24}(SR)_{18}$（M = Cr，Mn，Fe）[212]，发现该体系中铬和锰掺杂比铁原子掺杂得到更高的磁矩。此外，理论模拟系统研究了过渡金属原子掺杂的钠团簇（TM@Na_8）和锂团簇（TM@Li_{14}，TM = Sc，Ti，V，Y，Zr，Nb，Hf，Ta，W），揭示了其中磁性超原子的几何/电子结构、配位情况与磁性质的关联[213,214]。

为设计基于人造磁性超原子的新材料，科研人员对超原子组装过程和相互作用机制也进行了研究。例如，科研人员通过理论研究磁性超原子 VLi_8 及其在石墨烯表面的结构与性质，例证了磁性超原子的调控行为[215]；探究了磁性超原子 $MnCl_3$ 在二维 InSe 材料上负载时的几何、能量、电子性质研究[216]；解析了 M@Li_{20} 和 M_2@Li_{20}（M = Ti，W）团簇的结构演变规律，描述了磁矩为 2 μ_B 的开壳超原子 Ti_2@Li_{20} 可由 Ti@Li_{14} 团簇共用 6 个 Ti 原子组装而成[217]。磁性超原子 Cr@Zn_{17} 的研究揭示了该团簇保持与 Cr 相同的自旋磁矩（6 μ_B）；而在稳定的二聚体（Cr@Zn_{17}）$_2$ 中，被 Zn 封装的 Cr 原子之间存在着间接的自旋交换耦合（达 24 meV）[218]。研究还发现 U@C_{28} 超原子之间的不同距离的调节能够使其产生不同的磁耦合共振，进而导致超原子之间形成不同的化学和物理吸附结构[219]。此外，磁性超原子 Ta@Si_{16} 的研究表明其在组装过程中能够保持结构稳定，当负载到石墨烯上时显示出铁磁耦合作用，而负载到 C_{60} 上时会根据接触的面的几何形状表现出不同的磁性耦合[220]。这些磁性团簇/超原子的基础理论研究已经为自下而上开发团簇基因磁性低维材料奠定了基础。

在磁性团簇组装的实验研究方面，目前也已取得了一些进展。例如，Roy 等构筑了由碲化镍团簇和富勒烯组装而成的超原子分子团簇三维材料，验证了其磁矩通过相互作用产生长程磁序，发现了这种三维超原子固体在低温下能够发生铁磁相变[203]。Long 等从理论与实验两方面研究了单分散金属 $Gd_{52}Ni_{56}$ 团簇，并探究了其分子磁体内磁交换的性质[221]。最近，Wang 等合成了基于$[Mo(CN)_7]^{4-}$团簇的单分子磁体，发现其具有同源体系中自旋翻转能垒及阻塞温度的极大值[222]。Landley 等制备了基于钴团簇的单分子磁体，探究了其在信息存储技术的极大应用潜力[223]。与此同时，研究人员通过气相金属团簇研究方法，对磁性超原子团簇进行了研究，比如，质谱结合光电子谱研究发现了 VNa_7^-（VNa_8）团簇具有类同于 Cr 原子的价电子结构特征；同样也验证了 VNa_8^-（VNa_9）团簇类同于 Mn 原子的特征[2]。此外，研究发现磁性 LaB/NbB 超原子可作为 Nb/Eu 稀有金属的超原子替代物[224]。

Luo 课题组发挥自主研制的深紫外激光电离质谱的技术优势，获得了金属钴团簇的2～30个原子的中性钴团簇的正态分布，在此基础上，系统研究了其与氧气的多碰撞充分反应，并与理论计算相结合，发现并验证了异常稳定的“金属氧立方（metalloxocubes）” $Co_{13}O_8$ 新物种（图 4-27）[225]，该团簇自旋磁矩达到 30 μ_B，且具有特殊的超原子态和立方芳香性，被认为是磁性材料的理想构筑单元[226-228]。进一步地，他们对比研究了具有铁磁性与亚铁磁性的 $Ni_{13}O_8^-$ 和 $Ni_{13}O_8^+$ 团簇，阐述了磁性超原子的电荷依赖性和氧成键模式[229]。此外，在钴团簇阳离子与氮气的反应研究中发现，磁性超原子 Co_6^+ 团簇与超原子配合物 $Co_5N_6^+$ 表现出特殊的稳定性，为合理设计稳定的钴基材料提供科学依据[230]。

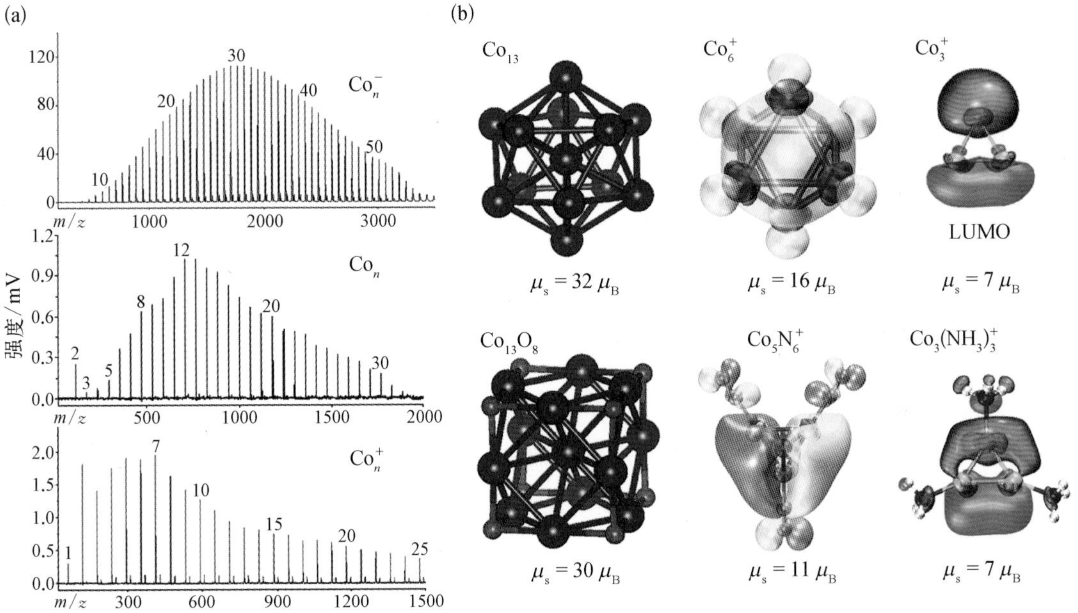

图 4-27　（a）典型钴团簇质量分布；（b）几个典型钴团簇及其氧/氮掺杂的钴团簇超原子

Dieleman 等[231]对掺杂一个 Rh 或 Au 原子的 $Co_n{}^+$ 团簇进行了检测，发现 $Co_{12}Rh^+$ 团簇的轨道磁矩增大至 Co_{13} 团簇的 1.5 倍，这是因为 4d/5d 原子的掺杂可能引入巨大的轨道磁矩或磁各向异性能。Langenberg 等[232]对原子数在 10～15 内的 Fe、Co 和 Ni 团簇的 XMCD 磁性检测发现，Fe_{13} 的原子平均自旋磁矩远低于相邻团簇，而 Co_{13} 和 Ni_{13} 团簇则并不这样。值得一提的是，尽管元素周期表中 100 多种元素中，在固态下表现出磁性的只有 9 种，但通过控制不具有磁性的元素同具有磁性的原子结合可形成种类繁多的掺杂金属团簇磁性超原子。这种兼具磁性和导电性的超原子将在分子电子学器件领域体现广阔应用前景。

4.5 展望

结合现阶段金属及其合金团簇、掺杂团簇等体系的结构稳定性和气相化学反应活性研究进展，预期继续对金属团簇的结构化学及其与有机/无机分子的反应动态学研究将为普通化学反应机理提供微观证据和诠释，这些探究对于进一步发展多层次功能性团簇新物种、完善团簇“狭义和广义超原子”相关理论具有重要的科学意义。与此同时，一些特殊稳定的配体保护金属团簇，或称为“超原子配合物”，或基于超原子的二级结构的团簇，仍然将是近期的研究热潮。这些研究将不仅可以作为金属簇合物的新物种，也将为无机结构化学的基本理论的深入提供重要范畴。

元素化学的本质是键价理论。基于超原子的超级共价键模型来描述特殊稳定团簇物种所涉及的核子数或电子数的化学本质，将为超原子化学的进一步发展奠定重要的基石。有理由相信超原子化学将得到一定的发展，并对气相和液相团簇有关新概念进行串通和关联。尤其，随着原子和近原子尺度制造技术的发展，过渡金属磁性超原子的制备及其性质研究必将受到越来越多的重视，将为“团簇基因新材料”提供新的研究范畴，为新型催化剂的设计开发提供新的思路。

与单原子催化剂和金属纳米粒子催化剂相比，负载型金属团簇催化剂因具有独特的几何和电子结构，有望在诸多催化反应中表现出优异的活性及特定的选择性。负载小尺寸金属团簇甚至超原子催化剂的制备和表征，尺寸效应及金属载体相互作用的调控，将不断得到深入和拓展，或将成为非均相催化领域精准催化的一条重要策略。与此同时，精准调控纳米团簇的结构和性质是发展下一代光功能材料的关键，通过簇-簇协同、簇-配体协同、簇-配体-簇协同策略制备功能协同、长寿命、强发光的金属纳米团簇是未来光功能材料的发展趋势。

参考文献

[1] Liu C M, Xiong R G, Zhang D Q, et al. Nanoscale homochiral C_3-symmetric mixed-valence manganese cluster complexes with both ferromagnetic and ferroelectric properties[J]. Journal of the American Chemical Society, 2010, 132(12): 4044-4045.

[2] Zhang X X, Wang Y, Wang H P, et al. On the existence of designer magnetic superatoms[J]. Journal of the American Chemical Society, 2013, 135(12): 4856-4861.

[3] Albano V G, Grossi L, Longoni G, et al. Synthesis and characterization of the paramagnetic $[Ag_{13}Fe_8(CO)_{32}]^{4-}$ tetraanion: A cuboctahedral Ag_{13} cluster stabilized by $Fe(CO)_4$ groups behaving as four-electron donors[J]. Journal of the American Chemical Society, 1992, 114(14): 5708-5713.

[4] Bergeron D E, Castleman A W, Jr, Morisato T, et al. Formation of $Al_{13}I^-$: Evidence for the superhalogen character of Al_{13}[J]. Science, 2004, 304(5667): 84-87.

[5] Bergeron D E, Roach P J, Castleman A W, Jr, et al. Al cluster superatoms as halogens in polyhalides and as alkaline earths in iodide salts[J]. Science, 2005, 307(5707): 231 - 235.
[6] S. Heiles, R. Schäfer. Case studies[M]. Berlin: Springer Netherlands, 2014.
[7] Johnston R L. Atomic and molecular clusters[M]. London: Taylor & Francis, 2002.
[8] Woodruff D P. Atomic clusters: From gas phase to deposited[M]. Amsterdam: Elsevier, 2007.
[9] Luo Z X, Khanna S N. Metal clusters and their reactivity[M]. Singapore: Springer, 2020.
[10] Zhao J J, Huang X M, Jin P, et al. Magnetic properties of atomic clusters and endohedral metallofullerenes[J]. Coordination Chemistry Reviews, 2015, 289/290: 315 - 340.
[11] Laurent S, Forge D, Port M, et al. Magnetic iron oxide nanoparticles: Synthesis, stabilization, vectorization, physicochemical characterizations, and biological applications[J]. Chemical Reviews, 2008, 108(6): 2064 - 2110.
[12] Ishida T, Murayama T, Taketoshi A, et al. Importance of size and contact structure of gold nanoparticles for the genesis of unique catalytic processes[J]. Chemical Reviews, 2020, 120(2): 464 - 525.
[13] Langeslay R R, Kaphan D M, Marshall C L, et al. Catalytic applications of vanadium: A mechanistic perspective[J]. Chemical Reviews, 2019, 119(4): 2128 - 2191.
[14] Chen M S, Goodman D W. Catalytically active gold on ordered titania supports[J]. Chemical Society Reviews, 2008, 37(9): 1860 - 1870.
[15] Tang C, Qiao S Z. How to explore ambient electrocatalytic nitrogen reduction reliably and insightfully[J]. Chemical Society Reviews, 2019, 48(12): 3166 - 3180.
[16] Wachs I E, Roberts C A. Monitoring surface metal oxide catalytic active sites with Raman spectroscopy[J]. Chemical Society Reviews, 2010, 39(12): 5002 - 5017.
[17] Wang L M, Chen W L, Zhang D D, et al. Surface strategies for catalytic CO_2 reduction: From two-dimensional materials to nanoclusters to single atoms[J]. Chemical Society Reviews, 2019, 48(21): 5310 - 5349.
[18] Yuliati L, Yoshida H. Photocatalytic conversion of methane[J]. Chemical Society Reviews, 2008, 37(8): 1592 - 1602.
[19] Kang X, Zhu M Z. Tailoring the photoluminescence of atomically precise nanoclusters[J]. Chemical Society Reviews, 2019, 48(8): 2422 - 2457.
[20] Du Y X, Sheng H T, Astruc D, et al. Atomically precise noble metal nanoclusters as efficient catalysts: A bridge between structure and properties[J]. Chemical Reviews, 2020, 120(2): 526 - 622.
[21] Jin R C, Zeng C J, Zhou M, et al. Atomically precise colloidal metal nanoclusters and nanoparticles: Fundamentals and opportunities[J]. Chemical Reviews, 2016, 116(18): 10346 - 10413.
[22] Kang X, Li Y W, Zhu M Z, et al. Atomically precise alloy nanoclusters: Syntheses, structures, and properties[J]. Chemical Society Reviews, 2020, 49(17): 6443 - 6514.
[23] Li G, Jin R C. Atomically precise gold nanoclusters as new model catalysts[J]. Accounts of Chemical Research, 2013, 46(8): 1749 - 1758.
[24] Imaoka T, Kitazawa H, Chun W J, et al. Magic number Pt_{13} and misshapen Pt_{12} clusters: Which one is the better catalyst? [J]. Journal of the American Chemical Society, 2013, 135(35): 13089 - 13095.
[25] Janssens E, Tanaka H, Neukermans S, et al. Two-dimensional magic numbers in mass abundances of photofragmented bimetallic clusters[J]. New Journal of Physics, 2003, 5(1): 346.
[26] Sakurai M, Watanabe K, Sumiyama K, et al. Magic numbers in transition metal (Fe, Ti, Zr, Nb, and Ta) clusters observed by time-of-flight mass spectrometry[J]. The Journal of Chemical Physics, 1999, 111(1): 235 - 238.
[27] Brack M. Metal clusters and magic numbers[J]. Scientific American, 1997, 277(6): 50 - 55.

[28] Zimmerman J A, Eyler J R, Bach S B H, et al. “Magic number” carbon clusters: Ionization potentials and selective reactivity[J]. The Journal of Chemical Physics, 1991, 94(5): 3556-3562.

[29] Castleman A W, Jr, Khanna S N. Clusters, superatoms, and building blocks of new materials[J]. The Journal of Physical Chemistry C, 2009, 113(7): 2664-2675.

[30] Luo Z X, Castleman A W, Jr. Special and general superatoms[J]. Accounts of Chemical Research, 2014, 47(10): 2931-2940.

[31] Reber A C, Khanna S N. Superatoms: Electronic and geometric effects on reactivity[J]. Accounts of Chemical Research, 2017, 50(2): 255-263.

[32] Jena P, Sun Q. Super atomic clusters: Design rules and potential for building blocks of materials[J]. Chemical Reviews, 2018, 118(11): 5755-5870.

[33] Walter M, Akola J, Lopez-Acevedo O, et al. A unified view of ligand-protected gold clusters as superatom complexes[J]. Proceedings of the National Academy of Sciences of the United States of America, 2008, 105(27): 9157-9162.

[34] Kacprzak K A, Lehtovaara L, Akola J, et al. A density functional investigation of thiolate-protected bimetal $PdAu_{24}(SR)_{18}^{z}$ clusters: Doping the superatom complex[J]. Physical Chemistry Chemical Physics, 2009, 11(33): 7123-7129.

[35] Lopez-Acevedo O, Clayborne P A, Häkkinen H. Electronic structure of gold, aluminum, and gallium superatom complexes[J]. Physical Review B, 2011, 84(3): 035434.

[36] Harkness K M, Tang Y, Dass A, et al. $Ag_{44}(SR)_{30}^{4-}$: A silver-thiolate superatom complex[J]. Nanoscale, 2012, 4(14): 4269-4274.

[37] Gutrath B S, Oppel I M, Presly O, et al. $[Au_{14}(PPh_3)_8(NO_3)_4]$: An example of a new class of $Au(NO_3)$-ligated superatom complexes[J]. Angewandte Chemie International Edition, 2013, 52(12): 3529-3532.

[38] Knoppe S, Lehtovaara L, Häkkinen H. Electronic structure and optical properties of the intrinsically chiral 16-electron superatom complex $[Au_{20}(PP_3)_4]^{4+}$[J]. The Journal of Physical Chemistry A, 2014, 118(23): 4214-4221.

[39] Dhayal R S, Lin Y R, Liao J H, et al. $[Ag_{20}\{S_2P(OR)_2\}_{12}]$: A superatom complex with a chiral metallic core and high potential for isomerism[J]. Chemistry, 2016, 22(29): 9943-9947.

[40] López-Lozano X, Plascencia-Villa G, Calero G, et al. Is the largest aqueous gold cluster a superatom complex? Electronic structure & optical response of the structurally determined $Au_{146}(p\text{-}MBA)_{57}$[J]. Nanoscale, 2017, 9(47): 18629-18634.

[41] Chen S, Du W J, Qin C, et al. Assembly of the thiolated $[Au_1Ag_{22}(S\text{-}Adm)_{12}]^{3+}$ superatom complex into a framework material through direct linkage by SbF_6^- anions[J]. Angewandte Chemie International Edition, 2020, 59(19): 7542-7547.

[42] Takano S, Hasegawa S, Suyama M, et al. Hydride doping of chemically modified gold-based superatoms[J]. Accounts of Chemical Research, 2018, 51(12): 3074-3083.

[43] Jiang D E, Kühn M, Tang Q, et al. Superatomic orbitals under spin-orbit coupling[J]. The Journal of Physical Chemistry Letters, 2014, 5(19): 3286-3289.

[44] Khanna S N, Reber A C, Bista D, et al. The superatomic state beyond conventional magic numbers: Ligated metal chalcogenide superatoms[J]. The Journal of Chemical Physics, 2021, 155(12): 120901.

[45] Yin B Q, Luo Z X. Coinage metal clusters: From superatom chemistry to genetic materials[J]. Coordination Chemistry Reviews, 2021, 429: 213643.

[46] Jia Y H, Luo Z X. Thirteen-atom metal clusters for genetic materials[J]. Coordination Chemistry Reviews, 2019, 400: 213053.

[47] Knight W D, Clemenger K, de Heer W A, et al. Electronic shell structure and abundances of sodium clusters[J]. Physical Review Letters, 1984, 52(24): 2141 - 2143.
[48] Clemenger K. Ellipsoidal shell structure in free-electron metal clusters[J]. Physical Review B, 1985, 32(2): 1359 - 1362.
[49] Brack M. The physics of simple metal clusters: Self-consistent jellium model and semiclassical approaches[J]. Reviews of Modern Physics, 1993, 65(3): 677 - 732.
[50] Pyykkö P. Strong closed-shell interactions in inorganic chemistry[J]. Chemical Reviews, 1997, 97(3): 597 - 636.
[51] Reber A C, Khanna S N, Roach P J, et al. Spin accommodation and reactivity of aluminum based clusters with O_2[J]. Journal of the American Chemical Society, 2007, 129(51): 16098 - 16101.
[52] Echt O, Sattler K, Recknagel E. Magic numbers for sphere packings: Experimental verification in free xenon clusters[J]. Physical Review Letters, 1981, 47(16): 1121 - 1124.
[53] Miehle W, Kandler O, Leisner T, et al. Mass spectrometric evidence for icosahedral structure in large rare gas clusters: Ar, Kr, Xe[J]. The Journal of Chemical Physics, 1989, 91(10): 5940 - 5952.
[54] Harris I A, Norman K A, Mulkern R V, et al. Icosahedral structure of large charged argon clusters [J]. Chemical Physics Letters, 1986, 130(4): 316 - 320.
[55] Harris I A, Kidwell R S, Northby J A. Structure of charged argon clusters formed in a free jet expansion[J]. Physical Review Letters, 1984, 53(25): 2390 - 2393.
[56] Luo Z X, Grover C J, Reber A C, et al. Probing the magic numbers of aluminum-magnesium cluster anions and their reactivity toward oxygen[J]. Journal of the American Chemical Society, 2013, 135(11): 4307 - 4313.
[57] Kuo K H. Mackay, anti-Mackay, double-Mackay, pseudo-Mackay, and related icosahedral shell clusters[J]. Structural Chemistry, 2002, 13(3/4): 221 - 230.
[58] Boyen H G, Kästle G, Weigl F, et al. Oxidation-resistant gold-55 clusters[J]. Science, 2002, 297(5586): 1533 - 1536.
[59] Ekardt W. Dynamical polarizability of small metal particles: Self-consistent spherical jellium background model[J]. Physical Review Letters, 1984, 52(21): 1925 - 1928.
[60] de Heer W A. The physics of simple metal clusters: Experimental aspects and simple models[J]. Reviews of Modern Physics, 1993, 65(3): 611 - 676.
[61] Reber A C, Roach P J, Woodward W H, et al. Edge-induced active sites enhance the reactivity of large aluminum cluster anions with alcohols[J]. The Journal of Physical Chemistry A, 2012, 116(30): 8085 - 8091.
[62] Roach P J, Woodward W H, Castleman A W, Jr, et al. Complementary active sites cause size-selective reactivity of aluminum cluster anions with water[J]. Science, 2009, 323(5913): 492 - 495.
[63] Li X, Kuznetsov A E, Zhang H F, et al. Observation of all-metal aromatic molecules[J]. Science, 2001, 291(5505): 859 - 861.
[64] Zhang X X, Liu G X, Ganteför G, et al. $PtZnH_5^-$, a σ - aromatic cluster[J]. The Journal of Physical Chemistry Letters, 2014, 5(9): 1596 - 1601.
[65] Min X, Popov I A, Pan F X, et al. All-metal antiaromaticity in Sb_4-type lanthanocene anions[J]. Angewandte Chemie International Edition, 2016, 55(18): 5531 - 5535.
[66] Zhai H J, Averkiev B, Zubarev D, et al. δ aromaticity in $[Ta_3O_3]^-$ [J]. Angewandte Chemie International Edition, 2007, 46(23): 4277 - 4280.
[67] Jia Y H, Yu X L, Zhang H Y, et al. Tetrahedral Pt_{10}^- cluster with unique beta aromaticity and superatomic feature in mimicking methane[J]. The Journal of Physical Chemistry Letters, 2021, 12(21): 5115 - 5122.

[68] Shichibu Y, Konishi K. HCl-induced nuclearity convergence in diphosphine-protected ultrasmall gold clusters: A novel synthetic route to "magic-number" Au_{13} clusters[J]. Small, 2010, 6(11): 1216-1220.

[69] Sugiuchi M, Shichibu Y, Nakanishi T, et al. Cluster-π electronic interaction in a superatomic Au_{13} cluster bearing σ-bonded acetylide ligands[J]. Chemical Communications, 2015, 51(70): 13519-13522.

[70] Heaven M W, Dass A, White P S, et al. Crystal structure of the gold nanoparticle $[N(C_8H_{17})_4][Au_{25}(SCH_2CH_2Ph)_{18}]$[J]. Journal of the American Chemical Society, 2008, 130(12): 3754-3755.

[71] Wan X K, Yuan S F, Lin Z W, et al. A chiral gold nanocluster Au_{20} protected by tetradentate phosphine ligands[J]. Angewandte Chemie International Edition, 2014, 53(11): 2923-2926.

[72] Das A, Li T, Nobusada K, et al. Nonsuperatomic $[Au_{23}(SC_6H_{11})_{16}]^-$ nanocluster featuring bipyramidal Au_{15} kernel and trimeric $Au_3(SR)_4$ motif[J]. Journal of the American Chemical Society, 2013, 135(49): 18264-18267.

[73] Zeng C J, Li T, Das A, et al. Chiral structure of thiolate-protected 28-gold-atom nanocluster determined by X-ray crystallography[J]. Journal of the American Chemical Society, 2013, 135(27): 10011-10013.

[74] Zeng C J, Chen Y X, Liu C, et al. Gold tetrahedra coil up: Kekulé-like and double helical superstructures[J]. Science Advances, 2015, 1(9): e1500425.

[75] Crasto D, Malola S, Brosofsky G, et al. Single crystal XRD structure and theoretical analysis of the chiral $Au_{30}S(S-t-Bu)_{18}$ cluster[J]. Journal of the American Chemical Society, 2014, 136(13): 5000-5005.

[76] Qian H F, Eckenhoff W T, Zhu Y, et al. Total structure determination of thiolate-protected Au_{38} nanoparticles[J]. Journal of the American Chemical Society, 2010, 132(24): 8280-8281.

[77] Jadzinsky P D, Calero G, Ackerson C J, et al. Structure of a thiol monolayer-protected gold nanoparticle at 1.1 Å resolution[J]. Science, 2007, 318(5849): 430-433.

[78] Joshi C P, Bootharaju M S, Alhilaly M J, et al. $[Ag_{25}(SR)_{18}]^-$: The "golden" silver nanoparticle [J]. Journal of the American Chemical Society, 2015, 137(36): 11578-11581.

[79] AbdulHalim L G, Bootharaju M S, Tang Q, et al. $Ag_{29}(BDT)_{12}(TPP)_4$: A tetravalent nanocluster [J]. Journal of the American Chemical Society, 2015, 137(37): 11970-11975.

[80] Desireddy A, Conn B E, Guo J S, et al. Ultrastable silver nanoparticles[J]. Nature, 2013, 501(7467): 399-402.

[81] Alhilaly M J, Bootharaju M S, Joshi C P, et al. $[Ag_{67}(SPhMe_2)_{32}(PPh_3)_8]^{3+}$: Synthesis, total structure, and optical properties of a large box-shaped silver nanocluster[J]. Journal of the American Chemical Society, 2016, 138(44): 14727-14732.

[82] Guan Z J, Hu F, Yuan S F, et al. The stability enhancement factor beyond eight-electron shell closure in thiacalix[4]arene-protected silver clusters[J]. Chemical Science, 2019, 10(11): 3360-3365.

[83] Vollet J, Hartig J R, Schnöckel H. $Al_{50}C_{120}H_{180}$: A pseudofullerene shell of 60 carbon atoms and 60 methyl groups protecting a cluster core of 50 aluminum atoms[J]. Angewandte Chemie International Edition, 2004, 43(24): 3186-3189.

[84] Clayborne P A, Lopez-Acevedo O, Whetten R L, et al. The $Al_{50}Cp^*_{12}$ cluster — a 138-electron closed shell ($L=6$) superatom[J]. European Journal of Inorganic Chemistry, 2011, 2011(17): 2649-2652.

[85] Kaden W E, Wu T P, Kunkel W A, et al. Electronic structure controls reactivity of size-selected Pd clusters adsorbed on TiO_2 surfaces[J]. Science, 2009, 326(5954): 826-829.

[86] Burns J R, Stulz E, Howorka S. Self-assembled DNA nanopores that span lipid bilayers[J]. Nano

Letters, 2013, 13(6): 2351 - 2356.

[87] Heiz U, Sanchez A, Abbet S, et al. Catalytic oxidation of carbon monoxide on monodispersed platinum clusters: Each atom counts[J]. Journal of the American Chemical Society, 1999, 121(13): 3214 - 3217.

[88] Tyo E C, Vajda S. Catalysis by clusters with precise numbers of atoms[J]. Nature Nanotechnology, 2015, 10(7): 577 - 588.

[89] Liu C, Yang B, Tyo E, et al. Carbon dioxide conversion to methanol over size-selected Cu_4 clusters at low pressures[J]. Journal of the American Chemical Society, 2015, 137(27): 8676 - 8679.

[90] Leuchtner R E, Harms A C, Castleman A W, Jr. Thermal metal cluster anion reactions: Behavior of aluminum clusters with oxygen[J]. The Journal of Chemical Physics, 1989, 91(4): 2753 - 2754.

[91] Khanna S N, Jena P. Assembling crystals from clusters[J]. Physical Review Letters, 1992, 69(11): 1664 - 1667.

[92] Khanna S N, Jena P. Atomic clusters: Building blocks for a class of solids[J]. Physical Review B, 1995, 51(19): 13705 - 13716.

[93] Luo Z X, Gamboa G U, Smith J C, et al. Spin accommodation and reactivity of silver clusters with oxygen: The enhanced stability of Ag_{13}^-[J]. Journal of the American Chemical Society, 2012, 134(46): 18973 - 18978.

[94] Böhme D K, Schwarz H. Gas-phase catalysis by atomic and cluster metal ions: The ultimate single-site catalysts[J]. Angewandte Chemie International Edition, 2005, 44(16): 2336 - 2354.

[95] Schwarz H. Chemistry with methane: Concepts rather than recipes[J]. Angewandte Chemie International Edition, 2011, 50(43): 10096 - 10115.

[96] Li J, Li X, Zhai H J, et al. Au_{20}: A tetrahedral cluster[J]. Science, 2003, 299(5608): 864 - 867.

[97] Khetrapal N S, Wang L S, Zeng X C. Determination of CO adsorption sites on gold clusters Au_n^- ($n = 21 - 25$): A size region that bridges the pyramidal and core-shell structures[J]. The Journal of Physical Chemistry Letters, 2018, 9(18): 5430 - 5439.

[98] Wu X N, Li X N, Ding X L, et al. Activation of multiple C—H bonds promoted by gold in $AuNbO_3^+$ clusters[J]. Angewandte Chemie International Edition, 2013, 52(9): 2444 - 2448.

[99] Dong F, Heinbuch S, Xie Y, et al. C═C bond cleavage on neutral $VO_3(V_2O_5)_n$ clusters[J]. Journal of the American Chemical Society, 2009, 131(3): 1057 - 1066.

[100] Feyel S, Schröder D, Rozanska X, et al. Gas-phase oxidation of propane and 1-butene with $[V_3O_7]^+$: Experiment and theory in concert[J]. Angewandte Chemie International Edition, 2006, 45(28): 4677 - 4681.

[101] Harding D J, Mackenzie S R, Walsh T R. Density functional theory calculations of vibrational spectra of rhodium oxide clusters[J]. Chemical Physics Letters, 2009, 469(1/2/3): 31 - 34.

[102] Harding D J, Davies R D L, MacKenzie S R, et al. Oxides of small rhodium clusters: Theoretical investigation of experimental reactivities[J]. The Journal of Chemical Physics, 2008, 129(12): 124304.

[103] Mafuné F, Koyama K, Nagata T, et al. Structures of rhodium oxide cluster cations $Rh_7O_m^+$ ($m = 4 - 7, 12, 14$) revealed by infrared multiple photon dissociation spectroscopy[J]. The Journal of Physical Chemistry C, 2019, 123(10): 5964 - 5971.

[104] Jarrold M F, Bower J E. The reactions of mass selected aluminum cluster ions, Al_n^+ ($n = 4 - 25$), with oxygen[J]. The Journal of Chemical Physics, 1986, 85(9): 5373 - 5375.

[105] Leuchtner R E, Harms A C, Castleman A W, Jr. Aluminum cluster reactions[J]. The Journal of Chemical Physics, 1991, 94(2): 1093 - 1101.

[106] Schwarz H. On the spin-forbiddeness of gas-phase ion-molecule reactions: A fruitful intersection of

experimental and computational studies[J]. International Journal of Mass Spectrometry, 2004, 237 (1): 75 - 105.
[107] Burgert R, Schnöckel H, Grubisic A, et al. Spin conservation accounts for aluminum cluster anion reactivity pattern with O_2[J]. Science, 2008, 319(5862): 438 - 442.
[108] Lee T H, Ervin K M. Reactions of copper group cluster anions with oxygen and carbon monoxide [J]. The Journal of Physical Chemistry, 1994, 98(40): 10023 - 10031.
[109] Klacar S, Hellman A, Panas I, et al. Oxidation of small silver clusters: A density functional theory study[J]. The Journal of Physical Chemistry C, 2010, 114(29): 12610 - 12617.
[110] Pal R, Wang L M, Pei Y, et al. Unraveling the mechanisms of O_2 activation by size-selected gold clusters: Transition from superoxo to peroxo chemisorption[J]. Journal of the American Chemical Society, 2012, 134(22): 9438 - 9445.
[111] Han Y K, Jung J. Does the Al_{13}^- core exist in the Al_{13} polyhalide $Al_{13}I_n^-$ ($n = 1 - 12$) clusters? [J]. The Journal of Chemical Physics, 2005, 123(10): 101102.
[112] Luo Z X, Reber A C, Jia M Y, et al. What determines if a ligand activates or passivates a superatom cluster? [J]. Chemical Science, 2016, 7(5): 3067 - 3074.
[113] Katakuse I, Ichihara T, Fujita Y, et al. Mass distributions of copper, silver and gold clusters and electronic shell structure[J]. International Journal of Mass Spectrometry and Ion Processes, 1985, 67(2): 229 - 236.
[114] Reber A C, Khanna S N, Roach P J, et al. Reactivity of aluminum cluster anions with water: Origins of reactivity and mechanisms for H_2 release[J]. The Journal of Physical Chemistry A, 2010, 114(20): 6071 - 6081.
[115] Zhang H Y, Wu H M, Jia Y H, et al. Hydrogen release from a single water molecule on V_n^+ ($3 \leqslant n \leqslant 30$)[J]. Communications Chemistry, 2020, 3: 148.
[116] Zhang H Y, Zhang M Z, Jia Y H, et al. Vanadium cluster neutrals reacting with water: Superatomic features and hydrogen evolution in a fishing mode[J]. The Journal of Physical Chemistry Letters, 2021, 12(6): 1593 - 1600.
[117] Liu Y Y, Geng Z Y, Wang Y C, et al. DFT studies for activation of C—H bond in methane by gas-phase Rh_n^+ ($n = 1 - 3$)[J]. Computational and Theoretical Chemistry, 2013, 1015: 52 - 63.
[118] Manard M J, Kemper P R, Bowers M T. An experimental and theoretical investigation into the binding interactions of silver cluster cations with ethene and propene[J]. International Journal of Mass Spectrometry, 2006, 249/250: 252 - 262.
[119] Li J D, Croiset E, Ricardez-Sandoval L. Effect of metal-support interface during CH_4 and H_2 dissociation on Ni/γ - Al_2O_3: A density functional theory study[J]. The Journal of Physical Chemistry C, 2013, 117(33): 16907 - 16920.
[120] Lang S M, Frank A, Bernhardt T M. Activation and catalytic dehydrogenation of methane on small Pd_x^+ and Pd_xO^+ clusters[J]. The Journal of Physical Chemistry C, 2013, 117(19): 9791 - 9800.
[121] Nakajima A, Kishi T, Sone Y, et al. Reactivity of positively charged cobalt cluster ions with CH_4, N_2, H_2, C_2H_4, and C_2H_2[J]. Zeitschrift Für Physik D — Atoms, Molecules and Clusters, 1991, 19 (4): 385 - 387.
[122] Lang S M, Bernhardt T M. Cooperative and competitive coadsorption of H_2, O_2, and N_2 on Au_x^+ ($x = 3$, 5)[J]. The Journal of Chemical Physics, 2009, 131(2): 024310.
[123] Zakin M R, Brickman R O, Cox D M, et al. Dependence of metal cluster reaction kinetics on charge state. Ⅱ. Chemisorption of hydrogen by neutral and positively charged iron clusters[J]. The Journal of Chemical Physics, 1988, 88(10): 6605 - 6610.
[124] Jia Y H, Wu H M, Zhao X Y, et al. Interactions between water and rhodium clusters: Molecular

adsorption versus cluster adsorption[J]. Nanoscale，2021，13(26)：11396－11402.

[125] Liu L C，Corma A. Metal catalysts for heterogeneous catalysis：From single atoms to nanoclusters and nanoparticles[J]. Chemical Reviews，2018，118(10)：4981－5079.

[126] Zhou M，Bao S J，Bard A J. Probing size and substrate effects on the hydrogen evolution reaction by single isolated Pt atoms，atomic clusters，and nanoparticles[J]. Journal of the American Chemical Society，2019，141(18)：7327－7332.

[127] Wang S X，Li Q，Kang X，et al. Customizing the structure，composition，and properties of alloy nanoclusters by metal exchange[J]. Accounts of Chemical Research，2018，51(11)：2784－2792.

[128] de Heer W A，Knight W D，Chou M Y，et al. Electronic shell structure and metal clusters[J]. Solid State Physics，1987，40：93－181.

[129] Kappes M M，Radi P，Schär M，et al. Probes for electronic and geometrical shell structure effects in alkali-metal clusters. Photoionization measurements on K_x Li，K_x Mg and K_x Zn（$x<25$）[J]. Chemical Physics Letters，1985，119(1)：11－16.

[130] Luo Z X，Castleman A W，Jr，Khanna S N. Reactivity of metal clusters[J]. Chemical Reviews，2016，116(23)：14456－14492.

[131] Smolanoff J，L/apicki A，Anderson S L. Use of a quadrupole mass filter for high energy resolution ion beam production[J]. Review of Scientific Instruments，1995，66(6)：3706－3708.

[132] Dietz T G，Duncan M A，Powers D E，et al. Laser production of supersonic metal cluster beams[J]. The Journal of Chemical Physics，1981，74(11)：6511－6512.

[133] Zhang H Y，Wu H M，Geng L J，et al. Furthering the reaction mechanism of cationic vanadium clusters towards oxygen[J]. Physical Chemistry Chemical Physics，2019，21(21)：11234－11241.

[134] Vajda S，White M G. Catalysis applications of size-selected cluster deposition[J]. ACS Catalysis，2015，5(12)：7152－7176.

[135] Rondelli M，Zwaschka G，Krause M，et al. Exploring the potential of different-sized supported subnanometer Pt clusters as catalysts for wet chemical applications[J]. ACS Catalysis，2017，7(6)：4152－4162.

[136] Heiz U，Vanolli F，Trento L，et al. Chemical reactivity of size-selected supported clusters：An experimental setup[J]. Review of Scientific Instruments，1997，68(5)：1986－1994.

[137] Ganesh P，Kent P R C，Veith G M. Role of hydroxyl groups on the stability and catalytic activity of Au clusters on a rutile surface[J]. The Journal of Physical Chemistry Letters，2011，2(22)：2918－2924.

[138] Wang J，Huang Z Q，Liu W，et al. Design of *N*-coordinated dual-metal sites：A stable and active Pt-free catalyst for acidic oxygen reduction reaction[J]. Journal of the American Chemical Society，2017，139(48)：17281－17284.

[139] Luo M C，Zhao Z L，Zhang Y L，et al. PdMo bimetallene for oxygen reduction catalysis[J]. Nature，2019，574(7776)：81－85.

[140] Feng M M，Wu X M，Cheng H Y，et al. Well-defined Fe-Cu diatomic sites for efficient catalysis of CO_2 electroreduction[J]. Journal of Materials Chemistry A，2021，9(42)：23817－23827.

[141] Yan H，Lin Y，Wu H，et al. Bottom-up precise synthesis of stable platinum dimers on graphene[J]. Nature Communications，2017，8：1070.

[142] Lei Y，Mehmood F，Lee S，et al. Increased silver activity for direct propylene epoxidation via subnanometer size effects[J]. Science，2010，328(5975)：224－228.

[143] Geng L J，Cui C N，Jia Y H，et al. Reactivity of cobalt clusters $Co_n^{\pm/0}$ with ammonia：Co_3^+ cluster catalysis for NH_3 dehydrogenation[J]. The Journal of Physical Chemistry A，2020，124(28)：5879－

5886.
[144] Wang P K, Chang F, Gao W B, et al. Breaking scaling relations to achieve low-temperature ammonia synthesis through LiH-mediated nitrogen transfer and hydrogenation [J]. Nature Chemistry, 2017, 9(1): 64-70.
[145] Cui C N, Jia Y H, Zhang H Y, et al. Plasma-assisted chain reactions of Rh_3^+ clusters with dinitrogen: N≡N bond dissociation[J]. The Journal of Physical Chemistry Letters, 2020, 11(19): 8222-8230.
[146] Liu J C, Ma X L, Li Y, et al. Heterogeneous Fe_3 single-cluster catalyst for ammonia synthesis via an associative mechanism[J]. Nature Communications, 2018, 9: 1610.
[147] Cui C N, Luo Z X, Yao J N. Enhanced catalysis of Pt_3 clusters supported on graphene for N—H bond dissociation[J]. CCS Chemistry, 2019, 1(2): 215-225.
[148] Crampton A S, Rötzer M D, Ridge C J, et al. Structure sensitivity in the nonscalable regime explored via catalysed ethylene hydrogenation on supported platinum nanoclusters[J]. Nature Communications, 2016, 7: 10389.
[149] Berr M J, Schweinberger F F, Döblinger M, et al. Size-selected subnanometer cluster catalysts on semiconductor nanocrystal films for atomic scale insight into photocatalysis[J]. Nano Letters, 2012, 12(11): 5903-5906.
[150] Laskin J, Johnson G E, Warneke J, et al. From isolated ions to multilayer functional materials using ion soft landing[J]. Angewandte Chemie International Edition, 2018, 57(50): 16270-16284.
[151] Yang B, Liu C, Halder A, et al. Copper cluster size effect in methanol synthesis from CO_2[J]. The Journal of Physical Chemistry C, 2017, 121(19): 10406-10412.
[152] Negreiros F R, Halder A, Yin C R, et al. Bimetallic Ag-Pt sub-nanometer supported clusters as highly efficient and robust oxidation catalysts[J]. Angewandte Chemie International Edition, 2018, 57(5): 1209-1213.
[153] Vajda S, Pellin M J, Greeley J P, et al. Subnanometre platinum clusters as highly active and selective catalysts for the oxidative dehydrogenation of propane[J]. Nature Materials, 2009, 8(3): 213-216.
[154] Kaden W E, Kunkel W A, Kane M D, et al. Size-dependent oxygen activation efficiency over Pd_n/TiO_2(110) for the CO oxidation reaction[J]. Journal of the American Chemical Society, 2010, 132(38): 13097-13099.
[155] Liu P X, Qin R X, Fu G, et al. Surface coordination chemistry of metal nanomaterials[J]. Journal of the American Chemical Society, 2017, 139(6): 2122-2131.
[156] Tang Q, Hu G X, Fung V, et al. Insights into interfaces, stability, electronic properties, and catalytic activities of atomically precise metal nanoclusters from first principles[J]. Accounts of Chemical Research, 2018, 51(11): 2793-2802.
[157] Fang J, Zhang B, Yao Q F, et al. Recent advances in the synthesis and catalytic applications of ligand-protected, atomically precise metal nanoclusters[J]. Coordination Chemistry Reviews, 2016, 322: 1-29.
[158] Pembere A M, Luo Z X. Jones oxidation of glycerol catalysed by small gold clusters[J]. Physical Chemistry Chemical Physics, 2017, 19(9): 6620-6625.
[159] Hu D Q, Jin S, Shi Y, et al. Preparation of hyperstar polymers with encapsulated $Au_{25}(SR)_{18}$ clusters as recyclable catalysts for nitrophenol reduction[J]. Nanoscale, 2017, 9(10): 3629-3636.
[160] Wang Y, Wan X K, Ren L T, et al. Atomically precise alkynyl-protected metal nanoclusters as a model catalyst: Observation of promoting effect of surface ligands on catalysis by metal nanoparticles[J]. Journal of the American Chemical Society, 2016, 138(10): 3278-3281.

[161] Yang T Q, Shan B Q, Huang F, et al. P band intermediate state (PBIS) tailors photoluminescence emission at confined nanoscale interface[J]. Communications Chemistry, 2019, 2: 132.
[162] Liu X H, Wu Y S, Li S H, et al. Quantum-size-effect accommodation of gold clusters with altered fluorescence of dyes[J]. RSC Advances, 2015, 5(39): 30610 - 30616.
[163] Zhang S S, Feng L, Senanayake R D, et al. Diphosphine-protected ultrasmall gold nanoclusters: Opened icosahedral Au_{13} and heart-shaped Au_8 clusters[J]. Chemical Science, 2018, 9(5): 1251 - 1258.
[164] McKenzie L C, Zaikova T O, Hutchison J E. Structurally similar triphenylphosphine-stabilized undecagolds, $Au_{11}(PPh_3)_7Cl_3$ and $[Au_{11}(PPh_3)_8Cl_2]Cl$, exhibit distinct ligand exchange pathways with glutathione[J]. Journal of the American Chemical Society, 2014, 136(38): 13426 - 13435.
[165] Chen S, Wang S X, Zhong J, et al. The structure and optical properties of the $[Au_{18}(SR)_{14}]$ nanocluster[J]. Angewandte Chemie International Edition, 2015, 54(10): 3145 - 3149.
[166] Wan X K, Yuan S F, Tang Q, et al. Alkynyl-protected Au_{23} nanocluster: A 12 - electron system[J]. Angewandte Chemie, 2015, 127(20): 6075 - 6078.
[167] Song Y B, Wang S X, Zhang J, et al. Crystal structure of selenolate-protected $Au_{24}(SeR)_{20}$ nanocluster[J]. Journal of the American Chemical Society, 2014, 136(8): 2963 - 2965.
[168] Wan X K, Xu W W, Yuan S F, et al. A near-infrared-emissive alkynyl-protected Au_{24} nanocluster [J]. Angewandte Chemie International Edition, 2015, 54(33): 9683 - 9686.
[169] Shichibu Y, Negishi Y, Watanabe T, et al. Biicosahedral gold clusters $[Au_{25}(PPh_3)_{10}(SC_nH_{2n+1})_5Cl_2]^{2+}$ ($n = 2 - 18$): A stepping stone to cluster-assembled materials[J]. The Journal of Physical Chemistry C, 2007, 111(22): 7845 - 7847.
[170] Akola J, Walter M, Whetten R L, et al. On the structure of thiolate-protected Au_{25}[J]. Journal of the American Chemical Society, 2008, 130(12): 3756 - 3757.
[171] Chen Y X, Liu C, Tang Q, et al. Isomerism in $Au_{28}(SR)_{20}$ nanocluster and stable structures[J]. Journal of the American Chemical Society, 2016, 138(5): 1482 - 1485.
[172] Higaki T, Liu C, Zeng C J, et al. Controlling the atomic structure of Au_{30} nanoclusters by a ligand-based strategy[J]. Angewandte Chemie, 2016, 128(23): 6806 - 6809.
[173] Pei Y, Gao Y, Zeng X C. Structural prediction of thiolate-protected Au_{38}: A face-fused bi-icosahedral Au core[J]. Journal of the American Chemical Society, 2008, 130(25): 7830 - 7832.
[174] Lopez-Acevedo O, Tsunoyama H, Tsukuda T, et al. Chirality and electronic structure of the thiolate-protected Au_{38} nanocluster[J]. Journal of the American Chemical Society, 2010, 132(23): 8210 - 8218.
[175] Liao L W, Zhuang S L, Yao C H, et al. Structure of chiral $Au_{44}(2, 4 - DMBT)_{26}$ nanocluster with an 18-electron shell closure[J]. Journal of the American Chemical Society, 2016, 138(33): 10425 - 10428.
[176] Song Y B, Fu F Y, Zhang J, et al. The magic Au_{60} nanocluster: A new cluster-assembled material with five Au_{13} building blocks[J]. Angewandte Chemie International Edition, 2015, 54(29): 8430 - 8434.
[177] Knoppe S, Wong O A, Malola S, et al. Chiral phase transfer and enantioenrichment of thiolate-protected Au_{102} clusters[J]. Journal of the American Chemical Society, 2014, 136(11): 4129 - 4132.
[178] Jensen K M Ø, Juhas P, Tofanelli M A, et al. Polymorphism in magic-sized $Au_{144}(SR)_{60}$ clusters[J]. Nature Communications, 2016, 7: 11859.
[179] Wu Z K, Jin R C. On the ligand's role in the fluorescence of gold nanoclusters[J]. Nano Letters, 2010, 10(7): 2568 - 2573.
[180] Shen J L, Wang Z, Sun D, et al. Self-assembly of water-soluble silver nanoclusters: Superstructure

formation and morphological evolution[J]. Nanoscale, 2017, 9(48): 19191 - 19200.

[181] Bi Y T, Wang Z, Liu T, et al. Supramolecular chirality from hierarchical self-assembly of atomically precise silver nanoclusters induced by secondary metal coordination[J]. ACS Nano, 2021, 15(10): 15910 - 15919.

[182] Dhayal R S, Liao J H, Liu Y C, et al. $[Ag_{21}\{S_2P(O^iPr)_2\}_{12}]^+$: An eight-electron superatom[J]. Angewandte Chemie International Edition, 2015, 54(12): 3702 - 3706.

[183] Zhang S S, Alkan F, Su H F, et al. $[Ag_{48}(C\equiv C^tBu)_{20}(CrO_4)_7]$: An atomically precise silver nanocluster Co-protected by inorganic and organic ligands[J]. Journal of the American Chemical Society, 2019, 141(10): 4460 - 4467.

[184] Du W J, Jin S, Xiong L, et al. $Ag_{50}(Dppm)_6(SR)_{30}$ and its homologue $Au_xAg_{50-x}(Dppm)_6(SR)_{30}$ alloy nanocluster: Seeded growth, structure determination, and differences in properties[J]. Journal of the American Chemical Society, 2017, 139(4): 1618 - 1624.

[185] Su Y M, Wang Z, Zhuang G L, et al. Unusual fcc-structured Ag_{10} kernels trapped in Ag_{70} nanoclusters[J]. Chemical Science, 2019, 10(2): 564 - 568.

[186] Qu M, Li H, Xie L H, et al. Bidentate phosphine-assisted synthesis of an all-alkynyl-protected Ag_{74} nanocluster[J]. Journal of the American Chemical Society, 2017, 139(36): 12346 - 12349.

[187] Wang Z, Sun H T, Kurmoo M, et al. Carboxylic acid stimulated silver shell isomerism in a triple core-shell Ag_{84} nanocluster[J]. Chemical Science, 2019, 10(18): 4862 - 4867.

[188] Wang Z, Su H F, Gong Y W, et al. A hierarchically assembled 88 - nuclei silver-thiacalix[4]arene nanocluster[J]. Nature Communications, 2020, 11: 308.

[189] Xie Z C, Sun P P, Wang Z, et al. Metal-organic gels from silver nanoclusters with aggregation-induced emission and fluorescence-to-phosphorescence switching [J]. Angewandte Chemie International Edition, 2020, 59(25): 9922 - 9927.

[190] Gao X H, He S J, Zhang C M, et al. Single crystal sub-nanometer sized $Cu_6(SR)_6$ clusters: Structure, photophysical properties, and electrochemical sensing[J]. Advanced Science, 2016, 3(12): 1600126.

[191] Nguyen T A D, Cook A W, Wu G, et al. Subnanometer-sized copper clusters: A critical re-evaluation of the synthesis and characterization of $Cu_8(MPP)_4$ (HMPP = 2-mercapto-5-*n*-propylpyrimidine)[J]. Inorganic Chemistry, 2017, 56(14): 8390 - 8396.

[192] Chakrahari K K, Liao J H, Kahlal S, et al. $[Cu_{13}\{S_2CN^nBu_2\}_6(acetylide)_4]^+$: A two-electron superatom[J]. Angewandte Chemie International Edition, 2016, 55(47): 14704 - 14708.

[193] Nguyen T A D, Goldsmith B R, Zaman H T, et al. Synthesis and characterization of a Cu_{14} hydride cluster supported by neutral donor ligands[J]. Chemistry — A European Journal, 2015, 21(14): 5341 - 5344.

[194] Cook A W, Jones Z R, Wu G, et al. An organometallic Cu_{20} nanocluster: Synthesis, characterization, immobilization on silica, and "click" chemistry[J]. Journal of the American Chemical Society, 2018, 140(1): 394 - 400.

[195] Nguyen T A D, Jones Z R, Goldsmith B R, et al. A Cu_{25} nanocluster with partial Cu(0) character [J]. Journal of the American Chemical Society, 2015, 137(41): 13319 - 13324.

[196] Nguyen T A D, Jones Z R, Leto D F, et al. Ligand-exchange-induced growth of an atomically precise Cu_{29} nanocluster from a smaller cluster[J]. Chemistry of Materials, 2016, 28(22): 8385 - 8390.

[197] Vázquez-Vázquez C, Bañobre-López M, Mitra A, et al. Synthesis of small atomic copper clusters in microemulsions[J]. Langmuir, 2009, 25(14): 8208 - 8216.

[198] de Smit E, Swart I, Creemer J F, et al. Nanoscale chemical imaging of a working catalyst by

scanning transmission X-ray microscopy[J]. Nature, 2008, 456(7219): 222 - 225.

[199] Ecker A, Weckert E, Schnöckel H. Synthesis and structural characterization of an Al_{77} cluster[J]. Nature, 1997, 387(6631): 379 - 381.

[200] Hussain F, Conrad F, Patzke G. A gadolinium-bridged polytungstoarsenate (Ⅲ) nanocluster: $[Gd_8As_{12}W_{124}O_{432}(H_2O)_{22}]^{60-}$ [J]. Angewandte Chemie International Edition, 2009, 48(48): 9088 - 9091.

[201] Mahata A, Choudhuri I, Pathak B. A cuboctahedral platinum (Pt_{79}) nanocluster enclosed by well defined facets favours di-sigma adsorption and improves the reaction kinetics for methanol fuel cells [J]. Nanoscale, 2015, 7(32): 13438 - 13451.

[202] Ji J W, Wang G, Wang T W, et al. Thiolate-protected Ni_{39} and Ni_{41} nanoclusters: Synthesis, self-assembly and magnetic properties[J]. Nanoscale, 2014, 6(15): 9185 - 9191.

[203] Lee C H, Liu L, Bejger C, et al. Ferromagnetic ordering in superatomic solids[J]. Journal of the American Chemical Society, 2014, 136(48): 16926 - 16931.

[204] Niemeyer M, Hirsch K, Zamudio-Bayer V, et al. Spin coupling and orbital angular momentum quenching in free iron clusters[J]. Physical Review Letters, 2012, 108(5): 057201.

[205] Peredkov S, Neeb M, Eberhardt W, et al. Spin and orbital magnetic moments of free nanoparticles [J]. Physical Review Letters, 2011, 107(23): 233401.

[206] Guo J P, Chen P. Interplay of alkali, transition metals, nitrogen, and hydrogen in ammonia synthesis and decomposition reactions[J]. Accounts of Chemical Research, 2021, 54(10): 2434 - 2444.

[207] Xiao R J, Fritsch D, Kuz'min M D, et al. Co dimers on hexagonal carbon rings proposed as subnanometer magnetic storage bits[J]. Physical Review Letters, 2009, 103(18): 187201.

[208] Kumar V, Kawazoe Y. Metal-doped magic clusters of Si, Ge, and Sn: The finding of a magnetic superatom[J]. Applied Physics Letters, 2003, 83(13): 2677 - 2679.

[209] Reveles J U, Clayborne P A, Reber A C, et al. Designer magnetic superatoms[J]. Nature Chemistry, 2009, 1(4): 310 - 315.

[210] Medel V M, Reveles J U, Khanna S N, et al. Hund's rule in superatoms with transition metal impurities[J]. Proceedings of the National Academy of Sciences of the United States of America, 2011, 108(25): 10062 - 10066.

[211] Medel V M, Reber A C, Chauhan V, et al. Nature of valence transition and spin moment in Ag_nV^+ clusters[J]. Journal of the American Chemical Society, 2014, 136(23): 8229 - 8236.

[212] Jiang D E, Whetten R L. Magnetic doping of a thiolated-gold superatom: First-principles density functional theory calculations[J]. Physical Review B, 2009, 80(11): 115402.

[213] Guo P, Zheng J M, Guo X X, et al. Electronic and magnetic properties of transition-metal-doped sodium superatom clusters: $TM@Na_8$ (TM = 3d, 4d and 5d transition metal)[J]. Computational Materials Science, 2014, 95: 440 - 445.

[214] Yan L J, Liu J, Shao J M. Superatomic properties of transition-metal-doped tetrahexahedral lithium clusters: $TM@Li_{14}$[J]. Molecular Physics, 2020, 118(2): e1592256.

[215] Guo P, Fu L L, Zheng J M, et al. Enhanced magnetism in the VLi_8 magnetic superatom supported on graphene[J]. Applied Surface Science, 2019, 465: 207 - 211.

[216] Kang W, Liu X Q, Zeng W, et al. Tunable electronic structures and half-metallicity in two-dimensional InSe functionalized with magnetic superatom[J]. Journal of Physics: Condensed Matter, 2020, 32(36): 365501.

[217] Yan L J. Face-sharing homo- and hetero-bitetrahexahedral superatomic molecules $M_1M_2@Li_{20}$ (M_1/M_2 = Ti and W)[J]. The Journal of Physical Chemistry A, 2019, 123(26): 5517 - 5524.

[218] Lebon A, Aguado A, Vega A. A new magnetic superatom: Cr@Zn_{17}[J]. Physical Chemistry Chemical Physics, 2015, 17(42): 28033-28043.

[219] Xie W Y, Jiang W R, Gao Y, et al. Binding for endohedral-metallofullerene superatoms induced by magnetic coupling[J]. Chemical Communications, 2018, 54(95): 13383-13386.

[220] Liu J, Guo P, Zheng J M, et al. Self-assembly of a two-dimensional sheet with Ta@Si_{16} superatoms and its magnetic and photocatalytic properties[J]. The Journal of Physical Chemistry C, 2020, 124 (12): 6861-6870.

[221] Liu D P, Lin X P, Zhang H, et al. Magnetic properties of a single-molecule lanthanide-transition-metal compound containing 52 gadolinium and 56 nickel atoms [J]. Angewandte Chemie International Edition, 2016, 55(14): 4532-4536.

[222] Qian K, Huang X C, Zhou C, et al. A single-molecule magnet based on heptacyanomolybdate with the highest energy barrier for a cyanide compound[J]. Journal of the American Chemical Society, 2013, 135(36): 13302-13305.

[223] Langley S J, Helliwell M, Sessoli R, et al. Slow relaxation of magnetisation in an octanuclear cobalt (Ⅱ) phosphonate cage complex[J]. Chemical Communications, 2005(40): 5029-5031.

[224] Cheng S B, Berkdemir C, Castleman A W, Jr. Mimicking the magnetic properties of rare earth elements using superatoms[J]. Proceedings of the National Academy of Sciences of the United States of America, 2015, 112(16): 4941-4945.

[225] Geng L J, Weng M Y, Xu C Q, et al. $Co_{13}O_8$— metalloxocubes: A new class of perovskite-like neutral clusters with cubic aromaticity[J]. National Science Review, 2021, 8(1): nwaa201.

[226] Sakurai M, Sumiyama K, Sun Q, et al. Preferential formation of $Fe_{13}O_8$ clusters in a reactive laser vaporization cluster source[J]. Journal of the Physical Society of Japan, 1999, 68(11): 3497-3499.

[227] Kortus J, Pederson M R. Magnetic and vibrational properties of the uniaxial $Fe_{13}O_8$ cluster[J]. Physical Review B, 2000, 62(9): 5755-5759.

[228] Brymora K, Calvayrac F. Surface anisotropy of iron oxide nanoparticles and slabs from first principles: Influence of coatings and ligands as a test of the Heisenberg model[J]. Journal of Magnetism and Magnetic Materials, 2017, 434: 14-22.

[229] Geng L J, Yin B Q, Zhang H Y, et al. Spin accommodation and reactivity of nickel clusters with oxygen: Aromatic and magnetic metalloxocube $Ni_{13}O_8^{\pm}$[J]. Nano Research, 2021, 14(12): 4822-4827.

[230] Geng L J, Cui C N, Jia Y H, et al. Reactivity of cobalt clusters $Co_n^{\pm/0}$ with dinitrogen: Superatom Co_6^+ and superatomic complex $Co_5N_6^+$[J]. The Journal of Physical Chemistry A, 2021, 125(10): 2130-2138.

[231] Dieleman D, Tombers M, Peters L, et al. Orbit and spin resolved magnetic properties of size selected $[Co_nRh]^+$ and $[Co_nAu]^+$ nanoalloy clusters[J]. Physical Chemistry Chemical Physics, 2015, 17(42): 28372-28378.

[232] Langenberg A, Hirsch K, Ławicki A, et al. Spin and orbital magnetic moments of size-selected iron, cobalt, and nickel clusters[J]. Physical Review B, 2014, 90(18): 184420.